"十四五"普通高等教育本科部委级规划教材

食品科学与工程和食品质量与安全国家一流本科专业建设配套教材
河北省生物智造现代产业学院产教融合配套教材

食品微生物学

Shipin Weishengwuxue

张伟 卢鑫◎主编
张秀艳 张蕴哲◎副主编

中国纺织出版社有限公司

内 容 提 要

本书共分11章，前7章为微生物学基础知识，后4章介绍微生物学在食品相关领域的应用。全书深入浅出，介绍了食品微生物学的基本理论、知识和技能，以及新理论、新技术等学科前沿知识，涉及面广，内容丰富。

全书集知识性、趣味性、前沿性、思政性于一体，精心挑选51篇微生物科学故事，着重将我国近现代微生物领域的前辈学者和新时期科学家卓越的科学成就及其奋斗的科研事迹作为思政元素，突出他们对微生物学的贡献，让家国情怀深深扎根于学生的心灵，推进微生物课程思政建设。

本书适宜作为高等院校食品专业的本科教材，也可供相关专业的研究生、科研人员及生命科学专业的师生参考。

图书在版编目（CIP）数据

食品微生物学／张伟，卢鑫主编．--北京：中国纺织出版社有限公司，2023.7

“十四五”普通高等教育本科部委级规划教材

ISBN 978-7-5229-0264-7

Ⅰ.①食… Ⅱ.①张… ②卢… Ⅲ.①食品微生物-微生物学-高等学校-教材 Ⅳ.①TS201.3

中国版本图书馆CIP数据核字（2022）第250133号

责任编辑：金　鑫　闫　婷　　责任校对：楼旭红

责任印制：王艳丽

中国纺织出版社有限公司出版发行

地址：北京市朝阳区百子湾东里A407号楼　邮政编码：100124

销售电话：010—67004422　传真：010—87155801

http://www.c-textilep.com

中国纺织出版社天猫旗舰店

官方微博 http://weibo.com/2119887771

三河市宏盛印务有限公司印刷　各地新华书店经销

2023年7月第1版第1次印刷

开本：787×1092　1/16　印张：20.5

字数：779千字　定价：68.00元

普通高等教育食品专业系列教材
编委会成员

《食品微生物学》编写人员

主　编　张　伟（河北农业大学）

　　　　　卢　鑫（河北农业大学）

副主编　张秀艳（华中农业大学）

　　　　　张蕴哲（河北农业大学）

编　者（按姓氏笔画排序）

　　　　　王　鑫（河北农业大学）

　　　　　王世杰（君乐宝乳业集团有限公司）

　　　　　王金晶（江南大学）

　　　　　卢　鑫（河北农业大学）

　　　　　包秋华（内蒙古农业大学）

　　　　　宁喜斌（上海海洋大学）

　　　　　刘　斌（西北农林科技大学）

　　　　　刘金龙（河北科技大学）

　　　　　许喜林（华南理工大学）

　　　　　李风娟（天津科技大学）

　　　　　杨　倩（河北大学）

　　　　　张　伟（河北农业大学）

　　　　　张秀艳（华中农业大学）

　　　　　张蕴哲（河北农业大学）

　　　　　陈献忠（江南大学）

　　　　　邵娟娟（河北农业大学）

　　　　　贾丽娜（河北农业大学）

　　　　　徐艳阳（吉林大学）

前　言

随着科学研究的不断深入，技术水平的逐步提高，生命科学得到了迅猛发展，将开创新的纪元。特别是新冠感染的出现使医疗和生命科学行业成为各界关注的焦点，而微生物学作为现代生命科学研究中最为活跃的领域之一，近年来在遗传学、生理学、基因组学、蛋白质组学、基因工程、代谢工程、发酵工程等方面皆有突破和进步，从而深刻影响着生物学各个学科的发展。微生物被广泛应用于食品、医药、健康、环境、农业、能源等领域，发挥着越来越大的作用。食品微生物学既是微生物学的重要分支学科，又是食品科学的重要组成部分，它是研究与食品有关的微生物的特性、微生物与食品的相互关系及其生态条件的科学。食品微生物学作为高等院校食品相关专业一门必修的专业基础课程，对现代食品加工和食品质量与安全控制起着非常关键的作用。特别是随着现代生命科学和现代食品工业的飞速发展，微生物会产生越来越深刻的影响，并已经渗透到食品原料生产、食品加工与保藏、食品质量与安全控制、食品生产废弃物利用、改善和增加食品营养价值等方面，成为支撑食品工业的重要技术。

本教材积极响应党的二十大报告精神，以习近平新时代中国特色社会主义思想为指导，编者集结十余名不同院校、企业专家，着力打造一本实用创新、校企合作、产教深度融合的优秀教材。本教材涉及面广，内容丰富，融合了本学科研究的新理论和新技术，便于学生了解学科的前沿发展。

本教材编写集中体现了以下特点。

（1）精简内容、突出重点、贴合前沿。教材的编排注重与相关知识的衔接，尽量避免脱节和重复，摒弃较为烦琐、陈旧的内容，力求文字精练、简明扼要、层次清楚、篇幅适中，将学科前沿知识编入教材，部分章节内容以二维码形式呈现。第一章加入食品微生物学展望，其中新加了现代微生物技术与传统食品产业升级改造的相关内容；第二章，引入了新冠病毒方面的实用知识；第五章加入预测微生物学的相关理论与技术；第六章加入微生物基因组的相关内容，第七章引入了肠道微生态系统方面的知识，揭示了肠道微生态与人类健康的关系，并介绍了传统发酵食品微生物生态学、生物被膜、宏基因组方面的内容；第九章扩充了“冷杀菌”技术：简要介绍了超高静压杀菌、脉冲电场杀菌、振荡磁场杀菌、高压二氧化碳杀菌等技术的原理、特点及应用；第十章补充了细菌活的非可培养状态方面的知识；第三章、第四章、第八章、第十一章传承精华、守正创新，努力打造基础和前沿的有机统一。

（2）注重实用性、创新性、实践性。食品微生物学是一门应用性很强的课程，教材内容的组织坚持“实用、活用、适用”的原则，以基础为主线，正确处理好基础性、系统性、前沿性、创新性、应用性之间的关系，在对基础部分进行酌情压缩的情况下，注重与实践的有效结合，适当增加了微生物学基础理论在食品加工领域应用的内容。为便于学生掌握知识和提高自学能力，每章结尾附有少而精的思考题，以方便学生巩固所学知识，举一反三，活学活用。

（3）在编写内容上，考虑到本课程的特点，尽量做到理论与生产实践相结合、图文并茂，以培养学生的学习兴趣。全书精心挑选了51篇微生物科学故事（以二维码形式呈现），着重将我国近现代微生物领域的前辈学者和新时期科学家卓越的科学成就及努力奋斗的科研事迹作为生动的思政元素，高度融合知识性、趣味性、前沿性等多种元素，力求突出我国科学家对微生物的贡献，让家国情怀深深扎根于学生的心灵，推进微生物课程思政建设。

本教材分为十一章，编写人员的分工为：河北农业大学张伟教授负责定稿，卢鑫、张蕴哲负责整部教材的统稿、校对等工作，并搜集、整理微生物科学故事，河北科技大学刘金龙也参与了故事的整理工作。第一章由河北大学杨倩、河北农业大学张蕴哲编写；第二章由江南大学王金晶编写；第三章由上海海洋大学宁喜斌编写；第四章由江南大学陈献忠编写；第五章由河北农业大学贾丽娜、华南理工大学许喜林编写；第六章由华中农业大学张秀艳编写；第七章由河北农业大学王鑫、邵娟娟编写；第八章由天津科技大学李风娟、君乐宝乳业集团有限公司王世杰编写；第九章由西北农林科技大学刘斌编写；第十章由吉林大学徐艳阳编写；第十一章由河北农业大学卢鑫、内蒙古农业大学包秋华编写。

编者编写本教材倾注了大量的精力，熬过了一个个不眠之夜，付出了辛勤的劳动。本书引用了一些著作者的插图，在此一并衷心致谢。另外，河北农业大学食品科技学院食品生物安全与生物技术创新团队成员及研究生对本书的编排和校阅做了大量具体的工作，在此一并表示真诚的感谢！

由于编者水平有限，缺点和错误在所难免，恳请广大读者和同行专家提出宝贵意见。

张　伟

2022年12月于保定

目　录

第一章　绪论 …… 1

第一节　微生物的概念及分类 …… 1
一、微生物的概念 …… 1
二、微生物的分类 …… 1
第二节　微生物的生物学特性 …… 4
一、面积大，代谢旺 …… 4
二、生长旺，繁殖快 …… 5
三、种类多，分布广 …… 5
四、适应强，易变异 …… 6
第三节　微生物学的发展史及其分支学科 …… 6
一、微生物学的形成和发展 …… 6
二、我国微生物学的发展 …… 11
三、微生物学的分支学科 …… 11
四、食品微生物学的发展 …… 12
第四节　食品微生物学的研究内容及任务 …… 16
一、食品微生物学的研究内容 …… 16
二、食品微生物学的研究任务 …… 16
第五节　食品微生物学展望 …… 17
一、微生物基因组学和后基因组学 …… 17
二、现代微生物技术与传统食品产业升级改造 …… 17
三、微生物与食品安全性 …… 18
思考题 …… 18
参考文献 …… 18

第二章　微生物主要类群及其形态与结构 …… 19

第一节　原核微生物与真核微生物概述 …… 20
一、原核微生物与真核微生物的概念 …… 20
二、原核微生物与真核微生物的主要区别 …… 20
第二节　原核微生物 …… 22
一、细菌 …… 22
二、古生菌 …… 46
三、放线菌 …… 46
四、蓝细菌 …… 50

五、其他原核微生物 …… 50
第三节　真核微生物 …… 52
一、酵母菌 …… 53
二、霉菌 …… 68
三、蕈菌 …… 82
四、真核微生物的分类系统 …… 84
第四节　非细胞生物——病毒 …… 85
一、病毒的概述 …… 85
二、病毒的形态结构与功能 …… 86
三、亚病毒因子 …… 95
四、新冠病毒 …… 98
思考题 …… 98
参考文献 …… 99

第三章　微生物的营养 …… 100

第一节　微生物的营养要素 …… 100
一、微生物细胞的化学组成 …… 100
二、微生物生长繁殖的营养要素及其生理作用 …… 101
第二节　微生物对营养物质的吸收方式 …… 107
一、被动扩散 …… 107
二、促进扩散 …… 107
三、主动运输 …… 108
四、基团转位 …… 108
第三节　微生物的营养类型 …… 109
一、光能自养型微生物 …… 109
二、光能异养型微生物 …… 110
三、化能自养型微生物 …… 110
四、化能异养型微生物 …… 111
第四节　培养基 …… 111
一、培养基制备原则 …… 112
二、微生物培养基类型 …… 113
思考题 …… 116
参考文献 …… 116

第四章　微生物的代谢 …… 118

第一节　微生物的能量代谢 …… 118
一、生物氧化 …… 118
二、生物氧化类型 …… 119
三、生物能的产生 …… 123
第二节　微生物的物质代谢 …… 125

一、微生物的分解代谢……125
二、微生物的合成代谢……133
三、微生物的次级代谢……134
四、微生物发酵的代谢途径……135
第三节　微生物的代谢调节与发酵生产……138
思考题……138
参考文献……139

第五章　微生物的生长与控制……140

第一节　微生物生长……140
一、微生物生长的概念……140
二、微生物生长量的测量……140
三、微生物的群体生长规律……142
第二节　环境因素对微生物生长的影响……147
一、温度……148
二、pH 值……150
三、氧气……151
四、水分活度……153
五、渗透压……153
六、辐射……154
七、其他因素……154
第三节　有害微生物的控制……154
一、物理方法……155
二、化学方法……158
三、微生物控制的新方法……161
第四节　预测微生物学理论与技术……161
思考题……162
参考文献……162

第六章　微生物的遗传变异与育种……163

第一节　遗传变异的物质基础……163
一、遗传变异的三个经典实验……164
二、遗传物质的化学组成……166
三、遗传物质的结构……166
四、遗传物质在细胞中的存在形式……166
五、质粒……168
六、微生物的基因组……168
第二节　微生物基因突变……168
一、基因突变的类型……169
二、基因突变的特点……170

三、基因突变的机制…………171
第三节　微生物基因重组…………172
一、原核微生物的基因重组…………172
二、真核微生物的基因重组…………176
第四节　微生物的菌种选育…………178
一、自然选育…………178
二、诱变育种…………182
三、杂交育种…………190
四、微生物基因工程育种…………193
第五节　菌种衰退、复壮与保藏…………200
一、菌种的衰退…………200
二、菌种的复壮…………201
三、菌种的保藏…………201
思考题…………204
参考文献…………205

第七章　微生物生态学…………206

第八章　微生物在食品制造中的主要应用…………207

第一节　微生物在酿酒中的应用…………207
一、白酒…………207
二、葡萄酒…………211
三、啤酒…………213
第二节　微生物在调味品酿造中的应用…………218
一、酱油…………218
二、食醋…………222
三、酱类…………227
四、腐乳…………228
第三节　微生物在有机酸制造中的应用…………230
第四节　微生物在氨基酸制造中的应用…………230
一、谷氨酸…………231
二、赖氨酸…………232
第五节　微生物在发酵乳制品中的应用…………233
一、酸奶…………233
二、奶酪…………236
三、开菲尔…………237
第六节　微生物在其他食品中的应用…………239
思考题…………239
参考文献…………239

第九章 微生物与食品腐败变质……240

第一节 食品的腐败变质……240
一、微生物污染食品的来源与途径……240
二、微生物引起食品腐败变质的基本条件……242
三、微生物引起的食品腐败变质的机制……246
第二节 鲜乳的腐败变质……247
一、鲜乳中微生物的污染来源……247
二、引起鲜乳腐败变质的微生物种类……248
三、鲜乳中微生物的活动规律与腐败变质过程……249
四、鲜乳的净化、消毒和灭菌……250
第三节 肉类的腐败变质……252
一、鲜肉中微生物的污染来源……252
二、引起肉类腐败变质的微生物种类……252
三、鲜肉的变质……253
四、变质肉的特征……254
第四节 鱼类的腐败变质……255
一、鱼类的微生物污染途径……255
二、引起鱼类腐败变质的微生物种类……256
三、鱼类的腐败变质……256
第五节 蛋类的腐败变质……256
一、鲜蛋中微生物的污染来源……256
二、引起鲜蛋腐败变质的微生物种类……257
三、鲜蛋的天然防御机能……257
四、鲜蛋的腐败变质……258
第六节 果蔬及其制品的腐败变质……259
一、果蔬中微生物的污染来源……259
二、引起新鲜果蔬变质的微生物种类……259
三、果蔬及果汁的腐败变质……260
第七节 食品防腐保藏技术……262
一、食品防腐保藏常规技术……262
二、食品防腐保藏新技术……269
第八节 食品保藏的栅栏技术……273
思考题……273
参考文献……273

第十章 引起食物中毒的食源性病原微生物……275

第一节 食物中毒……275
一、食物中毒的概念……275
二、食物中毒的特点……275

三、食物中毒的分类…… 276
四、食品污染、食源性疾病和食物中毒的关系…… 277
第二节 细菌性食物中毒…… 277
一、细菌性食物中毒定义…… 277
二、常见的细菌性食物中毒…… 278
第三节 真菌性食物中毒…… 296
一、真菌性食物中毒的定义…… 296
二、常见引起食物中毒的真菌…… 296
三、常见引起食物中毒的真菌毒素及来源…… 299
四、真菌性食物中毒的预防及控制…… 304
第四节 病毒引起的食源性疾病…… 306
一、常见的食源性病毒…… 306
二、食源性病毒感染的预防…… 309
思考题…… 309
参考文献…… 310

第十一章 微生物与免疫…… 311

第一章　绪论

第一章　绪论

在生命世界里，各种生物的大小相差极大。与动植物相比，微生物肉眼难见，摸不着，听不到，似乎无足轻重，但我们时刻都生活在微生物的“海洋”中，人体内的微生物总数甚至10倍于人体细胞数。微生物是将有机世界和无机世界联系起来的重要纽带，和人类的生老病死息息相关。微生物亦敌亦友，与人类以及食品工业有着密切的关系。微生物有哪些特点？食品中有哪些微生物？微生物、食品与人类有什么千丝万缕的联系？微生物可能会给人类带来哪些潜在的风险？应该如何正确认识微生物？在本章节的学习过程中，将给读者一一解答，让我们一起走进微生物世界，认识食品微生物的过去、现在和将来。

第一节　微生物的概念及分类

一、微生物的概念

微生物是广泛存在于自然界中的所有个体微小、结构简单的低等生物的总称，大多数需要借助光学或者电子显微镜，放大数百倍甚至数万倍才能观察到。微生物包括非细胞的病毒、朊病毒和类病毒；原核类的细菌、放线菌、蓝细菌、支原体、衣原体和立克次氏体；真核类的真菌；原生动物和某些藻类。它们的大小和特征如表1-1所示。

表1-1　微生物大小和细胞特征

微生物	大小	细胞结构	核结构
病毒	0.01~0.25μm	无细胞结构	无核
细菌	0.1~10μm	有细胞结构	原核
真菌	2μm~1m	有细胞结构	真核
原生动物	2~1000μm	有细胞结构	真核
藻类	1μm至几米	有细胞结构	真核

绝大多数微生物需要借助显微镜才能看到，但也有部分微生物是肉眼可见的，如某些藻类、许多真菌的子实体。前面提到的微生物的定义是指一般的概念，是历史的沿革，也仍为今天所适用。

二、微生物的分类

（一）微生物在生物界中的地位

在发现和研究微生物之前，人类把一切生物分成截然不同的两大界，即植物界和动物界。随着人们对微生物认识的逐步深入，生物分类从两界系统经历了三界、四界、五界和六界系统。微生物在六界分类系统中，分别属于病毒界、原核生物界、原生生物界和真菌界，见表1-2。

表1-2　微生物在生物界中的地位

生物界名称	主要结构特征	微生物类群名称
病毒界	无细胞结构，大小为纳米（nm）级	病菌、类病菌等
原核生物界	为原核生物，细胞中无核膜与核仁的分化，大小为微米（μm）级	细菌、放线菌、蓝细菌、支原体、衣原体
原生生物界	细胞中具有核膜与核仁的分化，为小型真核生物	单细胞藻类、原生动物等
真菌界	单细胞或多细胞，细胞中具有核膜与核仁的分化，为小型真核生物	酵母菌、霉菌等
植物界	细胞中具有核膜与核仁的分化，为大型非运动真核生物	
动物界	细胞中具有核膜与核仁的分化，为大型能运动真核生物	

1978年，美国伊利诺伊大学的卡尔·乌斯（Carl Woese）等人对大量微生物和其他生物进行16S和18S rRNA的寡核苷酸测序，并比较其同源性水平后，提出了一个与以往各种界级分类不同的新系统，称为三域学说，包括细菌域、古生菌域和真核生物域。细菌域包括细菌、放线菌、蓝细菌和各种除古生菌以外的原核生物；古生菌域包括初（/古）生古生菌界、广古生菌界、泉古生菌界；真核生物域包括真菌、原生生物、植物和动物。除植物和动物以外，其他绝大多数生物都属于微生物范畴。由此可见，微生物在生物界中占有十分重要的地位。

（二）微生物分类单位和命名法则

1. 微生物的分类单位

近代微生物分类体系通常包括七个主要层次：界（kingdom）、门（phylum）、纲（class）、目（order）、科（family）、属（genus）、种（species）。基础分类单元是种，几个具有相似性质的种组成一个属。在真核生物中，同一属内的种能进行杂交；几个近缘的属再构成一个科，以此类推。在食品微生物学中，高于种、属、科的等级很少用到。有时在两个主要分类单位之间，还可加上次级分类单位，如"亚门""亚纲""亚目""亚科""亚属""亚种"等。

以黄杆菌为例，它在分类系统中的归属情况如表1-3所示。

表1-3　黄杆菌归属情况

归属	名称
界	细菌界
门	黄杆菌门
纲	黄杆菌纲
目	黄杆菌目
科	黄杆菌科
属	黄杆菌属
种	黄杆菌种

2. 与微生物分类相关的基本概念

种：种是微生物分类中最基本的分类单位，代表一群在形态和生理方面彼此十分相似或性状间差异微小的个体。由于微生物种的划分缺乏统一的客观标准，分类学上已经描述的种存在潜在的不稳定性，有的种会随着认识的深入、分种依据的变化而进行必要的调整。

亚种：当某一个种内的不同菌株，存在少数明显而稳定的变异特征或遗传性状不足以区分成新种时，可以将这些菌株细分成两个或更多的小的分类单元——亚种。亚种是正式分类单元中地位最低的分类等级。

型：常指亚种以下的细分，当同种或同亚种不同菌株之间的性状差异不足以分为新的亚种时，可以细分成不同的型。例如，沙门氏菌（*Salmonella*）根据免疫原性（抗原性）的不同，分为2000多个血清型；结核分枝杆菌（*Mycobacterium tuberculosis*）根据寄生性的差别，可分为人型、牛型和禽型3种。

菌株：从自然界分离得到的任何一种微生物的纯培养物，都可以称为微生物的一个菌株；用实验方法（如通过诱变）获得的某一菌株的变异型，也可以称为一个新的菌株，以便与原来的菌株相区别。一般来说，自然界中的“种”应该是有限的，但菌株是无限的。

3. 微生物的命名法则

微生物的名称分两类，一是俗名，同一种微生物在不同的国家或地区常有不同的名称，虽然简明又大众化，但含义往往不够确切，容易重复，尤其不利于学术交流，如结核杆菌是结核分枝杆菌的俗称；二是学名，指某一菌种的科学名称，是按“国际命名法规”命名并被国际学术界公认的通用正式命名。学名的表示方法分双名法和三名法两种。

（1）双名法

由属名和种名构成。属名的首字母必须大写，种名加词的字母必须小写。例如：

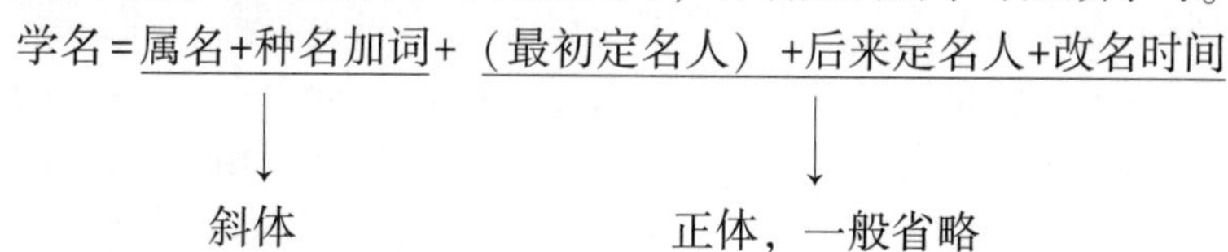

如：大肠埃希菌（大肠杆菌）

Escherichia coli（Migula）Castellani & Chalmers 1919

（2）三名法

当某种微生物是一个亚种（subspecies，简称subsp.）或变种（variety，简称var.）时，学名就应该按三名法拼写。例如：

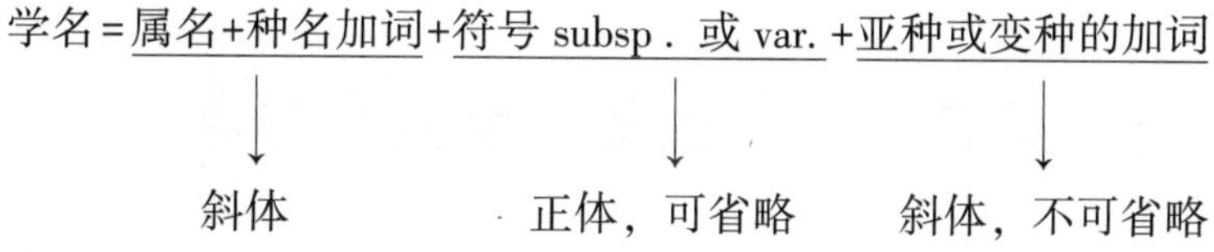

如：酿酒酵母椭圆变种

Saccharomyces cerevisiae var. *ellipsoideus*

（三）微生物的分类鉴定方法

微生物分类鉴定方法包括经典的分类鉴定方法和现代的分类鉴定方法。

1. 经典的分类鉴定方法

（1）微生物的形态特征

包括个体形态（细胞形态、大小、排列、运动性、特殊构造、染色反应等）和群体形态（菌苔形态、菌落形态、在半固体及液体培养基中群体的生长状态等）。

（2）微生物的生态特性

包括在自然界的分布情况、与其他生物是否有寄生或共生关系、宿主种类及与宿主关系、有性生殖情况、生活史等。

（3）微生物的生理生化反应

包括对碳源、氮源及生长因子等营养的要求，对生长温度、溶氧、pH、渗透压等环境条件的要求，代谢产物的种类、产量、颜色和显色反应，产酶的种类和酶反应特性，对药物的敏感性等。

（4）血清学反应

在微生物的分类中，常借助特异性的血清学反应来确定未知菌种、亚种或菌株。

2. 现代的分类鉴定方法

（1）细胞化学成分分析鉴定法

根据不同微生物细胞壁中肽聚糖的分子结构及组成成分的差异，可采用细胞壁成分分析方法，对菌种进行鉴定。此外，气相色谱技术可分析厌氧微生物细胞及其代谢产物中的酸类、醇类等成分，也能有助于菌种鉴定。

（2）数值分类鉴定法

又被称为统计分类法或电子计算机分类法。通常以拟分类的微生物生理生化特征、对环境条件的反应和耐受性，以及生态特性等大量表型性状的相似程度为依据，按照数值分析的原理，借助现代计算机技术进行统计，计算出菌株间的总类似值，再进行比较和归类。

（3）简便快速或自动化鉴定技术

为解决常规鉴定方法工作量大、技术要求高和精确度低等难题，人们进行了多种改革传统鉴定技术的尝试，现已有商品化的鉴定系统出售，如美国 Roche 公司生产的“Enterotube”细菌鉴定系统、美国安普科技中心生产的“Biolog”手动和全自动细菌鉴定系统等。这些商品提供了系列化、标准化的鉴定技术，具有小型、简便、快速和自动化的优点。

（4）遗传分类鉴定法

从遗传学的角度，此鉴定法是以 GC 含量和不同来源 DNA 之间碱基顺序的类似程度及同源性为依据，在分子水平上推断微生物间的亲缘关系，从而进行分群归类。遗传分类的鉴定方法包括 G+C 含量分析法、核酸分子杂交法、rRNA 寡核苷酸编目分析法、全基因组序列测定分析法等。

第二节　微生物的生物学特性

微生物和动植物一样具有生物最基本的特征——新陈代谢、生长发育、衰老死亡，有生命周期。除此之外，还具有其自身的特点。

一、面积大，代谢旺

微生物的个体极其微小，衡量它的大小需要用微米（μm）或纳米（nm）作单位，如杆状细菌平均大小为 0.5μm×2.0μm，质量为 $1\times10^{-9}\sim1\times10^{-10}$mg，但其比表面积（表面积/体积）非常大，因为把一定体积的物体分割得越小，它们的总表面积就越大。如果把人的比表面积定为 1，则与人体等质量的大肠杆菌比表面积则高达 30 万。这意味着微生物存在一个巨大的与环境交流的接受面，因此可与环境之间迅速进行物质交换，吸收营养和排泄废物，具有最大的代谢速率。这是微生物与其他大型生物相区别的关键。微生物可以将不能利用的物质转变为可利用的物质，将有毒有害物质转化为无毒无害物质。不同微生物可产生不同的代谢产物，如氨基酸、有机酸、抗生素和酶等，在生产实践中，我们可以利用微生物这一特性，发挥其“活的化工厂”的作用，使大量基质在短时间内转化为大批有用的化工、医药产品或食品。

二、生长旺，繁殖快

生长旺盛和繁殖快是微生物最重要的特点之一，是其他生物所无法比拟的。以普遍存在于人和动物肠道中的大肠杆菌为例，在合适的生长条件下，每 20min 可繁殖一代，每小时可分裂 3 次，由 1 个变为 8 个，24h 可繁殖 72 代，由 1 个细菌变成 2^{72} 个。如果按每 10 亿个细菌重 1mg 计算，2^{72} 个细菌的重量超过 4722t。假如这样繁殖下去，它就会形成和地球同样大小的物体。但事实上，由于受环境、空间、营养、代谢产物等条件的限制，微生物的几何级数分裂速度只能维持数小时，因而在液体培养环境中，细菌细胞的浓度一般达 $10^8 \sim 10^9$ 个/mL。尽管如此，它的繁殖速度仍比高等动植物高出上亿倍。

微生物的这一特性在食品酿造和发酵工业上具有重要的实践意义，可以提高生产效率，缩短发酵周期，降低经济成本。例如，生产中常作为发酵剂的酿酒酵母，其繁殖速度为每 2h 分裂一次，虽然与大肠杆菌相比不算太高，但在单罐发酵时，仍可以每 12h“收获”一次，每年“收获”数百次，这是其他任何农作物所不能达到的“复种指数”。这对于解决当前全球面临的人口剧增与粮食供应矛盾具有重要的现实意义。另外，对于一些危害人畜和农作物的病原微生物或者会使物品霉腐变质的有害微生物来说，这个特性就会给人类带来极大的损失甚至严重的危害。

三、种类多，分布广

微生物在自然界是一个十分庞杂的生物类群。迄今为止，人类已经发现的微生物种类多达 10 万种以上，有人估计已知的种类只占地球上实际存在的微生物总数的 5%左右，微生物很可能是地球上物种最多的一类生物。微生物的种类多主要体现在物种多样性、营养类型多样性、代谢产物多样性、遗传基因多样性、生态类型多样性等方面。凡是能被动植物利用的物质，例如蛋白质、糖类、脂肪及无机盐等，都能被微生物利用；不能被动植物利用的物质，也能找到利用它们的微生物，例如纤维素、石油、塑料等。甚至还有一些对动植物有毒的物质也能被微生物分解，如美国康奈尔大学早在 20 世纪 70 年代就分离到分解双对氯苯基三氯乙烷（Dichloro-diphenyl-trichoroethane，DDT）的微生物，日本发现了分解聚氯联苯的红酵母等。

微生物在自然界中有着极为广泛的分布。由于微生物体积小而重量轻，可以随风飘荡，因此几乎无处不在。万米以上的高空、几千米以下的海底、两千多米深的地层、近 100℃的温泉、-80℃的南极，均有微生物的身影，这些都属于极端环境微生物。此外，人体的皮肤、口腔，甚至胃肠道中，都有微生物的存在。可以这样说，有动植物生存的地方都有微生物的栖息地，没有动植物生存的地方，也有微生物的踪迹。微生物虽然分布广泛，但其分布密度是不一样的，它随着外界环境条件的不同而不同。一般来说，外界环境条件适宜，即有机物质丰富的地方，微生物的种类和数量就多。一个感冒患者，打一个喷嚏就含有 1500 万个左右的病毒。土壤更是微生物的大本营，在肥沃的土里，每克土大约含有 20 亿个微生物。

相反，如果在营养缺乏、条件恶劣的地方，微生物的种类和数量就大大减少了。微生物种类繁多且分布广的特点，为人类开发利用微生物资源提供了广阔的应用前景。

四、适应强，易变异

微生物对环境条件尤其是地球上某些恶劣的“极端环境”具有惊人的适应性，例如有些微生物在高温、高压、高盐、高酸、高碱、低温、高辐射等条件下仍能存活，这是高等动植物所无法比拟的。一方面，这与微生物的一些特殊结构有关，如有些细菌有荚膜、有些细菌产芽孢，放线菌和真菌能产生各种各样的孢子。据报道，有些孢子可以在特殊环境下存活几百年。有些极端微生物有相应特殊结构蛋白质、酶和其他物质，使之能适应恶劣环境。另一方面，由于微生物表面积和体积的比值大，与外界环境的接触面大，因而受环境影响也大。一旦环境条件激烈变化，不适于微生物生长时，多数微生物死亡，少数个体发生变异（基因突变）而存活下来。但由于微生物繁殖快，数量多，即使变异频率十分低（一般为10^{-10}~10^{-5}），也容易产生大量变异后代。利用微生物易变异的特性，在微生物工业生产中进行诱变育种，获得高产优质的菌种，可提高产品产量和质量。

总之，微生物的这些特点使其在生物界中占据着特殊的位置，不仅广泛应用于生产实践，而且为进一步解决生物学重大理论问题和实际应用问题提供了合适的研究材料，同时为食品工业提供了丰富的微生物资源，推动了生命科学和食品行业研究的快速发展。

第三节　微生物学的发展史及其分支学科

微生物学是研究微生物在一定条件下的形态结构、生理生化、遗传变异和微生物的进化、分类、生态等生命活动规律及其应用的一门学科。微生物学的研究内容包括微生物的形态结构、生理生化、生长繁殖、遗传变异、分类鉴定、生态分布，以及微生物与生物环境间的相互关系，理化环境因素对微生物生长的影响，并将其应用于发酵工业、农业、医药卫生、生物工程和环境保护等实践领域。其根本任务是发掘、利用、改善和保护有益微生物，控制、消灭或改造有害微生物。随着微生物学的不断发展，已形成了基础微生物学和应用微生物学等学科。

人类在长期的生产实践中利用微生物，认识微生物，研究微生物，改造微生物，使微生物学的研究工作日益得到深入和发展。

一、微生物学的形成和发展

我们把微生物学的形成和发展过程分为以下五个阶段来进行阐述。

（一）微生物学的史前期（约 8000 年前~1676）

中国酿酒的历史

在人类首次观察到微生物个体之前，虽然还未知自然界有微生物的存在，但是已经开始利用微生物生产一些食品。中国很早就认识到微生物的作用，也是最早应用微生物的少数国家之一，在长期的生产实践和日常生活中积累了许多利用微生物和防控微生物的经验。例如，我国利用微生物进行酿酒可以追溯到4000多年前。在2500年前，发明了酿酱、醋的方法。公元6世纪，北魏著名农学家贾思勰的《齐民要术》一书中详细记载了制曲、酿酒、制盐和做齑等工艺。同时，我国劳动人民还懂得针对有害微生物进行预防和控制，为防止食物变质，采用盐渍、糖渍、干燥、酸化等方法保存食品。在医学方面，我国劳动人民早在2500年前就知道用曲治疗消化道疾病，后应用茯苓、灵芝等真菌治疗疾病。公元11世纪（宋代）接种人痘苗预防天花已广泛应用。这是我国对世界医学史上的重大贡献，后来传至俄国、日本、朝鲜、土耳其及英国。

（二）微生物学的初创期（1676~1861）

显微镜的发明

人类对微生物的利用虽然很早，并已推测自然界存在肉眼看不见的微小生物，但由于科学技术条件的限制，无法用实验证实微生物的存在。显微镜的发明揭开了微生物世界的奥秘。1676年，荷兰人列文虎克（Antony van Leeuwenhock）发明了第一台简易显微镜，首次观察到了细菌的个体。他利用自己制造的显微镜观察到了污水、牙垢、腐败有机物中的微小生物，并做了一定的形态描述，这在微生物学的发展史上具有划时代的意义。之后近200年的时期内，随着显微镜的不断改进，人们对微生物的认识也由粗略的形态描述，逐步发展到对微生物进行详细观察并根据形态进行分类研究，为微生物学的形成奠定了基础。

（三）微生物学的奠基期（1861~1897）

19世纪60年代，在欧洲一些国家中占有重要经济地位的酿酒工业和蚕丝业出现了酒变质和蚕病危害等问题，进一步推动了微生物的发展和兴起。这个时期虽然短暂，却涌现了几位对微生物发展做出卓越贡献的人物，其中法国的路易斯·巴斯德（Louis Pasteur）和德国的罗伯特·柯赫（Robert Koch）发挥了重要作用。

著名的微生物学家

巴斯德是微生物学的奠基人，原是化学家，后来转向微生物学研究领域，为微生物学的创立和发展做出了突出的贡献，主要集中在以下几个方面：

1. 彻底否定了“自然发生说”

“自生说”是一个古老学说，认为一切生物是自然发生的。巴斯德在前人工作的基础上，进行了著名的曲颈瓶试验。

微生物——食品的腐败变质

取一个曲颈瓶和直颈瓶，内盛有机汁液（肉汁），两者同时加热以杀死瓶中原有微生物，而后长久置于空气中。最终，曲颈瓶中没有微生物产生，而直颈瓶中出现大量微生物使肉汁变质。前者之所以肉汁不变质（保持无菌状态），是因为空气中带菌尘埃不能通过弯曲长管进入瓶内。这个简单的实验无可辩驳地证明了空气中含有微生物，瓶内腐败并非自然发生，从而彻底否定了自然发生说。从此，微生物的研究从形态描述进入生理学研究的新阶段。

2. 证明了发酵是由微生物引起的

巴斯德在否定“自生说”的基础上，认为一切发酵作用都与微生物的生长繁殖有关。经过不断的努力，他分离到了许多引起发酵的微生物，并证实酒精发酵是由酵母菌引起的。此外，他还发现乳酸发酵、醋酸发酵和丁酸发酵都是由不同微生物引起的，为进一步进行微生物的生理生化研究和建立微生物学的分支学科奠定了基础。

3. 创立了巴氏消毒技术

巴氏消毒法是指在60~65℃条件下做短时间加热处理，杀死有害微生物的一种消毒法。这一技术解决了当时法国酒变质和家蚕微粒子病的生产实践问题，推动了微生物病原学说的发展。到现在此方法仍被广泛应用，是奶制品、蛋白质饮料、酱油及食醋最常用的消毒方法。

4. 接种疫苗预防传染病

1798年，英国医生爱德华·詹纳（Edward Jenner）研制了接种痘苗可预防天花，但对其机制并不了解。1877年，巴斯德研究禽霍乱，发现将病原菌减毒可以诱发机体免疫性，从而预防禽霍乱病。随后，他又研究了炭疽病和狂犬病，并首次制成炭疽疫苗、狂犬疫苗，证实其免疫学说，创造了接种疫苗的方法，为人类防治传染病做出了杰出贡献。

免疫学之父——爱德华·詹纳

柯赫曾经是德国的一名医生，为著名的细菌学家，细菌学的奠基人，对病原细菌的研究做出了重大贡献，主要有以下几方面：

（1）建立了一整套研究微生物的基本技术

他发明了用固体培养基分离和纯培养微生物的技术。即找到了较理想的琼脂作为培养基凝固剂，设计了浇铺平板用的玻璃培养皿，并创造了细菌接种和染色方法。这项技术是研究微生物学的前提条件，一直沿用至今。此外，他发明的培养基制备方法也是微生物研究的基本技术之一。这两项技术不仅建立了一套研究微生物的实验方法，而且为今天的动植物细胞培养做出了贡献。

（2）对某些病原菌进行了详细的研究

他证明了炭疽病、霍乱病和肺结核病由炭疽杆菌、霍乱弧菌和结核杆菌引起，并分离培养出相应的病原菌。1884 年他提出了证明某种微生物是否为某种疾病病原体的基本原则——柯赫法则：①病原菌必须来自患病机体；②从患病机体中分离纯培养必须得到该病原体；③用该纯培养物接种到敏感动物体内必然引发相同的疾病；④从被感染的敏感动物体内能分离到与原来相同的病原菌。这一法则至今仍指导对动植物病原菌的确定。自 19 世纪 70 年代至 20 世纪 20 年代，柯赫发现的各种病原微生物有上百余种，其中还包括植物病原菌。

（四）微生物学的发展期（1897~1953）

大约从 20 世纪初开始到 20 世纪 50 年代结束，是微生物的快速发展时期。微生物在农业和畜牧业中的应用使农业微生物学和兽医微生物学等也成为重要的应用学科，应用成果不断涌现。

1897 年，德国化学家爱德华·毕希纳（Eduard Buchner）发现酵母菌的无细胞提取液能与酵母一样具有发酵糖液产生乙醇的作用，从而认识了酵母菌乙醇发酵的酶促过程，将微生物生命活动与酶化学结合起来，证明了使碳水化合物发酵的是酵母菌所含的各种酶而不是酵母菌本身。此外，他还发现了微生物的代谢统一性，开展了广泛寻找微生物有益代谢产物的工作。

1928 年，分子遗传学的奠基人、英国细菌学家弗雷德里克·格里菲斯（Frederick Griffith）发现了细菌转化现象（肺炎链球菌转化试验）。他发现，若将活的无毒粗糙型的Ⅰ型肺炎链球菌（R 型）和加热致死的有毒光滑型的Ⅱ型肺炎链球菌（S 型）混合后注入健康小鼠体内，小鼠会死亡，并能从该小鼠体内提取到活的 S 型肺炎链球菌。这个实验为后来证明 DNA 是遗传物质奠定了基础。随后研究证明，虽然 S 型菌已经加热致死，但它的 DNA 并未解体，该 DNA 进入 R 型菌，使 R 型菌转化为致病的 S 型肺炎链球菌。

1928 年，英国医生亚历山大·弗莱明（Alexander Fleming）发现青霉素（盘尼西林）能抑制细菌生长。此后开展了对抗生素的深入研究，并用发酵法生产抗生素。青霉素的发现促进并推动了微生物工业化培养技术和抗生素工业的发展。

（五）微生物学的成熟期（1953 年至今）

进入 20 世纪，电子显微镜的发明，同位素示踪原子的应用，生物化学、生物物理学等边缘学科的建立，推动了微生物学向分子水平的纵深方向发展。同时微生物学、生物化学和遗传学的相互渗透，又促进了分子生物学的形成。

20 世纪 30 年代：德国物理学家恩斯特·鲁斯卡（Ernst Ruska）和德国电气工程师马克斯·克诺尔（Max Knoll）发明了电子显微镜，为微生物学等学科提供了重要的观察工具。1939 年，德国生物化学家古斯塔夫·考舍（Gustav Kausche）等首次用电镜观察到了烟草花叶病毒。

20 世纪 40 年代：1941 年，美国遗传学家乔治·比德尔（George Beadle）和爱德华·塔特姆（Edward Tatum）分离并研究了脉孢霉的一系列生化突变类型，促进了微生物遗传学和微生物生理学的建立，推动了分子遗传学的形成。1944 年，美国细菌学家奥斯瓦德·艾弗里（Oswald Avery）等人通过肺炎链球菌转化实验，证明储存遗传信息的物质是 DNA，第一次确切地将 DNA 和基因的概念联系起来，开创了分子生物学的新纪元。

20 世纪 50 年代：1953 年，美国分子生物学家詹姆斯·沃森（James Watson）和英国物理学家弗朗西斯·克里克（Francis Crick）共同提出了 DNA 分子双螺旋结构模型及核酸半保留复制学说。在此基础上，1958 年，克里克进一步分析了 DNA 在生命活动中的功能和定位，提出了著名的遗传信息传递的“中心法则”，由此奠定了整个分子遗传学的基础。沃森和克里克即成为分子生物学的奠基人。

20 世纪 60 年代：1961 年，法国分子遗传学家弗朗索瓦·雅各布（Francois Jacob）和雅克·莫诺（Jacques Monod）通过对大肠杆菌乳糖代谢的调节机制的研究，提出了操纵子学说，并指出基因表达的调节机制。1963 年，莫诺等提出调节酶活力的变构理论。1965 年，美国遗传学家马歇尔·尼伦伯格（Marshall Nirenberg）等用大肠杆菌的离体酶系证实了三联体遗传密码的存在，提出遗传密码的理论，阐明了遗传信息的表达过程。

20 世纪 70 年代：1970 年，美国微生物学家汉密尔顿·史密斯（Hamilton Smith）等从流感嗜血杆菌 Rd 型的提取液中发现并提纯了限制性内切酶。1973 年，美国遗传学家斯坦利·科恩（Stanley Cohen）等首次将重组质粒成功转入大肠杆菌中，开始了基因工程研究。基因工程是获得新物种的一项崭新技术，为人工定向控制生物遗传性状、根治疾病、美化环境、用微生物生产稀有的多肽类药物及其他发酵产品展现了极其美好的前景。1975 年，英国生物化学家赛瑟·米尔斯坦（César Milstein）等建立了生产单克隆抗体的技术，被用于研究免疫性以及诊断和治疗疾病，极大地推动了疫苗研制和癌症治疗领域的发展。1977 年，同为英国的生物化学家弗雷德里克·桑格（Frederick Sanger）等对 ΦX174 噬菌体的 5373 个核苷酸的全部序列进行了分析。

20 世纪 80 年代：1982~1983 年，美国神经学家史坦利·布鲁希纳（Stanley Prusiner）发现了朊病毒，并在其致病机理的研究方面做出了杰出贡献。1983~1984 年，美国生物化学家凯利·穆利斯（Kary Mullis）建立了 PCR 技术（聚合酶链式反应），实现了目的基因在体外扩增。

20 世纪 90 年代：1995 年、1996 年和 1997 年科学家分别完成了对独立生活的细菌（流感嗜血杆菌）、自养生活的古生菌和真核生物（啤酒酵母）的全基因组测序工作，为“人类基因组作图和测序计划”以及其后基因组研究的完成做好了技术准备，促进了生物信息学时代的到来。

21 世纪，微生物学将进一步向地质、海洋、大气、太空等领域渗透，使更多的边缘学科得到发展，如地质微生物学、海洋微生物学、大气微生物学、太空微生物学和极端环境微生物学等。微生物学的研究技术和方法也将会在吸收其他学科的先进技术的基础上，向自动化、定向化和定量化发展。21 世纪，微生物产业除了广泛利用和发掘不同环境（包括极端环境）的自然菌种资源外，基因工程菌将成为工业生产菌，生产外源基因表达的产物。尤其是在药物生产上，结合基因组学在药物设计上的新策略，将出现以核酸（DNA 或 RNA）为靶标的新药物（如反义寡核苷酸、肽核酸、DNA 疫苗等）大量生产，人类将可能完全征服癌症、艾滋病以及其他疾病。此外，微生物与能源、信息、材料、计算机等学科的结合将开辟新的研究领域，生产各种各样的新产品，例如，降解性塑料、

DNA 芯片、生物能源等。在 21 世纪将出现一批崭新的微生物工业，为全世界的经济和社会发展做出更大贡献。

二、我国微生物学的发展

发生在 20 世纪初的东北

我国是最早认识和利用微生物的几个国家之一，但是将微生物作为一门科学进行研究，我国起步较晚。20 世纪初，一批到西方留学的中国科学家开始较系统地介绍微生物知识，从事微生物学研究。1910~1921 年，伍连德用近代微生物学知识对鼠疫和霍乱病原进行探索和防治，在中国最早建立起卫生防疫机构，培养了第一支预防鼠疫的专业队伍，在当时这项工作居于国际先进地位。20 世纪二三十年代，我国学者开始对医学微生物学有了较多的试验研究，其中汤飞凡等在医学细菌学、病毒学和免疫学等方面的某些领域做出过较高水平的成绩，例如沙眼病原体的分离和确认是具有国际领先水平的开创性工作。20 世纪 30 年代，高校开始设立酿造科目和农产品制造系，创建了一批与应用微生物学有关的研究机构。其中高尚荫创建了我国病毒学的基础理论研究和第一个微生物学专业。但总的来说，在中华人民共和国成立之前，我国微生物学未形成自己的研究体系，也没有自己的现代微生物工业。

中华人民共和国成立之后，微生物学在我国有了突飞猛进的发展，一些重点院校开设了微生物学专业，培养了大批微生物学人才。特别是改革开放以来，我国微生物学在基础理论和应用研究方面都取得了重要的成果。我国抗生素的总产量已跃居世界首位，两步法生产维生素 C 的技术居世界先进水平。尽管如此，我国的微生物学发展水平与国外先进水平相比，还有相当大的差距，因此要充分利用我国传统微生物技术的优势，紧跟国际发展前沿，努力赶超世界先进水平。

三、微生物学的分支学科

微生物学既是应用学科，又是基础学科，而且各分支学科是相互配合、相互促进的。随着微生物学研究范围的日益扩大和认识的不断深入，已经形成了许多不同的分支学科，并还在逐渐地形成新的学科和研究领域。其主要分支学科见表 1-4。

表 1-4 微生物学的主要分支学科

依据	名称
研究对象	细菌学、真菌学、病毒学、菌物学、原生动物学、藻类学等
研究范围	微生物遗传学、微生物形态学、微生物生态学、分子微生物学、免疫微生物学、分析微生物学等
生态环境	土壤微生物学、海洋微生物学、环境微生物学、水生微生物学、宇宙微生物学等

续表

依据	名称
生命活动	微生物分类学、微生物生理学、微生物细胞生物学、微生物基因组学等
应用领域	工业微生物学、农业微生物学、医学微生物学、药学微生物学、兽医微生物学、预防微生物学、食品微生物学等

四、食品微生物学的发展

由于巴斯德和柯赫的杰出工作，微生物学作为一门独立的学科开始形成，并且出现了各分支学科。其中，一门专门研究微生物和食品之间相互关系和作用的科学——食品微生物学诞生了。食品微生物学主要以与食品有关的微生物为研究对象，解决由微生物引起的相关食品问题，因而涉及的学科多，范围广且实践性强。有关食品微生物在不同时期发生的重大事件分为食品腐败、食品保藏、食物中毒、其他事件四部分，详细见表 1-5~表 1-8。

表 1-5　食品腐败

时间	重大事件
1659	Kircher 证实了牛乳中含有细菌，1847 年 Bondeau 得到了同样的结论
1680	Leeuwenhoek 发现了酵母细胞
1780	Scheele 发现酸乳中主要的酸性物质是乳酸
1836	Latour 发现了酵母的存在
1839	Kircher 研究发黏的甜菜汁，发现可在蔗糖液中生长并使其发黏的微生物
1857	Pasteur 证明乳酸发酵是微生物引起的
1867	Martin 完善了奶酪变酸与酒精、乳酸和丁酸发酵相似的理论
1873	Gayon 首次发表鸡蛋由微生物引起变质的研究，Lister 第一个在纯培养中分离出乳酸乳球菌（*Lactococcus lactis*）
1876	Tyndall 发现腐败物质中的细菌总是可以从空气、物质或容器中检测到
1878	Cienkowski 首次报道了对糖的黏液进行微生物学研究，并且从中分离出肠膜明串珠菌（*Leuconostoc mesenteroides*）
1879	Miquel 首次研究嗜热细菌
1886	Pasteur 的著作“*Étude sur le Vin*”出版
1887	Foster 首次提出纯培养的细菌能够在 0℃ 条件下生长
1895	荷兰的 Von Geuns 首次对牛奶中的细菌进行计数 S. C. Prescott 和 W. Underwood 首次跟踪研究不良热处理罐藏玉米的腐败
1902	Schmidt-Nielsen 首次提出嗜冷菌的概念，即 0℃ 下能够生长的微生物
1912	Richter 首次用嗜高渗微生物来描述高渗透压环境下的酵母
1915	B. W. Hammer 首次从凝结牛乳中分离出凝结芽孢杆菌（*Bacillus coagulans*）
1917	P. J. Donk 首次从奶油状的玉米中分离出嗜热脂肪芽孢杆菌（*Gerobacillus stearothermophilus*）
1933	英国的 Oliver 和 Smith 提出了由纯黄丝衣霉（*Byssochlamys fulva*）引起的腐败，美国的 D. Maunder 在 1964 年首次进行了描述

表 1-6 食品保藏

时间	重大事件
1782	瑞典化学家开始使用罐藏的醋
1810	Appert 在法国获得罐藏食物的专利 Peter Durand 用玻璃、陶器、罐头或金属等其他一些适合的材料来保藏食物在英国获得专利；随后的 Hall、Gamble 和 Donkin 可能也是根据 Appert 获得相关专利
1813	Donlein、Hall 和 Gamble 介绍了对罐藏食品采用后续工艺保温的技术 在那一时期认为可以用 SO_2 作为肉的防腐剂
1825	T. Kensett 和 E. Daggett 用锡杯保藏食物在美国获得专利
1835	Newton 制备炼乳在英国被授予专利
1837	Winslow 首次将玉米制成罐头
1839	罐头在美国被广泛使用 L. A. Fastier 用加盐来提高水的沸点在法国获得专利
1840	首次将鱼和水果制成罐头
1841	S. Goldner 和 J. Wertheimer 在英国基于 Fastier 方法的盐水浴获得专利
1842	H. Benjamin 用冰和盐水冷冻食品在英国获得专利
1843	I. Winslow 首次使用蒸汽杀菌
1845	S. Elliott 把罐藏技术传到澳大利亚
1853	R. Chevallier-Appert 因食品的高压灭菌获得了专利
1854	Pasteur 开始研究葡萄酒的难题。在 1867~1868 年，巴斯德采用加热法去除不良微生物的方法进入工业化实践
1855	Grimwade 在英国首次生产乳粉
1856	Gail Borden 加工的无糖炼乳在美国获得了专利
1861	I. Solomon 把盐水浴的方法传到了美国
1865	商业规模的冷冻鱼在美国出现，随后在 1889 年出现冷冻鸡蛋
1874	在海上运输肉的过程中首次广泛使用冰 高压蒸汽装置和曲颈瓶得到了应用
1880	首次成功地将冻肉从澳大利亚运输到英国，1882 年首次将冻肉从新西兰运输到英国
1880	在德国对乳制品进行巴斯德杀菌
1882	Krukowitsch 首次提出臭氧对腐败菌具有毁灭性作用
1886	美国的 A. F. Spawn 采用机械化干燥水果和蔬菜
1890	美国对牛乳采用工业化巴斯德杀菌工艺 芝加哥开始机械化冷藏水果
1893	H. L. Coit 在新泽西州发动了合格牛乳运动
1895	Russell 首次对罐头贮藏食品进行细菌学研究
1907	E. Metchnikoff 及合作者分离并命名德式乳杆菌保加利亚种（*Lactobacillus delbrueckii subsp. bulgaricus*） B. T. P. Barker 提出苹果酒生产中醋酸菌的作用
1908	美国官方批准苯甲酸钠作为某些食品防腐剂
1916	德国的 R. Plank、E. Ehrenbaum 和 K. Reuter 实现了食品的速冻

续表

时间	重大事件
1917	美国的 Clarence Birdseye 开始从事冷冻食品的零售业务 Franks 采用 CO_2 贮藏水果和蔬菜技术获得专利
1918	在欧洲首次采用气调方法贮藏苹果（1940 年在纽约首次使用）
1920	Bigelow 和 Esty 发表了关于芽孢在 100℃ 耐热性系统研究。Bigelow、Bohart、Richoardson 和 Ball 提出计算热处理的一般方法，1923 年 C. O. Ball 简化了这个方法
1922	Esty 和 Meyer 提出肉毒梭状芽孢杆菌（*Clostridium botulinum*）的芽孢在磷酸缓冲液中的 z 值为 18℉
1929	使用高能辐照射处理食品的专利在法国签署。Birdseye 的冷冻食品在市场上开始销售
1943	美国的 B. E. Proctor 首次使用离子辐射保存汉堡肉
1950	D 值开始普遍使用
1954	乳酸链球菌肽在奶酪加工中控制梭状芽孢杆菌腐败的技术在英国获得专利
1955	山梨酸被批准作为食品添加剂 抗生素金霉素被批准用于家禽的保鲜（1 年后土霉素也被批准）；1966 年该批准被撤销
1967	为了商业上的方便提出辐射食品方案并在美国实施，随后 1992 年在佛罗里达开始使用
1988	在美国，乳酸菌链球菌肽被列为“一般公认安全”（GRAS）
1990	在美国批准辐射处理家禽
1997	美国批准辐射新鲜的牛肉最大量为 4. 5kGy，冷冻牛肉为 7. 0kGy
1997	美国食品及药物管理局宣布臭氧是安全的（GRAS）可用于食品

表 1-7　食物中毒

时间	重大事件
1820	德国诗人 Justinus Kerner 描述了“香肠中毒”（可能是肉毒中毒）及其致死率
1857	在英国 Penrith、W. Taylor 指出牛乳是伤寒热传播的媒介
1870	Francesco Selmi 发展了尸毒理论，指出由于食用某些食物而感染疾病
1888	Caertner 首先从导致 57 人食物中毒的肉食中分离出肠炎沙门氏菌（*Salmonella enteritidis*）
1894	T. Denys 首次将食品中毒和葡萄球菌联系在一起
1896	Van Ermenegem 首次发现了肉毒梭状芽孢杆菌（*Clostridium botulinum*）
1904	G. Landman 鉴定出 A 型肉毒梭状芽孢杆菌（*C. botulinum*）
1906	确认了蜡状芽孢杆菌（*Bacillus cereus*）食物中毒和裂头绦虫病
1926	Linder、Turner 和 Thom 提出首例链球菌引起的食物中毒
1937	L. Bier、E. Hazen 鉴定出 E 型肉毒梭状芽孢杆菌（*C. botulinum*）
1937	确认了贝类麻痹中毒
1938	发现了弯曲菌肠炎爆发的原因是牛乳
1939	Schleifstein 和 Coleman 确认了小肠结肠炎耶尔森氏菌（*Yersinia enterocolitica*）引起的肠胃炎
1945	McClung 首次证实食物中毒中产气荚膜梭状芽胞杆菌（*Clostridium perfringens*）（*welchii*）的病原机理
1950	日本的 T. Fujino 提出副溶血性弧菌（*Vibrio parahaemolyticus*）是引起食物中毒的原因

续表

时间	重大事件
1955	S. Thompson 指出了霍乱和埃希氏大肠杆菌（*Escherichia coli*）引起的婴幼儿肠胃炎的相似性 确认了鲭亚目鱼食物中毒 首次有记载的异尖线虫病发生在美国
1960	Moller 和 Scheibel 鉴定出 F 型肉毒梭状芽孢杆菌（*C. botulinum*） 首次报道了黄曲霉（*Aspergillus flavus*）产生黄曲霉毒素
1965	确认了食物传播的贾第鞭毛虫病
1969	C. L. Duncan 和 D. H. Strong 确定产气梭状芽孢杆菌（*C. perfringens*）的肠毒素 Gimenze 和 Ciccarelli 首次分离得到 G 型肉毒梭状芽孢杆菌（*C. botulinum*）
1971	美国马里兰州首次暴发食品传播的副溶血弧菌（*Vibrio parahaemolyticus*）性肠胃炎 美国第一次暴发食品传播的大肠杆菌（*E. coli*）性肠胃炎
1975	L. R. Koupal 和 R. H. Deibel 证实了沙门氏菌肠毒素
1976	美国纽约首次暴发食品传播的小肠结炎耶尔森氏菌（*Yersinia enterocolitica*）引起的肠胃炎 加利福尼亚首次出现婴儿肉毒中毒
1977	巴布亚岛和几内亚首次暴发环孢霉菌病，1990 年第一次在美国暴发
1978	澳大利亚首次出现 Norwalk 病毒引起食物传播的肠胃炎
1979	佛罗里达首次出现非 O1 群霍乱弧菌（*Vibrio Cholerae*）引起的食品传播的肠胃炎，早在 1965 年捷克斯洛伐克和 1973 年澳大利亚出现过
1981	美国暴发了食品传播的李斯特病，1982~1983 年在英国发生食物传播的李斯特菌
1982	美国首次暴发了由食品产生的出血性结肠炎
1983	Ruiz-Palacios 等描述了空肠弯曲杆菌（*Campylobacter jejuni*）肠毒素
1985	美国认可对猪肉进行 0.3~1.0kGy 的照射能够控制旋毛虫
1986	牛绵状脑病首次被诊断

表 1-8 其他事件

时间	重大事件
1983~1984	Mullis 建立 PCR 技术
1984	C. Milstein*、G. J. F. Kollei* 和 N. K. Jenne* 单克隆抗体形成技术的建立及免疫学的理论工作
1985	在英国发现第一例疯牛病
1987	S. Tonegawa* 抗体多样性产生的遗传原理
1990	在美国对海鲜食品强调实施 HACCP 体系
1990	第一个超高压果酱食品在日本问世
1993	K. B. Mullis* 因发现聚合酶链反应获得诺贝尔奖
1995	第一个独立生活的流感嗜血杆菌全基因组序列测定完成
1995	英国已证实有 10 万~15 万头疯牛病病例，而且蔓延到日本和欧洲一些国家
1996	D. C. Doherty* 和 R. M. Zinkernagel* 发现 T 淋巴细胞识别病毒感染细胞机理
1996	第一个自养生活的古生菌基因组测定完成

续表

时间	重大事件
1996	大肠杆菌 O157：H7 在日本流行
1996	第一个真核生物酵母菌基因组测序完成
1999	美国“产高压技术”在肉制品商业化的应用
2000	发现霍乱弧菌有两个独立的染色体
2001	邮寄的炭疽芽孢引起大范围的生物恐怖事件
2002	Bernardla scola 等发现最大的病毒（mimi virus）；Kashefi 等分离到生长温度可高达 121℃ 的古生菌（Strain121），称为 121 菌株
2003	全球暴发急性呼吸道综合征（简称 SARS）
2005	Barry J. Masshall* 和 Robin J. Warren* 由于证明胃炎、胃溃疡是由幽门螺杆菌感染所致获得诺贝尔奖
2004~2006	禽流感在全球流行
2009	甲型流感 H1N1 的流行

注：* 为诺贝尔奖获得者。

第四节　食品微生物学的研究内容及任务

一、食品微生物学的研究内容

食品微生物学属于应用微生物学的范畴，是专门研究微生物与食品之间相互关系的一门科学，是微生物学的一个重要分支。尽管人类对食品微生物研究的历史很长，但它仍属于一门新兴学科。该学科是由微生物学发展而来，融合了食品科学、工业微生物学、农业微生物学、医学微生物学、环境微生物学、生物化学、分子生物学、分析化学等多学科的相关内容，因此其理论基础主要涉及微生物学的基本理论，食品加工贮藏的基本理论，现代生物学及生物技术的基本理论以及化学、生理学、病理学、流行病学等学科的基本理论。食品微生物学研究内容主要包括：研究与食品有关微生物的活动规律；研究有益微生物在食品制造中的应用；研究有害微生物在食品加工、贮藏等过程中的预防和消除；研究食品安全检测方法，制定食品中微生物指标，从而为判断食品的卫生质量提供科学依据。

二、食品微生物学的研究任务

微生物广泛存在于食品原料和大多数食品中，但是不同的食品在不同的条件下，其微生物种类、数量和作用也不相同。一般来说，微生物既可在食品生产中起有益作用，又可通过食品给人类带来危害。所以，食品微生物学作为一门专业基础课，除了使学生掌握牢固的微生物学理论和技能，还有两个非常重要的任务。

（一）有益微生物在食品制造中的应用

充分利用有益微生物，提高食品产量和质量，增加食品种类和功能。随着生物学的发展，各种新技术不断涌现，人们一方面利用现代生物育种技术对生产菌种进行改良；另一方面是利用现代生物工程技术对传统食品工艺进行改造。微生物在食品中的应用主要包括三方面：第一，微生物菌体的应用。乳酸菌作为一种益生菌在食品行业广泛应用，例如人们食用的酸牛奶、酸泡菜及其他多种食品的发酵。第二，微生物代谢产物的应用。例如酒类、酱油、醋、氨基酸、有机酸、维生素等都是经过微生物发酵作用得到的代谢产物。第三，微生物酶的应用，如腐乳、酱类。酱类就是利用微生物产生的酶将原料中的成分分解而制成的食品。微生物酶制剂在食品及其他工业中的应用日益广泛。

（二）有害微生物的预防及控制

微生物可以引起食品腐败变质。据统计，全世界每年因微生物引起的食品腐败变质而造成的损失高达10%~20%。另外，在我国各种食物中毒中，微生物引起的食物中毒占60%~70%，是重要的公共卫生问题。如何有效地抑制食品腐败微生物的生长繁殖、控制病原性微生物的污染以及检测病原微生物，是食品微生物学的重要研究任务。

第五节　食品微生物学展望

随着科学技术的发展和人民生活水平的不断提高，人类对食品的要求日趋严格。虽然，食品微生物学的未来发展很难预测，但十分清楚的是人类对食品品质与安全性要求越来越高，对食品微生物的要求也逐步提升。

微生物从发现到现在短短的300年间，特别是20世纪中叶，已在人类的生活和生产实践中得到广泛的应用，并形成了继动物、植物两大生物产业后的第三大产业。在21世纪将出现一批崭新的微生物工业，为全世界的经济和社会发展做出更大贡献。总之，展望21世纪，人类在熟悉和掌握现代微生物学与食品微生物学理论与技术的基础上，将继续在以下方面发展。

一、微生物基因组学和后基因组学

自1995年公布第一个微生物的基因组——流感嗜血杆菌基因组，紧接着许多模式微生物、病原微生物和特殊微生物的基因组被测序，据统计，目前已测序的微生物达300多个。如果说20世纪微生物基因组研究为人类基因组计划提供了模式生物，那么21世纪它将继续作为主要的模式生物，在后基因组研究中发挥不可替代的作用。基因组研究正进一步扩大到其他微生物，随着基因组作图测序方法的不断进步与完善，基因组研究将成为一种常规的研究方法，为人类从生命本质上认识微生物、改造和利用有益微生物、控制有害微生物提供更为有效的手段，也为构建基因工程菌提供可靠的理论武器和技术保障，从而全面推动食品微生物学的发展。

二、现代微生物技术与传统食品产业升级改造

食品微生物在各行各业应用范围越来越大，从传统的酿酒、酿醋、酿酱、酸奶、奶酪、泡菜到现代发酵生产氨基酸、有机酸、维生素、酶、生物农药、生物肥料等，每年产生的价值难以估量。今后更要对食品微生物进行深度开发，特别是如何更好地开发能生产具有特殊功能成分，并且能为人类服务的食品微生物显得更加紧迫。在传统产业方面，我国是农业大国，农产品资源极其丰富，因而利用现代微生物技术进行转化，一方面可提高农副产品的附加值，另一方面可以提高农产品的利用率。采用经过改良的新菌种酿造新品酒，赋予酒更好

的香气，更好的口感。利用基因工程菌产生的各种酶制剂，将农产品转化为功能性低聚糖，辅助某些疾病的治疗，还可以作为保健品为人类的健康做出贡献。

三、微生物与食品安全性

食品加工过程中如何致力于从原料开始，预防和控制加工全过程的食品腐败、防止感染性病原的入侵、去除因加工不当可能产生的有毒有害物质，真正做到清洁生产，这既是老问题，又必须下大功夫、花大力气加以防范，其中不仅包含技术问题，也有管理问题，还涵盖法律法规问题。除了要以良好生产规范（good manufacturing practice，GMP）、危害分析和关键控制点（hazard analysis critical control point，HACCP）等的原理原则规范行为，还需要用微生物学的新技术和新方法以及其他学科的先进技术，应用于食品安全的检测，向自动化、定向化和定量化发展。

综上所述，随着微生物学发展第三个黄金时代的到来，食品微生物学将获得新的快速发展，食品微生物产业将出现崭新局面。

思考题

1. 什么是微生物？微生物具有哪些生物学特性？举例说明它们在生产实践中的应用。
2. 简述生物的六界分类系统及微生物在此系统中的分类地位。
3. 解释微生物的双名命名法，并举例说明。
4. 解释微生物的三名命名法，并举例说明。
5. 食品微生物学的研究内容是什么？食品微生物学的研究任务是什么？
6. 经典的微生物分类鉴定方法都有哪些？

参考文献

[1] 朱军．微生物学［M］．北京：中国农业出版社，2010.
[2] 董明盛，贾英民．食品微生物学［M］．北京：中国轻工业出版社，2006.
[3] 周德庆．微生物学教程［M］．北京：高等教育出版社，2011.
[4] 江汉湖，等．食品微生物学［M］．北京：中国农业出版社，2010.
[5] 贺稚非．食品微生物学［M］．北京：中国质检出版社，2013.
[6] 唐欣昀．微生物学［M］．北京：中国农业出版社，2009.
[7] 殷文政，等．食品微生物学［M］．北京：科学出版社，2015.
[8] 沈萍等．微生物学［M］．北京：高等教育出版社，2006.
[9] 刘慧．现代食品微生物学［M］．北京：中国轻工业出版社，2011.
[10] 何国庆，贾英民，丁立孝．食品微生物学［M］．北京：中国农业出版社，2016.
[11] 胡永金，刘高强．食品微生物学［M］．长沙：中南大学出版社，2017.
[12] 李平兰．食品微生物学教程［M］．北京：中国林业出版社，2011.

第二章　微生物主要类群及其形态与结构

第二章　微生物主要类群及其形态与结构

在生命的世界里，在动物体、植物体及人体中，微生物无所不在，遍布于自然界的各个角落。各种生物的形态、大小相差非常大，目前已知的最小生物即为病毒。人类在显微镜下看到的是生命体的基本单位，是一个个形态不同、功能各异的细胞，数以亿计的细胞构成了肉眼可见的动物体、植物体。然而，由单细胞或多细胞构成的原生动物、藻类、细菌、霉菌等微生物虽然真实存在，却不易被我们发现。随着微生物学的不断发展，微生物研究的领域越来越广泛，人类对微生物的认识也越来越深入。在我国，微生物与食品的渊源可以追溯到几千年前，它们除了会分解食物，也能制造出很多美味的食物。在微生物的世界里，许多有益微生物寄居在人体肠道中给健康带来好处，越来越多的有益微生物，被人们发现并运用到各种各样的食品生产及食品品质改善中。

微生物形态多种多样，有球状、杆状、椭球状、螺旋状、不规则形状等；其大小也不尽相同，最小的病毒如细小病毒只有20nm，而大型的蕈菌的子实体可达到1m以上。

看得见的微生物

微生物具有比表面积大，吸收多、转化快，生长旺、繁殖快，种类多、分布广，适应强、变异快等特点，据推测微生物很可能是地球上物种最多的一类，而目前已知的微生物种类仅占地球上实际存在的微生物总数的5%。认识微生物的形态和结构是认识微生物的第一步，在应用微生物和对微生物进行研究的过程中，食品工业要得以正常进行，必须要熟悉常见及常用微生物的形态结构，了解微生物的结构与功能的关系，区别功能微生物与污染微生物的形态（图2-1）。本章主要介绍微生物的形态与结构，包括细菌、古生菌、放线菌、蓝细菌、霉菌、酵母菌、蕈菌、病毒等的基本结构和分类。通过本章的学习，能够对原核微生物与真核微生物形态结构的区别有一定的认识，并掌握典型的原核微生物和真核微生物形态结构的差异。

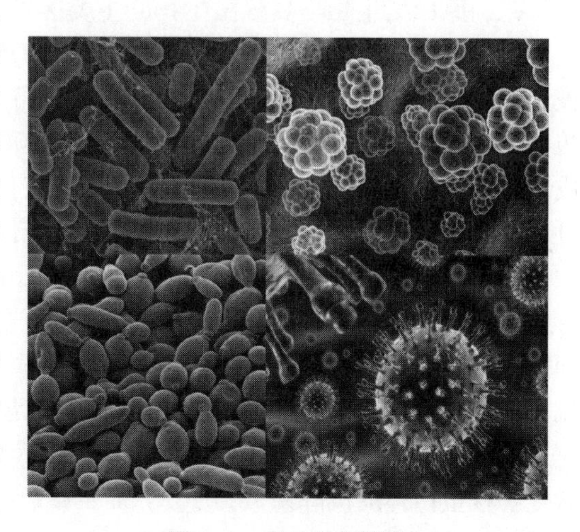
图2-1　微生物的形态

第一节 原核微生物与真核微生物概述

在微生物的世界里，根据细胞构造上的区别，尤其是细胞核的构造和进化水平上的差异，可以划分为原核微生物（prokaryotic microorganism）与真核微生物（eukaryotic microorganism）两大类。原核微生物即广义的细菌，包括真细菌和古生菌两大类群。真菌（包括酵母菌、霉菌、蕈菌或担子菌）、显微藻类和原生动物等则都属于真核微生物。真核微生物细胞与原核微生物细胞相比，其形态更大、结构更为复杂、细胞器的功能更为专一。本章将从具体概念、细胞结构和主要特征上来讨论原核微生物与真核微生物的区别。

一、原核微生物与真核微生物的概念

随着生物科学研究的不断深入和研究手段的不断改善，尤其是电子显微镜的应用和细胞超微结构的研究，发现生物的细胞核存在两种类型，原核和真核。凡是有细胞形态的微生物称为细胞型微生物，按其细胞结构又可分为原核微生物与真核微生物。

原核微生物是指细胞有明显的核区，核区内只有一条双螺旋结构的脱氧核糖核酸（DNA）构成的染色体（chromosome）；核质和细胞质之间不存在明显核膜的原始单细胞生物。真细菌的细胞膜（cell membrane）含有酯键连接的脂类，细胞壁含有肽聚糖（无壁的支原体除外）。细菌、放线菌、蓝细菌、支原体、立克次氏体和衣原体等均属于真细菌。古生菌细胞膜含有醚键连接的类脂，细胞壁不含有肽聚糖，而是由假肽聚糖或杂多糖、蛋白质、糖蛋白构成。

凡是细胞核具有核膜、核仁，能进行有丝分裂，细胞质中存在线粒体（mitochondria）或同时存在叶绿体（chloroplast）等细胞器（organelles）的微小生物，称为真核微生物。真核微生物已发展出许多由膜包裹的细胞器，如内质网、高尔基体、溶酶体、微体、线粒体和叶绿体等，尤其是已进化出有核膜包裹着的完整的细胞核，其中存在的染色体由双链 DNA 长链与组蛋白和其他蛋白紧密结合，以更完善地执行生物的遗传功能。

二、原核微生物与真核微生物的主要区别

原核微生物的遗传物质主要是以双螺旋 DNA 构成的一条染色体，无组蛋白与之相结合，仅形成一个核区，没有核膜包围，无核仁，称为原核（nucleoid）或拟核。真核微生物的遗传物质以双螺旋 DNA 构成的一条或一条以上的多条染色体群，并有组蛋白与之相结合，形成一个真核（nucleolus），由核膜包围，有核仁，膜上有孔，明显有别于周围的细胞质，而且各种细胞器如线粒体、叶绿体等均携带有自己的 DNA，可自主复制。

原核微生物细胞的细胞质由细胞膜包围，细胞膜形成大量褶皱，向内陷入细胞质中，折叠形成中间体或称为间体（mesosome），不含其他分化明显的细胞器。真核微生物细胞的细胞质同样由细胞膜包围，但细胞膜不内陷，细胞内含多种细胞器，如主要进行呼吸作用的线粒体和光合作用的叶绿体等。各种细胞器由各自的膜包围，细胞器膜与细胞膜之间无直接关系。

原核微生物和真核微生物细胞的蛋白质合成都是在核蛋白体上进行，但大小不同，原核微生物核蛋白体的沉降系数为 70S，而真核微生物核蛋白体的沉降系数为 80S，其细胞器的核蛋白体的沉降系数为 70S。它们各自的亚单位构成也不一样，原核微生物的核蛋白体是由

50S 和 30S 的两个亚单位构成，真核微生物的核蛋白体是由 60S 和 40S 两个亚单位构成。在原核细胞蛋白质合成中，DNA 的转录和翻译在细胞质中同时进行；在真核细胞蛋白质合成中，DNA 的转录在细胞核中进行，而翻译则在细胞质中进行。

真核微生物与原核微生物在结构与功能等方面都有显著的差别，其中最根本的区别是细胞膜系统的分化与演变、遗传信息量与遗传装配的扩增与复杂化。二者具体的区别综合列于表 2-1 中。

表 2-1 原核微生物与真核微生物的比较

比较项目		原核微生物	真核微生物
细胞形态		细菌：单细胞；放线菌：菌丝体	酵母菌：单细胞；霉菌：菌丝体
细胞大小		较小，直径≤2μm	较大，2μm≤直径≤10μm
细胞壁		多数为肽聚糖	葡聚糖、纤维素、几丁质等
细胞膜中固醇		无（支原体例外）	有
细胞膜含呼吸或光合组分		有	无
细胞器		无	有
细胞核	结构	原核（拟核），无核膜和核仁	真核，有核膜和核仁
	DNA 含量	高（约 10%）	低（约 5%）
	组蛋白	少	有
	染色体数	一般为 1	一般>1
	有丝分裂	无	有
	减数分裂	无	有
细胞质	线粒体	无	有
	溶酶体	无	有
	叶绿体	无	有
	真液泡	无	有
	高尔基体	无	有
	内质网	无	有
	微管系统	无	有
	流动性	无	有
	核糖体	70S	80S，线粒体和叶绿体为 70S
	间体	部分有	无
	贮藏物	PHB 等	淀粉、糖原等
生理特征	氧化磷酸化部位	细胞膜	线粒体
	光合磷酸化部位	细胞膜	叶绿体
	生物固氮能力	有些有	无
	化能合成作用	有	无
	营养类型及呼吸类型	细菌：自养型、异养型 专性好氧、兼性厌氧、专性厌氧 放线菌：多数异养型，少数自养型 多数好氧，少数厌氧或微好氧	酵母菌：异养型、未见自养型 好氧、兼性厌氧，未见专性厌氧 霉菌：异养型，未见自养型 专性好氧，未见专性厌氧
	生长 pH 值	中性或偏碱性	偏酸性

续表

比较项目	原核微生物	真核微生物
鞭毛结构	如有，则细而简单	如有，则粗而复杂（9+2 型）
鞭毛运动方式	旋转马达式	挥鞭式
非鞭毛运动	滑动	滑动
遗传重组方式	转导、转化、接合、原生质体融合等	有性生殖、准性生殖等
繁殖方式	一般为无性生殖（二等分裂）	有性、无性等多种方式

第二节　原核微生物

一、细菌

细菌（bacteria）是一类细胞细短（直径约 0.5μm，长度为 0.5~5μm）、结构简单、细胞壁坚韧、多以二分裂方式繁殖和水生性较强的原核微生物。大多数细菌具有一定的基本细胞形态并保持恒定。当人类还未研究和认识细菌时，少数病原菌曾猖獗一时，夺走无数生灵；不少腐败菌也常常引起各种工、农业产品的腐烂变质。随着对细菌的研究和认识的深入，人们开始利用有益细菌为生活带来便利。越来越多的有益细菌被发现并利用于工、农、医、药等生产实践中，例如各种酶制剂、氨基酸、核苷酸、有机酸、抗生素等重要产品都是由细菌发酵生产的，细菌肥料的生产、沼气发酵、污水处理、饲料加工、饮料加工等过程中都能发现有益细菌的身影。此外，细菌还被用作重要的研究对象（或称为模式生物），其中大肠杆菌更因为其在生命科学研究中所作出的重大特殊贡献而被称为生物界的超级明星。

（一）细菌的形态与大小

细菌细胞的外表特征一般从形态、大小和细胞的排列方式来描述。形状近似圆形的细菌称为球菌；形状近似圆柱形的称为杆菌；形状为螺旋形的细菌称为螺旋菌（图 2-2）。还有一些其他形状，包括丝状、三角形、方形和圆盘形等。

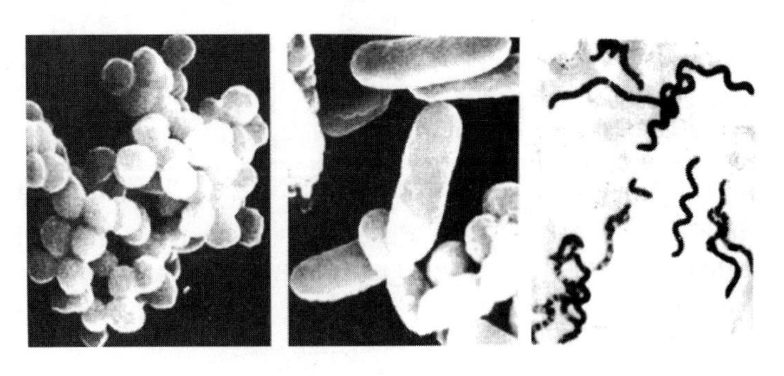

图 2-2　细菌细胞的形态：球状、杆状、螺旋状

1. 球菌（coccus）

球状的细菌称为球菌，根据其分裂方式及分裂后的排列形式不同，可将球菌分为单球菌、双球菌、四联球菌、八叠球菌、链球菌和葡萄球菌等（图 2-3）。

①单球菌。

细胞分裂后产生的两个子细胞立即分开，如脲微球菌（*Micrococcus ureae*）；

②双球菌。

细胞分裂 1 次后产生的两个子细胞不分开而成对排列，如肺炎链球菌（*Diplococcus pneumoniae*）；

③四联球菌。

细胞按两个互相垂直分裂面各分裂 1 次，产生的 4 个细胞不分开，并连接成四方形，如四联微球菌（*Micrococcus tetragenus*）；

④八叠球菌。

细胞沿三个相互垂直的分裂面连续分裂 3 次，形成含有 8 个细胞的立方体，如脲芽孢八叠球菌（*Sporosarcina ureae*）；

⑤链球菌。

细胞按一个平行面多次分裂，产生的子细胞不分开，并排列成链，如乳酸链球菌（*Streptococcus lactis*）；

⑥葡萄球菌。

细胞经多次不定向分裂形成的子细胞聚集成葡萄状，如金黄色葡萄球菌（*Staphylococcus aureus*）。

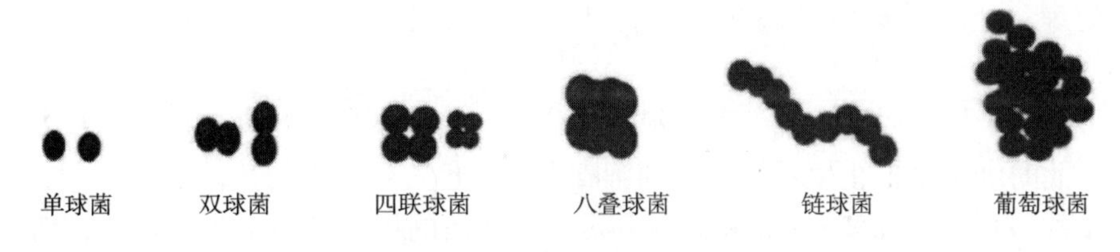

图 2-3　球菌的形态示意图

2. 杆菌（bacillus）

杆状的细菌称为杆菌，其细胞外形较球菌复杂，按其细胞的长宽及排列方式可分为长杆菌、短杆（球杆）菌、链杆菌、棒杆菌（图 2-4）。杆菌的长宽比相差很大，其两端常呈不同的形状，如半圆形、钝圆形、平截形、略尖形等；菌体有笔直、稍弯曲和纺锤状等。杆菌常按一个平面分裂，分裂后大多数杆菌呈单个分散状态，但也有少数杆菌分裂后呈链状、栅栏状或八字形排列，这些排列方式与菌体的生长阶段或培养条件有关。杆菌长度受环境条件的影响变化较大，而粗细较稳定。由于杆菌的排列方式既少又不稳定，分类名称多结合其他特征命名，如芽孢杆菌、棒状杆菌等。

3. 螺旋菌（spirillar bacteria）

按其弯曲旋转程度不同又可分为螺旋菌、螺旋体和弧菌。螺旋菌为螺旋状；若螺旋不足一环者则称为弧菌（vibrio）；旋转周数多（通常超过 6 环）、体长而柔软的螺旋状细菌则专称为螺旋体（spirochaeta）（图 2-5）。

在自然界所存在的细菌中，以杆菌最为常见，球菌次之，而螺旋状的则最少。在这三大类细菌中，食品及发酵工业中最常用的是球菌和杆菌，尤以杆菌最为重要。螺旋菌主要为病原菌。

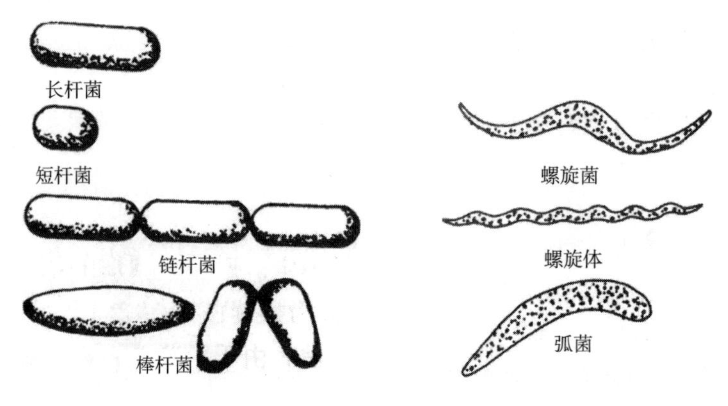

图 2-4　杆菌的形态　　　　图 2-5　螺旋菌、螺旋体和弧菌

在多数情况下，细胞的形状和排列方式是微生物各自的特征，它们与环境因素有关，如培养的温度、培养基的成分与浓度、pH 值、菌龄等。各类细菌在未衰老前和适宜的培养条件下，一般表现正常的细胞形态和排列方式。但是在衰老后或培养条件有较大改变时，就会出现变化，尤以杆菌最为典型。异常形态可按其生理机制的差异分为畸形或衰颓形两种。

畸形是由于化学或物理的因素刺激，阻碍了细胞的发育，从而引起其形态的异常变化。如北京棒杆菌（*Corynebacterium pekinese*）细胞一般成八字形排列，由于原生质体制备时采用甘氨酸预处理，处理后细菌形态成为细杆状，但当以正常培养基培养后即恢复成八字形排列。

衰颓形是由于培养时间过长、营养缺乏或代谢产物浓度积累过高，使细胞衰老而引起的异常形态。此时细胞已停止生长繁殖，细胞膨大，着色力弱，有的菌体已经死亡。如在奶酪成熟过程中的一种乳酪杆菌（*Bacterium casei*），在一般的培养条件下为长杆状，而在老熟的状态下，则变为无繁殖力的分枝状衰颓形。若再将这类异常形态的细胞转接入新鲜培养基上，并在合适条件下培养，又会恢复其原来的形状。

细菌的大小通常是以微米（μm）表示，而其亚细胞结构则要用更小的单位纳米（nm）来表示。细菌大小是细菌鉴定中必不可少的内容，一般用显微测微尺来测量，并以多个菌体的平均值或变化范围来表示。球菌一般以直径来表示大小，杆菌和螺旋菌则以宽×长来表示，螺旋菌的长度是以其菌体两端间的直线距离来计算，而不是以其真正的长度计算。一般而言，球菌的直径在 0.2～1.5μm，杆菌为（0.2～1.25）μm×（0.3～8）μm，螺旋菌为（0.3～1）μm×（1～50）μm。细菌细胞的体积很难准确测定，因为在固定和染色的过程中，它们的体积大为缩小。细菌体积虽小，但其相对表面积很大，比表面积大有利于细胞与外界的物质交换，加快新陈代谢。几种常见的细菌的大小见表 2-2。

表 2-2　常见细菌的大小

菌名	直径/μm 或宽×长/μm×μm
球菌	
乳酸链球菌（*Streptococcus lactis*）	0.5～1.0
金色微球菌（*Micrococcus aureus*）	0.8～1.0
亮白微球菌（*Micrococcus candidus*）	0.5～0.7

续表

菌名	直径/μm 或宽×长/μm×μm
金黄色葡萄球菌（*Staphylococcus aureus*）	0.8~1.3
杆菌	
大肠杆菌（*Escherichia coli*）	(1.0~3.0) × (0.4~0.7)
普通变形杆菌（*Proteus vulgaris*）	(1.0~3.0) × (0.5~1.0)
铜绿色假单胞菌（*Pseudomonas aeruginosa*）	(1.5~3.0) × (0.5~0.6)
嗜乳酸杆菌（*Lactobacillus acidophilus*）	(0.6~0.9) × (1.5~6.0)
枯草芽孢杆菌（*Bacillus subtilis*）	(0.8~1.2) × (1.5~4.0)
巨大芽孢杆菌（*Bacillus megaterium*）	(0.9~1.7) × (2.4~5.0)
螺旋菌	
霍乱弧菌（*Vibrio cholerae*）	(0.3~0.6) × (1.0~3.0)
迂回螺菌（*Spirillum volutans*）	(1.5~2.0) × (10~20)

（二）细菌细胞的结构及功能

细菌的细胞主要含有几种主要的化学组分，包括蛋白质、核酸（核糖核酸和脱氧核糖核酸）、多糖和类脂类物质，这些组分是所有的细胞所共有的，是细胞的遗传连续性、生物化学活性以及渗透性所必需的大分子结构的成分。细胞的构造可区分为两类：一般构造与特殊构造。一般构造包括细胞壁、细胞膜、细胞质、间体、核糖体、核质、内含物颗粒。特殊结构有荚膜、鞭毛、伞毛、芽孢等，它们是细菌分类鉴定的重要依据。细菌细胞的构造模式见图 2-6。

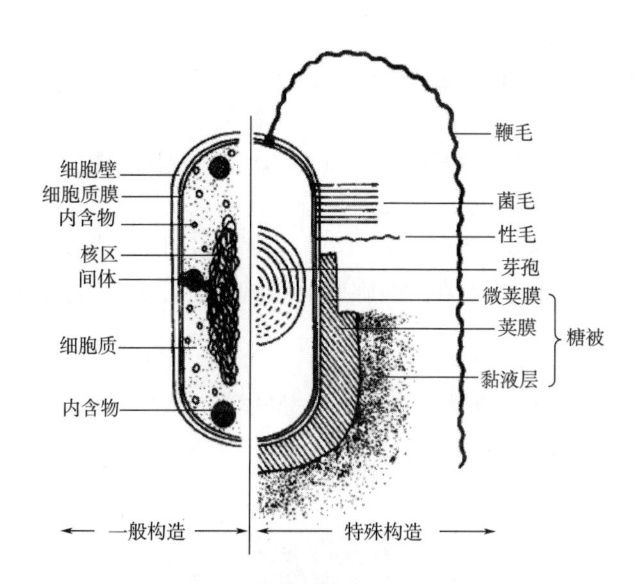

图 2-6　细菌细胞的构造模式图

1. 细菌细胞的一般构造

（1）细胞壁（cell wall）

细胞壁是细菌抵抗外界环境的第一道屏障，位于细胞表面，坚韧而略有弹性，内侧紧贴细胞膜，是细胞的重要结构之一。细胞壁大约占细胞干重的10%~25%。在光学显微镜下观察细胞壁需要通过染色、质壁分离或制成原生质后观察，近年来大多通过超薄切片，用电子显微镜进行直接观察，可以清楚地观察到细胞壁的存在。

细胞壁的主要功能有：

①维持菌体固有形状。

各种形态的细菌失去细胞壁后，均变成球形。用溶菌酶除去细菌细胞壁后剩余的部分称为原生质体或原生质球。原生质体的结构与生物活性并不会因失去细胞壁而发生改变，因而细胞壁并不是细菌保持活性的必需结构。

②提供足够的强度，具有保护作用，使细胞免受机械性外力或渗透压的破坏。

细菌在一定范围的高渗溶液中，原生质收缩，但细胞仍可保持原来形状；在低渗溶液中，细胞膨大，但不致破裂，这些都与细胞壁具有一定韧性及弹性有关。

③起渗透屏障作用，与细胞膜共同完成细胞内外物质变换。

细胞壁有许多微孔（1~10nm），可允许可溶性小分子及一些化学物质通过，但对大分子物质有阻拦作用。

④协助鞭毛的运动。

细胞壁是某些细菌鞭毛的伸出支柱点。如果将细胞壁去掉，鞭毛仍存在，但不能运动，可见细胞壁的存在是鞭毛运动的必要条件。

⑤细胞壁的化学组成与细菌的抗原性、致病性，以及对噬菌体的特异敏感性有密切关系。

细胞壁是菌体表面抗原的所在地。革兰氏阴性菌细胞壁上有脂多糖，具有内毒素的作用，与其致病性有关。

⑥与横隔壁的形成有关。

细胞分裂时，其中央部位的细胞壁不断向内凹陷，形成横隔，即将原细菌细胞分裂为两个子细胞。此外，细胞壁还与革兰氏染色反应密切相关。

1884年，丹麦病理学家革兰（Hans Christian Gram）提出了革兰氏染色法，用于细菌的形态观察和分类，根据细菌细胞壁的重要差异特征及革兰氏染色反应的不同，可以将细菌分为革兰氏阳性菌（Gram positive bacteria，G^+）和革兰氏阴性菌（Gram negative bacteria，G^-）。革兰氏阳性菌和革兰氏阴性菌在细胞壁的结构和化学组成上都存在显著的区别（见图2-7、表2-3）。

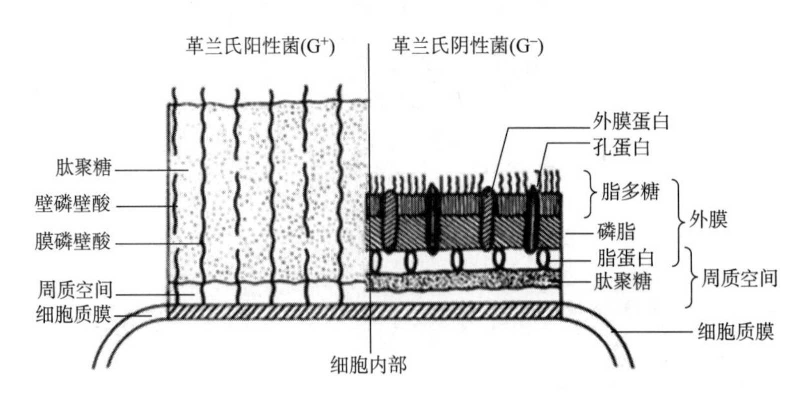

图2-7　G^+细菌与G^-细菌的细胞壁结构的比较

表 2-3　G^+细菌与 G^-细菌细胞壁特征的比较

特征	革兰氏阳性菌	革兰氏阴性菌	
		内壁	外壁
肽聚糖	含量很高（30%~95%）	有，但含量低（5%~20%）	无
磷壁酸	含量较高（<50%）	无	无
脂多糖	1%~4%	无	11%~22%
蛋白质	有或无	无	有
类脂类	一般无（<2%）	有或无	有
细胞壁厚度	20~80nm	2~3nm	3nm
对青霉素的敏感性	强	弱	

G^+细菌的细胞壁较厚，但化学组成比较单一，只含有 90% 的肽聚糖和 10% 的磷壁酸；而 G^-细菌的细胞壁较薄，却有多层构造，其化学成分中除含有肽聚糖、脂多糖以外，还含有一定量的类脂类物质和蛋白质等成分。此外，两者在机械强度以及由外到内的结构层次排布上也有显著不同。

肽聚糖（peptidoglycan）是细菌细胞壁所特有的成分，又称黏肽、胞壁质或黏质复合物。肽聚糖分子一般由两部分组成，分别是肽和聚糖，其中肽又分为四肽尾和肽桥两种形态。(见图 2-8、图 2-9)。

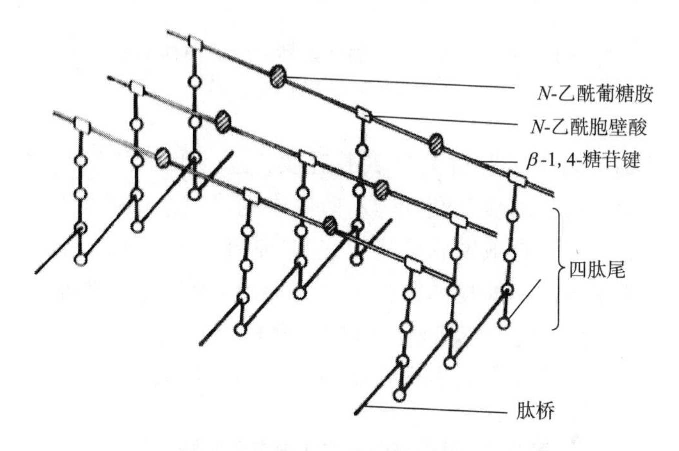

图 2-8　革兰氏阳性细菌肽聚糖立体结构（片段）

双糖单位由一分子 N-乙酰葡萄糖胺与一分子 N-乙酰胞壁酸通过β-1，4-糖苷键相连，构成肽聚糖的骨架。此β-1，4-糖苷键容易被溶菌酶水解而导致细菌由于肽聚糖层散架而死亡，目前已发现在卵清、人的泪液和鼻腔、部分细菌和噬菌体中都广泛存在溶菌酶。

四肽尾一般是由 4 个氨基酸连接成的短肽链连接在 N-乙酰胞壁酸分子上。在 G^+细菌中，如金黄色葡萄球菌中的 4 个氨基酸是按 L 型与 D 型交替排列的方式连接而成的，即 L-丙氨酸、D-谷氨酸、L-赖氨酸、D-丙氨酸（见图 2-8）；而对 G^-细菌而言，如大肠杆菌中则为 L-丙氨酸、D-谷氨酸、m-DAP（内消旋二氨基庚二酸）、D-丙氨酸。两者的差异主要在第三个氨基酸分子上。

肽桥是将相邻“肽尾”交联形成的高强度网状结构。不同细菌的肽桥类型也不同。在

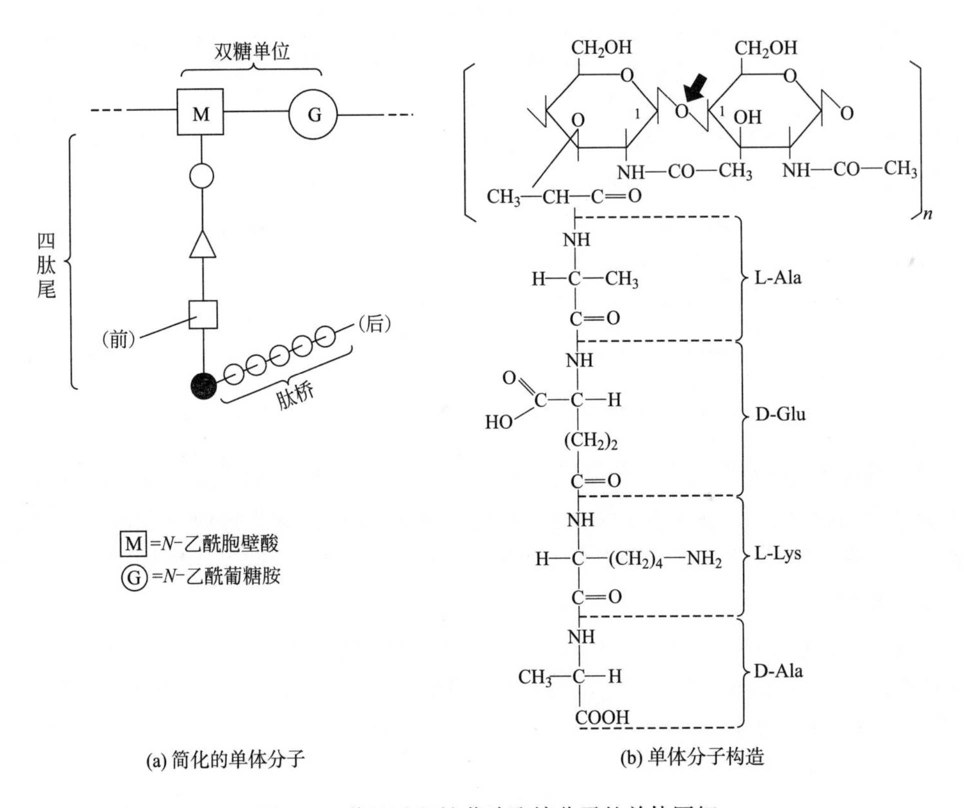

(a) 简化的单体分子　　(b) 单体分子构造

图 2-9　革兰氏阳性菌肽聚糖分子的单体图解

箭头表示溶菌酶水解点

G^+细菌，如金黄色葡萄球菌中，肽桥为甘氨酸五肽，这一肽桥的氨基端与甲肽尾中的第四个氨基酸的羧基相连接，而它的羧基端则与乙肽尾中的第三个氨基酸的氨基相连接，从而使前后两个肽聚糖单体交联起来形成网状结构；在 G^-细菌，如大肠杆菌中，没有特殊的肽桥，其前后两个单体间的联系仅由甲肽尾的第四个氨基酸 D-丙氨酸的羧基与乙肽尾第三个氨基酸 m-DAP 的氨基直接相连形成了较稀疏、机械强度较差的肽聚糖网套。目前所知的肽聚糖有 100 多种，而不同种类的区别主要表现在肽桥的不同（见表 2-4）。

表 2-4　肽聚糖分子的几种主要肽桥类型

类型	甲肽尾上连接点	肽桥	乙肽尾上连接点	典型例子
Ⅰ	第四氨基酸	—CO·NH—	第三氨基酸	*Escherichia coli*（G^-）①
Ⅱ	第四氨基酸	—（Gly）$_5$—	第三氨基酸	*Staphylococcus aureus*（G^+）②
Ⅲ	第四氨基酸	—（肽尾）$_{1-2}$—	第三氨基酸	*Micrococcus luteus*（G^+）③
Ⅳ	第四氨基酸	—D-Lys—	第二氨基酸	*Corynebacterium poinsettiae*（G^+）④

注：①. *Escherichia coli* 大肠杆菌；

②. *Staphylococcus aureus* 金黄色葡萄球菌；

③. *Micrococcus leteus* 藤黄微球菌；

④. *Corynebacterium poinsettiae* 星星木棒杆菌。

磷壁酸（teichoic acid）是一种酸性多糖，只存在于 G^+细菌细胞壁中，主要由甘油酸或核糖醇磷酸组成。根据其结合部位的不同，将磷壁酸分为两种类型，与肽聚糖层分子共价结合的称为壁磷壁酸，跨越肽聚糖层与细胞膜交联结合的称为膜磷壁酸。

磷壁酸的主要生理功能如下：

①贮藏磷元素，提高细胞壁机械强度。

②磷壁酸分子含有大量的负电荷，能够与环境中的 Mg^{2+} 等阳离子结合，提高细胞膜上一些合成酶的活力。

③作为噬菌体特异性的吸附受体。

④为革兰氏阳性菌提供特异的表面抗原，可用于菌种鉴定。

⑤调节细胞内自溶个体的活力，防止细胞因自溶而死亡。

⑥增强某些致病菌（如 A 族链球菌）对宿主细胞的黏连，避免被白细胞吞噬，并有抗补体的作用。

外膜（outer membrane）位于细胞壁的最外层，厚 18~20nm，是 G^- 细菌所特有的结构。它主要的化学组成为脂多糖、磷脂和外膜蛋白。因含有脂多糖，也常被称为脂多糖层。外膜的内层是脂蛋白，连接着磷脂双分子层与肽聚糖层；中间是磷脂双分子层，它与细胞膜的脂双层非常相似，只是其中插有跨膜的孔蛋白；外层是脂多糖。

脂多糖（lipopolysaccharide，LPS）是位于 G^- 细菌细胞壁最外面的一层较厚（8~10nm）的类脂多糖类物质，也属于 G^- 细菌细胞壁所特有的成分，由类脂 A、核心多糖和 *O*-特异侧链 3 部分组成。类脂 A 是由两个氨基葡萄糖组成的二糖，分别与磷酸和长链脂肪酸相连；核心多糖是由 5~10 种糖组成，主要是己糖或己糖胺；*O*-特异侧链（也称 *O*-抗原）是由 3~5 个单糖组成的多个重复单位聚合而成，具有抗原特异性。习惯上将脂多糖称为细菌内毒素。

LPS 主要功能有：

①是 G^- 菌致病物质的基础，类脂 A 为 G^- 菌内毒素的毒性中心。

②可以吸附 Mg^{2+}、Ca^{2+} 等阳离子，以提高它们在细胞表面的浓度。

③*O*-特异性多糖链的种类、排列顺序及空间构型的变化决定了 G^- 菌细胞表面的抗原特异性，因而可用于鉴定菌种。例如，国际上根据脂多糖的结构特性而鉴定过的沙门氏菌属（*Salmonella*）的抗原类型多达 2000 多个，其血清型菌株至今国际上已发现有 2300 多个。

④是许多噬菌体在细菌细胞表面的吸附受体。

⑤具有控制某些物质进出细胞的部分选择性屏障功能。

外膜蛋白（outer membrane protein）指嵌合在 LPS 和磷脂双层外膜上的 20 余种蛋白质。目前发现的功能明确的外膜蛋白主要有脂蛋白、孔蛋白和非微孔蛋白（表面蛋白）。

①脂蛋白：由脂质与蛋白质构成，一端的蛋白质部分以共价键连接于肽聚糖中的四肽侧链的 m-DAP 上，另一端脂质部分则以非共价键连接于外膜层的磷脂上。其功能是稳定外膜并将之固定于肽聚糖层。

②孔蛋白：它是一种三聚体跨膜蛋白，中间有直径约 1nm 的孔道横跨外膜层，可允许分子质量小于 800~900Da 的亲水性营养物质通过，如糖类（尤其是双糖）、氨基酸、二肽、三肽和无机离子等，以及控制某些抗生素的进入，使外膜层具有分子筛功能。

③非微孔蛋白：它是镶嵌于磷脂双层外膜上的一种表面蛋白，具有特异性运输蛋白或受体的功能，可将一些特定的较大分子物质输入细胞内。此外，有些外膜蛋白与噬菌体的吸附或细菌素的作用有关。

通过对细菌细胞壁的详细分析，为解释革兰氏染色的机制提供了较充分的理论依据。这种染色方法是微生物学中最重要的染色方法，1983 年，加拿大学者贝弗里奇（T. J. Beveridge）等人把革兰氏染色中的媒染剂碘用铂来代替，通过电镜观察到结晶紫和铂复合物可被细胞壁阻留，从而证明了革兰氏阳性和阴性菌主要是由于其细胞壁化学成分的差异而引起了物质特性的不同，进而决定了最终染色反应的不同。革兰氏染色的具体机制如下：结晶紫染液初染后再经过碘液媒染，细胞膜内形成不溶于水的结晶紫和碘的复合物，由于 G^+ 菌的细胞壁较厚，肽聚糖含量较高，分子间交联紧密，因此在用 95%乙醇洗脱时，由于失水而使肽聚糖网孔明显缩小，再加上它不含有类脂，用乙醇处理不会出现缝隙，结晶紫和碘的复合物会被阻留在细胞壁内，在显微镜下观察时出现紫色。而 G^- 菌细胞壁相比 G^+ 菌细胞壁薄，外膜中类脂含量高、肽聚糖含量低，肽聚糖层薄且交联度差，经过乙醇脱色后网孔不易收缩，同时由于类脂的迅速溶解，肽聚糖层的松散会使细胞壁出现较大的孔隙，结晶紫与碘复合物溶出从而使细胞呈现无色。此时，经过番红（沙黄）等红色染料复染之后，G^- 菌会被重新染色而呈现红色，G^+ 菌则仍然呈现紫色（实际为紫色与红色复合）。

革兰氏染色是分类学中鉴定细菌类型的重要指标之一。两种不同类型的细菌在细胞壁结构和成分中存在着显著差别，其差别不仅体现在革兰氏染色反应上，更体现在各种胞壁组分、结构、生理生化以及致病性等差异方面（见表 2-5），从而对生命科学的基础理论研究和实际应用产生巨大的影响。

表 2-5　G^+ 细菌与 G^- 细菌生理生化特征的区别

内容	G^+ 细菌	G^- 细菌
革兰氏染色反应	紫色	红色
肽聚糖层	厚，多层	薄，一般单层
磷壁酸	有	无
外膜	无	有
脂多糖（LPS）	无	有
类脂和脂蛋白含量	低	高
毒素	以外毒素为主	以内毒素为主
机械抗性	强	弱
抗溶菌酶性能	弱	强
碱性染料的抑菌作用	强	弱
对青霉素抗性	敏感	不敏感
对链霉素、氯霉素、四环素敏感性	不敏感	敏感
阴离子去污剂	敏感	不敏感
干燥	抗性强	抗性弱
产芽孢	有的产	不产

虽然细胞壁是细菌细胞的基本结构，但在自然界长期进化和在实验室菌种的自发突变中都会产生少数缺壁细菌；此外，还可用人工诱导方法通过抑制新生细胞壁的合成或对现有细胞壁进行酶解，而获得人工缺壁细菌。

①L 型细菌：因其 1935 年在英国李斯特（Lister）研究所发现，故以研究所名称的第一

个字母命名。L型细菌专指那些在实验室或宿主体内通过自发突变而形成的遗传性稳定的细胞壁缺损菌株。

②原生质体：是指在人工条件下用溶菌酶除尽原有细胞壁或用青霉素等抑制新生细胞壁合成后，所留下的仅由细胞膜包裹着的脆弱细胞。通常由G^+细菌形成。原生质体必须生存于高渗环境中，否则会因不耐受菌体内的高渗透压而胀裂死亡。不同菌种或菌株的原生质体间易发生细胞融合，因而可用于基因组重组育种。

③原生质球：是指经溶菌酶或青霉素处理后，还残留了部分细胞壁（尤其是G^-细菌的外膜）的原生质体。通常由G^-细菌形成。原生质球在低渗环境中仍有抵抗力。

④支原体：是在长期进化过程中形成的、适应自然生活条件的无细胞壁的原核微生物。因其细胞膜中含有一般原核生物所没有的固醇，故即使缺乏细胞壁，其细胞膜仍有较高的机械强度。

（2）细胞膜（cell membrane）

细胞膜又称细胞质膜、质膜或内膜，是紧贴在细胞壁内侧的一层半透性膜，其柔软富有弹性，厚度7~8nm，主要的化学成分为磷脂（20%~30%）和蛋白质（50%~70%）。通过质壁分离、鉴别性染色或原生质体破裂等方法可以在光学显微镜下观察到，或者通过超薄切片在电镜下观察，都能证明细胞膜的存在。

在电子显微镜下观察的细胞膜结构分为三层，内外两层较暗的致密层中间夹着一层浅色的透明层。这是因为构成细胞膜的基本结构为磷脂双分子层，上下两层磷脂分子整齐地对称排列在一起，每一个磷脂分子由一个带正电荷且能溶于水的极性头和一个不带电荷、不溶于水的非极性尾构成。极性头分别朝向细胞膜的内外两个表面，而非极性端的疏水尾则朝向膜的内侧，形成磷脂双分子层。常温下，磷脂双分子层呈液态，具有不同功能的蛋白质镶嵌在该双分子层中，内层蛋白包括了具有运输功能的整合蛋白或内嵌蛋白，外层表面则漂浮着许多周边蛋白或膜外蛋白，它们在磷脂分子层的表面或内侧作侧向运动，执行相应的生理功能（图2-10）。对细胞膜结构和功能的解释，目前最为经典的仍是由美国生物学家辛格尔（S. J. Singer）和尼克森（G. L. Nicolson）在1972年提出的流动镶嵌模型，即膜的主体为脂质双分子层，并具有流动性；整合蛋白因其表面呈疏水性，故可“溶”于脂质双分子层的疏水层中；周边蛋白表面为亲水基团，可通过静电引力与脂质双分子层表面的极性头相连；蛋白质分子与脂质分子或脂质分子间不存在共价结合；蛋白犹如“冰山”在脂质双分子层的“海洋”中漂浮。

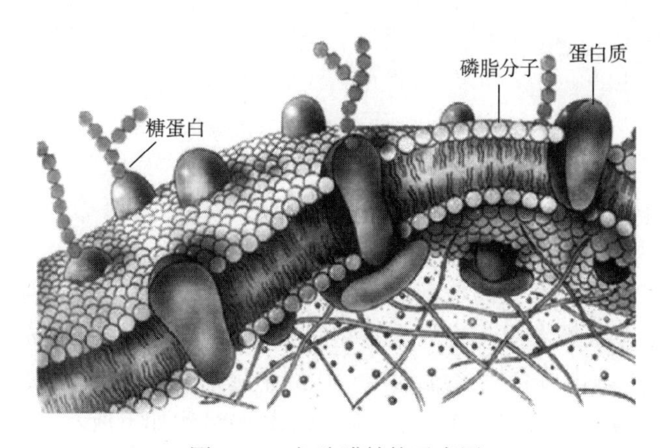

图2-10　细胞膜结构示意图

细胞膜的功能：能选择性地控制细胞内外物质（营养物质和代谢废物）的运送与交换；维持细胞内正常渗透压的屏障作用；合成细胞壁各种组分（肽聚糖、磷壁酸、LPS 等）和糖被等大分子的重要场所；进行氧化磷酸化或光合磷酸化的产能基地；许多酶（β-乳糖苷酶、细胞壁和荚膜的合成酶及 ATP 酶等）和电子传递链的所在部位；鞭毛的着生点，并提供其运动所需的能量等。

（3）间体（mesosome）

间体又称中间体、中介体，是由大量的细胞质膜内褶而成的一种管状、层状或囊状结构。多见于 G^+细菌，有一至数个，而少见于 G^-细菌。间体的功能尚不完全清楚，普遍认为：①与横隔壁的形成和细胞分裂有关。由于间体常位于细胞分裂部位，当细菌细胞分裂时，促进横隔壁的形成，将菌体一分为二，各自带一套核质体进入子代细胞。②与 DNA 的复制及其相互分离有关。因为间体是细菌 DNA 复制时的结合位点。③与细菌的呼吸作用有关。间体扩大了细胞膜的表面积，相应增加了呼吸酶（如细胞色素氧化酶、琥珀酸脱氢酶等呼吸酶系）的含量，可为细菌提供大量能量，故有人称之为“拟线粒体”。④与细胞壁的合成和芽孢的形成有关。

（4）细胞质（cytoplasm）及其内含物

细胞质是细胞膜包围的除核区以外的一切半透明、胶状、颗粒状物质的总称，含水量达到 80%。原核微生物的细胞质不流动，这是与真核微生物细胞质的明显区别。细胞质的主要成分为核糖体（由 50S 大亚基和 30S 小亚基构成）、贮藏物、多种酶类和中间代谢物、质粒、各种营养物质和大分子的单体等，少数细菌还含有类囊体、羧酶体、气泡和伴孢晶体等有特定功能的细胞组分。

细胞内含物是细胞质中一些显微镜下可见、形状较大的颗粒状结构的总称。不同种类细菌的内含物有较大差别。

①贮藏物（reserve materials）。

一类由不同化学成分积累而成的不溶性颗粒物质，主要功能是贮存营养物质。贮藏物种类繁多，如下所示：

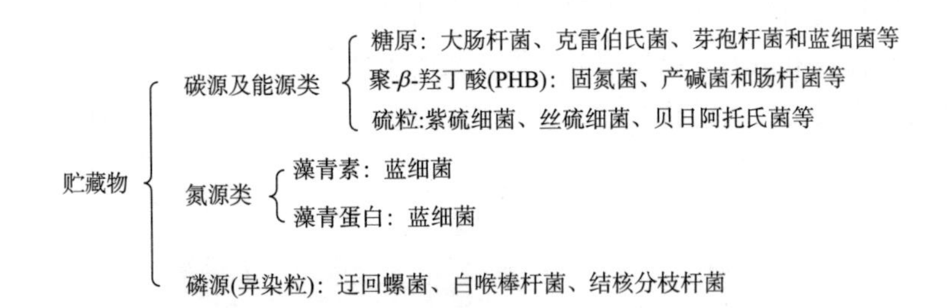

聚-β-羟丁酸（poly-β-hydroxybutyrate，PHB）是细菌所特有的一类聚酯类聚合物，属于类脂性质的碳源类贮藏物，不溶于水，可溶于氯仿，由法国微生物学家勒穆瓦涅（Maurice Lemoigne）于 1925 年首次分离取得。PHB 可用尼罗蓝或苏丹黑染色，具有贮藏能量、碳源和降低细胞内渗透压等作用。将巨大芽孢杆菌（*Bacillus megaterium*）在含有乙酸或丁酸的培养基中培养时，胞内可合成大量 PHB，达到干重的 60%左右。在棕色固氮菌（*Azotobacter vinelandii*）的孢囊中也发现 PHB 的存在，PHB 的结构如下所示（n 一般大于 10^6）：

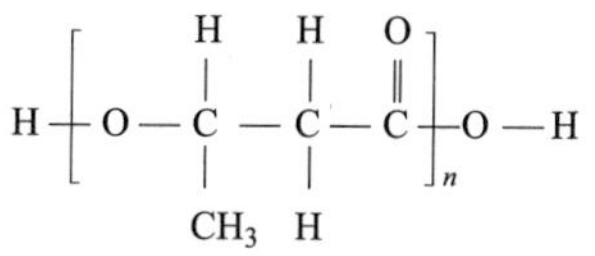

$$H-\left[O-\underset{CH_3}{\overset{H}{\underset{|}{\overset{|}{C}}}}-\underset{H}{\overset{H}{\underset{|}{\overset{|}{C}}}}-\overset{O}{\overset{\|}{C}}\right]_n-O-H$$

自 1925 年被发现以来，至今已经在 60 个以上的菌属中发现可以合成并贮存 PHB 的细菌，其中产量较高的有产碱菌属（*Alcaligenes*）、固氮菌属（*Azotobacter*）和假单孢菌属（*Pseudomonas*）。随着研究的深入，在一些革兰氏阳性菌和革兰氏阴性菌以及某些光合厌氧型细菌中，发现了一种 PHB 的类似化合物，但是与 PHB 不同的是其 CH_3 基团被 R 基替代，这一类化合物统称为聚羟链烷酸（polyhydroxyalkanoate，PHA），其结构如下所示：

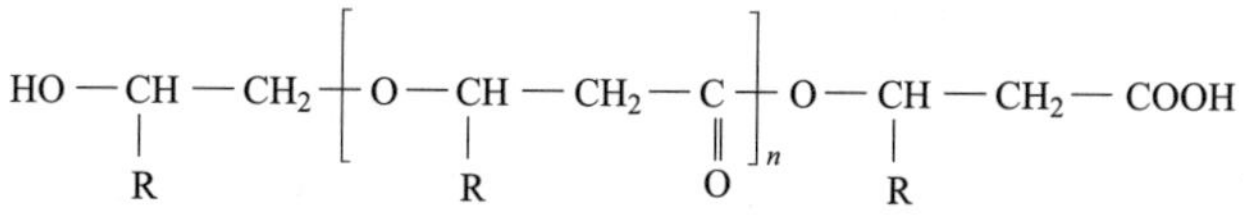

$$HO-\underset{R}{\underset{|}{CH}}-CH_2-\left[O-\underset{R}{\underset{|}{CH}}-CH_2-\underset{O}{\underset{\|}{C}}\right]_n-O-\underset{R}{\underset{|}{CH}}-CH_2-COOH$$

PHB 和 PHA 是一种高聚化合物，它们由微生物自身代谢合成，具有无毒、可塑、可降解的特点，因此被广泛用于开发可降解塑料，并应用于医药与食品行业，缓解“白色污染”带来的环境危害。

异染粒（metachromatic granules）最初是在迂回螺菌（*Spirillum volutans*）中被发现，因此也被称为迂回体或捩转菌素。异染粒可被美蓝或甲苯胺蓝染成紫红色，其分子呈线性，长短为 0.5～1.0μm，是无机磷酸的聚合物，结构式如下所示，n 为 $2\sim10^6$。

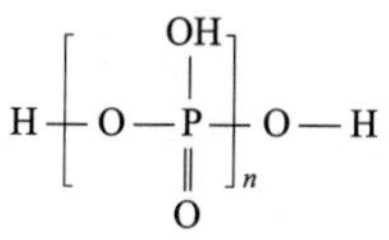

$$H-\left[O-\underset{O}{\underset{\|}{\overset{OH}{\overset{|}{P}}}}\right]_n-O-H$$

异染粒一般在含磷较丰富的环境中形成，可用于细菌的鉴定，在白喉棒杆菌（*Corynebacterium diphtheriae*）和结核分枝杆菌（*Mycobacterium tuberculosis*）中较为常见。

多糖类贮藏物包括糖原和淀粉类物质，在真细菌中多糖类贮藏物的形式以糖原为主，可被碘液染成褐色，在光学显微镜下观察。

藻青素（cyanophycin）一般存在于蓝细菌中，属于内源性氮源贮藏物，为细菌贮藏能量，分子质量为 25000～125000。

②磁小体（magnetosomes）。

在少数趋磁细菌中如水生螺菌属（*Aquaspirillum*）和嗜胆球菌属（*Bilophococcus*），存在一种成分为 Fe_3O_4 的磁小体，大小均匀，一般为截角八面体、平行六面体或六棱柱体等，数目不等，外面包裹有一层磷脂、蛋白质或糖蛋白膜。磁小体无毒，有导向功能，能够借鞭毛引导细菌游向最有利的泥、水界面微氧环境处生活。趋磁性细菌具有一定的应用前景，可以应用在磁性定向药物、生物传感器、磁性抗体研发等领域，具有较高的应用价值。

③羧酶体（carboxysome）。

羧酶体在一些自养细菌细胞内存在，在固定 CO_2 的环节起重要作用，它在自养细菌细胞中的形状呈多角形或六角形，大小与噬菌体相似，内含 1,5-二磷酸核酮糖羧化酶，在一些光能自养型细菌和一些化能自养型细菌如硫杆菌属（*Thiobacillus*）、贝日阿托氏菌属（*Beggiatoa*）都能发现羧酶体的存在。

④气泡（gas vacuoles）。

气泡是许多光能营养型、无鞭毛运动的水生细菌中的泡囊状内含物，其中充满气体，大小约为（0.2~1.0μm）×75nm，气泡内有数排柱形小空泡，外面包裹有厚度约为2nm的蛋白质膜。其功能主要是调节细胞比重，使细胞能够漂浮在最适的水层中，借以获取光能、氧和营养物质。每个细胞内含有几个至几百个气泡，主要存在于多种蓝细菌中。

⑤核区（nuclear region or area）。

核区是原核微生物所特有的无核膜包裹、无固定形态的原始细胞核，又被称为核质体、原核、拟核或核基因组，核区不具有核仁、核膜，不是真正的核。核区可以用富尔根法（Feulgen）进行染色，染色后呈现紫色，形态不确定。

核区的功能是储存、传递和调控遗传信息，主要成分是一个大型的环状双链DNA分子，一般不含有蛋白质，长度约为0.25~3mm。每个细胞的核区数目与细菌的生长速度密切相关，一般为1~4个。快速生长的细菌中，核区DNA可以达到细胞总体积的20%，在染色体复制的短时间内，核区会出现双倍体状态，其他时候一般为单倍体。核区中DNA含有磷酸基团，因此带有较高的负电荷。在原核微生物中，负电荷被Mg^{2+}以及有机碱如精胺、亚精胺和腐胺等中和，而在真核细胞中，DNA的负电荷被碱性蛋白质如组蛋白、鱼精蛋白等中和。这一特征也是区别原核细胞与真核细胞的重要特征之一。

⑥核糖体（ribosome）。

核糖体是细胞中核糖核蛋白的颗粒状结构，由65%的RNA和35%的蛋白质组成。原核生物的核糖体常以游离状态或多聚核糖体状态分布于细胞质中，而真核生物细胞的核糖体既可以游离状态分布于细胞质内，也可结合于细胞器如内质网、线粒体、叶绿体上，甚至细胞核内也有核糖体存在。原核生物核糖体沉降系数为70S，真核生物细胞器核糖体亦为70S，而细胞质中的核糖体却为80S。沉降系数与分子质量及分子形状有关，分子质量大或分子形状密集则沉降系数大，反之则小。

原核生物的核糖体在Mg^{2+}浓度低于0.1mmol/L时可解离为30S和50S两个亚基，当Mg^{2+}浓度增至10mmol/L以上时，两个亚基又重新聚合。应用电镜及其他物理方法研究表明，大肠杆菌核糖体呈椭圆形，体积约为45000nm^3。两亚基结合时，其交界面上留有较大空隙，蛋白质的生物合成在此进行。

细菌中核糖体有些是以三个甚至上百个成串存在，称为多聚核糖体。它是由一条mRNA分子链与一定数目的单个核糖体结合而成，在单个核糖体之间均有间隔，使多聚核糖体的外观呈念珠状。每个核糖体可以独立完成一条肽链的合成，所以这种多聚核糖体在一条mRNA链上可同时合成几条肽链，大大提高了翻译效率。可见，核糖体是蛋白质的合成“车间”或“装配机”。

2. 细菌细胞的特殊结构

不是所有细菌都具有的细胞结构称为特殊结构，主要包括糖被、鞭毛、菌毛、芽孢等，特殊结构在细菌分类鉴定上具有重要意义。

（1）糖被（glycocalyx）

在某些细菌的细胞壁外侧包裹的一层厚度不定的透明黏液性胶状物质被称为糖被。糖被存在与否以及厚薄程度不仅由细菌的遗传特性所决定，一定程度上还取决于环境条件尤其是细菌所处的营养条件。按照其有无固定层次、层次厚薄程度又可将糖被细分为荚膜（capsule）、微荚膜（microcapsule）、黏液层（slime layer）和菌胶团（zoogloea）等。

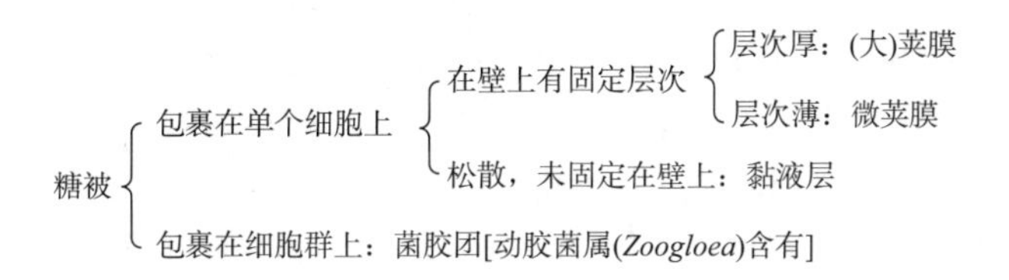

某些细菌会往细胞外分泌黏性物质，分泌到细菌生长环境中的黏液高度分散，因此很少被认为是细菌的自身构造。而有一些黏性物质不容易自己发生扩散，而是以一层厚膜的状态包围在细胞壁外，在细胞的外围形成致密的结构，构成细胞的荚膜。荚膜的含水量很高，约占 90%，其余的 10%一般由多糖、多肽或者多糖蛋白质复合体组成。荚膜需要经过脱水和特殊染色后才能在光学显微镜下进行观察。但是在实验室中，也可以用炭黑墨水对产荚膜的细菌进行负染色，即可方便地在光学显微镜下观察到荚膜。

荚膜并不是细菌的必要细胞结构，因此在任何一个类群中都可以用酶去除而不会损伤细胞的生命力。荚膜往往是某些细菌在某种特殊环境下生长需要才产生的。例如，肠膜明串珠菌（*Leuconostoc mesenteroides*）在蔗糖培养基上生长时会产生葡聚糖荚膜，并使糖质变得黏稠而难以加工。因此，在制糖工业中它是一种有害菌，会降低糖的产量。但是，这种菌产生的荚膜在制药工程中是非常重要的一种药剂，可以用来生产右旋糖酐。

糖被的主要功能如下：作为细菌的营养储存库，储藏养料，在营养缺乏的状态下，细菌可以利用糖被中所储藏的碳源，甚至直接利用糖被中的多糖来维持生命，如黄杆菌属（*Xanthobacter* spp.）的糖被等；具有保护作用，糖被中大量的极性基团包裹在细菌外侧可以保护细菌抵抗干燥环境，使细菌与环境中的毒性金属离子隔离，从而免受毒害；有抗吞噬作用，可防止细菌受到噬菌体的吸附和裂解，一些致病菌的荚膜可以保护它们免受宿主白细胞的吞噬，加强其毒性，如产生荚膜的肺炎链球菌（*Streptococcus pneumoniae*）更容易引起肺炎；糖被具有表面附着作用，如能够引起龋齿的唾液链球菌（*Streptococcus salivarius*）和变形链球菌（*Streptococcus mutans*）会分泌一种己糖基转移酶，使蔗糖转变成果聚糖，将细菌牢牢地黏附于牙齿表面，细菌发酵糖类所产生的乳酸在局部发生积累，严重腐蚀牙齿表面的珐琅质层，引起龋齿；糖被还可用于堆积代谢废物；用于细菌间的信息识别，如根瘤菌属（*Rhizobium*）。

糖被的应用非常普遍，它可用于细菌的菌种鉴定，也可用作药物和生化试剂。从细菌糖被（黏液层）提取的胞外多糖在工业中得到了广泛的利用，已大量投产的主要有黄原胶（xanthan gum），结冷胶（gellan gum），右旋糖酐（dextran），小核菌葡聚糖（scleroglucan），短梗霉多糖（pollulan）和热凝多糖（curdlan）等。黄原胶是细菌胞外多糖中的明星，它们已作为乳化剂、悬浮剂、增稠剂、稳定剂、胶凝剂、成膜剂和润滑剂等在石油、化工、食品、制药等多个领域得到越来越多的应用。与植物来源的天然胶相比，细菌多糖生产周期短，生产成本低，不受季节、地域和病虫害等条件的限制，可以进行工业化大生产。此外，能够形成菌胶团的细菌还被大量用于污水的生物处理中，有助于污水中有害物质的吸附和沉降。当然，如果管理不当，细菌产生的糖被也会对人类生活带来一定的危害，除去一些致病菌的糖被之外，还有一些会影响到食品工业中的生产，对糖、酒、面包或牛奶等的质量造成影响。

（2）鞭毛（flagellum，复数 flagella）

鞭毛是生长在某些细菌表面的长丝状、波浪形弯曲的蛋白质附属物，数目一般为一条至数十条，长度约为 15～20μm，直径约为 0. 01～0. 02μm，是细菌的运动器官。

鞭毛通常只能在电子显微镜下才能观察到，但经过特殊的鞭毛染色法将染料沉积到鞭毛表面，使鞭毛加粗，这样就可以在光学显微镜下观察到。另外，在细菌的水浸片制作观察过程中，暗视野下观察细菌是否有规则地运动也可以作为判断是否存在鞭毛的依据。在固体培养基琼脂平板上观察细菌的菌落形态或在半固体直立柱穿刺培养基中观察细菌群体扩散的情况也能够判断细菌是否存在鞭毛。

鞭毛的一般构造包括基体、钩形鞘或称鞭毛钩和鞭毛丝，革兰氏阳性菌和革兰氏阴性菌的鞭毛结构存在一些差异（见图 2-11）。下面以革兰氏阴性菌的鞭毛作为典型来介绍其基本结构。

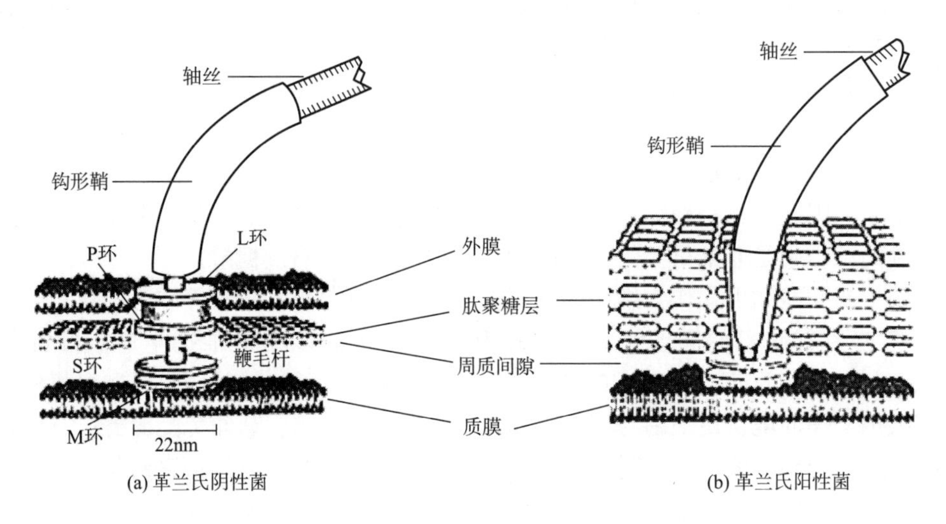

图 2-11　细菌鞭毛的超微结构示意图

鞭毛的基体（basal body）由四个盘状的环组成，由外向内分别为 L 环、P 环、S 环和 M 环。L 环在最外层，连接在细胞壁的外膜上，接着是连接在细胞壁内层的肽聚糖层上的 P 环，然后在靠近周质空间的地方连接有 S 环，S 环经常与 M 环连在一起，共同镶嵌在细胞质膜上，合称为 S-M 环。S-M 环周围有一对 Mot 蛋白包围，驱动 S-M 环的快速旋转。在 S-M 环的基部存在另一个蛋白 Fli 蛋白，起着键钮的作用，负责信号传导，命令鞭毛进行正转或逆转。大量的证据证实了鞭毛的基体是一个非常高效且设计精良的超微型马达，来自细胞膜上的质力动势为其运动提供了充足的能量。根据计算，鞭毛旋转一周大约需要消耗 1000 个质子。鞭毛基体与鞭毛丝通过鞭毛钩（hook）连在一起，鞭毛钩的直径大约 17nm，上面连接着一条长约 15～20μm 长的鞭毛丝（filament）。鞭毛丝是由许多鞭毛蛋白（flagellin）亚基沿中央孔道作螺旋状缠绕而成的，鞭毛蛋白亚基的直径大约 4. 5nm，中央孔道直径约为 20nm，每一周大约有 8～10 个亚基。鞭毛蛋白的相对分子质量为 3 万～6 万，一般呈球状或卵圆状，在细胞内合成之后便由鞭毛基部通过中央孔道不断运送至鞭毛的游离端进行自由组装。由此可知，鞭毛的生长方式是顶部延伸而非基部延伸。

在革兰氏阳性菌中，由于细胞壁无外膜，鞭毛的结构中缺少L环和P环，只有S环和M环，其他与革兰氏阴性菌基本相同。

身上带有鞭毛的细菌运动速度非常快，一般可达到20~80μm/s，最快的能达到100μm/s。极生鞭毛细菌的运动速度大于周生鞭毛细菌的运动速度。例如有些螺菌的鞭毛每分钟能旋转40周，已远远超过一般电机的转速。在细菌中，生长鞭毛的细菌的种类非常多，一般弧菌、螺菌类细菌都含有鞭毛，杆菌中假单胞菌是端生鞭毛，其余杆菌一般是周生鞭毛或无鞭毛。球菌一般不含鞭毛，只有个别的球菌如动球菌属（*Planococcus*）才生长有鞭毛。鞭毛的细胞表面生长方式有多种，包括有单端生鞭毛、两端生鞭毛、端生丛生鞭毛、周生鞭毛等，现表解如下：

鞭毛作为细菌非常重要的特征，在形态学研究中是一项非常重要的形态学判断指标，也是细菌分类、鉴定的重要依据。

鞭毛在细菌中的主要功能就是运动，这也是细菌实现其各种趋性的一种最有效的方式。生物体对环境中的不同环境因子包括物理、化学或生物的因子都有相应的应答机制。其中一种应答运动称之为趋性。这些环境因子通常都是以浓度梯度差的形式而存在。当生物体向浓度高的方向运动时，这种趋性被称为趋正性，反之则称为趋负性。如果按环境因子性质不同来分，亦可以将细菌的趋性分为趋光性（phototaxis）、趋磁性（magnetotaxis）、趋化性（chemotaxis）、趋氧性（oxygentaxis）等。

有些原核生物无鞭毛也能运动，如黏细菌、蓝细菌依靠向体外分泌的黏液而在固体基质表面缓慢地滑动；螺旋体（*Spirochaeta*）在细胞壁与膜之间有上百根纤维状轴丝，通过轴丝的收缩发生颠动、滚动或蛇形前进。

（3）菌毛（fimbria，复数fimbriae）

菌毛是生长在细菌表面的纤细、中空、短直且数量众多的蛋白质的附属物，又称纤毛、伞毛、线毛或须毛。菌毛的结构较鞭毛简单，直径3~10nm，直接着生于细胞质膜上，并无基体构造。许多G^-细菌（尤其是致病菌）、少数G^+细菌和部分球菌着生菌毛，每个细菌一般有200~300条菌毛，其数目、长短与粗细因菌种而异。

菌毛的功能是帮助细菌牢牢地黏附在宿主体内，如呼吸道、消化道或泌尿系统生殖道等黏膜上，引起疾病的发生。例如淋病奈氏球菌（*Neisseria gonorhoeae*）就是依靠其菌毛黏附于人体泌尿系统的上皮细胞从而引起严重的性病。大量实验证实，菌毛的黏附作用与致病力有关，此类菌失去菌毛，同时也失去致病力。

（4）性毛（pilus，复数pili）

性毛又称性菌毛，其一般构造和成分与菌毛相同，但性毛比菌毛粗且长，且数量比菌毛少。每个细菌大约含一根至几根性毛。一般在革兰氏阴性雄性菌株中存在性毛，其功能是向雌性菌株输送遗传信息。有一些性毛还是 RNA 噬菌体的特异性吸附受体。

（5）芽孢（endospore）

某些细菌在一定条件下，在细胞内形成的一个圆形或椭圆形、厚壁、折光性强、含水量低、抗逆性强的休眠构造，称为芽孢。因在细胞内形成，故又称为内生孢子。由于每一个营养细胞内仅形成一个芽孢，一个芽孢萌发后仅能生成一个新营养细胞，故芽孢无繁殖功能。芽孢有很强的折光性，在显微镜下观察染色的芽孢涂片时，可以很容易地将芽孢与营养细胞区别开，因为营养细胞染上了颜色，而芽孢因抗染料且折光性强，表现出透明而无色的外观。

芽孢是整个生物界抗逆性最强的生命体，在抗热、抗化学药物、抗辐射和抗静水压等方面尤为突出，如肉毒梭状芽孢杆菌的芽孢在 100℃ 沸水中要经过 5.0~9.5h 才能被杀死，至 121℃时，平均也要 10min 才杀死。巨大芽孢杆菌芽孢的抗辐射能力要比大肠杆菌强 36 倍。芽孢的休眠能力更为突出，在常规条件下，一般可存活几年甚至几十年。据文献记载，有些芽孢杆菌甚至可以休眠数百年、数千年甚至更久，如环状芽孢杆菌（*Bacillus circulans*）的芽孢在植物标本上（英国）已经保存 200~300 年；一种芽孢杆菌的芽孢在琥珀内蜜蜂肠道中（美国）已保存 2500 万~4000 万年。

能否形成芽孢是细菌菌种的特征之一。能产生芽孢的细菌主要是革兰阳性杆菌的两个属，即好氧性的芽孢杆菌属（*Bacillus* spp.）和厌氧性的梭状芽孢杆菌属（*Clostridium* spp.）。球菌中只有芽孢八叠球菌属（*Sporosarcina* spp.）产生芽孢，螺旋菌中发现有少数种产芽孢。弧菌中只有芽孢弧菌属（*Sporovibrio* spp.）产芽孢。

芽孢形成的位置、形状、大小因菌种而异，在分类鉴定上有一定意义。例如，枯草芽孢杆菌（*Bacillus subtilis*）、巨大芽孢杆菌（*B. megaterium*）、炭疽芽孢杆菌（*B. anthracis*）等的芽孢位于菌体中央，卵圆形、小于菌体宽度；破伤风梭菌（*Clostridium tetani*）的芽孢却位于菌体一端，正圆形，直径比菌体大，使原菌体呈鼓槌状；肉毒梭菌（*C. botulinum*）等的芽孢位于菌体中央，椭圆形，直径比菌体大，使原菌体两头小中间大而呈梭形（见图 2-12）。

在光学显微镜下，芽孢是折光性很强的小体。因芽孢壁厚而致密，不易着色，必须用芽孢染色法才可见芽孢的外形。利用扫描电子显微镜可以见到各种芽孢的表面特征，如光滑、脉纹等；利用切片技术和透射电子显微镜，能看到成熟芽孢的核心、内膜、初生细胞壁、皮层、外膜、外壳层及外孢子囊等多层结构。细菌芽孢的构造如图 2-13 所示，其构造与化学组成表解如下：

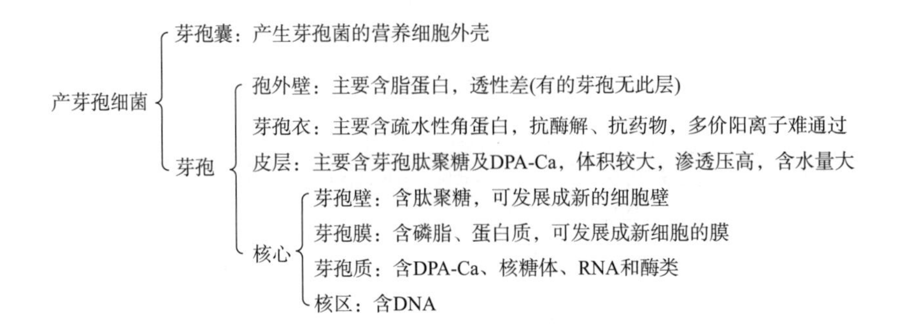

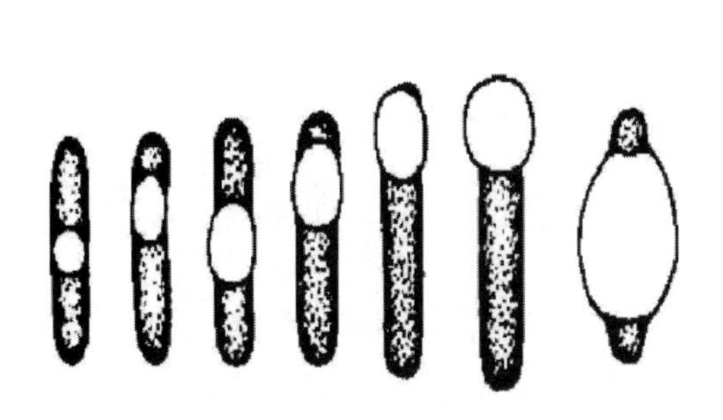
图 2-12　细菌芽孢的各种类型

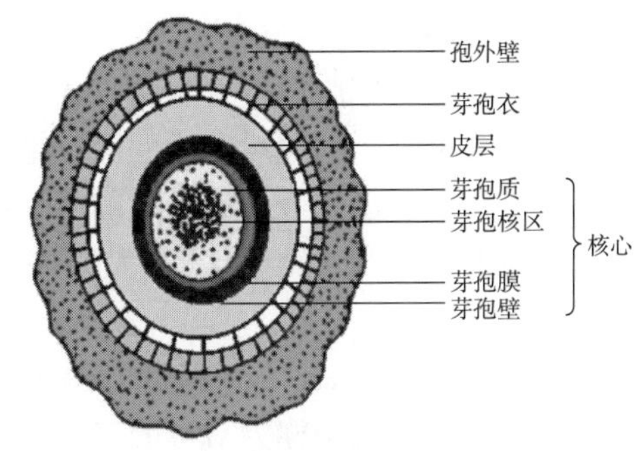

图 2-13　细菌芽孢构造模式图

芽孢的形成过程出现在细胞营养耗尽停止生长的时期。在营养生长停止数个小时之后，芽孢逐渐开始出现，如果芽孢形成过程中又加入了新鲜的营养物质，则芽孢的形成即被抑制中断。因此芽孢形成所需的能量也是内源性的，一般情况下芽孢的形成需要 8～10h。

芽孢既能够在多年保持休眠状态，又能够在短期内恢复到营养细胞状态。研究细菌的芽孢在生产和实践中有着重要的理论和应用价值。芽孢的有无、形态、大小和着生位置等是细菌分类形态学鉴定中重要的指标之一。产芽孢细菌的保藏多用其芽孢，芽孢的存在有利于这类菌种的筛选及保藏。芽孢有很强的抗逆性，能否杀灭一些代表菌的芽孢是衡量和制定各种消毒灭菌标准的主要依据。例如，若对肉类原料上的肉毒梭菌灭菌不彻底，它就会在成品罐头中生长繁殖并产生极毒的肉毒素，危害人体健康。已知肉毒梭菌的芽孢在 pH>7.0 时，在 100℃下煮沸 5.0～9.5h 才能杀灭，如提高到 115℃下进行高压蒸汽灭菌，需 10～40min 才能杀灭，而在 121℃下高压蒸汽灭菌则仅需 10min 即可杀灭其芽孢。在实验室尤其在发酵工业中，灭菌要求更高，原因是经常会遇到耐热性极强的嗜热脂肪芽孢杆菌，而一旦遭其污染，经济损失和间接后果就十分严重。已知其芽孢在 121℃下高压蒸汽灭菌须维持 12min 才能杀死，由此就规定了工业培养基和发酵设备的灭菌，至少要在 121℃下保证维持 15min 以上。芽孢独特的产生方式是研究形态发生和遗传控制的好材料。芽孢的耐热性有助于芽孢细菌的分离，将含菌悬浮液进行热处理，杀死所有营养细胞，可以筛选出能形成芽孢的细菌种类。同时，芽孢的存在也给食品生产、发酵生产以及医疗器材消毒带来了一定的困难。

（6）伴孢晶体

在某些芽孢杆菌如苏云金芽孢杆菌（*Bacillus thuringiensis*）中，其芽孢形成的同时，会在芽孢旁形成一颗菱形或不规则形状的蛋白质晶体结构，称为伴孢晶体（细胞 δ 内毒素）。伴孢晶体较大的可达到 1.94nm×0.54nm（长×宽），干重约占细胞干重的 30%。芽孢和伴孢晶体被一层称为孢子囊的外膜包裹着，当孢子囊破裂后，两者即呈游离状态存在。伴孢晶体在生产实践中是一种非常有效的生物农药，它对昆虫尤其是鳞翅目、双翅目和鞘翅目的昆虫，以及动、植物线虫有强烈的毒杀作用。当昆虫吞食伴孢晶体后，虫体内的消化液会将伴孢晶体毒素释放至消化道中，导致细胞膜产生小孔，并引起细胞膨胀死亡，对虫体造成致命的伤害。目前世界上产量最大、用途最广泛的微生物杀虫剂即为苏云金芽孢杆菌，其占总微生物杀虫剂的 95%以上。使用较为广泛的杀虫剂制剂有乳剂、可溶性粉剂和悬浮剂等。

（三）细菌的繁殖方式

细菌生活到一定时期，在合适的条件下细胞会发生分裂繁殖形成子细胞，细菌的生殖方式一般为无性繁殖，以裂殖的方式进行繁殖，只有少数种类以芽殖方式进行繁殖。

1. 裂殖（fission）

细菌的裂殖是指细胞通过分裂的方式形成两个子细胞的过程。杆状细胞的裂殖方式分为横分裂和纵分裂两种，分裂后形成的两个细胞形状大小相同的称为同形裂殖。有些情况下如在陈旧培养基上，会出现分裂后形成的两个细胞形状大小不同的，称为异形裂殖。横分裂形成的细胞间隔膜与细胞长轴呈垂直状态，纵分裂的细胞分裂后呈平行状态。一般细菌的分裂方式为横分裂。

二分裂（binary fission）：一个细胞在其对称中心形成隔膜，进而分裂形成两个形状大小和构造完全相同的子细胞称为对称的二分裂方式。大多数细菌都是以这种方式进行分裂。在少数细菌中也存在一种不等二分裂的繁殖方式，结果是产生两个形态大小差异较大的、构造明显有别的子细胞。在柄杆菌属（*Caulobacter*）中，有些细菌通过不等二分裂的繁殖方式产生的一个子细胞有柄但不运动，另一个子细胞无柄，但有鞭毛能运动。

三分裂（trinary fission）：一般出现在一个细菌群体中，例如：绿色硫细菌（*Chlorobaculum tepidum*），这一属细菌能够进行厌氧光合作用，通常会形成松散的、不规则的三维构造并由细胞链组成一种网状体。这种细菌中大部分细胞以常规的二分裂繁殖方式进行繁殖，但是有部分细胞进行的是“一分为三”的三分裂生殖方式，分裂形成“Y”形的子细胞，随后再进行二分裂繁殖，进而导致形成了网眼状的菌丝体结构。

复分裂（multiple fission）：复分裂的繁殖方式常见于一种寄生的蛭弧菌（*Bdellovibrio*），它是一种具有端生单鞭毛的小型弧状细菌。这种细菌在宿主细胞内生长会形成不规则的盘曲状长细胞，在分裂过程中会在长细胞的多处同时发生均等长度的断裂，形成多个弧形的子细胞。

2. 芽殖（budding）

芽殖一般出现在真菌中，在细菌中不常见。它是指在细胞一端的表面形成一个突起，当其生长到与母细胞大小结构相似时，相互分离而独立生活的一种繁殖方式。以这种芽殖方式进行繁殖的细菌被称为芽生细菌，包括了芽生杆菌属（*Blastobacter*）、硝化杆菌属（*Nitrobacter*）、生丝单胞菌属（*Hyphomonas*）、红假单胞菌属（*Rhodopseudomonas*）、红微菌属（*Rhodomicrobirum*）、生丝微菌属（*Hyphomicrobium*）等。

（四）细菌的群体形态

1. 细菌在固体培养基上的形态特征

单个细菌或细胞的大小用肉眼是无法观察到的，但是将单个细菌或一小群相同的细胞接种到合适的固体培养基表面或内层时，在合适的条件下，细胞就会快速分裂增殖，生长形成一团肉眼可见的细胞堆，即称为菌落（colony）。因此，菌落就是在固体培养基上（内）以母细胞为中心的一堆肉眼可见的，有一定形态、构造等特征的子细胞集团。受到固体培养基表面生长的限制，细菌不能像在液体培养基中一样自由游走运动，所以细菌的繁殖被限制在一定的空间内，形成一个比较大的细胞群落。如果菌落是由一个单细胞繁殖而来的，则它就是一个纯种的细胞群体，或称之为单菌落。不同细菌单菌落的形态、构造都有其相应的特征，很多情况下可以作为细菌菌种鉴定的辅助。当大量分散的菌落在固体培养基的表面连成一片时，大量的单菌落就连成了一片，即为菌苔（bacterial lawn）。

各种细菌在标准的培养方式下所呈现的菌落形态具有一定的特征，主要描述指标包括菌落形态、大小、光泽、颜色、硬度、透明度等。一般细菌菌落会呈现湿润、光滑、较透明、易挑取、质地均匀等特点，并且菌落的正面、反面，边缘与中央部分的颜色会保持一致，这是因为细菌是一种单细胞生物，其单菌落内部的所有细胞之间没有存在分化的情况，其形态、功能上保持了高度的一致，并且细胞内充满了毛细管状态的水。菌落的这种特征在微生物学分类鉴定工作中有非常重要的意义，在一系列微生物选育、分类、分离、纯化、鉴定等工作中都发挥着重要的作用。

细菌的菌落大小不仅受细菌的遗传因素控制，还与环境中营养状况、邻近菌落的生长有一定的关系。因此我们能够通过在固体培养基表面培养来判断菌落的生长状态、在其群体中的地位以及个体与群体之间的相关性等。例如，有鞭毛且运动能力较强的细菌，一般会形成形态较大且平坦、边缘多缺刻、形状不规则的菌落；无鞭毛不能运动的细菌一般会形成较小、边缘整齐且厚度较厚的半球形菌落；有芽孢细菌的形态是湿润度较低、较粗糙、表面多褶皱且不透明的菌落；有糖被包裹的细菌形成的菌落通常比较大，且菌落透明度高，呈蛋清状。

2. 细菌在半固体培养基中的形态特征

细菌的培养除了在固体培养基表面培养之外，还可以在半固体培养基中进行穿刺培养。纯种的细菌在半固体培养基中培养时，会出现与固体培养基表面不同的、很多特有的培养性状，对菌种鉴定工作尤其重要。半固体培养基培养时一般将培养基灌注到试管中，形成高层直立柱，然后用穿刺法将菌种接种至培养基中，观察菌落的生长状况和群体形态特征。在一般使用的半固体琼脂培养基中，通过观察细菌在穿刺线上的生长状况以及是否发生扩散可以判断该细菌是否具有运动能力。例如，半固体培养法培养产蛋白酶细菌时，可用明胶半固体培养基培养，由于产生的蛋白酶能将明胶水解，形成一定形状的溶解区，因此，观察明胶柱液化层中菌落呈现的不同形状，可以来判断其是否产蛋白酶。

3. 细菌在液体培养基中的形态特征

采用液体接种方法将菌种接种于试管液体培养基中，于适宜条件培养 1～3d，可观察到液体培养特征，包括表面状况（如菌膜、菌醭、菌环等）、混浊程度、沉淀情况、有无气泡、色泽等。细菌在液体培养基中生长时，会因其细胞特征、相对密度、运动能力和对氧气等关系的不同，形成不同的培养特征：多数表现为混浊，部分表现为沉淀，一些好氧性细菌则在液面上大量生长，形成菌膜、菌醭或菌环等。

（五）细菌的分类与鉴定

生物种类繁多，千差万别，但由于它们都是自然界中生物进化的产物，因此，彼此之间会存在千丝万缕的关系。微生物的个体小，构造简单，易受外界条件的影响而发生变异，而且微生物之间的关系极为复杂，这些都给微生物的系统分类带来了困难，特别是细菌的分类，至今尚未有能很好地反映其亲缘关系的自然分类系统。分类的另一个意义是给人们提供工作上的方便，对于众多的生物种类，如不加以整理和排列，科学工作者将无所依据。近年来，随着科学技术的不断发展，特别是分子生物学技术在细菌分类中的应用，其分类系统将逐步被完善。

1. 细菌的分类系统

细菌分类应用较为广泛的有 3 个细菌分类系统：①苏联克拉西里尼科夫（Cola Siri Nikor）编著的《细菌和放线菌的鉴定》；②法国普雷沃（Prevot）著的《细菌分类学》；③美国布瑞德（Breed）编著的《伯杰氏细菌鉴定手册》。目前影响较大和较普遍的、为研究者参考的有两部著作：《伯杰氏细菌鉴定手册》，1923 年以来已出版至第 9 版；《伯杰氏系统细菌学手册》，1984 年问世，至 1989 年出齐，共 4 卷。这两部著作都是由美国微生物学会组织世界各国有关专家编写的。

《伯杰氏细菌鉴定手册》第9版于1994年出版，相距第8版的时间有20年。第9版不同于过去的版本，它是将细菌系统学和鉴定学结合起来，采用细菌系统学手册中的分类体系对已定名的细菌按鉴定学的要求来编排的。编者主要以细菌的形态和生理类型为依据，也参考系统发育关系，明确其目的用于细菌的鉴定。《伯杰氏系统细菌学手册》将所有原核生物分为35个部，第9版《伯杰氏细菌鉴定手册》设立了35个群，“部”和“群”是对应的，但在顺序上有所调整。《伯杰氏细菌鉴定手册》不但增加了一些新名，而且将古细菌部改编为5个群，全书描写了约500个属。属的描述基本上摘录于《伯杰氏系统细菌学手册》，对属下各个种没有分别描述，只是以表格的形式列出了它们之间的差别。这样的编排方式便于检索。《伯杰氏细菌鉴定手册》将35群原核微生物归纳为四大类（或4个门），分别为：具细胞壁的革兰氏阴性真细菌；具细胞壁的革兰氏阳性真细菌；无细胞壁的真细菌；古细菌。

原核生物中研究得最多的是真细菌（bacteria），它们种类多，广泛地分布在自然界中，此类微生物与人类的生产、生活和健康有着密切联系。

根据16S rRNA碱基序列的比较，目前在真细菌中已鉴别出相当于门的14个类群，并把它们描绘成系统发育树（phylogentic tree）的形状。从中可以看出在细菌世界中存在很大的差异性，很多人们熟悉的细菌，如大肠杆菌（*Escherichia coli*）、芽孢杆菌（*Bacillus* spp.）和淋病奈瑟氏菌（*Neisseria gonorrhoeae*）等均只是位于少数的门中。

2. 细菌分类

（1）细菌的分类单位

细菌的分类单位和其他生物分类单位相同：界、门、纲、目、科、属、种。在两个主要分类单位之间，还可以加次要分类单位，例如，亚门、亚纲、亚科、亚属、亚种等。

（2）与细菌分类相关的基本概念

①种（species）。

种是最基本的分类单位，它是一大群表型特征高度相似、亲缘关系极其相近、与同属内其他种有着明显差异的菌株的总称。它们是起源于共同的祖先，在进化发育阶段上具有相似形态和生理特性的个体。

②变种（variety，var.）。

微生物的某种特性已发生了明显的改变，这种改变是与过去已经分离获得的菌种所描述的特征相比较而定的，而且这种变异的特征是比较稳定的，把这种变异了的菌种称为变种。例如，武汉杆菌除无鞭毛外，与苏云金杆菌的其他特性相同，于是武汉杆菌就称为苏云金杆菌的变种。

③亚种（subspecies，subsp. 或 ssp.）。

在微生物实验室中，把微生物的稳定变异菌种称为亚种或小种。例如，大肠杆菌野生型的一个品系叫“K12”，它是不需要某种氨基酸的，通过实验室变异可以从K12中获得需要某种氨基酸的生化缺陷型，这种生化缺陷型菌株就称为K12的小种或亚种。

④型（type）。

有许多细菌属于同种，但它们之间存在着难以区分的特性，它们的区分仅仅反映在某种特殊的性状上。例如，沙门氏菌根据免疫原性（抗原性）的不同，可分为近3000个血清型。

⑤菌株（品系，strain）。

不是细菌分类的名词，通过分离、纯化，经多次移植性状基本稳定的都可以称为菌株。

⑥群（group）。

在自然界中常发现有些微生物种类的特征介于两种微生物之间，就把这两种微生物和介于它们之间的种类统称为一个群。例如，大肠杆菌和产气肠杆菌这两个种的区别是明显的，但自然界中还存在着许多介于它们之间的种间类型，就把它们合起来统称为大肠菌群。

（3）细菌分类的命名法则

1753 年，瑞典植物学家卡尔·林内乌斯（Carl Linnaeus）首创了一套物种命名体系——双名法，即由两个拉丁文或希腊文或拉丁化的其他文字组成一个学名。如绪论中所述，双名法是一个统一的命名法则，前面第一个词是属名，名词，首字母要大写，通常是一个描述生物形态的名称或发现该生物的人名。后面第二个词是种名，一般用形容词，不用大写，表示该生物的次要特征，在印制时学名用斜体字。例如，金黄色葡萄球菌的学名为 *Staphylococcus aureus*，其中，*Staphylococcus* 是属名，表示“葡萄球菌”，*aureus* 是一个拉丁文的形容词，表示“金黄色的”，合起来即为金黄色葡萄球菌。有时为了避免同物异名或同名异物的混乱，要在正式的拉丁文名称后面附上首次命名人、现名定名人和命名年份（正体），可省略，如大肠埃希菌 *Escherichia coli*（Migula）Castellani & Chalmers 1919。属名在上下文连着出现时，可以缩写，如 *Escherichia* 可用 *E.* 表示。只讲属名而不讲具体种名或没有种名，只有属名时，要在属名后面加上 sp.（单数时）或 spp.（复数时）来表示，都是种（species）的缩写。例如，*Staphylococcus* sp. 表示葡萄球菌之意。当某种微生物是一个亚种（简称 subsp.）或变种（var.）时，学名应按三名法命名。如需表示变种，则在变种学名前加 var.，如苏云金芽孢杆菌蜡螟亚种 *Bacillus thuringiensis* subsp. *galleria*、枯草芽孢杆菌黑色变种 *Bacillus subtilis* var. *niger*。

3. 细菌分类鉴定的依据和方法

细菌形体微小、类型多，在形态学特征、生理生化特征、免疫学特征或遗传学特征等方面存在着极大的多样性。因此，细菌的分类远较其他生物复杂，其鉴定也比较烦琐。有下面 3 类方法来进行分类和鉴定。

（1）经典方法

经典方法即常规鉴定法，主要根据细菌形态、结构和生理生化特性来确定它们在分类系统中的地位。一般采用下列各项目。

①形态特征。

细胞的形状：细菌的形状和排列对属和属以上的分类很重要。

细胞的大小：细胞的大小也是细菌鉴定中必不可少的内容。

细胞的结构和染色反应：细菌细胞的结构在细菌分类中占有重要地位。如前所述，细菌细胞的各个部分如细胞壁、芽孢、荚膜、鞭毛、内含物等细胞结构都是必须检测的项目，因为不同细菌的这些结构存在差异。为了在光学显微镜下获得良好的辨析效果，对不同的结构部分需要采用相应的染色方法，如革兰氏染色法、芽孢染色法、荚膜染色法、鞭毛染色法等。辨明这些结构的特征关系到科、属的划分。

②培养特征。

细菌形体微小，肉眼看不见，但在营养基质中，细菌局限在一处大量繁殖。形成群体的团块则是肉眼可见的。这种细胞团块的形态也有一定的稳定性和专一性，称为培养特征。认识培养特征，除鉴定的需要外，对检查菌种纯度、辨认菌种等都是很重要的。培养特征包括菌落形态特征、斜面菌苔特征、液体培养特征等。

③生理、生化特征。

单凭形态特征，细菌只能被划分成很少的类群。许多科、属的划分都是以生理生化性质为依据。因此，细菌的生理生化反应在细菌的分类鉴定中占有十分重要的地位。常规鉴定中常做的生理生化试验包括如下项目：过氧化氢酶试验、葡萄糖氧化、糖发酵、乙酰甲基甲醇（V. P.）试验、明胶液化、淀粉水解、碳源与氮源的利用等。

④生态学特征。

细菌的生长繁殖，除营养条件外，对其他生活条件也有一定要求，如温度、pH、需氧性和耐盐性等。不同细菌对这些生态条件的反应不一致，这些差异也是分类鉴定时重要的依据或参考。

⑤化学组成。

细胞的化学组成或化学结构因不同细菌而异。细菌细胞壁都包含肽聚糖，但肽聚糖在G^+细胞壁中所占的比例很大，而在G^-细胞壁中含量较少。随着分子生物学技术的发展和应用，微生物的蛋白质组成、DNA 碱基的组成、16S rRNA 序列、脂肪酸组成等都已成为重要的分类依据。

⑥血清学反应。

在细菌分类中，常用血清学反应对种以下的分类进行确定，根据血清学反应鉴别的细菌称为血清型。一种细菌可有几个、几十个、几百个或更多的血清型，如沙门氏菌属（*Salmonella*）有近 3000 个血清型。通常先用已知含有某种抗原物质的菌种、菌型或菌株制成抗血清，根据其是否与未知的细菌发生特异性的血清学反应，来确定未知菌种、菌型或菌株。用于分类鉴定的抗原物质包括鞭毛抗原、荚膜抗原和菌体细胞壁抗原等，一般将鞭毛抗原称为 H 抗原，将荚膜抗原称为 K 抗原，将菌体细胞壁抗原称为 O 抗原。

（2）数值分类法

数值分类法（numerical taxonomy）又称聚类分类法或阿德逊氏分类法（Adansonian classification）。细菌的性状和特征虽然是分类的依据，但如何利用测定的各项指标，特别是表型特征，来划分细菌的分类地位使之尽量符合进化规律是一个重要问题。数值分类法与传统分类法的主要区别是：①传统法采用的分类特征有主次之分。而数值法根据“等重原则”，不分主次，通过计算菌株间的总相似值来分群归类；②传统法根据少数几个特征，采用双歧法整理实验结果，排列出一个个分类群。而数值法采用的特征较多，一般是 50～60 个，多的则达到 100 个特征以上，进行菌株间两两比较，数据处理量较大，需借助计算机才能实现。

数值分类中有两个重要概念，表观群（phenon）和运转分类单位（operation taxonomic unit，OTU）。表观群指建立在表面特征相似的基础上的类群，一般是数值分类得到的类群。OTU 指分类研究的个体，细菌分类中一般是指菌株。数值分类工作的基本步骤是：

①收集 50 个以上甚至几百个性状数据。拟测定的性状就是数值分类的试验项目，包括前述的形态、生理生化和生态等各项指标。聚类分析时以单项性状为单位。这种单位性状是指生物所具备的能产生单项信息的属性，从逻辑角度上在研究过程中不能再分割，它所表现的是性状的状态。如细胞长度是一个性状，若某菌株长为 1.5μm，则此具体长度是它的性状状态。

②按如下公式分别计算简单匹配相似系数 S_{sm}（匹配系数）和 S_j（相似系数），它是各个 OTU 之间相似程度的量值。

$$S_{sm}=a+d/\ (a+b+c+d)$$

$$S_j=a/\ (a+b+c)$$

式中：a 为两菌株均呈正反应的性状数；b 为菌株甲呈正反应，而菌株乙呈负反应的性状数；c 为菌株甲呈负反应，而菌株乙呈正反应的性状数；d 为两者均呈负反应的性状数。计算机依据原始数据对菌株进行两两比较，分别计算出上述 a、b、c、d，再按公式运算，依次计算出全部菌株间的相似性系数。

③大量的菌株比较时，可借助计算机，并在计算机中构成相似性矩阵（similarity matrices）。对所研究的各个菌株都按配对方式计算出它们的相似系数后，可将所得数据填入相似度矩阵中，为便于观察，应该将该矩阵重新安排，使相似度高的菌株列在一起。

④将矩阵图转换成树状谱（dendrogram），为判断分类关系提供了更直观的材料。

数值分类法具有很多优点，与传统法相比，得到结果偏差少，并且它是以分析多数特征为基础的方法，比只以少数特征为基础的方法所提供的分类群更稳定。有些分类群在数值法和传统法之间已显示出很好的关联度。但是也有人认为数值法这种主次不分的分类方法不能突出主要矛盾，未必能真正地反映微生物“种”的特征。另外，数值分类还存在一些技术和方法上的问题，仍处于探索阶段。在目前条件下，应用最广泛的仍是实用而且简单的传统分类方法。

（3）化学分类法

化学分类是利用分析比较细胞化学组分的异同进行分类的方法。此法首先用于放线菌分类中，近年来对 18 个属的放线菌细胞壁进行了分析，根据细胞壁的氨基酸组成，分为 6 个细胞壁类型，又根据细胞壁糖的组成，将其分为 4 个糖类型，在此基础上结合形态特征提出了相应的科属检索表。此外，还有通过分析细胞膜的枝菌酸、磷酸类脂及甲基萘醌等组分对细菌或放线菌进行属的分类。在分析细胞脂肪酸组分时，应在高度标准化的培养条件下收获稳定期细胞，然后分析比较稳定的分类指征——脂肪酸甲基脂组分，对其定性或定量分析的结果，可在属与属以上水平或种与种以下水平进行分类。

（4）分子遗传学分类法

DNA 是遗传信息的主要携带者，是遗传的物质基础。各种细菌种内菌株之间的亲缘关系不可能只根据表现特征来确定，遗传学指标尤为重要。包括遗传机制和生物大分子的组成，前者如菌株之间遗传物质相互转移的情况，后者包括蛋白质分子和核糖核酸（RNA）与脱氧核糖核酸（DNA）。

①G+C 含量分析。

DNA 是生物中起主导作用的遗传物质，含有腺嘌呤（A）、胸腺嘧啶（T）、鸟嘌呤（G）和胞嘧啶（C）4 种碱基，它们总是规律地 A-T 配对、G-C 配对，称为碱基对。它们的顺序、数量和比例都是很稳定的，不受菌龄和外界条件的影响。因此，亲缘接近的同种、同属或同科的细菌，尽管表型性状多少有些不同，但它们 DNA 的 4 种碱基的比值不会有很大的变化。在鉴定中，若发现同一种或同一属的细菌的 4 种碱基比值出现了很大差别，就表明那些差别大的菌种的亲缘关系是很远的，不应纳入该种或该属内。但碱基对的特征毕竟只是一项指标，即使碱基对的数量或比例相同者也不一定是相同或相似的种属。因此在分类鉴定中，DNA 碱基的测定必须与形态和生理生化方面的测定结合起来。由于细菌中 G 与 C 百分比值（即 G+C 占 4 种碱基总量的摩尔分数）的变化幅度较大，为 27%～75%，因此把这一特征作为细菌的分类指标更有实际意义。

②核酸杂交。

当对双链DNA分子进行加热处理时，温度提高到一定程度，双链即可解链成为两股单链DNA（变性）；当温度再降到变性温度以下时，DNA的两条互补链又可重新恢复为稳定的双链分子（复性）。根据这一原理，可以比较不同菌株之间DNA的碱基排列顺序。因此，核酸杂交方法可以用于考察两菌株的DNA单链相互形成双链的程度（同质程度），了解它们亲缘关系的远近。操作时，用同位素标记一个菌株的DNA单链作为参考菌株，然后取另一个菌株的DNA单链与之杂交，若两菌株DNA的碱基排列顺序相同，通过互补配对则可以形成双链DNA分子，说明这两个菌株是同源的；若只有部分区段的碱基排列可以互补，只能形成局部双链，则称这部分DNA是同源的。同源性越高，亲缘关系越相近，因此DNA-DNA杂交是细菌分类的可靠依据之一。

③核酸序列分析。

16S rRNA碱基测序，生物细胞中rRNA约占细胞RNA总量的80%，rRNA分子在生物体中普遍存在。随着核酸测序技术的迅速发展，RNA测序越来越广泛地用于微生物分类研究中。现在主要用原核生物的16S rRNA序列和真核生物的18S rRNA碱基序列测定不同生物间的进化关系。这种小分子rRNA的许多区段是高度保守的，也含有变化的碱基序列，因此可以作为生物进化计时钟（chronometer）。根据测序所获得的信息，通过一种称为进化枝学（cladistics）技术的分析，即可绘出生物真实的系统发育谱系图。

二、古生菌

古生菌（图2-14）

三、放线菌

放线菌（actinomycetes）是一大类形态多样、呈菌丝状生长，以孢子方式进行繁殖的原核微生物。目前已经发现的80余属放线菌几乎都是革兰氏阳性菌，它的细胞构造、细胞壁化学组成以及对噬菌体的敏感性等特征都与细菌相同，因此将放线菌定义为细菌，属原核微生物范畴。但是其菌丝的形成过程以及外生孢子的繁殖方式又与真菌非常相似。放线菌菌落中的菌丝常从一个中心向四周辐射状生长，并因此而得名。

大多数放线菌是营腐生生活的，少数营寄生生活。它们在自然界中广泛分布，主要分布在含水量低、有机物含量丰富的呈微碱性的土壤中。每克土壤中大概含有数万至数百万个放线菌孢子，而放线菌所产生的土腥味素则是泥土所特有的土腥味的重要来源。

放线菌是抗生素主要生产微生物之一，与人类各个方面尤其是健康方面有非常密切的关系。据不完全统计，目前已筛选出的抗生素种类已接近1万种，其中由放线菌产生的抗生素占总量的70%以上，而放线菌中又以链霉菌生产的抗生素为主，占总放线菌生产抗生素的90%左右。近年来，筛选的许多新的生化药物也有很多是来自放线菌的次生代谢产物，包括一些酶抑制剂、抗寄生虫剂、抗癌药物、农用杀虫剂等。放线菌的代谢产物还在食品生产、加工过程中发挥重要作用，例如弗兰克氏菌属的放线菌对非豆科植物的固氮作用有积极的帮助；弗氏链霉菌产生的蛋白酶在制革工业中有脱毛的作用；灰色链霉菌能产生维生素 B_{12}，从发酵液中可以提取获得；游动放线菌能够产生葡萄糖异构酶可用于食品工业生产等等。大多数放线菌在人类生活生产中都起到了积极的作用，但也有少数放线菌会引起人体和动植物的病害。

（一）放线菌的形态与构造

放线菌分布广泛、生态类型多样，种类、形态比细菌更复杂。大部分放线菌的菌体是由菌丝体构成的，菌丝体由于形态和功能不同，一般可分为基内菌丝、气生菌丝和孢子丝三类。

1. 典型放线菌的形态结构

放线菌中最为典型的、与人类关系最为密切的为链霉菌属（*Streptomyces*）的放线菌，下面以链霉菌为例，阐述放线菌的形态结构（图 2-15）。

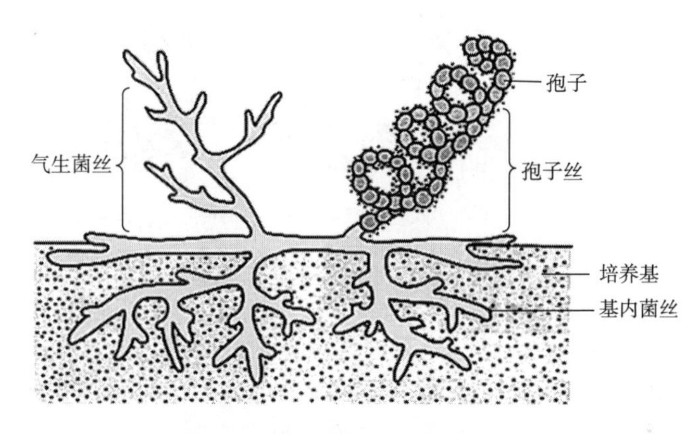

图 2-15　链霉菌的形态构造示意图

（1）基内菌丝（substrate mycelium）

又称基质菌丝、营养菌丝。生长在培养基表面或内部，是由于孢子落在固体的培养基表面后发芽、不断生长而向基质表面和内层扩张而形成的，它的主要功能是吸收营养、排泄代谢物，故又称为营养型一级菌丝。基内菌丝一般较细、分枝繁茂，直径为 0.2～1.2μm。一般颜色较浅、常产生水溶性或脂溶性的色素，因而使培养基呈现红、绿、黄、黑、蓝、紫、褐、橙等各种颜色。

（2）气生菌丝（aerial mycelium）

又称二级菌丝，由基内菌丝分化而来，向培养基上方空间不同方向生长，直径较粗、颜色较深，直径为 1～1.4μm，形状为直或弯曲，存在分枝，有的也能产生色素。

（3）孢子丝（spore-bearing mycelium）

又称繁殖菌丝、产孢丝。它是气生菌丝生长发育到一定阶段分化成的可产孢子的菌丝。孢子丝的形态和在气生菌丝上的排列方式随菌种而异。其形状有直形、波曲形、钩形或螺旋形，着生方式有互生、轮生或丛生等多种方式，是分类鉴别的重要依据（见图 2-16）。

孢子丝生长到一定阶段可形成孢子。在光学显微镜下，孢子呈球形、椭圆形、杆形、瓜子形、梭形和半月形等；在电子显微镜下还可看到孢子的表面结构，有的光滑，有的带小

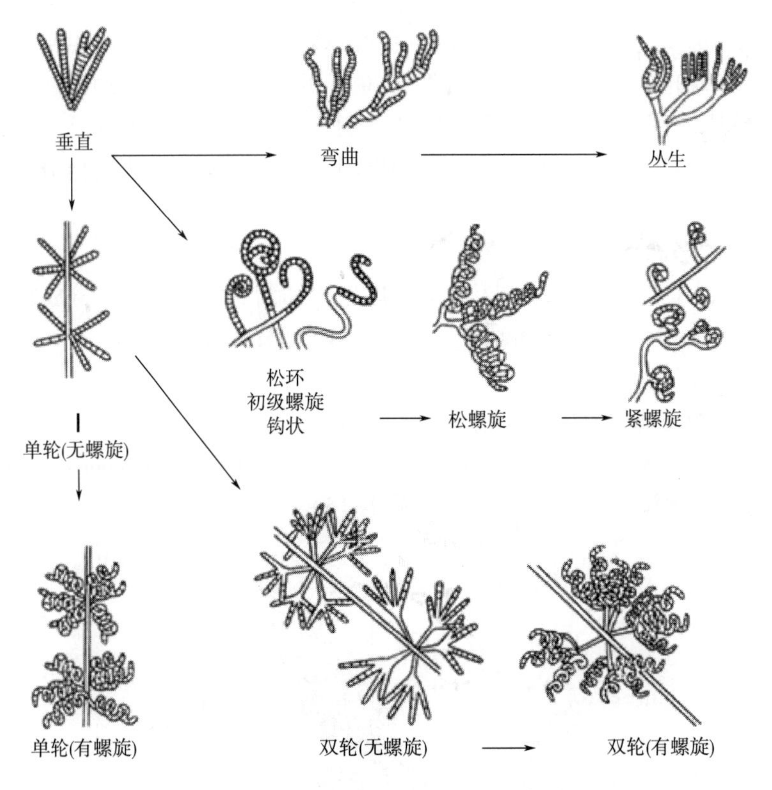

图 2-16　链霉菌孢子丝形态示意图

疣，有的带刺或毛发状。孢子表面结构也是放线菌菌种鉴定的重要依据。孢子的表面结构与孢子丝的形状、颜色也有一定关系，一般直形或波曲形的孢子丝形成的孢子表面光滑；而螺旋形孢子丝形成的孢子，其表面有的光滑，有的带刺或毛发状。白色、黄色、淡绿、灰黄、淡紫色的孢子表面一般都是光滑型的，粉红色孢子只有极少数带刺，黑色孢子绝大部分都带刺和毛发状。

孢子含有不同色素，成熟的孢子堆也表现出特定的颜色，而且在一定条件下比较稳定，故也是鉴定菌种的依据之一。应指出的是，由于从同一孢子丝上分化来的孢子形状和大小可能也有差异，因此孢子的形态和大小不能完全地作为分类鉴定的依据。

2. 其他类型放线菌的形态

诺卡氏菌属（*Nocardia*）的放线菌的基内菌丝非常发达且具有分枝，但基本没有气生菌丝。其基内菌丝在发育成熟后将产生分生孢子，这种放线菌产生孢子是以横隔分裂的方式进行，形成形状、大小一致的杆菌状、分枝状或球菌状的分生孢子。

有一些放线菌会在气生菌丝顶端或基内菌丝的顶端形成少量的孢子。小单孢菌属（*Micromonospora*）放线菌大多数不产生气生菌丝，因此它的孢子生长在基内菌丝的顶端，且一般产一个孢子；小双孢菌属（*Microbispora*）以及小四孢菌属（*Microtetraspora*）放线菌的孢子不在基内菌丝上形成，而是在气生菌丝的顶端形成，双孢菌属形成 2 个孢子，四孢菌属形成 4 个孢子；小多孢菌属（*Micropolyspora*）形成放线菌的同时会在基内菌丝和气生菌丝顶端产生 2~10 个孢子。

孢囊链霉菌（*Streptosporangium*）中的孢子类型为孢囊孢子。在基内菌丝或气生菌丝中发育形成圆形的孢囊，然后在孢囊内形成球形、杆状或椭圆形的孢子，称为孢囊孢子。孢囊孢子不具有鞭毛结构，不能运动，一般生长在气生菌丝的主丝或侧丝的顶端。

能够运动的具有鞭毛的这部分孢子被称为游动孢子，一般在游动放线菌属（*Actinoplanes*）中产生的孢囊孢子属于游动孢子。该属放线菌的气生菌丝不够发达，主要在基内菌丝中形成孢囊，孢囊中含有呈直行排列或盘曲排列的球形的孢囊孢子。游动孢子的鞭毛结构有单生鞭毛，长在一起的两个鞭毛，多数丛生鞭毛以及周生鞭毛。

（二）放线菌的繁殖

放线菌主要通过形成无性孢子的方式进行繁殖，也可借菌体断裂片段繁殖。放线菌产生的无性孢子主要有分生孢子和孢囊孢子。

大多数放线菌（如链霉菌属）生长到一定阶段，一部分气生菌丝形成孢子丝，孢子丝成熟便分化形成许多孢子，称为分生孢子。在透射电子显微镜下，对放线菌超薄切片进行观察，发现孢子丝通过横隔分裂形成孢子。横隔分裂有两种方式：细胞膜内陷，再由外向内逐渐收缩形成横隔膜，将孢子丝分割成许多分生孢子；细胞壁和质膜同时内陷，再逐渐向内缢缩，将孢子丝缢裂成连串的分生孢子。

有些放线菌可在菌丝上形成孢子囊，在孢子囊内形成孢囊孢子，孢子囊成熟后，释放出大量孢囊孢子。孢子囊可在气生菌丝上形成（如链孢囊菌属），也可在基内菌丝上形成（如游动放线菌属），或二者均可生成。另外，某些放线菌有时也产生厚壁孢子。

借菌丝断裂的片段形成新菌体的繁殖方式常见于液体培养中，如在抗生素发酵工业生产过程中，放线菌就以此方式大量繁殖。

放线菌的各种繁殖方式表解如下：

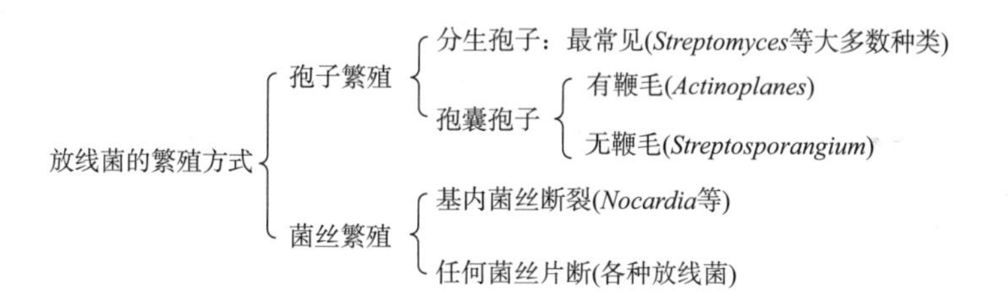

（三）放线菌的群体特征

放线菌的菌落由菌丝体组成，一般为圆形、平坦或有许多皱褶。放线菌的菌落特征随菌种而不同。一类是产生大量分枝的基内菌丝和气生菌丝的菌种，如链霉菌，其菌丝较细，生长缓慢，菌丝分枝相互交错缠绕，所以形成的菌落质地致密，表面呈较紧密的绒状或坚实、干燥、多皱，菌落较小而不延伸；其基内菌丝伸入基质内，菌落与培养基结合较紧密而不易挑取或挑起后不易破碎。菌落表面起初光滑或如发状缠结，产生孢子后，则呈粉状、颗粒状或絮状。气生菌丝有时呈同心环状。另一类是不产生大量菌丝体的菌种，如诺卡菌，这类菌的菌落黏着力较差，结构呈粉质，用针挑取则粉碎。

有些种类菌丝和孢子常含有色素，使菌落正面和背面呈现不同颜色。正面是气生菌丝和孢子的颜色，背面是基内菌丝或所产生色素的颜色。

在液体培养基中培养放线菌时，会在培养基液面与摇瓶壁的交界处粘连一圈菌苔，培养基中液体清亮而不混浊，液体中会有许多珠状的菌丝悬浮，也有一些大型的菌丝团会沉到液体培养基的底部。这种培养特征都是由于放线菌这种细胞的特殊构造造成的。

四、蓝细菌

蓝细菌

五、其他原核微生物

除细菌、放线菌、古生菌、蓝细菌外，原核微生物还包括支原体、立克次氏体和衣原体，它们是典型的革兰氏阴性菌，主要营细胞内寄生，其代谢能力差，三者有各自的特点（见表 2-6）。

表 2-6　支原体、立克次氏体、衣原体和细菌的比较

比较项目	支原体	立克次氏体	衣原体	细菌
直径/μm	0.15~0.3	0.2~0.5	0.2~0.3	0.5~2.0
可见性	光镜勉强可见	光镜可见	光镜勉强可见	光镜可见
细胞构造	有	有	有	有
含核酸类型	DNA 和 RNA	DNA 和 RNA	DNA 和 RNA	DNA 和 RNA
核糖体	有	有	有	有
细胞壁	无	有（含肽聚糖）	有（不含肽聚糖）	有（含肽聚糖）
细胞膜	有（含甾醇）	有（不含甾醇）	有（不含甾醇）	有（不含甾醇）
繁殖时个体完整性	保持	保持	保持	保持
繁殖方式	二等分裂	二等分裂	二等分裂	二等分裂
大分子合成能力	有	有	有（有限）	有
产 ATP 系统	有	有	无	有
氧化谷氨酰胺能力	有	有	无	有
培养方式	人工培养基	宿主细胞	宿主细胞	人工培养基
对抑制细菌抗生素的反应	敏感（对抑制细胞壁合成者例外）	敏感	敏感（青霉素例外）	敏感

（一）支原体

寄生大师——支原体

支原体（Mycoplasma）是一类无细胞壁，介于独立生活和细胞内寄生的最小型原核微生物。许多支原体是引起人类疾病的病原菌。有些种类属于腐生种类，生活在污水、土壤或堆肥中，少数种类可污染实验室的组织培养物。从分类学角度上为了把污染动物和污染植物的支原体分开，把污染植物的支原体称为类支原体（Mycoplasma-like organisms，MLO）或植原体（phytoplasma）。

支原体的特点如下：细胞形态极小，直径为150~300nm，大多在250nm左右，因此在光学显微镜下很难观察到；其细胞膜由于含有甾醇从而使细胞膜的机械强度较大；细胞缺乏细胞壁而对渗透压非常敏感，对抑制细胞壁合成的抗生素（青霉素等）不敏感；繁殖方式为二分裂和出芽方式；菌落在固体培养基上呈“油煎蛋”形态，菌落小；多数支原体以糖原为能源，能在有氧或无氧条件下进行氧化型或发酵型产能代谢；能在含血清、酵母膏、甾醇等营养丰富的培养基中生长；基因组大小在0.6~1.1Mb，只为大肠杆菌（*E. coli*）的1/4~1/5。

（二）立克次氏体

立克次氏体（Rickettsia）是一类在真核细胞内营专性寄生的革兰氏阴性原核微生物。它与支原体的区别是具有细胞壁但不能独立生活，与衣原体的区别是细胞较大、无过滤性和存在代谢系统。

立克次氏体的首次发现是在1909年，美国病理学家立克次（H. T. Ricketts）在落基山斑疹伤寒病中发现了这种独特的病原体并被它夺去了生命。从1972年起，陆续在某些患病植物的韧皮部中也发现了类似立克次氏体的微生物，为了与寄生在动物细胞中的立克次氏体相区别，将寄生在植物细胞中的这一类细菌称为类立克次氏体细菌（Rickettsia-like bacteria，RLB）。

立克次氏体的特点如下：细胞形态较大，大小为（0.3~0.6）μm×（0.8~2.0）μm，在光学显微镜下清晰可见；它属于革兰氏阴性菌，有细胞壁，分裂方式为二分裂方式，一次分裂约需要8h；细胞形态多样，有球状、双球状、杆状、丝状等各种形态；大多数立克次氏体在真核细胞内寄生，宿主一般为虱、蚤等节肢动物和人、鼠等高等脊椎动物；不能利用葡萄糖或有机酸，只能利用谷氨酸和谷氨酰胺来产能，其代谢系统不完整；对四环素和青霉素等抗生素敏感，对热敏感，一般在56℃以上，30min即可杀死；培养方式一般是培养在鸡胚、敏感动物或人宫颈癌细胞Hela细胞株的组织培养物上；基因组小，例如普氏立克次氏体（*Rickettsia prowazeki*）的基因组只有1.1Mb，含834个基因。

立克次氏体是一类重要的传染病病原体，如人类斑疹伤寒、恙虫热和Q热等都是由这种细菌感染发病的。它一般寄生于虱、蚤等节肢动物的消化道上皮细胞中，并在其中大量繁殖，在细胞分裂后大量释放并随粪便排出。当虱、蚤等叮咬人体时，便乘机排粪，粪便中的立克次氏体随即从抓破的伤口进入血液，在细胞中大量寄生繁殖产生毒素，导致发病死亡。引起人类疾病的立克次氏体主要有斑疹伤寒立克次氏体（*R. prowazeki*）和恙虫病立克次氏体（*R. tsutsugamushi*）。

（三）衣原体

衣原体之父——汤飞凡

衣原体（Chlamydia）是一类在真核细胞内营专性能量寄生的革兰氏阴性原核微生物。它是由我国著名微生物学家汤飞凡等于 1956 年从沙眼中分离获得的，在此之前，衣原体一直被认为是“大型病毒”，而通过后期对它进行的深入研究逐渐发现这是一类独特的细菌。

衣原体的特征如下：革兰氏阴性菌，有细胞壁，但细胞壁中不存在肽聚糖结构，有细胞构造，胞内含有 DNA 和 RNA，有核糖体；严格的细胞内寄生，缺乏产生能量的酶系，分裂方式为二分裂方式；对抑制细菌的抗生素和药物敏感；培养方式为活体培养，只能用鸡胚卵黄囊膜、小白鼠腹腔或 Hela 细胞组织培养物等活体进行培养。

衣原体有非常独特的生活史，呈小球状的具有感染力的细胞原体（elementary body）经空气传播，原体细胞壁厚、致密，不能运动，RNA：DNA 为 1：1，不生长，抗干旱，有传染性。当遇到合适的宿主时，原体就会通过吞噬作用进入细胞，在其中生长并转化成无传染性的细胞始体（initial body），始体细胞呈大球状，细胞壁薄且脆弱，易变形，无传染性，RNA：DNA 为 3：1，生长较快，通过二分裂可在细胞内繁殖成一个微菌落，然后每个始体细胞又重新转化成为原体细胞，经细胞破裂，重新通过空气传播并伺机感染新的宿主，进入下一轮繁殖（见图 2-17）。整个生活史大约 48h。

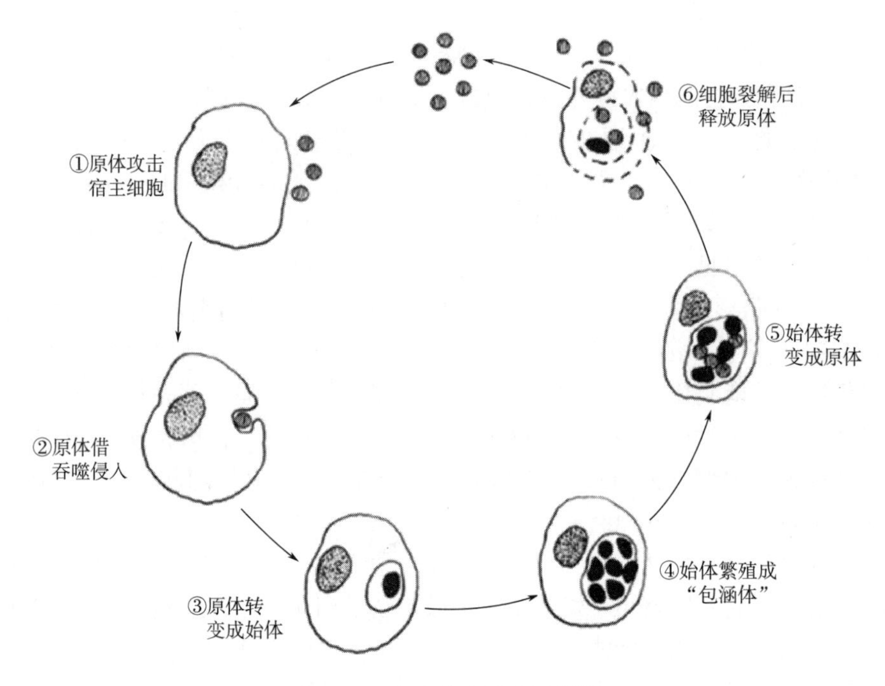

图 2-17　衣原体生活史示意图

目前常见的衣原体有 3 种，鹦鹉热衣原体（*Chlamydia psittaci*）能引起鹦鹉热等人兽共患病，沙眼衣原体（*C. trachomatis*）能引起人体沙眼，肺炎衣原体（*C. pneumoniae*）能引起肺炎。

第三节　真核微生物

凡是细胞核具有核膜，能进行有丝分裂，细胞质中存在线粒体或叶绿体等细胞器的微小生物，都称为真核微生物，主要包括真菌、藻类和原生动物等。

真菌是一类低等真核生物，与细菌相比，其个体形态较大、结构较为复杂，主要有以下特点：细胞中具有边缘清楚的核膜包围着的完整细胞核，而且在一个细胞内有时可以包含多个核，其他真核生物很少出现这种现象；不含叶绿素，不能进行光合作用，营养方式为异养吸收型，即通过细胞表面自周围环境中吸收可溶性营养物质，不同于植物（光合作用）和动物（吞噬作用）；与高等生物一样，能进行有丝分裂，主要以产生无性孢子或有性孢子方式进行繁殖；陆生性强；真菌的菌体除酵母菌为单细胞外，其余为单细胞或多细胞的分枝丝状体；真菌细胞都有细胞壁，细胞壁成分大多以几丁质为主，部分低等真菌细胞壁成分以纤维素为主，原生动物无细胞壁。本部分重点介绍真菌中的酵母菌、霉菌与蕈菌。

一、酵母菌

酵母菌不是分类学上的名称，而是一类以出芽繁殖为主要特征的单细胞真菌的统称。一般认为，酵母菌具有以下 5 个特征：①个体一般以单细胞状态存在；②多数以出芽或裂殖来进行无性繁殖，有些可产生子囊孢子进行有性繁殖；③能发酵糖类产能；④细胞壁常含甘露聚糖；⑤多在含糖量较高、酸度较大的水生环境中生长。在 Lodder 分类系统（1970 年）中将酵母菌分为四大类，即子囊酵母、黑粉菌目酵母类、掷孢酵母类和无孢酵母类。目前已知的酵母菌已有 1000 多种，共有 56 个属，分属于子囊菌亚门、担子菌亚门及半知菌亚门。

酵母菌在自然界分布很广，常栖息于植物体尤其是花蜜、树木汁液、果实及叶子表面营腐生生活，在葡萄园和果园的上层土壤中含量较多。酵母菌是人类利用最早的微生物，与人类关系极为密切。利用酵母菌生产的产品大大改善和丰富了人类的生活，如各种酒类生产、传统食品酿造、面包制造、甘油发酵，饲用、药用及食用单细胞蛋白生产，从酵母菌体中可提取核酸、麦角甾醇、辅酶 A、细胞色素 C、凝血质和维生素等生化药物。近年来，酵母菌已成为分子生物学、分子遗传学等重要理论研究的良好材料，如酿酒酵母（*Saccharomyces cerevisiae*）可作为基因工程研究的模式真菌，将外源 DNA 片段转化至载体细胞中构建工程菌以获得相应的表型；或通过代谢工程手段研究基因功能。

酵母菌也会给人类带来危害。有些是发酵工业的污染菌，影响发酵产品的产量和质量；一些耐高渗酵母，如蜂蜜酵母（*S. mellis*）可使果酱、蜂蜜及蜜饯变质；少数寄生性酵母菌具有致病作用，其中最常见的为白假丝酵母（*Candida albicans*）和新型隐球菌（*Cuyitococcus neofonmans*），能引起皮肤、呼吸道、消化道、泌尿生殖道疾病。

（一）酵母菌的形态和大小

酵母菌作为一种单细胞微生物，其细胞形态在不同种之间存在差异，常见的细胞形态为球形、卵圆形、椭圆形、柱形、香肠形等。还有一些特殊的酵母菌具有特异的细胞形态，如尖形或柠檬形（见图 2-18）。

尖形或柠檬形的酵母菌一般是在果子腐败和浆汁的天然发酵初期阶段能够发现。这些酵母菌一部分属于有孢汉逊酵母属（*Hanseniaspora*）和它的不完全型克勒克酵母属（*Kloeckera*）；有的属于德克酵母属（*Dekkera*）即不完全型的酒香酵母属（*Brettanomyces*），它们的特征是尖顶形的细胞，在另一端生长出的细胞变圆，或者另一端突出。这种酵母菌曾经在西欧地区普遍用来酿造啤酒，但是在这个属中的某些酵母菌也是导致瓶装葡萄酒和软饮料腐败的微生物。有一种瓶形酵母属（*Pityrosporum*）的细胞，以重复出芽的生殖方式进行繁殖，最后形态类似于瓶状的细胞。另外，研究人员从啤酒或葡萄汁中分离得到了一种三角形细胞

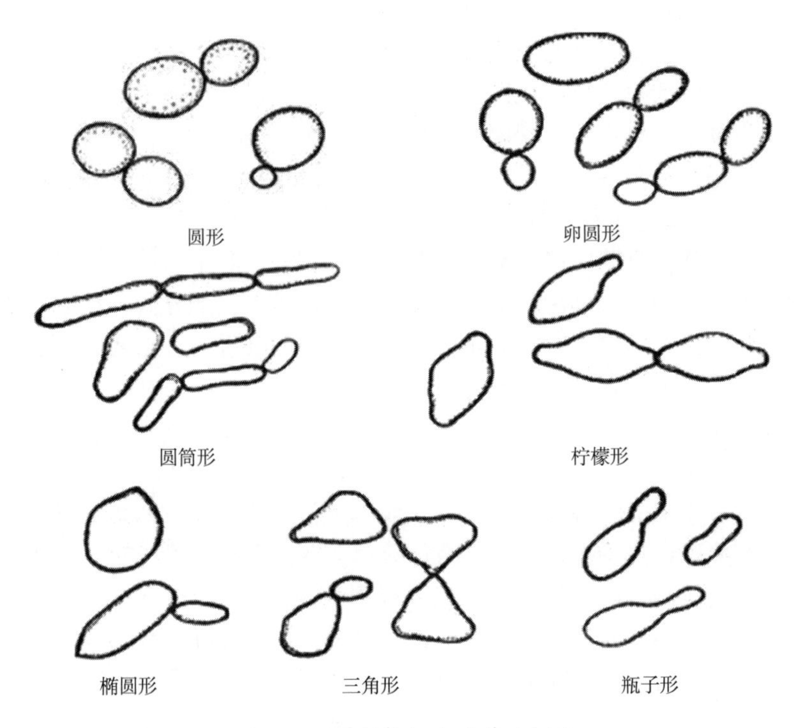

图 2-18　酵母菌细胞形态示意图

形态的酵母菌，并将其分类至三角形酵母属（*Trigonopsis*）。

以最典型的酿酒酵母菌（*S. cereviseae*）为例，一般来说酵母菌的细胞长度约为 2~3μm，也有大的细胞能够达到 20~50μm。酵母菌细胞的宽度一般在 1~10μm。观察细胞形态和大小时使用的培养基一般为麦芽汁或酵母浸出粉胨葡萄糖培养基（YPD）。与麦芽汁相比，合成培养基具有更好的可重复性，因此一般对于酵母菌的形态描述会在 YPD 合成培养基上进行，以得到较可靠的结构。在细胞生长早期，有一些酵母种的细胞大小与形态非常不均一，一些酵母种的细胞均一性却非常好，这种不一致的情况可以用来作为菌种鉴别的一项指标，在一些情况下，也可以用来鉴定是否是同一种内出现的突变及变种。

（二）酵母菌细胞的构造

酵母菌的细胞结构类似于高等生物，与其他真菌的细胞结构基本相同。对酵母菌细胞结构的观察可通过光学显微镜直接观察，经过染料染色或增光剂可以确定特殊成分的位置或细胞表面区域的位置，对于酵母菌细胞或孢子的表面形态也可以采用扫描电子显微镜进行观察，使用透射电子显微镜观察酵母菌细胞的超薄切片可以清楚地看到细胞的内部结构。以最典型的酿酒酵母菌为例，酵母菌细胞的结构包括有细胞壁、细胞膜、细胞核、细胞质、核糖体、线粒体、内质网、液泡、微体、类脂颗粒和异染粒等，不存在具有分化的高尔基体。有些种类具有荚膜、菌毛等，有的菌体还有芽痕、诞生痕（见图 2-19）。

1. 细胞壁（cell wall）

酵母菌的细胞壁具有一定的厚度，约为 25nm，重量约为细胞干重的 10%~25%。它是酵母菌细胞与外界环境接触的第一道屏障，能够有效地保证细胞正常的生存。虽然它具有一定的柔性，但从另一方面来看，仍然具有非常强的坚韧性，能够使酵母菌保持一定的形状而不发生改变。当细胞逐渐衰老的时候，细胞壁的重量会增加一倍左右，此时在光学显微镜下已经很难看到细胞壁的特征了，基本只能观察到非常光滑的细胞轮廓。

酵母菌的细胞壁由三层结构组成，即最外层的糖蛋白层、中间层的碱可溶性β-葡聚糖层以及最里层的碱不溶性β-葡聚糖层。糖蛋白层中的糖主要由磷酸化的甘露聚糖组成。在细胞壁上存在许多脂类物质，但其所在的位置目前还不确定。近年来研究发现，酵母菌细胞壁的物质组成为：葡聚糖占35%~45%，甘露聚糖占40%~45%，蛋白质占5%~10%，几丁质占1%~2%，脂类物质占3%~8%，磷酸盐等无机物占1%~3%。其中磷酸盐主要存在于甘露聚糖-蛋白质复合物中。

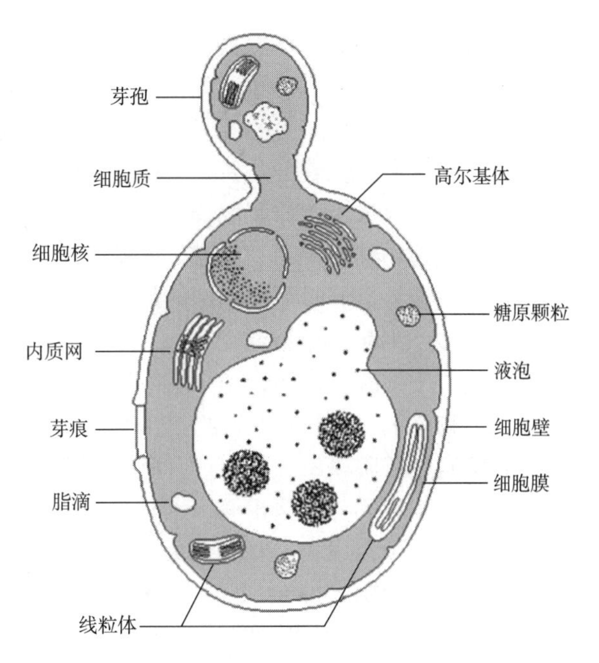

图2-19　酵母菌细胞结构模式图

当使用热碱来萃取细胞壁时，碱不溶性残余物质会形成一层坚固的葡聚糖层来保持酵母菌细胞的形状和坚固性。研究发现，这种葡聚糖是由两种多糖混合而成的，其中占主要地位的是β-1,3-葡聚糖，作为分支点的是具有β-1,3中间残基键的高度分支化的β-1,6-葡聚糖，在电子显微镜下观察酵母菌的细胞壁，可以发现碱不溶性葡聚糖是以一种紧固的微网状态而存在的。

碱萃取后的细胞壁萃取物中含有一种碱溶性的葡聚糖以及甘露聚糖-蛋白质复合物，它们约占细胞壁成分的20%~23%。碱溶性葡聚糖与碱不溶性的葡聚糖的差异在于，碱溶性的葡聚糖中在β-1,3糖苷键上存在着若干个β-1,6键连接的葡萄糖残基。这些异常糖苷键的存在干扰了邻近的氢键和微纤维组成，使这种非晶形葡聚糖在碱液中变为可溶的状态。而甘露聚糖-蛋白质复合物在细胞壁最外层作为细胞壁的外壳，含有5%~10%的蛋白质。

酵母菌的细胞壁中还含有少量的几丁质，几丁质是一种线状的*N*-乙酰氨基葡萄糖多聚体，其单体之间以β-1,4糖苷键相连接。它的结构与纤维素的结构非常相似。在早年的研究中，常用*N*-乙酰氨基葡萄糖的含量来推算几丁质的含量。近年来的研究发现，在甘露聚糖的组分中也有氨基葡萄糖的存在，因此这个方法后来已不再使用。几丁质主要出现在出芽生殖后形成的芽痕中，当一个芽完全发育时，初生细胞中含有几丁质的隔膜会与母细胞分离，紧接着初生细胞的隔膜将被葡聚糖和甘露聚糖覆盖而形成成熟细胞。一个初生还未出芽的子细胞中一般检测不到几丁质或含量极少，当出芽次数越多，几丁质含量则越高。不同属种的酵母菌中几丁质含量也有一些区别，如丝状酵母菌包括红酵母属（*Rhodotorula*）、隐球酵母属（*Cryptococcus*）、掷孢酵母属（*Sporobolomyces*）等，其中几丁质含量普遍偏高，基本能够作为细胞壁的主要成分存在；而在另一些酵母属如裂殖酵母属（*Schizosaccharomyces*）中，几乎不能发现有几丁质的存在。

荚膜物质是在研究酵母菌细胞壁时必须注意到的一类物质，位于酵母菌细胞壁外，基本成分包括磷酸甘露聚糖、杂合多糖和属于鞘类脂成分的疏水物质等。这一类物质是水溶性的并且在细胞外表面形成一层黏性层，进而形成荚膜。在某些汉逊酵母属（*Hansenula*）和那些与毕赤酵母属（*Pichia*）、管囊酵母属（*Pachysolen*）密切相关的属会产生胞外磷酸甘露聚糖。红酵母属的红酵母产生的荚膜是由一些线状或稍微分枝状的具有互变能力的 β-1,3 和 β-1,4 键的甘露聚糖组成。大多数的荚膜多糖物质是黏附于细胞表面的，也有很大一部分荚膜多糖可以被释放进入菌株所生长的培养基中，尤其是在液体搅拌培养时。有一些荚膜物质中含有四乙酰植物鞘氨醇和三乙酰二氨鞘氨醇，正是由于这些复杂的疏水化合物的存在，造成了酵母菌在液体培养时形成小球的趋势。这些酵母菌的菌落特征一般表现为表面粗糙。

2. 细胞膜（cell membrane）

细胞膜位于细胞壁内侧，是一层半透性膜，具有从培养基中摄取营养，并防止细胞质中低分子化合物渗漏以及将代谢产物排出细胞外，避免其在细胞内积累过量造成毒害的作用。同时，在细胞生长阶段，细胞膜还具有储存细胞壁成分的功能。

酵母菌的细胞膜与细菌相似，也有三层结构，由上、下两层磷脂分子以及镶嵌在其间的固醇和蛋白质分子构成。主要成分为蛋白质（约占干重的 50%，其中含有可吸收糖和氨基酸的酶），类脂（约占 40%、其中含有甘油磷脂，甘油的单、双、三酯，甾醇等）和少量糖类（甘露聚糖等）（见图 2-20）。

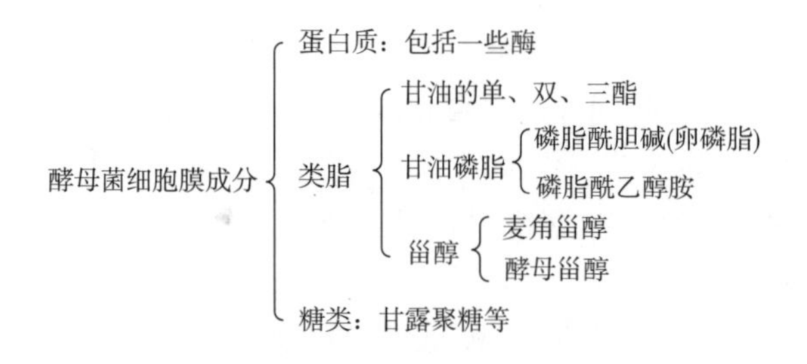

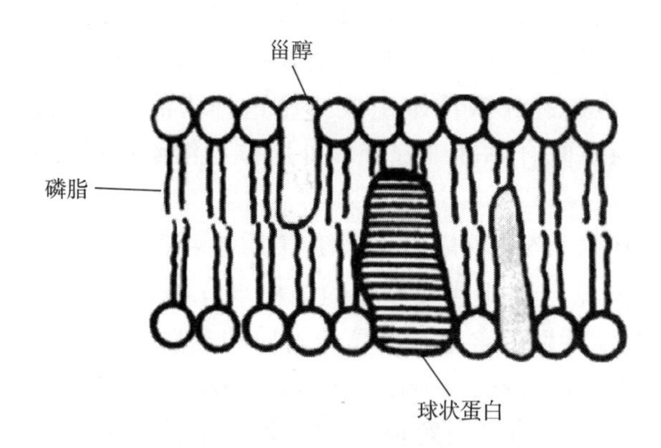

图 2-20　酵母菌细胞膜的三层结构

酵母菌的细胞膜厚度大约为 8nm，膜上存在很多凹折的部分，有些深度甚至超过 50nm。在膜的表面还有甘露聚糖和蛋白质颗粒的特殊结构，其直径在 15nm 左右，形成具有 18nm 的晶格的六面体排列。这些特殊结构的颗粒物质能够通过膜运动，并且可能参与细胞壁的甘露聚糖-蛋白质复合物或微纤维的形成。

在酵母菌的细胞膜上所含的各种甾醇中，尤以麦角甾醇居多，它是维生素 D 合成的前体物质，经过紫外线照射后能够转化成为维生素 D_2，因此在工业生产中也作为维生素 D 的来源，含量较高的麦角甾醇可达到细胞干重的10%左右，如发酵性酵母（*Saccharomyces fermentati*）。

3. 细胞核（nucleus）

酵母菌具有核膜包被的细胞核，细胞核呈球形，直径约2μm，多位于细胞中央，与液泡相邻，有核膜、核仁和染色体。核膜是一种双层膜，在细胞的整个生殖周期中保持完整状态，外层与内质网紧密相接。核膜上有许多直径为40~70nm的核孔，这些核孔是细胞核与细胞质大分子物质交换的通道，能让核内制造的核糖核酸转移到细胞质中，为蛋白质的合成提供模板等。核内有新月状的核仁和半透明的染色质，由DNA与组蛋白结合而成。核仁是核糖体RNA合成的场所。在核膜外有中心体，与出芽和有丝分裂有关。细胞核载有酵母菌的遗传信息，是代谢过程的控制中心。

真核微生物DNA的含量比原核微生物高10倍左右，遗传信息除存在于细胞核DNA外，还存在于酵母菌的线粒体和质粒中。线粒体DNA约占酵母菌细胞总DNA量的15%~23%，一般呈环状，其相对分子质量为5.0×10^7，比高等动物的大5倍左右；2μm质粒是一个闭合的环状超螺旋DNA，其长度约为2μm，因此而得名，是1967年后才在酿酒酵母（*S. cerevisiae*）中被首次发现，占总DNA量的1%~5%，每个细胞中一般含有60~100个2μm质粒。2μm环状DNA质粒一般存在于细胞质中，它的复制受到核基因组的控制，其生物学功能尚不清楚，但其在基因调控、染色体复制研究中有非常重要的地位，也可以作为酵母工程菌构建需要的载体来进行转化构建目的菌株。

4. 芽痕（bud scar）和微丝（fimbriae）

芽痕是酵母菌繁殖所留下的一个特殊的位点，主要的化学成分为葡聚糖、甘露聚糖和几丁质。为方便研究，科学家将母细胞与子细胞上留下的生殖痕作了不同的命名。诞生痕（birth scar）一般长在细胞长轴的末端，它是子细胞与母细胞分离时，在子细胞细胞壁上留下的一个位点。而在母细胞细胞壁上留下的由于出芽生殖所造成的位点称为芽痕。一般来说，酵母菌细胞在一个生活周期内会重复出芽，每一次出芽都会在母细胞细胞壁上留下芽痕，细胞壁的表面会稍微有一些突起，围绕的中心区大约为$3\mu m^2$（见图2-21）。一个酵母菌细胞一生中通常出芽次数是有限的，一般为20次左右，多的也可达到40次。根据出芽痕的多少可以推测一个细胞的年龄。

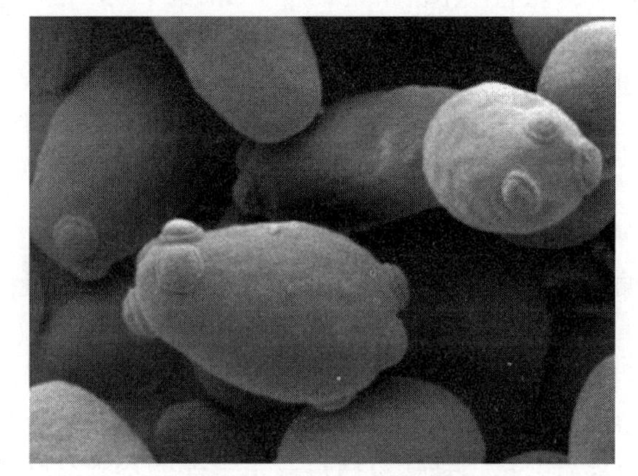

图2-21　酵母菌细胞的芽痕

酵母菌细胞的表面还存在一种特殊的蛋白质，形态如头发丝一般，直径为5~7nm，长度大约为0.1μm，这种结构被称为微丝。研究发现这种微丝的存在与酵母菌的絮凝性有一定的关系。

5. 细胞质（cytoplasm）与内含物

细胞质是一种透明、黏稠、胶体状水溶液。它既是进行新陈代谢的场所，也是代谢物贮存和运输的环境。幼小细胞的细胞质稠密而均匀，老龄的细胞则含有较大的液泡和各种贮藏物质。细胞质的内含物主要包括核糖体、线粒体、内质网、液泡、微体及贮藏物质（脂肪粒、肝糖粒、异染颗粒）等。

①核糖体（ribosome）。

在酵母菌细胞中除了DNA之外，还有很大一部分RNA物质，酵母菌中RNA的含量是DNA的5~100倍，其重量能达到细胞干重的5%~12%。RNA主要分布在核区以及核糖体，并且核糖体RNA的含量占酵母菌细胞总RNA的85%以上。

真核微生物的核糖体沉降系数为80S，由60S大亚基和40S小亚基组成，酵母菌也不例外。大多数核糖体形成多聚核糖体，是蛋白质合成的场所。一部分核糖体与mRNA结合，形成多核糖体；另一部分是80S的单核糖体状态，分别以内质网结合型和游离型两种形式存在。

②线粒体（mitochondria）。

在酵母菌细胞中占有非常重要的地位，一般位于细胞的四周，紧贴细胞膜内。也有一些特殊的酵母菌如红酵母属，一种专性呼吸型酵母菌，其线粒体的位置就不是分布在细胞的四周，而是随机地分散于细胞质中。线粒体直径一般在0.3~1μm，长度为0.5~3μm或更长。每个细胞中一般存在1~20个线粒体，当细胞进行出芽生殖时，线粒体会变成丝状并形成分枝，然后分裂并进入子细胞和母细胞中。

线粒体的膜由一层外膜和一层内膜组成，内膜向内卷曲形成新的嵴并向内扩展到线粒体基质中。在线粒体膜系统中含有脂类、磷脂、麦角甾醇，线粒体中包含有遗传物质DNA、蛋白质、RNA聚合酶和若干参与三羧酸循环和电子传递的呼吸酶类。在线粒体中，酵母菌细胞主要进行氧化磷酸化并产生能量，因此线粒体也被称为是酵母菌的“动力车间”（见图2-22）。

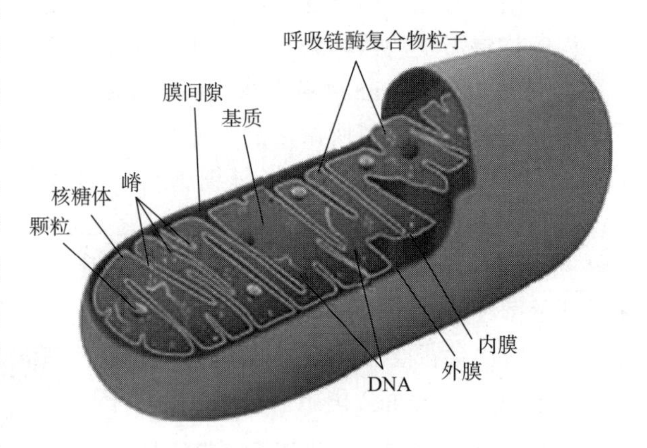

图2-22　线粒体构造模式图

线粒体DNA是区别于核DNA的另一套遗传信息，其DNA量占细胞总DNA量的5%~20%。线粒体DNA能够编码某些呼吸酶类，但是其本身的很多结构蛋白质和细胞色素C都是由核DNA编码的。

在厌氧条件下，或者在葡萄糖浓度很高（5%~10%）的好氧条件下，线粒体会分解成一种嵴不清晰的前线粒体，这种细胞将缺乏呼吸能力。酵母菌细胞存在两种缺乏呼吸能力的情况，其中一种情况是可以在含非发酵性质的培养基中，除去高浓度的葡萄糖并通入空气得以恢复；另一种情况酵母菌也可能完全丧失呼吸能力，这种丧失呼吸能力的细胞一般由突变产生，发生比例可达到1%~10%，发生变异的细胞在特殊培养基上会呈现与正常细胞不同的颜色，同时菌落也比正常酵母菌细胞小，很容易通过表型的区别进行辨别。

③内质网（endoplasmic reticulum）。

细胞质中存在由不同形状、大小的双层膜系统相互密集或平行排列而成的内质网。内质网外与细胞膜相连，内与核膜相通。一般认为内质网具有作为化学反应的表面、运输细胞内物质的作用，还有合成脂类和脂蛋白的功能，也可供给细胞质中所有细胞器的膜。内质网有两种类型：膜外附着核糖体的称为粗糙型内质网，这是蛋白质的合成场所；另一种表面没有附着核糖体的，称为光滑型内质网。

④液泡（vacuole）。

在酵母菌中存在一个或多个大小不相等的液泡，一般在显微镜下能够观察到，直径为0. 3~3μm。液泡在酵母菌生长的稳定期较为明显，尤其是当其处于不繁殖的状态下时能够清晰可见，一般呈球形。当光束照耀在细胞上时，会发现环绕在液泡周围的细胞质还不及液泡的透明度高（见图 2-23）。

细胞在新鲜的培养基中生长并开始出芽时，一个大的液泡往往被分隔成几个小液泡。当子细胞逐渐形成的时候，小液泡就会被分配到母细胞和子细胞中。出芽生殖结束后，细胞中的小液泡又会重新合并成为一个大的液泡。在电子显微镜下能够清楚地观察到液泡的外膜是一个单层膜，在膜的内外表面覆盖有一些直径为 8~12nm 的颗粒。这些颗粒的具体功能目前尚不清楚，研究发现它们能够转移液泡中的储藏物质。液泡膜具有非常好的透过性，细胞质中不同分子量的各种成分都能进入液泡中。在液泡中存在一些异染色体，而且浓度并不低。在液泡中还能发现一些低溶解度的嘌呤物质及其衍生物，这些物质的存在能够在细胞中形成明显的液泡结晶，此种结晶在毕赤酵母中比较常见。液泡也是大多数酵母菌储存游离氨基酸的场所，当然液泡中还存在大量的水解酶类，包括蛋白酶、核糖核酸酶以及酯酶。这些酶类在正常情况下不会从液泡中渗漏出来，但当液泡破碎时，水解酶将被释放到细胞质中，逐渐降解各种蛋白质、核酸以及酯类，使细胞发生瓦解而自溶。

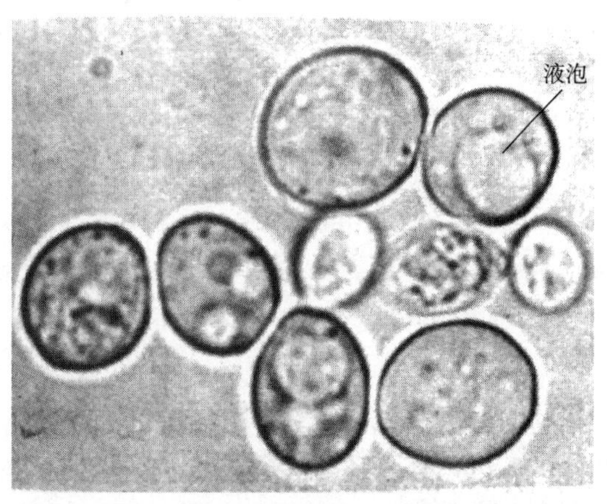

图 2-23　酵母菌细胞液泡

⑤微体（microbody）。

是酵母细胞质中由一层膜所包围的颗粒，比线粒体小，内含 DNA。在葡萄糖上生长时微体较少，而以烃为碳源时较多。从热带假丝酵母（*Candida tropicalis*）分离获得的微体中发现含有 13 种酶。微体可能在以烃和甲醇为碳源的代谢中起作用。

⑥贮藏物质（reserves）。

a. 脂肪粒：在某些酵母菌细胞中含有一些球状的物质，它们可以被脂肪染料染色，例如苏丹黑或苏丹红可以将它们染成黑色或红色，这些球状的物质就是细胞中的脂肪粒（lipid globule）。某些酵母菌种有积累脂肪粒的能力，将这些酵母菌在含有限量氮源的培养基中培养时，它们能够大量地积累脂肪物质，有一些酵母菌中脂肪粒的重量可达到细胞干重的50%~60%。常见的产脂肪粒的酵母菌有红酵母（*Rhodotorula glutinis*）、油脂酵母（*Lipomycesarkeyi*）、美极梅奇酵母（*Metschnikowia pulcherrima*）等。红酵母中的脂肪粒是分布在细胞中且大小不同的；油脂酵母和美极梅奇酵母的脂肪粒通常比较大且数量只有一个或两个。

b. 聚磷酸盐：在紧连着细胞膜的细胞质内有一部分磷酸盐聚合物存在，其聚合度大约为 300~500，被称为是聚磷酸盐（polyphosphate）。聚磷酸盐一般在细胞中行使能量储藏的作用，它存在于不同的代谢过程中，包括糖的转运过程、细胞壁多糖的生物合成过程等。

c. 肝糖：酵母菌细胞中储藏的两种主要糖类之一就是肝糖（polysaccharide glycogen），它的分子质量大约为 10^7 Da。肝糖的主链由葡萄糖残基通过 α-1,4 糖苷键连接而成，其树状的分支则由 α-1,6 糖苷键构成，在每个分支点之间的葡萄糖残基数量大约为 12~14 个。在酵母菌细胞中，其肝糖的含量是菌株特异的，同时也受到生长条件变化的影响。在生长过程中，当氮源不足但仍然有糖存在的时候，肝糖主要积累时期是生长稳定期。在面包酵母菌中肝糖的含量能达到干重的 12%，当用碘液将其染色之后，可以发现在暗棕色的细胞中存在一些球形颗粒的集合体，直径大约为 40nm。

d. 海藻糖：在酵母菌细胞中储藏的第二种糖类就是海藻糖（trehalose），是由两个葡萄糖通过 α-1,1-糖苷键链接起来的非还原性二糖。在酵母菌细胞中这种非还原性的双糖的含量可以非常少，基本可以忽略不计，也可以非常高，达到 16%左右。海藻糖在酵母菌细胞中的含量的高低与其所在的生长期有非常密切的相关性。海藻糖一般储存在与膜结合的泡囊中，当其变成可溶性的海藻糖后就会被细胞水解利用，因此在泡囊中储藏可以避免其被水解。在酵母细胞中，海藻糖可以作为抵抗各种环境胁迫的保护剂。

（三）酵母菌的繁殖方式和生活史

1. 酵母菌的繁殖方式

酵母菌的繁殖方式主要分为两种，分别是无性繁殖和有性繁殖。无性繁殖的方式又分为出芽生殖和裂殖。在工业生产中最为常见的是出芽生殖这种无性繁殖方式。现将代表性的繁殖方式表解如下：

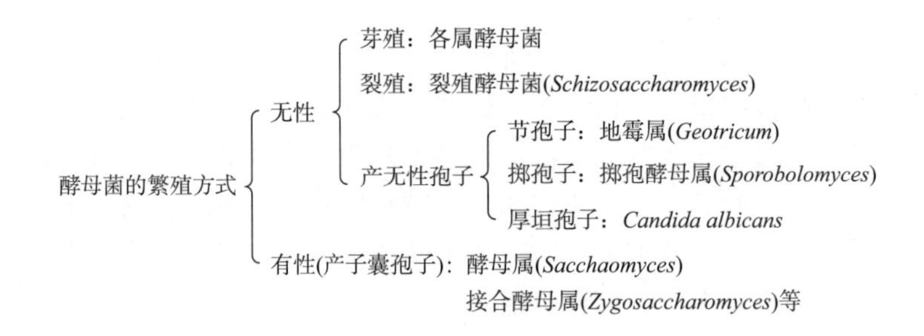

在对不同繁殖方式的酵母菌进行描述时，有些人将无性繁殖的酵母菌称为“假酵母”或“拟酵母”（pseudoyeast），而将有性繁殖方式生殖的酵母菌称为“真酵母”（euyeast）。

（1）无性繁殖

①芽殖（budding）。

在酵母菌细胞中最为常见的一种繁殖方式即为芽殖。当酵母菌在具有较丰富营养的培养基中生长时，细胞的生长迅速，基本上每个细胞都会长出芽体。其出芽过程首先是在细胞核邻近的中心体上产生一个小的突起点，与此同时，细胞的表面会向外发生突起，芽体逐渐形成并冒出。芽体逐渐增大，在此过程中母细胞中的伸长的核、细胞质、线粒体等细胞器进入到新生的芽体中，并逐渐与母细胞中的各种细胞器分裂，在子细胞中形成一套完整的细胞结构，包括细胞核、线粒体、液泡、核糖体等。然后子细胞与母细胞脱离形成一个单独的细胞，在母细胞的细胞壁上留下了芽痕，而在子细胞分离的相应位点上留下诞生痕，如此循环往复（见图 2-24）。

关于酵母菌出芽的位点或排列，一般来说在双倍体的酵母属中，细胞上出芽的分布基本上是随机的；在单倍体酵母属中细胞出芽多数按一定规律出现，细胞上的出芽痕大多以排、

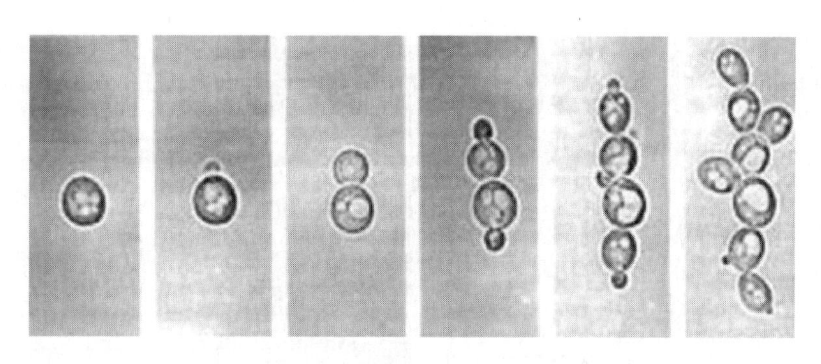

图 2-24　酵母菌的出芽生殖

环或螺旋状出现。当一个细胞通过出芽产生 3~4 个子细胞之后，细胞的表面逐渐出现不规则的形态，在部分产子囊的尖形酵母中，出芽的位点一般位于细胞的两极，出芽痕会发生重叠，而由于这种重叠发生在细胞的两极，极区就会出现一系列环圈状芽痕，从而表现出特殊的芽痕特征。例如在红酵母属中的一些酵母菌株在出芽的时候，会在同一个位点重复连续地出芽，因此在细胞壁上会形成一个厚厚的领圈状的芽痕。

由于多重出芽，致使酵母细胞表面有多个小突起。根据母细胞表面留下芽痕的数目，即可确定某细胞曾产生过的芽体数，因而也可用于测定该细胞的年龄。由于出芽数目受营养和其他环境条件的限制，因而每个酵母菌细胞出芽数量在其一生中是有限制的，一般来说，在酿酒酵母中，当营养不受限制并且每次出芽后人为地将新的子细胞去除的话，一个酵母菌细胞能够产生 9~43 个芽。正常情况下，达到平衡生长期的正常细胞群体中，大多数的细胞一般出芽个数为 1~6 个，也有一些细胞并没有出芽，只有少量的细胞能出芽 12~15 个。在酵母菌细胞群体中，最老的细胞的出芽个数一般小于最大值，造成这种出芽数量减少的原因主要是营养的消耗和（或）细胞数量太多。

在营养供给充足的情况下，基本上所有的细胞都会出芽，有一些酵母菌在出芽后会在芽体上继续出芽，于是就出现了呈簇状的细胞团。一般情况下，子细胞生长到一定的程度就会和母细胞脱离，但是如果一个子细胞长大后并不立即与母细胞分离，而是与母细胞之间以狭小的面积相连，同时在子细胞上继续出芽，最后会形成藕节状的具有发达或不发达分枝的细胞串，这种细胞串就被称为假菌丝（pseudohyphae）。相反，如果子细胞与母细胞之间相连的横隔部分面积与细胞的直径相同，形成一种竹节状的细胞串，这种细胞串则称为真菌丝（euhyphae）。一个酵母菌细胞是否能形成假菌丝在分类学上具有重要的意义。酵母菌出芽方式的不同也被用来判断酵母菌种的种类。

②裂殖（fission）。

在少数酵母菌如裂殖酵母属（*Schizosaccharomyces*）中，酵母菌细胞的生殖方式与细菌类似，会在细胞的中间出现横隔然后横向地裂开，形成两个大小相等、各具一个核的子细胞，以二分裂方式进行繁殖（图 2-25）。在裂殖过程中酵母菌细胞上会出现一个裂痕，随着子细胞与母细胞的分离，会逐渐在两者之间留下一个环状的疤痕。母细胞和新分离的子细胞上接着进行裂殖形成新的细胞，长期不断重复的过程使原有细胞上的痕圈不断地进行叠加。

在一些酵母属如类酵母属（*Saccharomycodes*）、拿逊酵母属（*Nadsonia*）中存在一种介于出芽生殖和形成横隔之间的裂殖繁殖方式，这种繁殖方式是在芽基很宽的颈部发生出芽，

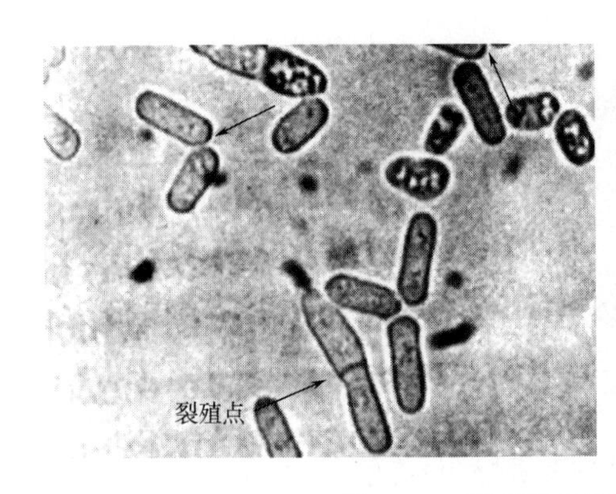

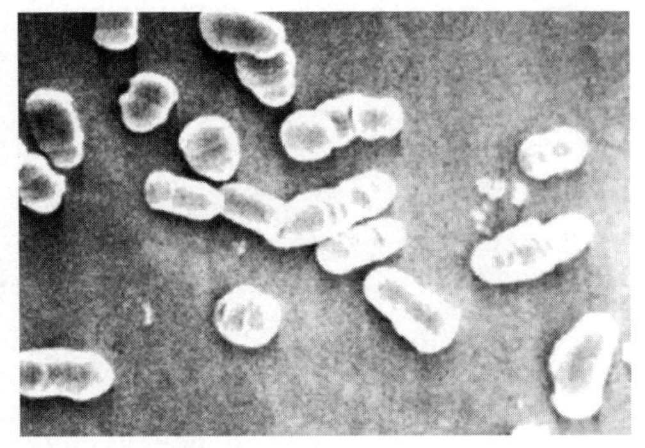

图 2-25　裂殖酵母的裂殖和新痕圈的不断叠加

然后形成一层横隔将母细胞与芽体分离，这种繁殖方式为芽裂繁殖。

③产生无性孢子。

某些酵母菌如掷孢酵母属会在其卵圆形的营养细胞上长出小梗，并在小梗上产生掷孢子（ballistospore），掷孢子一般呈肾形。等到孢子成熟之后，母细胞会形成一种特殊的喷射机制将孢子射出。一般采用倒置培养皿来培养这种能形成掷孢子的酵母菌，当酵母菌形成菌落后，可以在培养皿的皿盖上看到喷射出的掷孢子形成的模糊的菌落镜像。另外一些酵母菌如白色念珠菌（*Candida albicans*）会在假菌丝的顶端产生厚垣孢子（chlamydospore），这种孢子一般细胞壁较厚。

（2）有性繁殖

酵母菌的有性繁殖一般以形成子囊（ascus）和子囊孢子（ascospore）的方式进行。这种繁殖过程一般是，首先由两个具有相同形态的性别不同的单倍体酵母菌细胞，各自伸出一根管状的原生质体突起，这两个单倍体酵母菌细胞要求是性亲和型的；之后两个原生质体突起相互进行接触形成一个接合桥、进行局部融合，先进行质配（plasmogamy），然后进行核配（caryogamy）形成一个双倍体。双倍体在一定的条件下经过减数分裂（meiosis）形成 4 个或 8 个子核，形成的子核与各自周围的原生质体结合在一起，并在其表面形成一层孢子壁，最终成为一个成熟的子囊孢子，而原来的营养细胞就变成了子囊。当然也有一些细胞没有经过性细胞结合也能够形成子囊孢子。

不同的酵母菌细胞能够形成不同形态的子囊孢子，这些不同形态的子囊孢子也是酵母菌分类的一个重要的特征。酵母菌形成子囊孢子的条件也不尽相同，培养基的营养条件对其影响比较大，一般在常规条件下即可以形成子囊孢子，也有一些酵母菌需要在特殊的条件下才能形成子囊孢子。例如在酿酒酵母属中，产生子囊孢子的情况差异非常大，一般在工业生产中，尤其是啤酒酿造用的酵母菌，其产生子囊孢子的能力基本已经退化，这是由于长期在营养非常丰富的培养环境中，其繁殖方式基本上以出芽生殖为主，不产生子囊孢子。面包酵母则相反，其产生子囊孢子的能力非常强。还有一些酒精发酵用的酵母菌在一定的条件下也会产生子囊孢子。表 2-7 列出了不同酵母菌产生子囊孢子的条件。

2. 酵母菌的生活史

酵母菌的生活史有几种不同的类型，生活史又称为生活周期（life cycle），是指生物个体从上一代经一系列生长、发育阶段而产生下一代个体的全部过程。酵母菌的生活史主要分为三种类型，分类的依据是根据其营养体存在的形式。

表 2-7　部分酵母菌产生子囊孢子的培养基条件

培养基条件	酵母膏葡萄糖琼脂	Corodkowa 琼脂	酵母膏麦芽汁琼脂	玉米粉琼脂	醋酸钠琼脂	马铃薯葡萄糖琼脂
适用菌属	许旺氏酵母属	汉逊德巴利酵母	汉逊酵母属、毕赤氏酵母	类酵母属内孢霉属	酵母属	某些单倍体的酵母
酵母膏/g	0.5	—	0.3	—	—	—
葡萄糖/g	5.0	0.25	1.0	—	0.062	2.0
琼脂/g	2.0	2.0	2.0	2.0	2.0	2.0
肉汁/g	—	1.0	—	—	—	—
NaCl/g	—	0.5	—	—	—	—
蛋白胨/g	—	—	0.5	—	—	—
麦芽汁/g	—	—	0.3	—	—	—
玉米粉浸出汁/mL	—	—	—	100	—	—
膘/g	—	—	—	—	0.25	—
醋酸三钠/g	—	—	—	—	0.5	—
马铃薯浸出汁/mL	—	—	—	—	—	23
蒸馏水/mL	100	100	100	—	100	73

（1）营养体以单倍体或二倍体形式存在

在食品发酵工业中，最为常见的典型的代表物种就是酿酒酵母（*S. cerevisiae*）。其生活史的特点是一般情况下都以营养体细胞状态进行出芽繁殖，其营养体既能以二倍体形式（2*n*）存在，也可以以单倍体形式（*n*）存在，其有性繁殖只能在特定的条件下才可以进行（见图 2-26）。

从图 2-26 中我们可以看到酿酒酵母的生活史是如何进行的，首先子囊孢子在适当的条件下萌发产生单倍体营养细胞；单倍体营养细胞在营养充足的条件下不断地进行出芽生殖；在适当的条件下两个性别不同的营养细胞进行接合，通过质配、核配进而形成二倍体营养细胞；二倍体营养细胞在营养条件充足的条件下不再进行有性繁殖，而是以出芽生殖的方式不断地进行繁殖；在以醋酸盐为唯一的或主要的碳源，同时又缺乏氮源等的特定条件下，酵母菌二倍体营养细胞将会转变成为子囊，这种特定条件可以由特定的培养基完成，例如 Mc-Clary 培养基、Gorodkowa 培养基、Kleyn 培养基，或者石膏块、胡萝卜条等，在此特殊的贫营养状态下，细胞核会再次进行减数分裂，最终形成 4 个子囊孢子；而子囊形成之后在自然条件下或者人为条件下使孢子壁破裂会释放出其中的子囊孢子。

酿酒酵母的二倍体营养细胞体积较大、生命力强，非常适合用于各种工业生产及遗传工程操作中。

（2）营养体只以单倍体形式存在

有一些酵母菌的营养体细胞的存在形式只能是单倍体细胞，其典型代表是八孢裂殖酵母（*Schizosaccharomyces octosporus*），其双倍体世代存在的时间一般来说非常地短，仅在两个单倍体细胞核接合之后以接合子的形式存在（见图 2-27）。

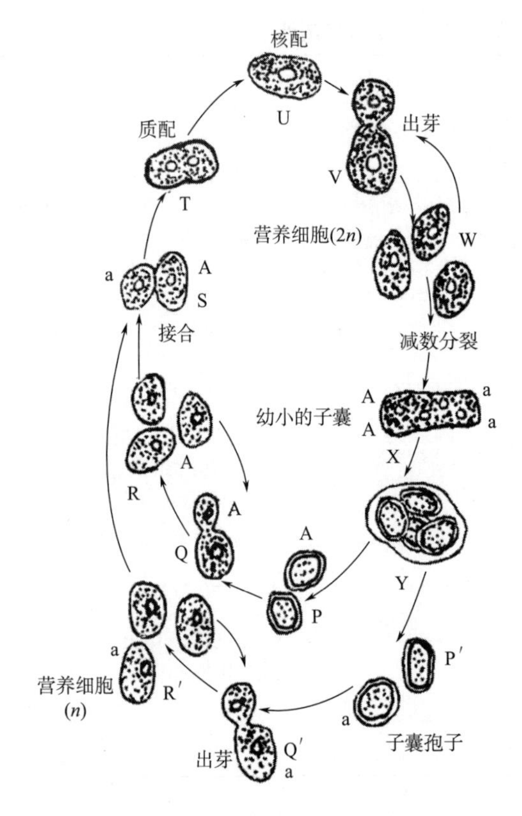

图 2-26　酿酒酵母（*S. cerevisiae*）的生活史

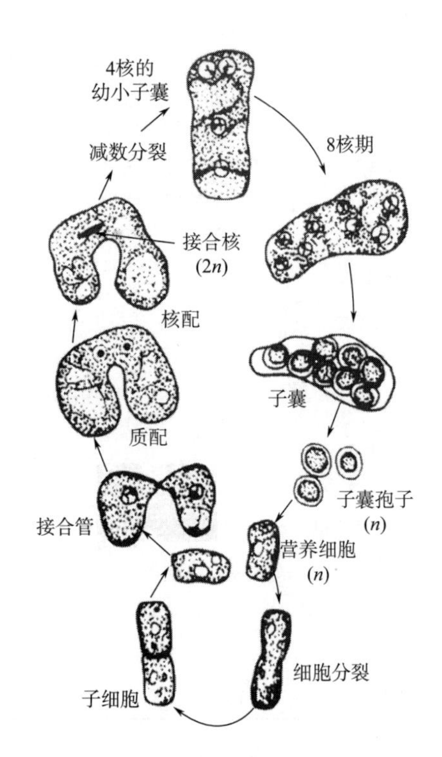

图 2-27　八孢裂殖酵母（*Schizosaccharomyces octosporus*）的生活史

这种酵母菌的特点是：以裂殖方式进行无性繁殖，营养体细胞为单倍体，二倍体细胞不能独立生活。整个生活史首先由单倍体的营养细胞进行裂殖方式的无性繁殖；在合适的条件下两个不同性别的营养细胞相互接触形成接合管，再进行质配、核配，两个细胞连成一体；二倍体的核进行三次核分裂，第一次为减数分裂，而后为有丝分裂；分裂后形成 8 个单体的子囊孢子，在合适的条件下子囊破裂释放出子囊孢子。

（3）营养体只以二倍体形式存在

这一类酵母菌细胞的典型代表是路德类酵母（*Saccharomycodes ludwigii*）。其特点是：营养体细胞只能以二倍体状态存在，并且不断地进行出芽生殖，这个阶段时间较长，单倍体的子囊孢子的接合发生在子囊内部，其单倍体不能独立生活，且单倍体阶段只以子囊孢子的形式存在。它的生活史全过程如下（见图 2-28）：营养体细胞的细胞核发生减数分裂形成 4 个单倍体子囊孢子，营养体细胞形成子囊，单倍体子囊孢子被包裹在其中；子囊孢子在孢子囊内进行接合，发生质配、核配，形成二倍体细胞；二倍体细胞通过萌发过程穿破子囊壁，通过出芽生殖的方式进行无性繁殖，二倍体营养体细胞可以独立生活。

（4）营养体以多倍体形式存在

有一些工业用酵母的营养体细胞存在的形式为多倍体，典型代表如工业啤酒酵母（*S. pastorianus*），这类酵母经过了多次的种间杂交，而形成了非整倍体的营养体细胞。在下面发酵啤酒酵母的分类中，由于其基因组经过不同类型的组合，一些啤酒酵母是 $2n$ 的倍性，而有一些酵母菌则是 $3n$ 的倍性。

（四）酵母菌的菌落

酵母菌的细胞之间没有分化，多数是单细胞的真核微生物，其细胞形态与细菌相比更为粗短，但是其菌落的形态与某些细菌的菌落形态类似。在固体培养基的表面，由于酵母菌细胞间充满了毛细管水，便呈现出表面较湿润、较光滑，有一些透明度，且容易被挑起，菌落质地柔软均匀，正反面的菌落边缘与菌落中央位置的颜色较一致等特点。尽管如此，酵母菌的菌落与细菌的菌落还是存在一些区别，造成这种区别的原因主要是酵母菌细胞个体较细菌大，且酵母菌细胞中有多个分化的细胞器，细胞间隙的含水量较细菌来说相对较少，同时酵母菌一般不能运动，所以与细菌相比，酵母菌的菌落更厚，外观更稠，透明度较细菌要差一些。酵母菌的菌落颜色与细菌相比要单调一些，大多数酵母菌的菌落颜色为乳白色或矿烛色，有一些酵母菌如红酵母的菌落呈现红色，某些个别的酵母菌会产生黑色的菌落颜色。一般来说，不产假丝的酵母菌其菌落边缘圆整，菌落隆起；产生大量假丝的酵母菌其菌落扁平，表面边缘粗糙。另外，酵母菌在厌氧环境下会发酵产生酒精，因此在特殊培养环境下培养，其菌落通常会散发出一股愉悦的酒香味。这些菌落特征都是鉴定酵母菌的重要依据。

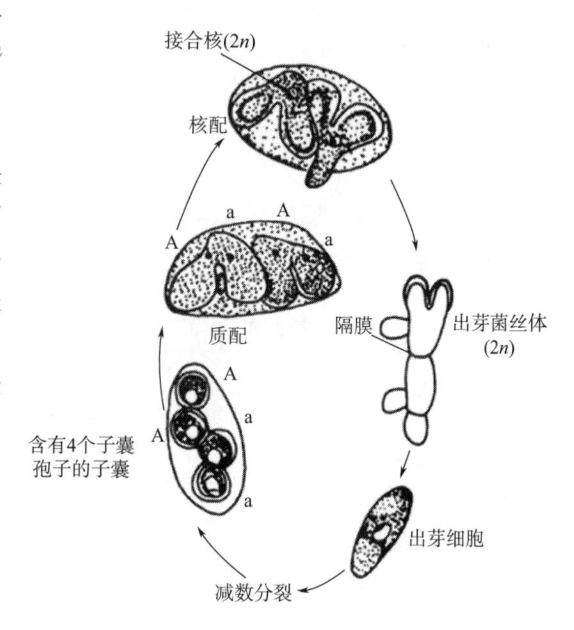

图 2-28　路德类酵母（*Saccharomycodes ludwigii*）的生活史

（五）工业中常用的酵母菌

1. 酿酒酵母（*Saccharomyces cerevisiae*）

在食品工业中最为常用的酵母菌即为酿酒酵母。酿酒酵母又可分为很多个亚种，随着研究的深入，目前已经发现了百余种，根据细胞长宽的比例将其分为三组。

第一组酿酒酵母细胞通常为圆形或卵形，长宽比为 1∶2。这一类酵母菌可用于以糖化的淀粉质为原料来生产乙醇和白酒的工业中，其不能耐受高浓度的盐类。它们可用于酿造饮料酒、制作面包以及乙醇发酵，其中德国 2 号和 12 号（Rasse Ⅱ和 Rasse Ⅻ）在工业中使用最为广泛。

第二组酵母菌细胞形态一般为卵形或长卵形，也有圆形或短卵形，长宽比一般为 2。一般能形成假菌丝，但假菌丝不发达。这类酵母菌一般用于酿造酒行业，可用于酿造葡萄酒、啤酒、蒸馏酒以及酵母的生产中。

第三组酵母菌细胞的长宽比一般大于 2，细胞呈卵圆形，这种酵母菌的特点是能够耐高渗透压、高盐浓度，以魏氏酵母（*Sac. willanus*）为代表，在中国南方常用于以糖蜜为原料发酵生产乙醇的工业中。

在啤酒酿造工业中常用的酵母菌为啤酒酵母，根据其发酵的不同特点又将啤酒酵母分为两类，分别为上面发酵啤酒酵母和下面发酵啤酒酵母。上面发酵啤酒酵母与酿酒酵母的种名相同，而下面发酵啤酒酵母则是由酿酒酵母（*S. cerevisiae*）与真倍酵母（*S. eubayanus*）杂交而来。两类酵母发酵生产的啤酒的风味有非常大的区别。我国啤酒酿造行业中，常用的啤酒酵母一般为下面发酵啤酒酵母，其细胞一般为卵圆形或圆形，直径为5~10μm，其发酵生产的啤酒风味纯净、清爽。而现今大部分精酿啤酒生产用的酵母多为上面发酵酵母，其发酵生产的啤酒风味更浓郁、复杂。工业生产中将上面发酵酵母称为Ale酵母，而将下面发酵酵母称为Lager酵母。Ale酵母与Lager酵母最适的发酵温度分别为18~25℃和8~12℃，两者在出芽方式、糖利用能力、细胞形态特征上都存在一定的差异（见表2-8、图2-29）。

表2-8　上面发酵啤酒酵母与下面发酵啤酒酵母的区别

区别内容	上面发酵啤酒酵母	下面发酵啤酒酵母
收集方式	悬浮于液面，从液面收集	沉于器底，从底部收集
出芽方式	与长轴相同，易形成芽簇	与长轴成30°夹角，单个
棉子糖发酵	发酵1/3	全部发酵
蜜二糖发酵	不能	能
甘油醛发酵	不能	能
产生硫化氢	较低	较高
发酵温度	最适18~25℃	最适8~12℃

2. 异常汉逊酵母（***Hansenula anomala***）

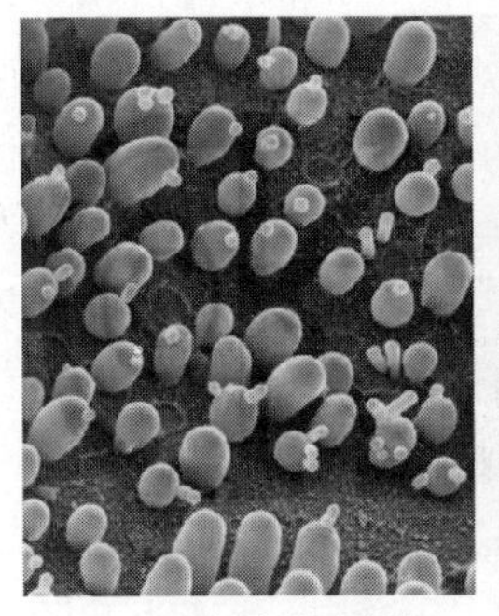
(a) 上面发酵啤酒酵母

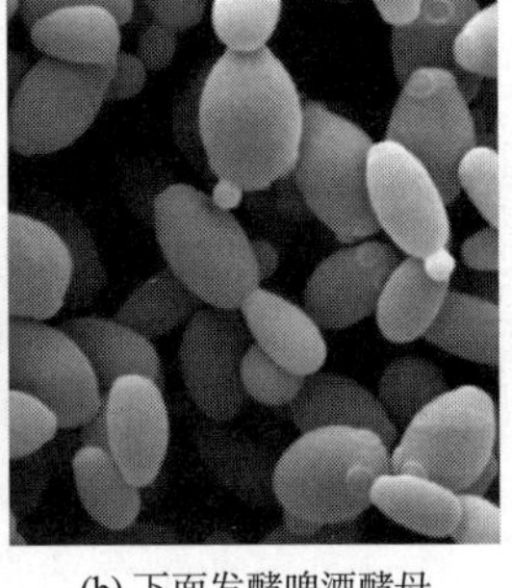
(b) 下面发酵啤酒酵母

图2-29　两种啤酒酵母出芽生殖特点

异常汉逊酵母在土壤、湖水、树木中流出的汁液、储存的谷物、青储饲料中都能分离到。这种酵母菌的细胞形态一般是直径为4~7μm的圆形，也有大小为（2.5~6）μm×（4.5~20）μm的椭圆形或腊肠形，还有一些特殊的细胞长达30μm。它的出芽方式为多边芽殖，液体培养时菌液的表面有一层白色的菌醭，培养液呈混浊状态，菌体沉淀至培养基底部。在麦汁琼脂培养基表面生长时，菌落表面平坦，颜色为乳白色，透明度低，无光泽，边缘呈丝状。在加盖片的马铃薯葡萄糖琼脂培养基上培养时，异常汉逊酵母能长出树枝状分枝的假菌丝，菌丝顶端的细胞长度可达到20μm，芽生孢子呈圆形或椭圆形。营养细胞直接变成子囊，每个子囊中含有1~4个帽形孢子，大多情况下是2个孢子，子囊破裂后子囊孢子一般不分离。

异常汉逊酵母能够生产乙酸乙酯，在食品调味品生产中有一定的作用。还可用于无盐发酵酱油增香处理，也有用这种酵母菌参与以薯干为原料生产白酒的工艺中，采用浸香法和串香法可以酿造出比一般薯干酿酒味道更醇厚的白酒。异常汉逊酵母还能够积累游离氨基酸如L-色氨酸。它能够氧化烃类物质，能利用煤油，可利用乙醇和甘油为碳源，在无盐合成培养中以硫酸铵为氮源进行高密度培养获得高生物量的菌体。

3. 粟酒裂殖酵母（***Schizosaccharomyces pombe***）

这种酵母菌一般在甘蔗糖蜜以及水果中存在，最早是从非洲粟酒中分离获得的，因此称为粟酒裂殖酵母。该种酵母菌的细胞呈圆柱形或圆筒形，也有的呈椭圆形，末端圆且钝，大小一般为（3.55~4.02）μm×（7.11~24.9）μm。其繁殖方式一般为裂殖，液体培养时不产生菌醭，无真菌丝，在麦汁中可进行发酵，培养液混浊且底部有沉淀。在麦芽汁琼脂培养基表面培养时菌落为乳白色，边缘平滑整齐，有光泽。在加盖片的马铃薯葡萄糖琼脂培养基上培养时，粟酒裂殖酵母不形成假菌丝或真菌丝。两个营养细胞通过接合的方式形成子囊，子囊中形成1~4个光面的圆形子囊孢子，子囊孢子的大小一般为3~4μm。粟酒裂殖酵母能够利用菊芋的未水解糖液进行发酵，并生产大量的乙醇。

4. 产阮假丝酵母（*Candida utilis*）

在微生物蛋白的研究生产中，人们研究得最广泛的即为酵母蛋白，而其中最为常用的则是啤酒酵母和产阮假丝酵母。产阮假丝酵母中蛋白质的含量和B族维生素的含量比啤酒酵母更高，一般能在酒厂的酵母排放沉淀、花、牛的消化道、人唾液中分离得到。产阮假丝酵母的细胞一般呈圆形、椭圆形或圆柱形（腊肠形），一般大小为（3.5~4.5）μm×（7~13）μm，液体培养时菌液表面不形成菌醭，菌体在培养基底部形成沉淀，能够发酵糖。在麦汁琼脂培养基表面培养时菌落颜色为乳白色，表面光滑，菌落边缘整齐或呈菌丝状，有光泽或无光泽。在加盖片的玉米粉琼脂培养基表面培养时，不同菌株之间存在少许差异，但基本上不产生真菌丝，有一些菌株能产生一些原始假菌丝，或不发达的假菌丝，某些菌株不产生假菌丝。产阮假丝酵母既能利用五碳糖也能利用六碳糖，能够利用造纸工业生产后的亚硫酸废液，也可利用糖蜜、马铃薯淀粉废料、木材水解液等生产人畜可食用的蛋白质。产阮假丝酵母的生长不需要在培养基中额外添加任何的生长因子，只需要基本的碳源和氮源即可以生长。在工业生产中，一般会将产阮假丝酵母与一些能分泌淀粉酶的真菌共同培养，如肋状拟内孢霉（*Endomycopsis fibuliger*）或柯达氏拟内孢霉（*Endomycopsis chodati*），这样产阮假丝酵母就可以利用拟内孢霉分解淀粉所产生的糖类作为碳源进行生长发酵。

5. 黏红酵母（*Rhodotorula glutinis*）

黏红酵母分布地域广泛，在空气、水、土壤、植物花叶、榆树叶分泌的汁液、白杨树黏液、泡菜水、腌虾、鳟鱼肠道中都能分离得到。这种酵母菌细胞形态为卵形到球形，大小一般为（2.3~5.0）μm×（4.0~10）μm，有一些菌株细胞个体较大的能达到长12~16μm，宽7μm。黏红酵母在麦汁琼脂培养基上培养时细胞形态较液体培养时小一些、长一些，在麦汁斜面上培养一个月以上时，菌苔表面会出现珊瑚红到橙红色的颜色，或微微带有一些橘红色，表面由光滑到出现褶皱，质地黏稠有时会发硬，有光泽；菌苔的横切面扁平，有较宽的凸起部分，边缘由不规则到整齐，顶端常出现较原始的假菌丝。在加盖片的玉米粉琼脂培养基上培养时，黏红酵母的形态不同菌株之间存在一些区别，一般不会出现假菌丝，有些菌株会出现原始类型的假菌丝，但也有某些黏红酵母的假菌丝非常发达，甚至有时会出现真菌丝。这一种酵母菌能够氧化烷烃，能够利用烷烃物质生产脂肪，是一种较好的产脂肪菌株。其细胞中脂肪含量可达到细胞干重的50%~60%，但是这种酵母菌合成脂肪的速度较慢，在培养基中添加一定量的氮和磷能够加快脂肪合成的速度，黏红酵母生产1g脂肪需要消耗4.5g的葡萄糖。在合适的条件下，黏红酵母还能产生L-丙氨酸和L-谷氨酸，其产蛋氨酸能力很强，蛋氨酸产量可达到细胞干重的1%。

6. 鲁氏酵母（*Zygosaccharomyces rouxii*）

鲁氏酵母是在传统酿造产品中常见的酵母菌种。它通常能耐受高渗透压，在食盐含量5%~8%的培养基中生长良好，能在一定浓度的葡萄糖、麦芽糖、果糖、甘油为碳源的培养基上生长，同时能够耐受较高的糖浓度，常在甜酱、酱油、日本味增和泰国发酵鱼制品、面包等食品的发酵中应用。研究发现，鲁氏酵母能够耐受40%以上的葡萄糖。鲁氏酵母在酱油发酵中主要作用为产生乙醇、高级醇（如异戊醇、异丁醇）、芳香杂醇类物质（如3-甲硫基丙醇）。此外，鲁氏酵母的添加能够增加酱油中的琥珀酸含量，使酱油的滋味得到改进。鲁氏酵母能够使糠醛生成糠醇，在酱类产品的生产过程中，通过发酵能够产生类似焦糖味的呋喃酮类风味物质，有助于提高酱中的总氨基酸含量，增加酱的香味、鲜味。同时，在发酵过程中产生的一些抗氧化物质能够提高产品的总抗氧化活性。在食品加工业中，将鲁氏酵母抽提物添加至产品中，能够提高食品的香气与滋味，同时，酵母细胞中的氨基酸包括谷氨酸、天冬氨酸等能够显著提高食品的鲜味、甜味。

二、霉菌

丝状真菌（filamentous fungi）俗称霉菌（mould 或 mold），指“会引起物品霉变的真菌”，与酵母菌属于同一个属。这一类真菌的菌丝体较发达但又不产生大型肉质的子实体结构，其菌丝体一般呈绒毛状、网状或絮状，通常在潮湿的气候环境中，它们能够在各种有机物上进行大量地生长繁殖，因此引起食物、工农产品发生霉变，还可造成植物的真菌病害。

霉菌在自然界中广泛分布，无处不在，只要有机物存在的地方就会有霉菌的存在。它作为有机物的分解者，能够将许许多多其他生物难以降解或利用的复杂的有机物，如植物木质纤维素等物质彻底地分解，并将其转化成为糖类或植物可以利用的养分，使这些废物重新进入生物圈的生态循环，从而维持地球上生物圈的平衡。

霉菌与人类的生活息息相关，在工业、农业、医疗、环境保护以及科学研究等各个方面都发挥着重要的作用。在工业生产实践中，许多工业中使用的有机酸（柠檬酸、葡萄糖酸、L-乳酸等）、酶制剂（淀粉酶、蛋白酶等）、医用的抗生素（青霉素、头孢霉素、灰黄霉素等）、维生素（硫胺素、核黄素等）、生物碱（麦角碱、胆碱等）、真菌多糖等都是由霉菌来发酵产生的。霉菌还能够利用一些前体物质进行生物转化从而生产一些药用的激素，如犁头霉（*Absidia*）可利用甾体化合物进行生物转化，来生产甾体激素类药物。此外，在一些污水处理、生物防治、生物检测等领域中也能看到霉菌的身影。在食品生产制造行业中，霉菌最常被应用于一些传统发酵的食品制作中，如豆酱、酱油、豆腐乳、食醋等。许多传统酒类的酿造过程也需要霉菌的参与，干酪的制作也少不了霉菌的重要作用。在基础科学研究中，霉菌是一类非常有特点的良好的实验对象及实验材料，不同霉菌的形态以及结构使其在遗传学研究中得到了大量的应用。

霉菌也会给人类带来危害。大多数真菌都能引起工业产品或农产品的霉变，造成食物的变质，纺织品、皮革、木材、纸张等物质的腐烂。在植物的生长过程中，某些霉菌能够引起植物染病，造成传染性病害，如小麦的锈病、马铃薯的晚疫病、水稻瘟病等，还有一些霉菌能产生大量的真菌毒素如黄曲霉毒素，食用污染的植物会引起严重的食物中毒。还有一些霉菌会引起动物及人体的传染病如皮肤癣等病症。

（一）霉菌细胞形态

1. 菌丝

霉菌能够形成菌丝（hypha），菌丝是霉菌营养体的基本单位。霉菌的菌丝直径一般为3~10μm，与酵母菌的大小相似，但比一般细菌或放线菌菌丝大几到几十倍。对于霉菌菌丝的分类方法，根据其是否存在横隔，可将其分为无隔菌丝和有隔菌丝两大类。无隔菌丝是指菌丝中无横隔，整个菌丝为长管状单细胞，含有多个细胞核。生长表现为菌丝延长，细胞核分裂和细胞质增加，而无细胞数目的增加。有隔菌丝是指菌丝由横膈膜分隔成多细胞，每个细胞含有一个或多个核，每个细胞的功能相同。虽然隔膜把菌丝分隔成许多细胞，但是隔膜中间有小孔，使其相互沟通。在菌丝生长过程中，细胞核的分裂伴随着细胞数目的增加。一般来说，低等霉菌如毛霉属（*Mucor*）和根霉属（*Rhizopus*）的菌丝为无隔菌丝，而大多高等真菌如曲霉属（*Aspergillus*）和青霉属（*Penicillium*）的菌丝都是有隔菌丝。使用载片培养等技术可以在显微镜下清楚地观察到霉菌的菌丝结构以及其不同的形态。

2. 菌丝体的分化及其特化形态

霉菌的孢子在适宜的培养基、适宜的温度条件下发芽形成菌丝，菌丝相互交织形成一个基团，称为菌丝体（mycelium，复数 mycelia）。菌丝根据生长部位和功能可以分为 3 种类型：①营养菌丝或基内菌丝，是指生长在固体培养基的基质中的那部分菌丝，主要功能是吸收养料和固定菌体；②气生菌丝，是指向空中延伸生长的菌丝；③繁殖菌丝，是指有的气生菌丝生长发育到一定阶段，可以形成特殊分化且具有繁殖能力的菌丝。有些菌丝为了适应环境形成了许多特化形态，如营养菌丝体可形成假根、吸器、附着胞、附着枝、菌核、菌索、菌环、菌网、匍匐菌丝等。气生菌丝体可形成各种形态的子实体。表解如下。

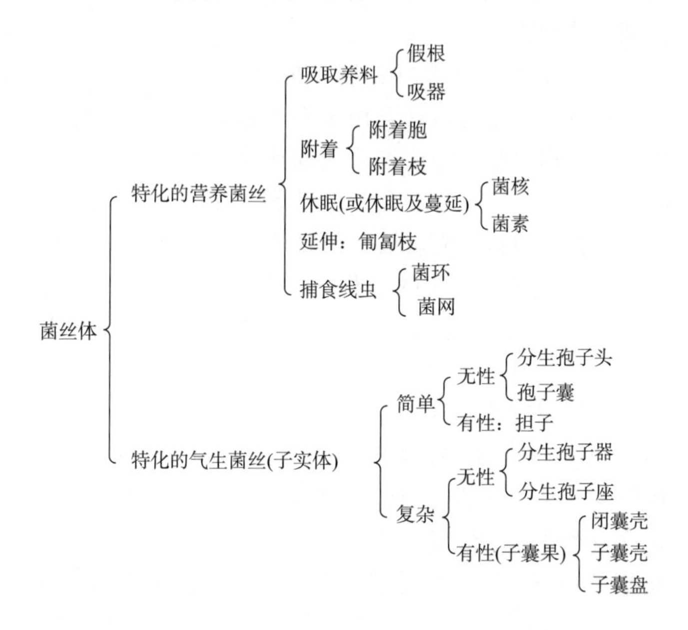

（1）营养菌丝体的特化形式

假根（rhizoid）一般在根霉属的霉菌中存在，这是一种由匍匐菌丝与固体基质接触处分化而成的根状结构，在低等真菌中主要的作用是固着和吸取养料。其形状犹如植物的根，故称假根。

匍匐菌丝（stolon）也被称为匍匐枝。一般在毛霉目（Mucorales）中存在，是真菌在固体培养基表面生长时，常会形成的与培养基表面平行并且具有延伸功能的菌丝。最典型的匍匐菌丝和假根可在根霉属中见到（图 2-30），在固体培养基表面生长时，营养菌丝分化成为匍匐菌丝延伸，每隔一段距离后便可见到伸入培养基内部的假根和伸向空气中的孢囊梗。在匍匐菌丝不断延伸的过程中，假根和孢囊梗不断地形成，这样根霉就可以随着培养基质的存在而迅速地向四周蔓延扩散，也不会形成其他真菌中常见的固定的形态和大小的菌落。

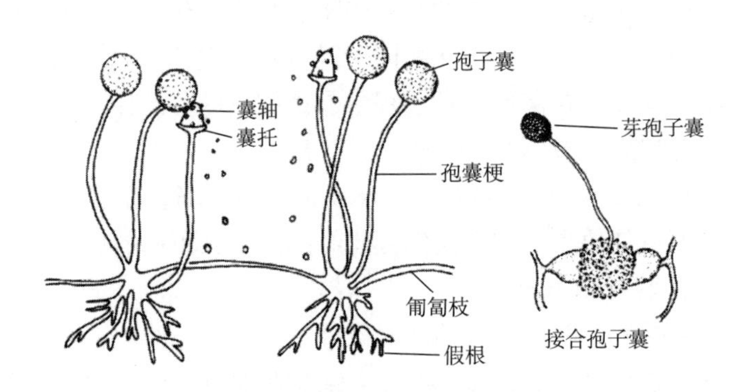

图 2-30　根霉的形态和构造

吸器（haustorium）是另外一种形式的营养菌丝，一般出现在专性营寄生生活的霉菌中，如锈菌目（Uredinales）、霜霉目（Peronosporales）、白粉菌目（Erysiphales）等。吸器是从营养菌丝上分化而来的短枝，并且只存在于宿主细胞间隙间蔓延的营养菌丝上，它能够侵入细胞内部形成一些指状、球状或者丝状的构造。通过吸器这种结构来吸取宿主细胞内的营养，但不会造成宿主细胞的死亡。

附着胞（adhesive cell）常见于寄生在植物中的真菌，其老菌丝或芽管的顶端发生膨大并且分泌出黏状物质，这种附着胞可以使真菌牢固地黏附在宿主的表面。附着胞上常形成细的针状感染菌丝，借以入侵宿主的角质表面来吸取养分。

附着枝（adhesive branch）一般出现在一些营寄生生活的真菌中，如秃壳炱属（*Irenina*），由菌丝细胞长出 1~2 个细胞形成短枝，附着于宿主体之上。

菌核（sclerotium）其实是菌丝组织的一种休眠状态，它的形状和大小不一，菌核的存在使真菌在恶劣的条件下可存活数年而不死亡。菌核有大有小，大的菌核如常见的茯苓（类似儿童头的大小），小的菌核如油菜菌核（类似鼠粪的大小）。一般来说菌核的外层质地比较坚硬、颜色深，内层则比较疏松且颜色大多为白色。

菌索（rhizomorph）常见于伞菌如假蜜环菌（*Armillaria mellea*）中，其形态为白色根状的菌丝结构，真菌依靠菌索来促进菌体的蔓延以及对不良环境的抵抗。通常情况下能在腐朽的树皮下或地下发现这一类真菌所形成的菌索。

菌环（ring）和菌网（net）一般常见于一些半知菌和捕虫菌目（Zoopagales）中，它们的菌丝经常分化生成环状的或网状的特化菌丝组织，这样能够方便捕捉线虫或其他的微小动物，将其缚于菌网或菌环中，进而从这些网或者环中生出菌丝侵入到线虫等微小动物身体中汲取养分以供其生存。

（2）气生菌丝的特化形式

生长在空气中的气生菌丝的特化形式是形成各种各样不同形态的子实体（fruiting body 或 sporocarp）。子实体是有一定形状和构造的并且在其内部或上面可产生无性或有性孢子。它分为结构简单的和结构复杂的子实体。

结构简单的子实体分为产无性孢子和产有性孢子两种类型。产无性孢子的简单子实体常见的有曲霉属（*Aspergillus*）和青霉属（*Penicillium*）等产生的分生孢子头（conidial head）

以及毛霉属（*Mucor*）和根霉属（*Rhizopus*）等产生的孢子囊（sporangium）（见图 2-31）。产有性孢子的简单子实体一般常见于担子菌的担子（basidium）。

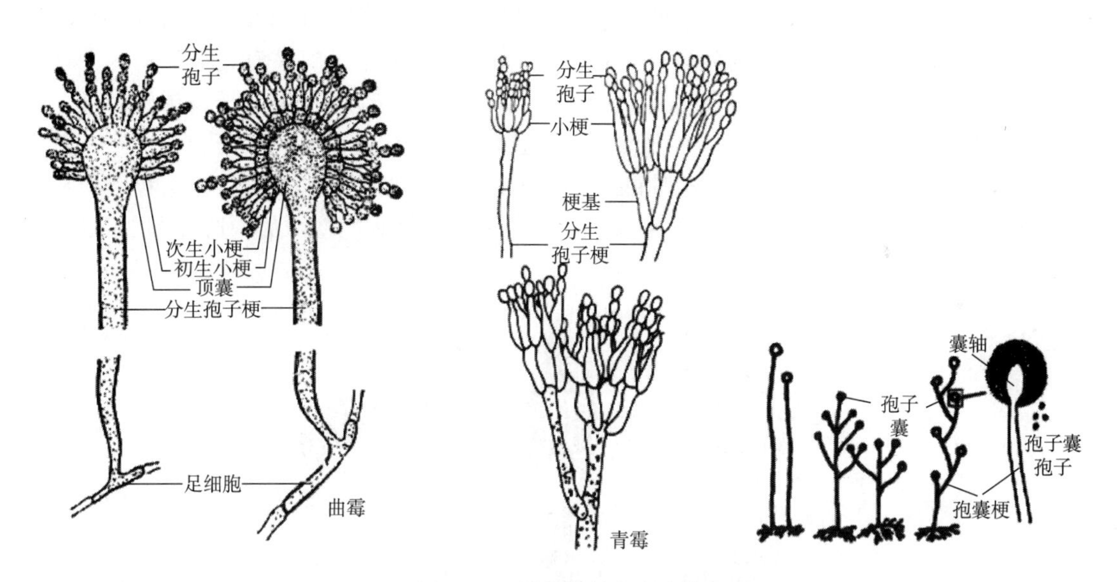

图 2-31　结构简单的子实体

结构复杂的子实体中产无性孢子的子实体会形成分生孢子器（pycnidium）、分生孢子座（sporodochium）以及分生孢子盘（acervulus）等构造。分生孢子器的外形类似于球状或瓶状，在其内壁四周表面或底部生长有非常短的分生孢子梗，在分生孢子梗上形成许多分生孢子。分生孢子座是由于分生孢子梗排列紧密聚集成簇之后，分生孢子长在梗的顶端从而形成垫状的结构，在瘤座孢子科（Tuberculariaceae）的真菌中比较常见。分生孢子盘是由于分生孢子梗成簇生长排列而形成一种盘状的构造，存在于宿主的角质层或表皮上，有时在分生孢子盘中还夹杂着刚毛的存在（图 2-32）。

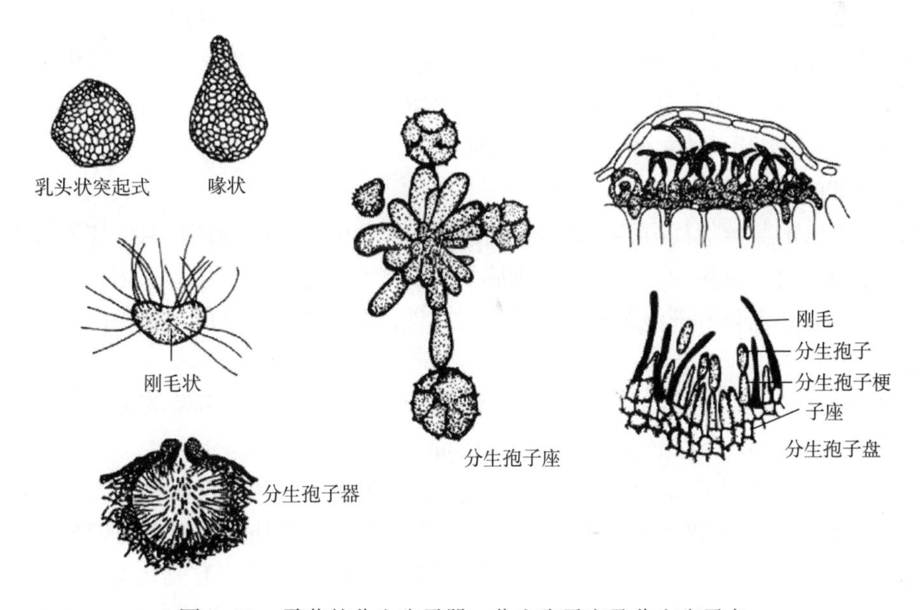

图 2-32　霉菌的分生孢子器、分生孢子座及分生孢子盘

产生有性孢子、结构复杂的子实体被称为子囊果（ascocarp）。子囊果的形成主要是在子囊和子囊孢子的发育过程中，在原来的雄器和雌器下面的细胞上长出很多的菌丝，这些菌丝有规律地将产囊的菌丝包围之后，形成有一定结构的子实体即为子囊果。子囊果一般按照其外形特征分为三类：第一类为闭囊壳（cleistothecium），这种子囊果为完全封闭的圆球形子囊果，是不整囊菌纲（plectomycetes）（部分的曲霉属和青霉属）中的子囊果的特征；第二类为子囊壳（perithecium），这种子囊果形态如烧瓶状并且有一个孔口，是核菌纲（pyrenomycetes）的霉菌所具有的典型特征；第三类为子囊盘（apothecium），这种子囊果的形状如盘状并且开口，是盘菌纲（discomycetes）的真菌所具有的特殊的构造（图 2-33）。

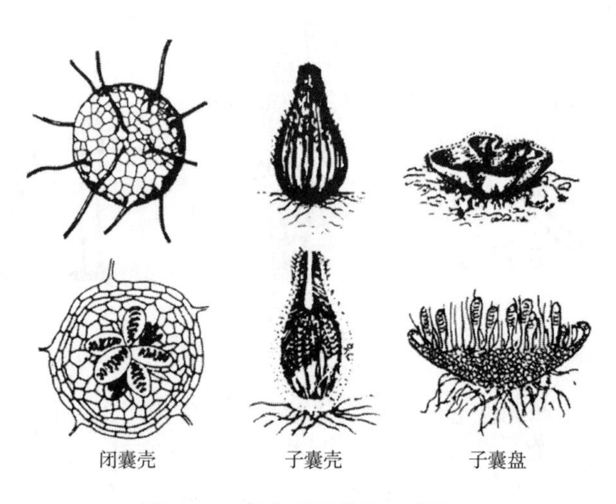

图 2-33　霉菌子囊果的三种形式

（3）菌丝体液体培养时的特化形式

在液体培养状态下，霉菌的菌丝与固体培养状态下形态有一些不同，在液体培养基中进行振荡培养或通气搅拌的情况下，霉菌经常会形成菌丝球（mycelial bead）的结构。菌丝球形成时，菌丝体之间相互缠绕紧密，形成大小不一的颗粒，均匀地悬浮在液体培养基中，使营养物和代谢产物的运输更为方便，更有利于氧的传递和菌丝的生长以及一些代谢产物的形成。在工业生产中，一般都是采用液体培养基来培养真菌进行发酵，如黑曲霉（*A. niger*）发酵生产柠檬酸的过程，经常会看到菌丝球的存在。

（二）霉菌的细胞结构

如图 2-34 所示，丝状真菌具有典型的细胞结构，其菌丝细胞的结构与前述的酵母菌细胞十分相似，由细胞壁、细胞膜、细胞核、细胞质及其内含物等组成。细胞质内含有线粒体、核糖体、内质网、高尔基体和液泡及贮藏物质等。此外，有些霉菌还有膜边体等特殊结构。

1. 细胞壁

位于细胞的最外侧，包裹细胞膜，保持细胞的形态、坚韧性。霉菌的细胞壁较薄，但在老龄时，细胞壁加厚出现双层结构，厚 10~25nm，约占细胞干重的 30%，其主要化学成分是几丁质、纤维素、葡聚糖、甘露聚糖。此外，还有蛋白质、脂类、无机盐等。其化学成分因菌种不同而各异，除少数低等水生霉菌细胞壁中含有纤维素外，多数霉菌的细胞壁由几丁质组成（占细胞干重的 2%~26%）。几丁质与纤维素结构很相似，它是由数百个 *N*-乙酰葡萄糖胺分子以 β-1,4-糖苷键连接而成的多聚糖。几丁质和纤维素分别构成了高等和低等霉菌细胞壁的网状结构，它包埋于基质（葡聚糖及少量蛋白质等填充物）中。霉菌等真菌的细胞壁可被蜗牛消化液中的酶溶解，得到原生质体。

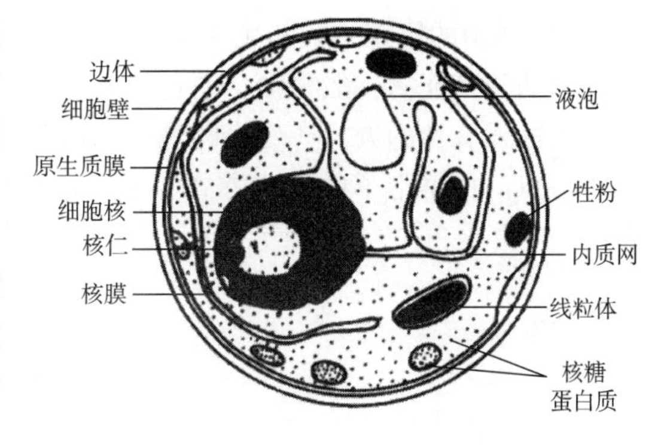

图 2-34　丝状真菌典型的细胞结构

2. 细胞膜

细胞膜厚 7～10nm，其结构和功能与酵母菌细胞相同。具有典型的三层结构，为流体镶嵌模型的单位膜，有物质转运、能量转换、激素合成、核酸复制等作用。

3. 膜边体

膜边体是菌丝细胞中一种特殊的膜结构，位于细胞壁和细胞膜之间。由单层细胞膜包围而成的管状、囊状、球状、卵圆状或为多层折叠旋回的小袋，袋内贮藏有颗粒，这种小袋称为膜边体。其功能尚不完全清楚。

4. 细胞核

细胞核通常为椭圆形，直径为 0.7～3.0μm，有核膜、核仁和染色体。双层的核膜厚度为 8～20nm，其上有许多直径为 40～70nm 的核膜孔，核仁直径约 3nm。在有丝分裂时，核膜、核仁不消失，这是与其他高等生物的不同之处。不同真菌细胞核的数目变化很大，如有的真菌细胞内有 20～30 个核，而担子菌的单核或双核菌丝细胞只有 1 或 2 个核，在菌丝顶端细胞中常找不到核。

5. 细胞质与内含物

在细胞质中存在着核糖体、线粒体、内质网、液泡和贮藏物质等。幼龄菌丝的细胞质均匀而透明，充满整个细胞；老龄菌丝的细胞质黏稠，出现较大的液泡，内含许多贮藏物质，如肝糖粒、脂肪滴及异染颗粒等。

（1）线粒体

霉菌线粒体的结构和功能与酵母菌基本相同。它是酶的载体，是细胞呼吸产生能量的场所，能为细胞运动、物质代谢、活性物质运输提供足够的能量。

（2）核糖体

霉菌核糖体的结构和功能与酵母菌基本相同。霉菌的菌丝细胞中有两种核糖体，即细胞质核糖体和线粒体核糖体。细胞质核糖体呈游离状态，有的与内质网及核膜结合；线粒体核糖体存在于内膜的嵴间。它们是细胞质和线粒体中的微小颗粒，由 rRNA 和蛋白质组成，直径为 20～25nm，是蛋白合成的场所。

（3）内质网

霉菌的内质网具有两层膜，有管状、片状、袋状和泡状等形态，多与核膜相连，而很少与原生质膜相通。幼龄细胞的内质网比老龄细胞更明显。内质网是细胞中各种物质运转的一种循环系统，同时，细胞质中所有细胞器上的双层膜由内质网提供。

（4）液泡

液泡常靠近细胞壁，多为球形或近球形，少数为星形或不规则形。大多数真菌的液泡都有明显的结构，一般有两层膜。

（5）贮藏物质

细胞质中有许多贮藏物质，如类脂质、异染颗粒和肝糖粒、淀粉粒等。

（三）霉菌的繁殖方式和生活史

霉菌的繁殖能力一般很强，而且方式多样，除了菌丝断片可以生长成新的菌丝体外，还可通过无性或有性的方式产生多种孢子。霉菌的孢子具有小、轻、干、多、休眠期长、抗逆性强等特点。根据孢子的形成方式、孢子的作用及本身的特点，又可分为多种类型，表解如下。

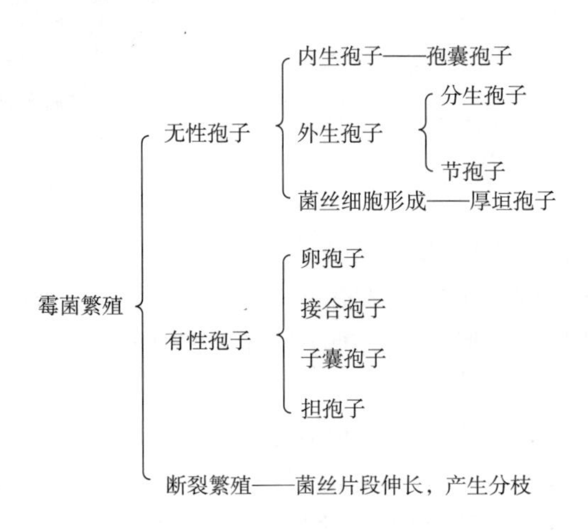

1. 无性繁殖

无性繁殖是不经过两性细胞的结合，只是通过营养细胞的分裂或营养菌丝的分化而形成同种新个体的过程。霉菌主要以无性孢子进行繁殖，菌丝不具隔膜的霉菌一般形成孢囊孢子，菌丝具隔膜的霉菌多数产生分生孢子。

（1）孢囊孢子（sporangiospore）

这种孢子形成于囊状结构的孢子囊中，故称孢囊孢子。霉菌发育到一定阶段，气生菌丝加长，顶端细胞膨大成圆形、椭圆形或梨形的“囊状”结构。囊的下方有一层无孔隔膜与菌丝分开而形成孢子囊，并逐渐长大。在囊中的核经多次分裂，形成许多密集的核，每一核外包围原生质，囊内的原生质分化成许多小块，每一小块的周围形成孢子壁，将原生质包起来，发育成一个孢囊孢子。膨大的细胞壁就成了孢子囊壁。孢子囊下方的菌丝称为孢子囊梗。孢子囊与孢子囊梗之间的隔膜是凸起的，使孢子囊梗伸入孢子囊内部，伸入孢子囊内的膨大部分称为囊轴。孢囊孢子成熟后，孢子囊壁破裂，孢子飞散出来［见图 2-35（a）］。有的孢子囊壁不破裂，孢子从孢子囊上的管或孔口溢出。孢子在适宜的条件下，可萌发成为新个体。

孢子囊的形状随菌种而异，有圆球形、梨形或长筒形。接合菌亚门、毛霉目中的毛霉属、根霉属、梨头霉属等有球形、半球形或锥形的囊轴；而某些种类的孢子囊无囊轴，称小型孢子囊。

孢囊孢子按其运动性可分为两类：一类是接合菌亚门、毛霉目的陆生霉菌所产生的无鞭毛、不能游动的孢囊孢子称为不动孢子，可在空气中传播；另一类是多数鞭毛菌亚门、水霉目的水生霉菌在菌丝顶端产生棒状的孢子囊，孢子囊中产生的具鞭毛、在水中能游动的孢囊孢子称为游动孢子，可随水传播［见图 2-35（b）］。游动孢子产生在由菌丝膨大的孢子囊内，孢子通常为圆形、洋梨形或肾形，具 1 根或 2 根鞭毛，鞭毛的亚显微结构为 9+2 型，即鞭毛内部有 9 根周围纤丝，包围着 2 根中心纤丝，与细菌的鞭毛在结构上有差异。

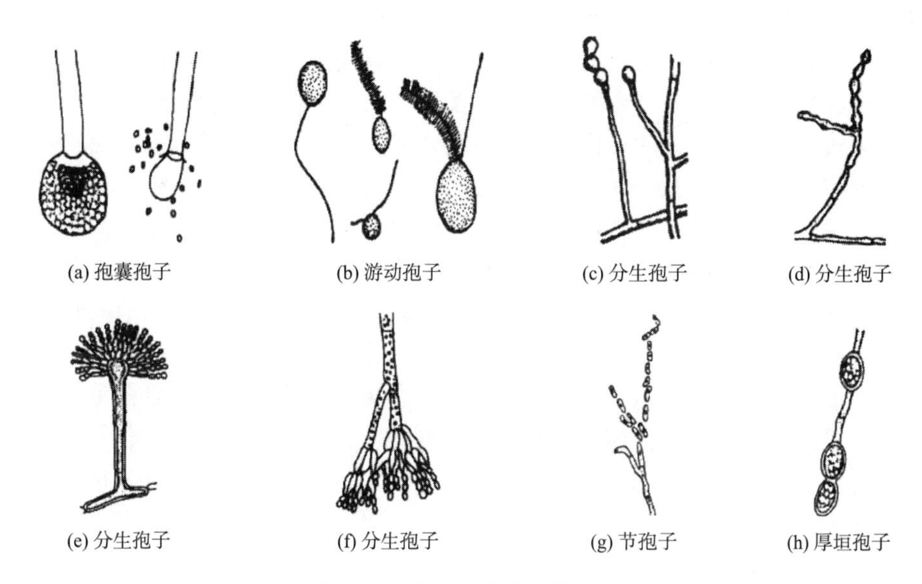

图 2-35　常见霉菌的无性孢子

（2）分生孢子（conidium）

这是霉菌中最常见的一类无性孢子，大多数霉菌以此方式繁殖。分生孢子是由菌丝顶端细胞或菌丝先分化成分生孢子梗，分生孢子梗的顶端细胞再分割缢缩而形成单个或成簇的孢子。这类孢子生于细胞外，故称为外生孢子，可借助空气传播。分生孢子的形状、大小、结构、着生方式是多种多样的。红曲霉属（*Monascus*）、交链孢霉属（*Alternaria*）等的分生孢子着生在菌丝或其分枝的顶端，单生、成链或成簇排列，分生孢子梗的分化不明显［见图 2-35（c）（d）］。曲霉属（*Aspergillus*）和青霉属（*Penicillium*）具有明显分化的分生孢子梗，分生孢子着生情况两者又不相同。曲霉的分生孢子梗顶端膨大形成顶囊，顶囊的表面着生一层或两层呈辐射状排列的小梗，小梗末端形成分生孢子链。青霉的分生孢子梗顶端多次分枝成帚状，分枝顶端着生小梗，小梗上形成串生的分生孢子［见图 2-35（e）（f）］。

（3）节孢子（arthrospore）

节孢子又称粉孢子，它是由菌丝断裂形成的孢子。节孢子的形成过程是：菌丝生长到一定阶段，菌丝上出现许多横隔膜，然后从横隔膜处断裂，产生许多短柱状、筒状或两端呈钝圆形的节孢子。如白地霉（*Geotrichum candidum*）幼龄菌体多细胞、丝状，老龄菌丝内出现许多横隔膜，然后自横隔膜处断裂，形成成串的节孢子［见图 2-35（g）］。

（4）厚垣孢子（chlamydospore）

这种孢子具有很厚的壁，故又称厚壁孢子，很多霉菌能形成这类孢子。其形成过程是：在菌丝中间或顶端的个别细胞膨大，原生质浓缩、变圆，类脂物质密集，然后在四周生出厚壁或者原来的细胞壁加厚，形成圆形、纺锤形或长方形的厚垣孢子［见图 2-35（h）］。它是霉菌抵抗热与干燥等不良环境的一种休眠体，寿命较长，当条件适宜时，能萌发成菌丝体。但有的霉菌在营养丰富、环境条件正常时照样形成厚垣孢子，这可能与遗传特性有关。毛霉中有些种，特别是总状毛霉（*Mucorracemosus*），常在菌丝中间部分形成厚垣孢子。

2. 有性繁殖

霉菌的有性繁殖是指经过两个性细胞结合，一般经质配、核配和减数分裂而产生子代新个体的过程。有性繁殖所产生的孢子称有性孢子。霉菌常见的有性孢子有卵孢子、接合孢子和子囊孢子。一般无隔膜菌丝的霉菌产生接合孢子，有隔膜菌丝的霉菌产生子囊孢子。霉菌有性孢子的形成过程一般分为 3 个阶段。①质配：即两个性细胞接触后细胞质发生融合，但两个核不立刻融合，每一个核的染色体数目都是单倍的，这个细胞称为双核细胞。②核配：质配后双核细胞中的两个核融合，产生双倍体接合子核，其染色体数是双倍的。③减数分裂：双倍体核通过减数分裂，细胞核中的染色体数目又恢复到单倍体状态。

霉菌形成有性孢子有不同方式。①经过核配以后，含有双倍体核的细胞直接发育形成有性孢子，这种孢子的核处于双倍体阶段，萌发的时候才进行减数分裂，卵孢子和接合孢子属于此种情况；②经过核配以后，双倍体的核进行减数分裂，然后形成有性孢子，这种有性孢子的核处于单倍体阶段，子囊孢子就是这种情况；③两个性细胞结合形成合子后，直接侵入宿主组织，形成休眠体孢子囊，囊内的双核在萌发时才进行核配和减数分裂。

霉菌的有性繁殖发生的概率不大，大多发生在特定条件下，在一般培养基上不常见，而在自然条件下较常见。

（1）卵孢子（oospore）

由菌丝分化出两个大小不同的配子囊结合后发育而成，其形成过程是：先在菌丝顶端产生雄器和藏卵器，雄器为小型配子囊，藏卵器为大型配子囊。藏卵器中的原生质与雄器配合以前，收缩成一个或数个原生质团，成为单核卵球。有的藏卵器原生质分化为两层，中间的原生质浓密，称为卵质，其外层称为周质，卵质所形成的团就是卵球。当雄器与藏卵器配合时，雄器中的细胞质和细胞核通过授精管进入藏卵器与卵球配合，此后卵球生出厚的外壁即成为卵孢子（见图 2-36）。卵孢子的成熟过程较长，需数周或数月。刚形成的卵孢子没有萌发能力，要经过一个时期的休眠。卵孢子是双倍体。许多形成卵孢子的菌种在其整个营养时期都为双倍体，在发育成雄器和卵球时才进行减数分裂。

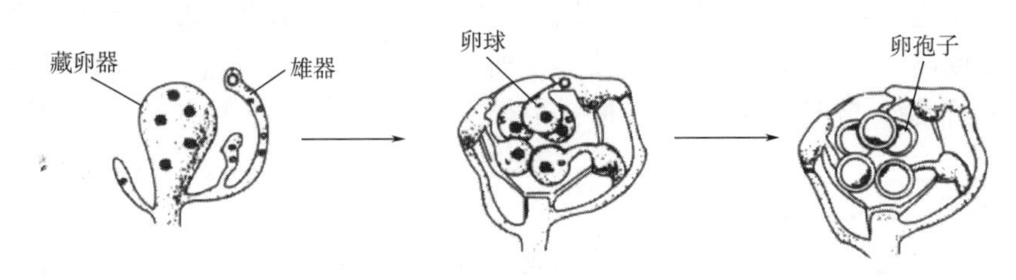

图 2-36　卵孢子的形成过程

（2）接合孢子

接合孢子是由菌丝生出形态相同或略有不同的两个配子囊接合而成。接合孢子的形成过程：两条相邻的菌丝各自向对方伸出极短的侧枝称为接合子梗。两个接合子梗成对地相互吸引，并在它们的顶部融合形成融合膜。两个接合子梗顶端膨大成为原配子囊。每个原配子囊中形成一个横隔膜，使其分隔成两个细胞，即一个顶生的配子囊和配子囊柄细胞。随后横隔膜消失，两个配子囊发生质配与核配，成为原接合孢子囊。原接合孢子囊再膨大发育成具有厚而多层壁、颜色很深、体积较大的接合孢子囊，在其内部产生一个接合孢子。接合孢子经过一段休眠后，在适宜的条件下才能萌发，长成新的菌丝体（见图 2-37）。接合孢子的核是双倍体的，其减数分裂有的在萌发前进行，有的在萌发时才进行。

霉菌接合孢子的形成，根据菌丝来源和亲和力的不同，可分为同宗配合与异宗配合两种方式。同宗配合是雌雄配子囊来自同一菌丝体，甚至在同一菌丝的分枝上也会接触形成接合孢子，如有性根霉（*R. sexualis*）、接霉（*Zygorhynchus*）。异宗配合是两种不同质菌系的菌丝相遇后形成接合孢子，如匐枝根霉（*R. stolonifer*）、高大毛霉（*Mucor mucedo*）等。这种有亲和力的菌丝在形态上并无区别，通常用“+”和“-”符号来代表。

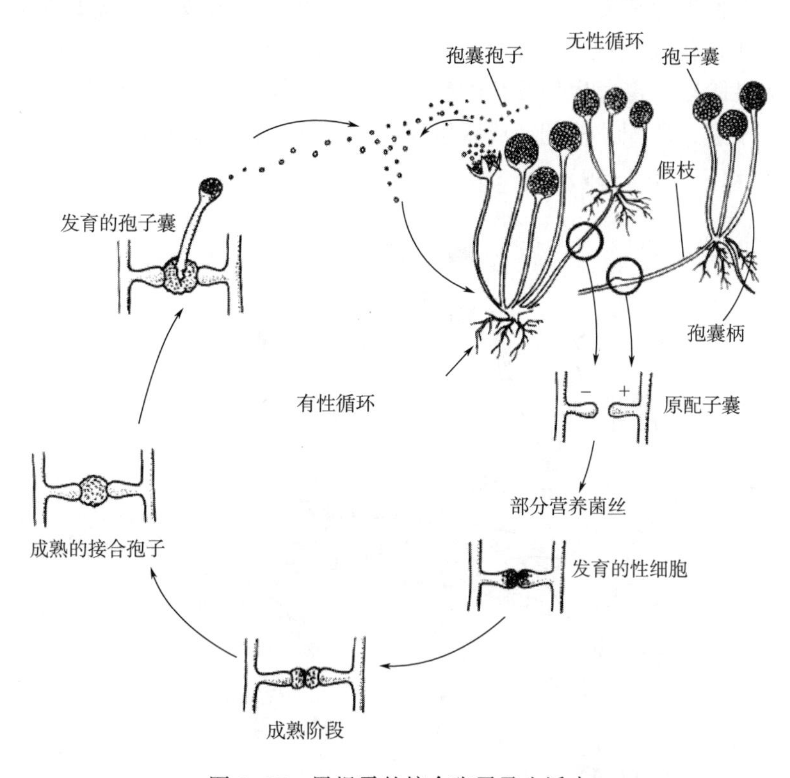

图 2-37　黑根霉的接合孢子及生活史

（3）子囊孢子

在子囊中形成的有性孢子称为子囊孢子。形成子囊孢子是子囊菌的主要特征。子囊是一种囊状结构，有圆球形、棒形或圆筒形、长形或长方形等多种形状（见图 2-38）。

不同的子囊菌形成子囊的方式不同。最简单的是两个单倍体营养细胞互相结合后直接形成，如酿酒酵母。霉菌形成子囊孢子的过程较复杂，首先是同一或相邻的两个菌丝形成两个异形配子囊，即产囊器和雄器，两者配合，经过一系列复杂的质配和核配后，形成子囊。然后，子囊中的二倍体细胞核经过减数分裂形成 8 个核，每个核的周围环绕一团浓厚的原生质并产生孢壁，形成一个子囊孢子。每个子囊内通常含有 8 个子囊孢子，虽有数量变化，但总数为 $2n$ 个。子囊孢子的形态有很多类型，其形状、大小、颜色、纹饰等为子囊菌的分类依据。

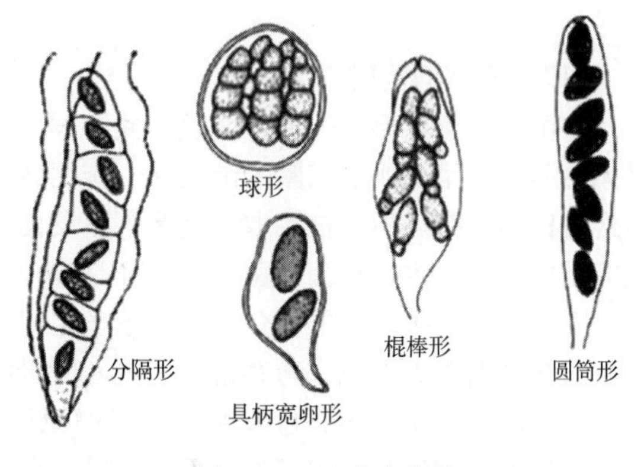

图 2-38　子囊的类型

子囊和子囊孢子在发育过程中，在多个子囊的外部由菌丝体形成共同的保护组织，整个结构成为一个子实体，称为子囊果。子囊果成熟后，子囊顶端开口或开盖射出子囊孢子，也有的子囊壁溶解放出子囊孢子。在适宜条件下，子囊孢子萌发成新的菌丝体。

霉菌的生活史是指霉菌从一种孢子开始，经过一定的生长发育，最后又产生同一种孢子的过程，它包括有性繁殖和无性繁殖两个阶段。典型的生活史如下：霉菌的菌丝体（营养体）在适宜条件下产生无性孢子，无性孢子萌发形成新的菌丝体，如此重复多次，这是霉菌生活史中的无性阶段。霉菌生长发育的后期，在一定的条件下，开始发生有性繁殖，即从菌丝体上形成配子囊，质配、核配形成双倍体的细胞核，经过减数分裂产生单倍体孢子，孢子萌发成新的菌丝体（图 2-39）。

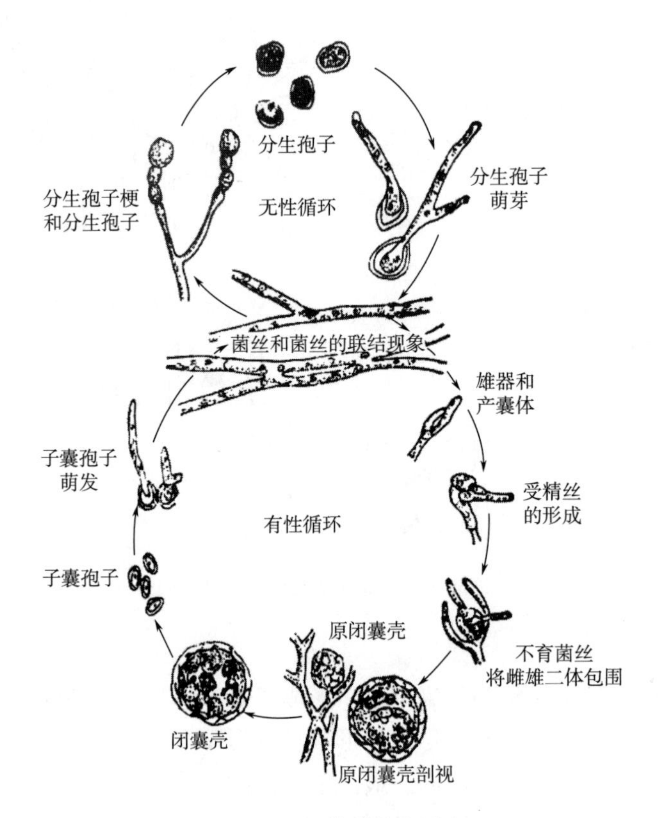

图 2-39　红曲霉的生活史

（四）霉菌的菌落

霉菌的菌落外形特征非常明显，便于辨认。其菌落一般形态较大，质地疏松，外观干燥且无透明度，呈现或松或紧的绒毛状、蛛网状、棉絮状或毡状的菌落状态。菌落与培养基表面连接比较紧密，不易被挑取，其菌落正反面的颜色、结构常不一致，其中心处与边缘的颜色、结构也不一致。霉菌的菌落的特征是其菌丝在宏观上的表现，其在固体培养基上生长时有营养菌丝和气生菌丝的分化，气生菌丝之间不存在大毛细管水，因此，霉菌的菌落在形态上与放线菌的更为类似，与其他细菌或者酵母的菌落相差较大。

霉菌菌落的正反面颜色有明显差异的原因是气生菌丝分化出来的子实体和孢子的颜色深，而渗入固体培养基内部的营养菌丝的颜色浅一些；而造成菌落中心与边缘部位的结构、颜色差异的原因是因为接近菌落中心的气生菌丝的生理年龄较大，其分化程度较高，成熟度也较高，因此从结构上看比边缘的菌落复杂，颜色比菌落边缘的未分化的气生菌丝深。

霉菌的菌落特征是霉菌菌系鉴定中的重要指标，在生产实践以及科学研究中都有重要的意义。表 2-9 列出了细菌、酵母菌、放线菌以及霉菌这四类工业中常用的微生物细胞及菌落形态特征的比较。

表 2-9 四类微生物的细胞形态及菌落特征比较

菌落特征			单细胞微生物		菌丝状微生物	
			细菌	酵母菌	放线菌	霉菌
主要特征	菌落	含水状态	很湿或较湿	较湿	干燥或较干燥	干燥
		外观形态	小而突起或大而平坦	大而突起	小而紧密	大而疏松或大而致密
	细胞	相互关系	单个分散或有一定排列方式	单个分散或呈假丝状	丝状交织	丝状交织
		形态特征	小而均匀①，个别有芽孢	大而分化	细而均匀	粗而分化
参考特征	菌落透明度		透明或稍透明	稍透明	不透明	不透明
	菌落与培养基的结合程度		不结合	不结合	牢固结合	较牢固结合
	菌落的颜色		多样	单调，一般呈乳脂或矿烛色，少数红色或黑色	十分多样	十分多样
	菌落正反面颜色差别		相同	相同	一般不同	一般不同
	菌落边缘形态②		一般看不到细胞	可见球状、卵圆状或假丝状细胞	有时可见细丝状细胞	可见粗丝状细胞
	细胞生长速度		一般很快	较快	慢	一般较快
	气味		一般有臭味	大多带酒香味	常有泥腥味	往往有霉味

注：①“均匀”指在高倍镜下观察细胞是均匀的一团；“分化”指可看到细胞内部的一些模糊的结构。
②用低倍镜观察。

（五）工业中常用的霉菌

1. 米根霉（*Rhizopus oryzae*）

米根霉在空气、土壤以及其他很多种营养基质中都存在，在我国传统食品发酵领域中尤其常见于酒药和酒曲中。在世界各地都能发现这种霉菌的存在。米根霉的最适生长温度是 37~40℃。其菌落形状或疏松或致密，菌系生长初期为白色，到后期变为褐灰色或者黑褐色。其营养菌丝为匍匐菌丝，在固体基质上爬行蔓延，匍匐菌丝一般无色。假根非常发达，其分枝为根状或指状，颜色为褐色。孢囊梗呈直立状态或稍微弯曲，一般 2~4 株形成一束，较少单生。孢囊梗有时分枝或膨大，其壁光滑或粗糙，通常长为 210~2500μm（大多数为 600~1000μm），直径为 5~18μm（大多数为 12~15μm）。米根霉的孢子囊为球形或近似球形，囊壁上有微刺，老熟后变成黑色，直径大约在 60~250μm（大多数为 90~150μm）。其囊轴为球形、近似球形或卵圆形，颜色为淡褐色，直径为 30~200μm（大多数为 50~

90μm）。其囊托的形状为楔形。其孢囊孢子的形状有球形、椭圆形或其他形状，有条纹或棱角，颜色一般为黄灰色，直径一般为5~8μm。米根霉中存在厚垣孢子，无接合孢子，不同种间的厚垣孢子大小和形状都不尽相同。

2. 鲁氏毛霉（*Mucor rouxianus*）

鲁氏毛霉最开始是从我国的小曲中分离获得的，也是最早被用于阿米露法制酒精的毛霉属真菌。鲁氏毛霉在马铃薯培养基上的颜色为黄色，在米饭上生长时略带一点红色。其孢囊梗上有短且稀疏的假轴状分枝，孢子囊的直径在20~100μm，大多数为50~70μm，颜色为黄色。孢子囊成熟之后孢囊壁逐渐消失，其囊轴形状近似球形，一般为无色。孢囊孢子通常为椭圆形或拟椭圆形，无接合孢子，多见厚垣孢子，数量极多，大小各不相同，颜色为黄色或褐色。

鲁氏毛霉广泛分布于酒曲、植物残体、腐败有机物、动物粪便和土壤中，用途很广，能糖化淀粉并能生成少量乙醇；产生蛋白酶，有分解大豆蛋白的能力，我国多用来做豆腐乳、豆豉；还能产生乳酸、琥珀酸及甘油等。

3. 黑曲霉（*Aspergillus niger*）

黑曲霉属于黑曲霉群。其菌落生长蔓延程度较局限，一般培养10~14d之后菌落直径才达到2.5~3cm，菌丝生长初期时为白色，随着生长发育，菌丝出现鲜黄色的区域，菌丝为厚绒毛状，颜色变为黑色，菌落的反面无色或者在其中间部分略微带一些黄褐色。其分生孢子头在生长初期为球形，逐渐变为放射形或裂开成几个放射状的柱形孢子头，一般大小为700~800μm，颜色为褐黑色。分生孢子梗从基质中长出，其长度不一，一般长度为1~3mm，其直径一般为15~20μm，分生孢子梗的壁厚且光滑。顶囊形状为球形，直径一般为47~75μm。其梗基一般长度可达到60~70μm，宽度可达到8~10μm，有时会有横隔。其小梗为双层，着生方式为在顶囊的全面生长，颜色为褐色，大小一般为（7~10）μm×（3~3.5）μm。黑曲霉的分生孢子形状为球形，直径一般为4~5μm，内壁和外壁间有褐色色素沉积，呈短棍状或块状，表面粗糙。有一些菌系还会产生菌核，菌核的颜色一般为白色，形状为球形，直径通常为1mm。

曲霉在自然界中分布非常广泛，在各种营养基质中都可以生存。它是许多食品中常见的霉腐菌，能够引起水分含量较高的粮食的霉变。黑曲霉能产生很多不同的酶类且活性都较高，在工业生产中有较广泛的利用。其产生的淀粉酶可用于淀粉的液化和糖化，还应用于乙醇工业或葡萄糖制造业中；其产生的果胶酶可应用于水解聚半乳糖醛酸、澄清果汁以及植物纤维的精制行业；其产生的耐酸性蛋白酶可以分解蛋白，或应用于食品工业或消化剂的制造；其产生的柚苷酶和橙皮苷酶应用于柑橘类罐头食品的去苦或防止白浊；其产生的葡萄糖氧化酶可用于食品的脱糖处理和除氧除锈等领域，还可以用于医疗行业制作检糖试纸。黑曲霉能产生Cx纤维素酶，该酶的粗制品中有含量较高的果胶酶和蛋白酶，这两种酶在pH值为3.0时仍然具有活性。黑曲霉还能够利用环境中的有机物，产生各种有机酸，包括柠檬酸、葡萄糖酸、抗坏血酸、没食子酸等。有一些菌系能够转化甾族化合物，具有C-11α羟化能力，有些菌还能将羟基孕甾酮转化为雄烯。在测定锰、钼、铜、锌等微量元素时也会用到黑曲霉，在霉腐试验中会用到黑曲霉作为试验菌。

4. 米曲霉（*Aspergillus oryzae*）

米曲霉属于黄曲霉群。其菌落生长迅速，在适宜的温度下培养10d就可以使菌落直径达到5~6cm，菌落的质地疏松，在生长初期时菌落为白色，逐渐变为黄色，然后变成黄褐色至淡绿褐色，但其不会变成绿色，菌落的反面一般无色。其分生孢子头通常呈放射状，直径为150~300μm，有较长的能达到400~500μm，也有少数为疏松柱形的状态。其分生孢子梗长度一般为2mm左右，在靠近顶囊处的孢子梗直径可达到12~25μm，壁薄，表面粗糙。顶囊形状近似球形，有些呈烧瓶状，大小一般为40~50μm。其小梗通常为单层结构，偶然出现双层结构，长度一般为12~15μm，少数菌系中在一个顶囊上同时存在单层和双层的小梗。分生孢子在生长初期呈椭圆形，老熟后会变成球形或近似球形，直径一般为4.5~7μm，也有较大者可达到8~10μm，表面粗糙或光滑。米曲霉是我国传统酿造食品酱和酱油生产的主要菌株，沪酿3.042是常用的菌种，它有较强的蛋白酶产生系统，能产生丰富的蛋白酶系，但其不产生黄曲霉毒素。

5. 黄曲霉（*Aspergillus flavus*）

黄曲霉也属于黄曲霉群。其菌落生长速度较高，适宜培养温度下培养10~14d，菌落直径可达到3~4cm或6~7cm。生长初期时菌落带黄色，然后变成黄绿色，老熟后其颜色逐渐变暗，菌落表面平坦或有放射状的皱纹，反面无色或者略带一些褐色。其分生孢子头较疏松，呈现放射状，随着生长变为疏松的柱形。分生孢子梗直接从培养基质上长出，表面极其粗糙，其长度一般小于1mm，直径为10~20μm。其顶囊形状近似球形或呈烧瓶形，大小从10~65μm不等，通常为25~45μm。在顶囊上着生小梗，小梗为单层、双层或者单、双层同时存在，一般小型的顶囊上只着生一层小梗。其梗基大小一般为（6~10）μm×（4~4.5）μm，小梗的大小一般为（6.5~10）μm×（3~5）μm。其分生孢子大小通常为3~6μm，形状为球形、近似球形。有一些菌系能产生菌核，颜色为黑色。

黄曲霉在大自然中分布非常广泛，在各种食物、储存的粮食、腐败的有机物表面或者土壤中都会发现它的存在，而米曲霉则多见于发酵食品中。它们能生产很多酶类包括蛋白酶、淀粉酶、果胶酶等，有许多曲霉产的酶都已经被制成酶制剂在食品行业中广泛应用。它们还能产生一些溶血酶类的物质，可以帮助消除动脉及静脉的血栓。有一些菌系能产生柠檬酸、延胡索酸、苹果酸等有机酸。黄曲霉群的菌基本都能产生曲酸，可作为杀虫剂以及胶片的脱尘剂使用。某一些菌系能产生黄曲霉毒素，特别是在花生及其制品中，这种毒素会引起家畜的严重中毒现象甚至会导致死亡。近年来，黄曲霉毒素引起了人们的关注，主要是由于它有一定的致癌作用，针对其特征科学家们也做了很多深入的研究。很多能产黄曲霉毒素的菌是从食品或饲料中分离到的野生菌株，还有一些从市售的小麦粉或小豆粉以及家庭自酿的酱品中分离获得的。目前在工业发酵生产用的黄曲霉中尚未发现能产生黄曲霉毒素的菌系。黄曲霉也是一种霉腐试验菌。

6. 产黄青霉（*Penicillum chrysogenum*）

产黄青霉属于不对称青霉组、绒状青霉亚组、产黄青霉系。其菌落生长速度快，在适宜温度下培养10~12d菌落直径可达到3~5cm，菌落形态致密呈绒毛状，也有一些菌落呈絮状。菌落有明显的放射状沟纹，边缘一般为白色，产生很多孢子，孢子生长初期为蓝绿色，老熟后变成灰色或淡紫褐色。产黄青霉中大多数菌系都有渗出液，其渗出液聚集成为醒目的淡黄色至柠檬黄色的大液滴，是这个菌系真菌的典型特征。菌落无特殊气味，其反面呈亮黄色或暗黄色，色素容易扩散到培养基中。其分生孢子梗表面光滑，大小一般为（150~350）μm×（3~3.5）μm。会产生帚状枝，呈非对称状态，有些帚状枝在主轴上形成2~3个分枝，副枝长短不一，一般大小为（15~25）μm×（3~3.5）μm。梗基处生有4~6轮的小梗，梗基大小一般为（10~12）μm×（2~3）μm，小梗为（8~10）μm×（2~2.5）μm。分生孢子一般呈椭圆形，大小约为（2~4）μm×（2.8~3.5）μm，孢子壁表面光滑，分生孢子形成链状结构，具有相当明显的分散状态，长的可达到200μm。

产黄青霉在空气、土壤以及一些腐败的机质上普遍存在，它能够产生多种酶类以及一些有机酸类物质。在工业生产中，产黄青霉最重要的贡献就是生产青霉素，另外它还能产生葡萄糖氧化酶，生产葡萄糖酸、柠檬酸、抗坏血酸等有机酸。在青霉素发酵结束后的菌丝废料中也有丰富的营养物质，能够用于提取蛋白、B族维生素、矿物质等，可以用来作为家畜的代用饲料。该菌也是一种霉腐试验菌。

7. 紫色红曲霉（*Monascus purpureus*）

紫色红曲霉的菌落在麦芽汁琼脂培养基上呈现为膜状的蔓延生长状态，其表面有褶皱以及气生菌丝。菌体在生长初期为白色或粉色状态，在后期逐渐变成红紫色或葡萄酱紫色。菌落背面颜色为紫红色。其菌丝有横隔，分枝且多核，菌丝中含有橙红色颗粒，直径为3~7μm，其分生孢子一般单生或形成链状结构，形状为球形或犁形，球形直径为6~9μm，犁形的大小为（9~11）μm×（6~9）μm。其闭囊壳形状为球形，直径为25~75μm，颜色一般为橙红色。子囊也为球形，内含8个子囊孢子，孢子成熟后子囊壁即会消失。子囊孢子一般为卵形、表面光滑，颜色为淡红色或无色，大小为（5~6.5）μm×（3.5~5）μm。

紫色红曲霉在大自然中分布非常广泛，多见于在乳制品中。最早是在我国的红曲中被发现的，在中国南方地区如福建、广东、浙江、江西、台湾等地较为常见。紫色红曲霉能产生许多酶类如蛋白酶、淀粉酶、麦芽糖酶以及一些有机酸如柠檬酸、琥珀酸，同时它能产生乙醇以及麦角甾醇等物质，可用于酒类的生产。由于其含有的色素，常应用于提取天然色素。

8. 白地霉（*Geotrichum candidum*）

白地霉能够在麦汁中生长，常与酵母菌进行比较，该菌能够水解蛋白，一般在动物粪便、有机肥料、蔬菜、树叶、青贮饲料、泡菜、烂菜、土壤、各种乳制品中分离得到。白地霉的最高生长温度一般为33~37℃。白地霉在麦汁液体培养基中28~30℃培养24h，即可以在菌液表面形成白色的菌醭，呈毛绒状或粉状，质地较韧或易碎。该菌种能形成真菌丝，且有的有两叉分枝，菌丝宽约为2.5~9μm，菌丝间有横隔，横隔数量不定，无性生殖的方式为裂殖，形成节孢子，节孢子形态为方形、长筒形，也有的是圆形或椭圆形，末端钝圆。在麦汁琼脂培养基表面培养3d后，菌落颜色为白色，上有毛或粉状，呈现皮膜型或脂泥型。固体培养与液体培养形成的菌丝以及节孢子的形态类似。在麦汁琼脂培养基上悬滴培养14h后，节孢子即发芽形成菌丝，之间有横隔，在悬滴的边缘处有一些菌丝断裂成为节孢子，培养22h后部分菌丝的末端将断裂形成节孢子。在固体培养基上培养能形成巨大菌落，培养3d后形成的菌落一般直径能达到30~40mm，而培养5d后菌落的直径能达到50~70mm，菌落形态为毛状或粉状，颜色为白色。白地霉可以食用也可用作饲料，它的营养价值与产阮假丝酵母相当。由于其具有水解蛋白质的能力，多数白地霉能够液化明胶或胨化牛奶，但这种能力也是菌株特异的，有一些水解能力较弱的菌株只能够胨化牛奶，并不能液化明胶。该菌也可用于提取核酸，也能够合成脂肪，但是白地霉生产脂肪的能力不如红酵母或产脂酵母等。

三、蕈菌

蕈菌又称为伞菌、担子菌，指能够形成大型肉质子实体的真菌，包含大多数的担子菌类以及极少数的子囊菌类。蕈菌是一种通俗的名称，从外表来看，它并不像微生物，所以长久以来都归于植物学的研究方向。但是对蕈菌的进化史、细胞的构造、早期的发育特征以及各种生物学特征的研究，都证明了它们与典型的真菌非常一致。也可以将蕈菌理解为是一般的真菌菌落在陆生条件下的特化以及高度发展的形式。

蕈菌在地球上各个角落都有广泛的分布，尤其是森林中的落叶地带。蕈菌与人类的生活关系非常密切，可食用的种类有 2000 多种，已经有 400 多种食用菌（edible mushroom）被人类开发利用，有 50 多种已经可以进行人工栽培。常见的如木耳、银耳、双孢蘑菇、香菇、草菇、平菇、金针菇、竹荪等；一些新品种如珍香红菇、杏鲍菇、柳松菇、茶树菇、真姬菇、阿魏菇等；一些可供药用的如猴头、灵芝、云芝、马勃等；还有少数种类对人类有害，如一些有毒蕈菌或可引起木材朽烂的种类。

蕈菌的发育过程中，菌丝的分化过程主要有 5 个阶段，分别为一级菌丝、二级菌丝、三级菌丝、子实体以及担孢子。

担孢子（basidiospore）经过萌发后形成多个单核细胞，构成了一级菌丝；不同性别的一级菌丝之间发生接合作用，进而进行质配形成由双核细胞构成的二级菌丝，二级菌丝形成一个非常独特的“锁状联合”（clamp connection，见图 2-40），通过这种方式不断地使双核细胞进行分裂，使菌丝的尖端不断地向前延伸。这是双核细胞分裂和向前延伸生长的一种特有的方式；在条件合适的情况下，大量的二级菌丝将分化为多种菌丝束，称为三级菌丝；菌丝束在合适的条件下形成菌蕾，接着再分化、膨大形成大型子实体；子实体逐渐成熟后，双核菌丝的顶端发生膨大，细胞质变得浓厚，其中的两个细胞核经过核配过程，融合成为一个新的二倍体的核，再经过减数分裂和有丝分裂，产生 4 个单倍体的子核，最后在担子细胞的上部随机突出 4 个梗，每一个单倍体子核进入一个小梗中，小梗的顶端膨胀并形成担孢子（见图 2-41）。

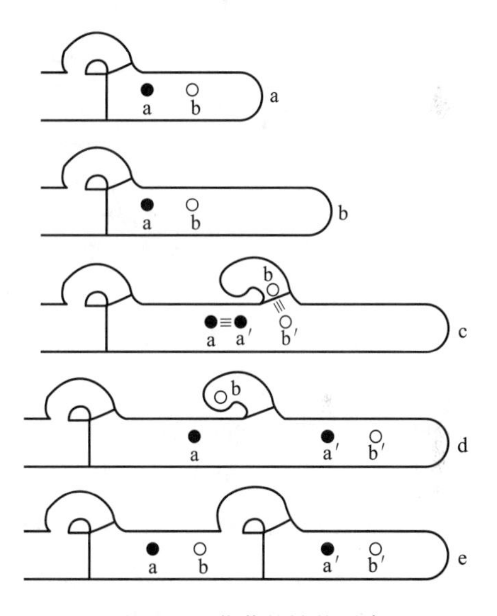

图 2-40 蕈菌的锁状联合

锁状联合形成过程中，首先双核菌丝的顶端细胞开始分裂，菌丝顶部细胞的两个细胞核之间的菌丝壁向外侧生出一喙状突起，两核中的一个核进入该突起中，另一个核仍然留在细胞下部。此时两个核同时进行一次有丝分裂，产生 4 个子核。来自突起的新产生的两个子核中其中一个进入菌丝尖端，另一个留在突起中，而另外两个子核则移入细胞的一端。然后，喙状突起的顶部向下弯曲与原菌丝细胞壁交界处结合，形成一个横隔，同时在第二、第三核间也产生一横隔，形成 3 个细胞，一个双核细胞位于菌丝顶端，一个单核细胞紧接其后，还有一个由喙状突起形成的第三个单核细胞。此后喙状突起细胞的前端与单核细胞接触，并发生融合，喙状突起细胞中的一个单核进入单核细胞中，使菌丝上又增加了一个双核细胞。

蕈菌最突出的特征即其可形成大小、颜色、形状各异的大型的肉质子实体。典型的蕈菌的子实体一般由三部分组成，顶部的菌盖（包括表皮、菌肉、菌褶）、中部的菌柄（常有菌环和菌托）以及基部的菌丝体（见图 2-42）。

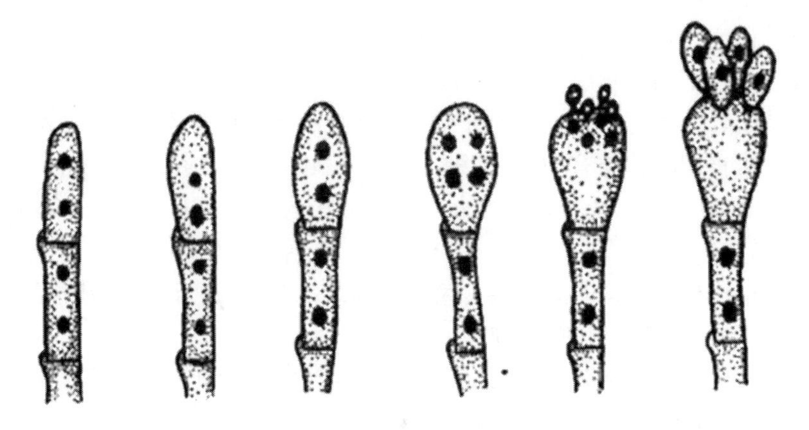

图 2-41　蕈菌的担孢子形成

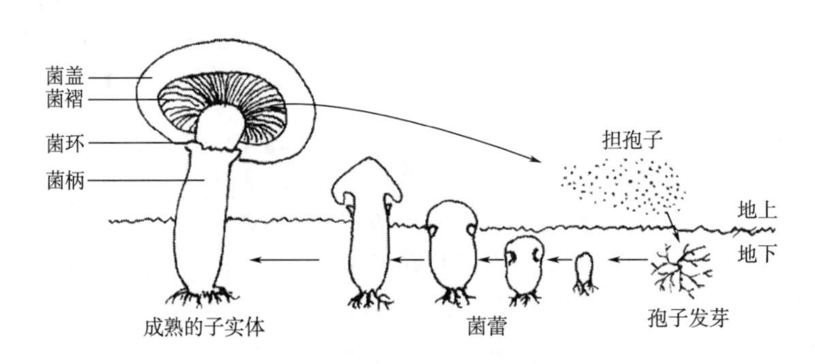

图 2-42　蕈菌的典型构造

四、真核微生物的分类系统

真菌的分类系统很多，在过去很长一段时间里，依据卡尔·林内乌斯最早提出的两界学说，真菌一直被列入植物界。现代分类学家已趋向于将真菌划分成一个单独的界——真菌界（Kingdom Fungi），在界下设真菌门和黏菌门。历史上学者们根据各自不同的观点建立了许多分类系统，在近 30 年中就出现了 10 多个新分类系统。下面就其中两种较有代表性的真菌分类系统进行介绍。

（一）安斯沃思（Ainsworth）的分类系统

该系统在美国生物学家惠特克（R. H. Whittake）将真菌独立成界的基础上，将真菌界分为两个门（真菌门和黏菌门），在真菌门内根据有性孢子的类型、菌丝是否有隔膜等性状分为 5 个亚门，即鞭毛菌亚门、接合菌亚门、子囊菌亚门、担子菌亚门和半知菌亚门。这一分类系统在 20 世纪较有影响，但显然这一系统仍属“人为分类”，而非真正按亲缘关系和客观反映系统发育关系对真菌的“自然分类”。黏菌是介于动植物间的真核生物，无细胞壁，体形为变形虫状，以具纤维素壁的孢子繁殖。

（二）《真菌字典》的分类系统

1995 年，根据 18S rRNA 序列的研究、生物化学和细胞壁组分，以及 DNA 序列分析的结果，第 8 版《真菌字典》（*Dictionary of Fungi*）中，将原来的真菌界划分为原生动物界、藻界和真菌界。真菌界仅包括了 4 个门，即壶菌门、接合菌门、子囊菌门和担子菌门。卵菌、丝壶菌和网黏菌与硅藻类和褐藻类亲缘关系较近，这一类群被划分为藻界，而其他黏菌被认为属于原生动物界。第 8 版《真菌字典》的分类系统较安斯沃思的分类系统有了进步，但是否代表了真正的“自然分类”仍需探讨。1995 年以后，尽管有一些变化，但真菌界的分类基本还是基于 1995 年的分类系统。

第四节　非细胞生物——病毒

病毒学研究自 19 世纪末发现烟草花叶病毒（tobacco mosaic virus，TMV）以来得到了飞速的发展，也成为微生物学研究的一个重要的领域。病毒与其他生物一样，含有基因，能够进行复制、进化，并具有相当重要的生态学地位，这是一类结构极其简单但是性质却十分特殊的非常微小的生命体。

一、病毒的概述

病毒不具有细胞结构，它是一类同时具有生物体基本特征和化学大分子属性，既具有细胞外的感染性颗粒形式，又具有细胞内的繁殖发生基因形式的独特生物类群。病毒在细胞外环境以毒粒（virion）的形式存在，这是一种形态成熟的颗粒形式，有一定的形态、大小、特定的化学组成和理化性质，甚至能够结晶纯化，与一般化学分子一样不表现出任何生命特征。但是毒粒在一定条件下即可以进入宿主细胞并具有感染性。当病毒进入宿主细胞中后，毒粒就会被解体，同时释放出具有繁殖能力的病毒基因组，利用宿主细胞中的大分子合成装置进行基因组复制的蛋白质表达，使病毒不断地繁殖并表现出遗传、变异等一系列的生命特征。病毒是一种绝对的细胞内寄生生物，它的结构非常简单、繁殖方式非常特殊，与其他生物存在显著的区别（表 2-10）。

病毒研究人员一直试图给“病毒”下一个严谨的定义，但是迄今为止还未有很好的定论。病毒是一种生物实体，其基因组能利用细胞的合成系统在活细胞内复制并合成，最终转移到其他细胞中去。

可以认为，病毒是一类超显微的、没有细胞结构的、在宿主细胞内能自我复制和专性活细胞内寄生的非细胞生物。由于病毒对宿主感染具有专一性，人们通常根据宿主范围将病毒分为噬菌体（包括细菌、放线菌和蓝细菌病毒）、植物病毒和动物病毒（包括脊椎动物、昆虫和其他无脊椎动物病毒），以及真菌病毒、藻病毒和原生动物病毒等。

表 2-10　病毒与单细胞微生物不同性质的比较

性质	细菌	立克次氏体	支原体	衣原体	病毒
直径大于 300nm	+	+	±	±	−
在无生命培养基上的生长	+	−	+	−	−
双分裂	+	+	+	+	−
含有 DNA 和 RNA	+	+	+	+	−
核酸感染性	−	−	−	−	+

续表

性质	细菌	立克次氏体	支原体	衣原体	病毒
核糖体	+	+	+	+	-
代谢产能	+	+	+	-	-
对抗生素的敏感性	+	+	+	+	-
细胞膜	+	+	+	+	-
专性活细胞内寄生	-	-	±	+	+
对干扰素的敏感性	-	-	-	-	+

随着病毒学研究工作的深入，逐渐出现了亚病毒因子（subviral agent）的概念，其包含了类病毒（viroid）、卫星 RNA（satellite RNA）以及朊病毒（prion）等一些较为简单的感染性因子。目前，将病毒分为真病毒（euvirus）和亚病毒两大类。

二、病毒的形态结构与功能

（一）病毒的大小与形态

病毒粒子的体积极其微小，小病毒直径只有 10nm，大病毒直径超过 250nm。根据其大小大致分为 4 个级别，即大型病毒、中大型病毒、中小型病毒和小型病毒等（见图 2-43）。大型病毒直径为 200~300nm，如痘病毒；中大型病毒直径为 150~200nm，如副黏病毒、单纯疱疹病毒等；中小型病毒约 80~120nm，如流行性感冒病毒、腺病毒和逆转录病毒等；小型病毒直径约 20~30nm，如口蹄疫病毒、脊髓灰质炎病毒等；最小的病毒为菜豆畸矮病毒，其直径只有 9~11nm。

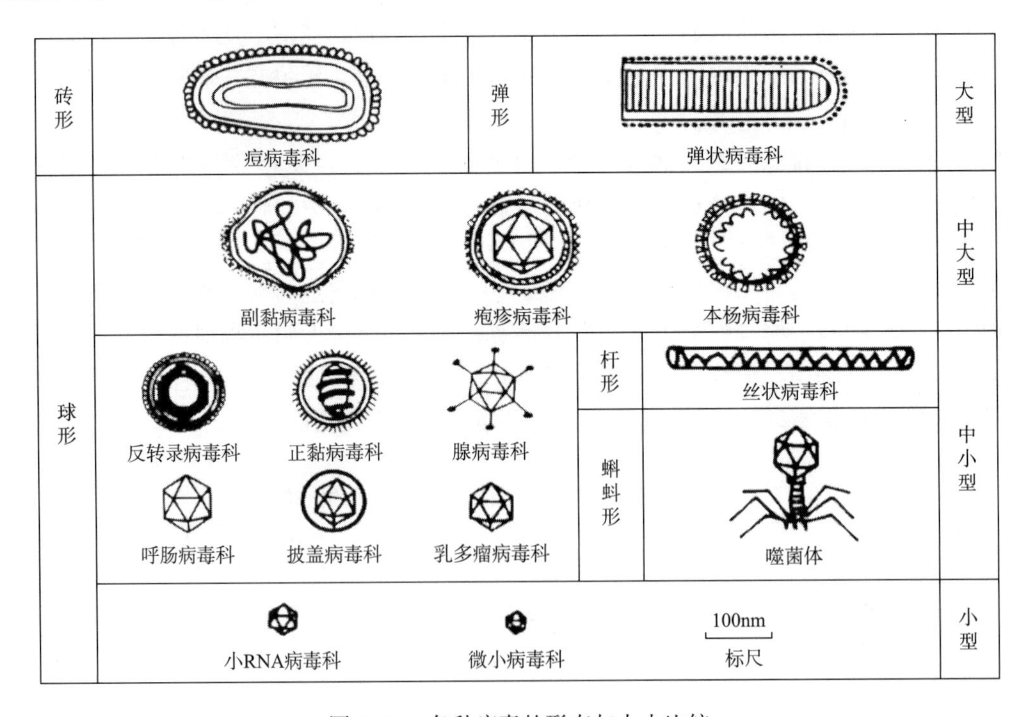

图 2-43　各种病毒的形态与大小比较

病毒的形态根据外形特征可分为5种：球形或近球形、杆形或丝形、砖形或菠萝状、弹形、蝌蚪形。杆形多见于植物病毒，如烟草花叶病毒、苜蓿花叶病毒等；蝌蚪形多见于微生物病毒——噬菌体，如T偶数噬菌体和λ噬菌体等；球形、砖形和弹状多见于人和动物病毒，如腺病毒、疱疹病毒、脊髓灰质炎病毒等呈球形，如天花病毒、牛痘病毒呈砖形，狂犬病病毒、水泡性口膜炎病毒呈弹形。

（二）病毒的结构与功能

病毒粒子（病毒颗粒）：是指成熟的结构完整的具有侵染力的单个病毒。病毒粒子的构造模式见图2-44。病毒的结构可分为存在于所有病毒中的基本结构和仅为某些病毒所特有的特殊结构。

1. 基本结构与功能

病毒的基本结构由基因组和蛋白衣壳组成的核衣壳构成。

（1）基因组

核酸构成了病毒的基因组，基因组构成了病毒的核心。每一个病毒只含单一核酸（DNA或RNA）。病毒的核酸类型非常多样化，不仅有DNA或RNA、单链或双链、线状或环状、闭环或缺口环，而且有正链或负链，单分子和双分子、多分子，其类型之多堪称生物之最。基因组是病毒遗传变异的物质基础，具有编码病毒蛋白、控制病毒性状、决定病毒增殖及感染细胞的功能。大部分病毒的遗传物质为DNA，少数为RNA。

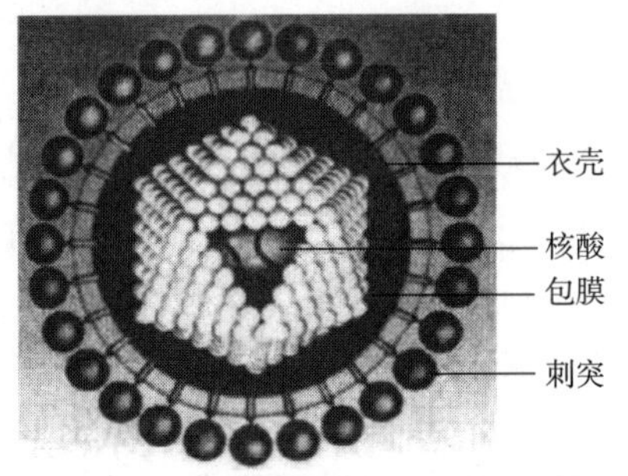

图2-44　病毒粒子的构造模式

（2）蛋白衣壳

蛋白衣壳是由病毒基因组编码的一层蛋白质，包裹或镶嵌于病毒核酸外，是病毒粒子的主要支架结构及抗原成分。衣壳由衣壳粒（capsomer）组成，每个衣壳粒是由1~6个同种多肽分子折叠缠绕而成的蛋白质亚单位，电镜下可见衣壳粒呈特定的排列形式。蛋白衣壳对核酸有保护作用，如保护病毒核酸免受核酸酶和其他不利理化因素的破坏等。

2. 特殊结构与功能

在某些病毒核衣壳之外，尚有包膜、包膜刺突、基质蛋白或被膜、触须等辅助特殊结构。

（1）包膜

包膜又称囊膜，是包裹在病毒核衣壳外面的一层较为疏松、肥厚的膜状结构。根据病毒有无包膜，可将其分为有膜病毒和无膜病毒（又称裸病毒）。包膜主要由脂类和糖蛋白等组成。由于病毒包膜的脂类来自于宿主细胞，其种类和含量均具有对宿主细胞的特异性，即脂类具有对宿主细胞的亲嗜性，故可决定病毒特定的侵害部位。有包膜的病毒易被乙醚、氯仿和胆汁等脂溶剂破坏而灭活，可以据此鉴定病毒有无包膜。有的包膜表面还长有刺突或包膜突起等附属物，包膜刺突能与细胞表面的受体结合，使病毒黏附于靶细胞表面，并构成病毒的表面抗原，与病毒的分型、致病性和免疫性等有关，赋予病毒某些特殊功能。

（2）病毒的包涵体

在某些感染病毒的宿主细胞内，会形成结构特殊、有一定染色特性、在光学显微镜下可见的大小、形态和数量不等的小体，称为包涵体。包涵体是宿主细胞被病毒感染后形成的蛋白质结晶体，内含一个或几个病毒粒子。多数包涵体位于细胞质内，如天花病毒，具嗜酸性；少数位于细胞核内，如疱疹病毒，具嗜碱性；也有在细胞质和细胞核内都存在的类型，如麻疹病毒。包涵体具有保护病毒粒子的作用，其主要成分是多角体蛋白，不易被蛋白酶水解，在自然界内较稳定，于土壤中能保持活性几年到几十年。包涵体从细胞中移出，再接种到其他细胞可引起感染。

3. 病毒粒的对称体制

衣壳粒的排列组合方式不同，则病毒粒子会表现出不同的构型和形状。衣壳的对称体制有二十面体对称（icosahedron）、螺旋对称（helical symmetry）和复合对称（complex symmetry）3种类型，可作为病毒分类与鉴定的重要依据之一。

（1）二十面体对称

二十面体对称的病毒由20个等边三角形组成，具有12个顶角、20个面和30条棱。腺病毒（见图2-45）是二十面体对称的典型代表，由252个球形的衣壳粒组成，无包膜，其核心是线状双链DNA（dsDNA）。在其12个顶角上是称作五邻体的衣壳粒，每个五邻体上有刺突，在20个面上分布的则是称作六邻体的衣壳粒。

（2）螺旋对称

烟草花叶病毒（TMV）是螺旋对称病毒中研究得最为详尽的一个，其病毒粒子呈直杆状、中空，核酸为单链RNA（ssRNA），其蛋白质衣壳由呈皮鞋状的衣壳粒一个紧挨一个以逆时针方向螺旋排列而成，而病毒RNA则位于衣壳粒内侧螺旋状沟中，以距轴中心4nm处以相等的螺距盘绕于蛋白质外壳中，每三个核苷酸与一个蛋白质亚基（衣壳粒）相结合，结构极其稳定（见图2-46）。这种对称体制的特点就是能使核酸与蛋白质亚基的结合更为紧密，在室温下50年不丧失其侵染力。

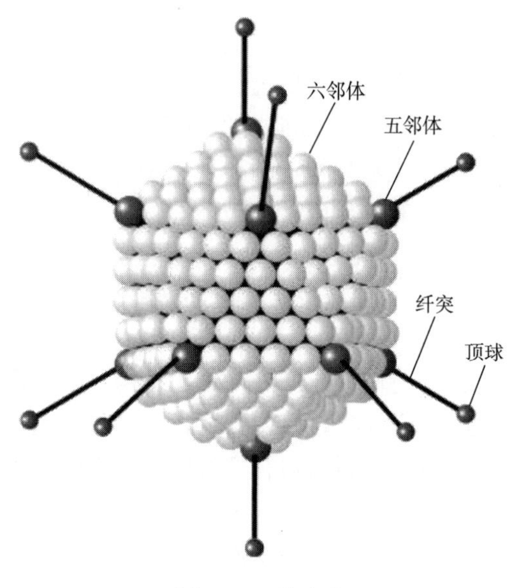

图2-45　腺病毒

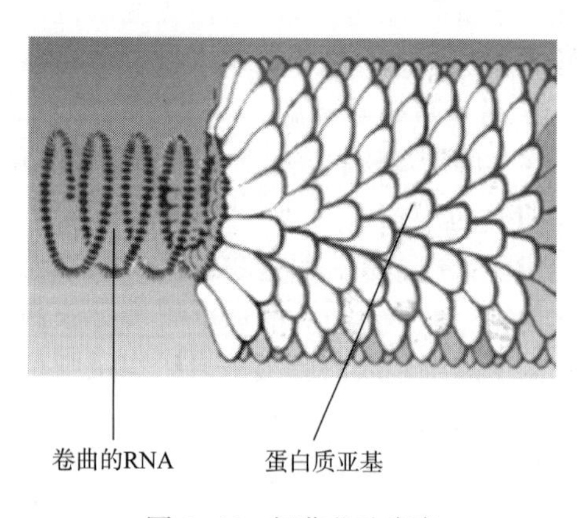

图2-46　烟草花叶病毒

（3）复合对称

具有复合对称衣壳结构的典型例子是T偶数噬菌体。这类噬菌体呈蝌蚪状，由头部、颈部和尾部3个部分组成（见图2-47）。头部呈二十面体对称，尾部呈螺旋对称，头部内的核心是线状dsDNA；颈部由颈环和颈须构成（颈环为一六角形的盘状结构，颈须自颈环上发出，其功能是裹住吸附前的尾丝）；尾部由尾鞘、尾管、基板、刺突和尾丝5个部分组成（尾管是头部核酸注入宿主细胞时的必经之路，尾鞘收缩则尾管插入宿主细胞，刺突具有吸附功能，尾丝则具有专一地吸附在敏感细胞相应受体上的功能）。

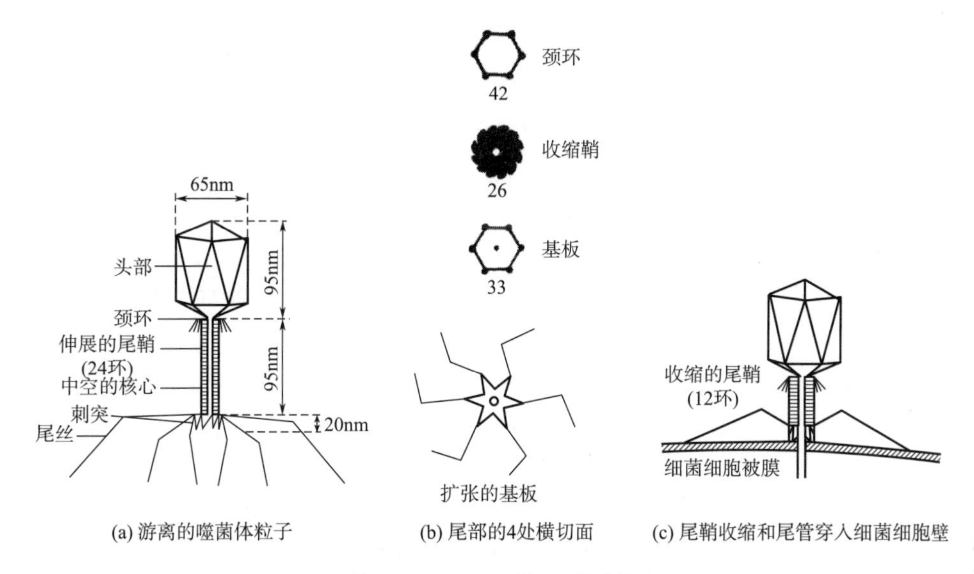

图2-47　*E. coli* 的 T_4 噬菌体

（三）病毒的化学组成

病毒的化学组成包括核酸、蛋白质、脂类、糖类等，其中核酸和蛋白质是基本的组成物质。有一些病毒中还包括有聚胺类化合物和无机阳离子等组分。

1. 病毒核酸

核酸作为病毒的遗传物质，一般在一种病毒的毒粒中只含有一种核酸物质，即DNA或RNA。通常病毒的基因组都是以单倍体形式存在，只有逆转录病毒（retroviruses）的基因组是双倍体。

核酸含量随病毒种类而异，通常为1%～50%，一般形态结构复杂的病毒，其核酸含量较多。病毒核酸有多种类型。①有DNA和RNA之分。一种病毒体内仅含一种类型的核酸：DNA或RNA，据此可将病毒分为DNA病毒和RNA病毒两大类。②有单链（ss）DNA或RNA和双链（ds）DNA或RNA之分。③有线状和环状之分。④有闭环和缺口环之分。⑤基因组是单组分、双组分、三组分或多组分。⑥单链RNA病毒根据核酸能否起mRNA的作用，分为正链RNA和负链RNA。正链RNA具有侵染性，并具有mRNA的功能，可直接作为mRNA合成蛋白质；负链RNA没有侵染性，必须依靠病毒携带的转录酶转录成正链RNA（负链RNA的互补链）后，才能作为mRNA合成蛋白质。在表2-11中列出了病毒的主要核酸类型。

2. 病毒蛋白

病毒的蛋白质主要分为结构蛋白（structure protein）和非结构蛋白（non-structure protein）两种。结构蛋白是形成一个成熟的有感染性的病毒颗粒所必需的蛋白质，主要包括了包膜蛋白、壳体蛋白以及一些存在于毒粒中的酶蛋白等；非结构蛋白则是指该蛋白由病毒基因组编码，在病毒的复制过程中产生并有一定的功能，但是其不与毒粒结合。两种蛋白的主要区别即在于其是否与毒粒结合。

表 2-11 病毒的核酸类型

核酸类型		核酸结构	病毒举例
DNA	单链	线状单链	细小病毒
		环状单链	ΦX174、M13、fd 噬菌体
	双链	线状双链	疱疹病毒、腺病毒、T 系大肠杆菌噬菌体、λ 噬菌体
		有单链裂口的线状双链	T_5 噬菌体
		有交联末端的线状双链	痘病毒
		闭合环状双链	乳多空病毒、PM_2 噬菌体、花椰菜花叶病毒、杆状病毒
		不完全环状双链	嗜肝 DNA 病毒
RNA	单链	线状、单链、正链	小 RNA 病毒、披膜病毒、RNA 噬菌体、烟草花叶病毒、大多数植物病毒
		线状、单链、负链	弹状病毒、副黏病毒
		线状、单链、分段、正链	雀麦花叶病毒（多分体病毒）
		线状、单链、二倍体、正链	逆转录病毒
		线状、单链、分段、负链	正黏病毒、布尼亚病毒、沙粒病毒（布尼亚病毒和沙粒病毒有的 RNA 节段为双意）
	双链	线状、双链、分段	呼肠孤病毒、噬菌体、Φ6，许多真菌病毒

蛋白质含量随病毒种类而异，如狂犬病毒的蛋白质含量约占整个病毒粒子的 96%，而大肠杆菌 T_3、T_4 噬菌体则只占 40%。病毒蛋白多数位于病毒颗粒的外层，包在核酸外面，以保护核酸免受破坏。有些病毒蛋白与吸附细胞受体有关（如流感病毒的血凝素等）；有些则是一些酶，如噬菌体的溶菌酶、白血病病毒的 DNA 聚合酶、RNA 肿瘤病毒的反转录酶等。它们在病毒的侵染和增殖过程中发挥作用。

3. 脂类和糖类

少数有包膜的大型病毒除含有蛋白质和核酸外，还含有脂类和糖类等其他成分。病毒所含的脂类主要是一些磷脂、胆固醇和中性脂肪，多数存在于包膜中。病毒所含的糖类主要有葡萄糖、龙胆二糖、岩藻糖、半乳糖等，它们或以糖苷键直接与碱基相连，或与氨基酸残基相连，以糖蛋白的形式存在。糖蛋白位于有包膜病毒的表面，已知它与血清学反应有关。

（四）病毒增殖的一般过程

病毒的增殖是基因组在宿主细胞内自我复制与表达的结果，又称病毒的复制。病毒以其基因组为模板，借宿主细胞 DNA 聚合酶（多聚酶）或 RNA 聚合酶（多聚酶），以及其他必要因素，指令细胞停止合成细胞的蛋白质与核酸，转为复制病毒的基因组，经转录和翻译出相应的病毒蛋白，然后装配成新的病毒粒子，最终释放出子代病毒。各种病毒的增殖过程基本相似，一般可分为吸附、穿入（侵入）、脱壳、生物合成、装配与成熟、释放 6 个阶段，称为复制周期。

1. 吸附

病毒表面蛋白的吸附位点与宿主细胞膜上特定的病毒受体发生特异性结合的过程称为吸附。吸附过程取决于两个条件。一是吸附温度，以决定病毒感染的真正开始，促使与酶反应相似的化学反应；二是病毒对组织的亲嗜性和病毒感染宿主的范围，以决定病毒吸附位点与细胞膜上受体的特异性。细胞表面能吸附病毒的物质结构称为病毒受体，如呼吸道上皮细胞和红细胞表面的糖蛋白是流感病毒的受体，肠道上皮细胞的脂蛋白是脊髓灰质炎病毒的受体。吸附过程一般可在几分钟至几十分钟内完成。

2. 穿入

病毒吸附于宿主细胞膜上，通过几种方式使核衣壳进入细胞内的过程称为穿入。有包膜病毒，多数通过吸附部位的酶作用及病毒包膜与细胞膜的同源性等方式，发生包膜与宿主细胞膜的融合，使病毒核衣壳进入细胞质内。无包膜病毒，一般通过细胞膜的胞饮方式将核衣壳吞入，即病毒与细胞表面受体结合后，细胞膜折叠内陷，将病毒包裹其中，形成类似吞噬泡的结构，使病毒原封不动地穿入细胞质内，此过程称为病毒胞饮。噬菌体吸附于细菌后，可能由细菌表面的酶类帮助噬菌体脱壳，使噬菌体核酸直接进入细菌细胞质内。

3. 脱壳

穿入细胞质中的核衣壳脱去衣壳蛋白，使基因组核酸裸露的过程称为脱壳。脱壳是病毒能否复制的关键，病毒核酸如不暴露出来则无法发挥指令作用，病毒就不能进行复制。脱壳必须有特异性水解病毒衣壳蛋白的脱壳酶参与。多数病毒的脱壳依靠宿主细胞溶酶体酶的作用。

4. 生物合成

病毒基因组核酸一经脱壳释放，即利用宿主细胞提供的低分子物质合成大量病毒核酸和结构蛋白，此过程称为生物合成。病毒核酸在宿主细胞内主导生物合成的程序是：复制病毒自身的核酸、转录成 mRNA 和 mRNA 翻译病毒蛋白。病毒 mRNA 翻译病毒蛋白是基于宿主细胞的蛋白质合成机构。

5. 装配与成熟

病毒在宿主细胞内复制生成的基因组与翻译成的蛋白质（壳粒、包膜突起）装配组合，形成成熟的病毒体。除痘病毒外，DNA 病毒均在细胞核内装配成核衣壳，RNA 病毒与痘病毒则在细胞质内装配。

6. 释放

成熟病毒向细胞外释放有下列两种方式：

（1）破胞释放

无包膜病毒的释放通过细胞破裂完成。当一个病毒感染细胞后，经复制周期可增殖数百至数千个子代病毒，最后宿主细胞破裂将病毒全部释放至胞外。

（2）出芽释放

有的有包膜病毒在细胞核内装配成核衣壳，移至核膜处出芽获得细胞核膜成分，然后进入细胞质中穿过细胞膜释放而又包上一层细胞膜成分，由此获得内外两层膜构成包膜。有些病毒在细胞核内装配成核衣壳后，通过细胞核裂隙进入细胞质，然后由细胞膜出芽释放，获得细胞膜成分构成包膜。

（五）病毒的分类

对病毒进行有序的分类和科学的命名，无论在病毒的起源、进化等研究方面，还是在病毒的鉴定和病毒性疾病防治方面都具有重要意义。

1. 病毒分类的依据

病毒分类的主要依据包括病毒的形态、结构、基因组、化学组成和对脂溶剂的敏感性等毒粒性质，病毒的抗原性质，以及病毒在细胞培养上的特性等生物学性质。其中病毒的形态与结构特点是病毒分类的重要依据。根据电子显微镜下对超薄切片病毒样本的形态与结构的观察，可将多数与人类疾病相关的病毒进行分类。

2. 病毒的分类系统

病毒的分类系统依次采用目（order）、科（family）、属（genus）、种（species）为分类等级，在未设立病毒目的情况下，科则为最高的病毒分类等级。病毒目由一群具有某些共同特征的病毒科组成，目名的词尾为“virales”，如 Mononegavirales（单分子负链 RNA 病毒目）、Nidovirales（套式病毒目）、Caudovirales（有尾噬菌体目）等。病毒科由一群具有某些共同特征的病毒属组成，科名的词尾为“viridae”，如 Picornaviridae（小 RNA 病毒科）、Togaviridae（披膜病毒科）和 Paramyxoviridae（副黏病毒科）等。病毒属由一群具有某些共同特征的病毒种组成，属名的词尾为“virus”，如 Picornavirus（小 RNA 病毒属）、Paramyxovirus（副黏病毒属）等。科与属之间可设或不设亚科，亚科名的词尾为“virinae”。病毒种是指构成一个复制谱系，占据特定的生态环境，并具有多原则分类特征（包括基因组、毒粒结构、理化特性、血清学性质等）的病毒。

病毒分类是将自然界存在的病毒种群按照其性质相似性和亲缘关系加以归纳分类。早在 1995 年国际病毒分类委员会（ICTV）第 6 次报告中，就将有无反转录特性及病毒基因组的特性作为重要的分类标准。经过以后的几次修改和补充，现在的分类系统将已发现的 4000 多种病毒分为 dsDNA 病毒、ssDNA 病毒、DNA 和 RNA 反转录病毒、dsRNA 病毒、负义 ssRNA 病毒、正义 ssRNA 病毒、裸露 RNA 病毒和亚病毒因子 8 大类，它们分属于 3 个病毒目、62 个病毒科、11 个病毒亚科、233 个病毒属。将卫星病毒、类病毒和朊病毒归在亚病毒因子中。

（六）噬菌体

噬菌体的发现

噬菌体（phage，bacteriophage）即原核生物的病毒，包括噬细菌体（bacteriophage）、噬放线菌体（actinophages）和噬蓝细菌体（cyanophage）等，它们广泛存在于自然界。与其他病毒一样，噬菌体都是由蛋白质和核酸组成。核酸以单链或双链分子组成环状或线状，病毒粒子外壳有不同形状和大小。基本形态为蝌蚪状、微球状和线状 3 种。从结构上看，又可以分为 6 种类型（见表 2-12）。

表 2-12　噬菌体的形态分类及其特征

类型	描述	核酸类型	形态	代表
1	蝌蚪形收缩性长尾噬菌体，具六角形头部及可收缩的尾部，有尾鞘	dsDNA		T_2、T_4 噬菌体
2	蝌蚪形非收缩性长尾噬菌体，具六角形头部，无尾鞘	dsDNA		T_1、λ 温和噬菌体

续表

类型	描述	核酸类型	形态	代表
3	蝌蚪形非收缩性短尾噬菌体，具六角形头部，无尾鞘	dsDNA		T_3、T_7 噬菌体
4	六角形大顶衣壳粒噬菌体，12 个顶角各有一个较大的壳粒，无尾部	ssDNA		ΦX174、S_{13} 噬菌体
5	六角形小顶衣壳粒噬菌体，球状，无尾部	ssRNA		MS_2、f_2、QB 噬菌体
6	丝状噬菌体，无头部	ssDNA		fd、M_{13} 噬菌体

噬菌体感染细菌细胞后，在胞内增殖，凡能使宿主细胞裂解的噬菌体，称为烈性噬菌体（virulent phage）；而不能使宿主细胞发生裂解，并与宿主细胞同步复制的噬菌体，称为温和噬菌体（temperate phage），这种宿主细胞称为溶原菌（lysogen）。

1. 烈性噬菌体的增殖和溶菌作用

烈性噬菌体的入侵增殖一般包括吸附、侵入、复制、装配、释放 5 个阶段。从吸附到宿主菌细胞裂解释放子代噬菌体的过程，称为噬菌体的复制周期或溶菌周期。

以大肠杆菌的 T 噬菌体（双链 DNA）为例，介绍噬菌体的复制过程（图 2-48）。

（1）吸附

噬菌体侵染宿主细胞的第一步为吸附。吸附过程一方面取决于细胞表面受点的结构，另一方面也取决于噬菌体吸附器官——尾部吸附点的结构。噬菌体与敏感的宿主细胞相遇后，在宿主细胞的特异性受点（蛋白质、多糖或脂蛋白-多糖复合物）上结合，这是种不可逆的特异性反应。T_4 噬菌体是以尾丝和宿主的特异性受点吸附，随之刺突和基板固定在受点上。一种细菌可被多种噬菌体感染，不同的感染噬菌体在同一宿主细菌的不同受点上吸附。因此，大肠杆菌与 T_4 噬菌体饱和吸附后，并不妨碍和另一种噬菌体（例如 T_6）再吸附。吸附过程也受环境因子的影响，如 pH、温度、阳离子浓度等都会影响到吸附的速度。

（2）侵入

即注入核酸。大肠杆菌 T_4 噬菌体以其尾部吸附到敏感菌表面后，将尾丝展开并固着于细胞上。尾部的酶水解细胞壁的肽聚糖，使细胞壁产生一小孔，然后尾鞘收缩，将头部的核酸通过中空的尾管压入细胞内，而蛋白质外壳则留在细胞外。大肠杆菌 T 系噬菌体只需几十秒钟就可以完成这个过程，但受环境条件的影响。通常一种细菌可以受到几种噬菌体的吸附，但细菌只允许一种噬菌体侵入，如有两种噬菌体吸附时，首先进入细菌细胞的噬菌体可以排斥或抑制第二者侵入。即使侵入了，

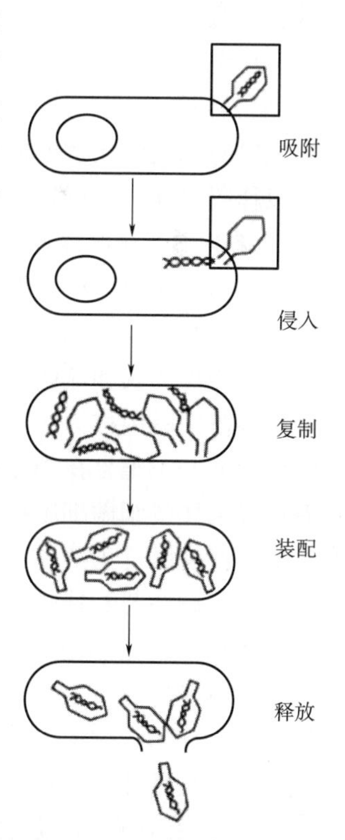

图 2-48　噬菌体的复制过程

也不能增殖而逐渐消解。

尾鞘并非噬菌体侵入所必需的。有些噬菌体没有尾鞘，也不收缩，仍能将核酸注入细胞，但尾鞘的收缩可明显提高噬菌体核酸注入的速率。如 T_2 噬菌体的核酸注入速率就比 M_{13} 噬菌体的快 100 倍左右。

（3）增殖

包括核酸的复制和蛋白质的合成。噬菌体核酸进入宿主细胞后，将会引起一系列变化。细菌的合成作用受到影响，噬菌体逐渐控制细胞的代谢。T_4 噬菌体的增殖具有时序性，是按照早期、次早期、晚期基因的顺序来进行转录、翻译和复制的。早期基因的表达以噬菌体 DNA 为模板，在宿主 RNA 聚合酶的催化下，首先产生噬菌体的早期 mRNA，再利用宿主的核糖体翻译产生早期蛋白。早期蛋白是一种更改蛋白，与宿主细胞原有 RNA 聚合酶结合后改变后者性质，使其只能转录噬菌体次早期基因。次早期基因表达后形成次早期蛋白，次早期蛋白包括一些分解宿主细胞 DNA 的 DNA 酶，复制噬菌体 DNA 的 DNA 聚合酶以及供晚期基因表达的晚期 RNA 聚合酶等。晚期基因的表达可以形成晚期蛋白，包括大批可用于子代噬菌体装配的“部件”，如头部蛋白、尾部蛋白、溶菌酶等。在这时期，细胞内看不到噬菌体粒子，称为潜伏期（latent period）。潜伏期是指噬菌体吸附在宿主细胞至宿主细胞裂解，释放噬菌体的最短时间。至此，噬菌体的核酸复制和蛋白质合成均已完成。

（4）装配

当噬菌体的核酸、蛋白质分别合成后，即装配成成熟的、有侵染力的噬菌体粒子。例如大肠杆菌 T_4 噬菌体的 DNA、头部蛋白质亚单位、尾鞘、尾管、基板、尾丝等部件合成后，DNA 收缩聚集，被头部外壳蛋白质包围，形成二十面体的噬菌体头部。尾部部件也装配起来，再与头部连接，最后装配完毕，成为新的子代噬菌体。

（5）释放

成熟的噬菌体能诱导形成脂酶和溶菌酶，分别作用于细胞膜和细胞壁，使宿主细胞破裂，以释放出新的病毒粒子。

2. 温和噬菌体和溶原性细菌

有些噬菌体侵染宿主细胞后，其 DNA 可以整合到宿主细胞的 DNA 上，并与宿主细胞染色体 DNA 同步复制，但不合成自己的蛋白质壳体，因此宿主细胞不裂解而能继续生长繁殖，这类噬菌体称为温和噬菌体。例如：大肠杆菌 λ 噬菌体。整合在宿主细胞染色体 DNA 上的温和噬菌体的基因称为原噬菌体（prophage）。个别噬菌体如大肠杆菌噬菌体 P_1，其温和噬菌体的核酸并不整合在细菌的 DNA 上，而附着在细胞质膜的某一位点上，呈质粒状态存在。含有原噬菌体的细菌细胞称为溶原性细胞（lysogenic cell），而温和噬菌体侵入宿主细胞后所产生的这些特性称为溶原性。

温和噬菌体与烈性噬菌体在遗传上不同。温和噬菌体的基因组能整合到细菌染色体上，有一个与细菌染色体相附着的位点，并在其某种基因产物如整合酶的作用下，两者在此位点发生一次特异性重组。在自发状态下，原噬菌体离开染色体进入增殖周期，并引起宿主细胞裂解，这种现象称为溶原性细菌的自发裂解，也就是说，极少数溶原性细菌中的温和噬菌体变成了烈性噬菌体。这种自发裂解的频率很低，例如大肠杆菌溶原性品系的自发裂解频率为 $10^{-2} \sim 10^{-5}$。用适量某些理化因子，如紫外线或各种射线，化学药物中的诱变剂、致畸剂、致癌物或抗癌物、丝裂霉素 C 等处理溶原性细菌，也能诱发溶原细胞大量裂解，释放出噬菌体的粒子。

3. 噬菌体的危害与应用

（1）噬菌体的危害

在发酵工业中，噬菌体给人类带来的危害是污染生产菌种，造成菌体裂解，发生倒罐事故，造成极其严重的损失。例如生产谷氨酸的北京棒杆菌、生产乳酸的乳酸菌、生产食醋的醋酸菌等若受到相应噬菌体的感染，则菌体因细胞裂解而很快消失，发酵液变得澄清，不能积累发酵产物，从而使发酵作用完全停止。故在微生物发酵工业中，必须采取一定预防措施以减少由噬菌体造成的损失。

（2）噬菌体的防治措施

①搞好发酵工厂的环境清洁卫生和生产设备、用具的消毒杀菌工作；②妥善处理好发酵废液，对排放或丢弃的活菌液要严格灭菌后才能排放；③严格无菌操作，防止菌种被噬菌体污染，对空气过滤器、管道和发酵罐要经常严格灭菌；④定期轮换生产菌种和使用抗噬菌体的生产菌株。由于噬菌体对宿主专一性较强，一种噬菌体通常只侵染细菌的个别品系，因此一旦发现生产菌种被噬菌体污染，可通过轮换不同品系的生产菌种，或选育和使用抗噬菌体的生产菌株、每隔一定时间轮换使用等，以达到防治噬菌体的目的。

（3）噬菌体的应用

①用于细菌鉴定和分型。

由于噬菌体裂解细菌具有种与型的高度特异性，即一种噬菌体只能裂解和它相应的该种细菌的某一型，故可用已知型的噬菌体对某细菌进行鉴定与分型。例如利用噬菌体将金黄色葡萄球菌分为 132 个噬菌体型，将伤寒沙门氏菌分为 96 个噬菌体型。也可利用已知噬菌体去鉴定未知细菌，如霍乱弧菌、鼠疫耶尔森氏菌、枯草芽孢杆菌等的鉴定就可采用噬菌体溶菌法。噬菌体分型法在流行病学调查上，特别是追查传染源，判定传播途径具有重要作用。

②用于诊断和治疗疾病。

利用噬菌体裂解相应细菌这一特性，可将已知噬菌体加入被检材料中，如出现噬菌体效价增长，就证明材料中有相应细菌存在。鉴于细菌耐药现象给人类带来的困扰，在疾病治疗中可使用噬菌体裂解耐药性细菌，如铜绿假单胞菌、葡萄球菌、链球菌、大肠杆菌、痢疾志贺菌、克雷伯氏菌等病原菌，经临床应用，已经获得了肯定的治疗效果。

③作为分子生物学研究的重要实验工具。

由于噬菌体的结构简单，基因数目较少，易于获得大量突变体，噬菌体变异或遗传性缺陷株容易辨认、选择和进行遗传性分析，使之成为分子生物学研究的重要工具。在生物技术方面，利用温和噬菌体能将其核酸整合到宿主细胞核酸中的特点，赋予宿主细胞某种新的性状。因此，温和噬菌体可作为外源基因的载体，被广泛用于基因工程上，它会将不同核酸片段传递到受体细胞中，改变受体细胞的遗传性状。如大肠杆菌 $K12_k$ 噬菌体含有双链 DNA，与外源基因重组后转入大肠杆菌，能在菌体细胞内扩增外源基因或表达外源基因产物。

三、亚病毒因子

亚病毒（Subvirus）是病毒学的一个新分支，突破了原先以核衣壳为病毒体基本结构的传统认识，将只含有核酸或蛋白质一种成分的非典型病毒称为亚病毒。目前已发现的亚病毒包括类病毒、卫星病毒、朊病毒。卫星病毒包括卫星 RNA、植物卫星病毒等。在这些亚病毒因子中，只有类病毒和朊病毒能够进行独立复制，其中朊病毒颗粒不具备基因组核酸物质。卫星 RNA 和卫星病毒都有基因组核酸，这个与脊髓灰质病毒 DI 颗粒（defective interfering particle，缺损性干扰颗粒）比较类似，但是其需要依赖于辅助病毒进行复制，它们与其辅助病毒的核酸序列之间没有同源性。表 2-13 列出了几种亚病毒因子和 DI 颗粒的性质区别。

表 2-13　卫星 RNA、卫星病毒、类病毒和 DI 颗粒性质比较

性质	卫星 RNA	卫星病毒	类病毒	DI 颗粒
依赖辅助病毒复制	是	是	否	是
特异性外壳壳体化	否	是	否	否
辅助病毒外壳壳体化	是	否	否	是③
抑制辅助病毒复制	是	是	-	是
与辅助病毒序列同源性	否①	否②	-	是
在体内和体外 RNA 的稳定性	高	低	高	低

注：① 某些嵌合的卫星 RNA 与其辅助病毒基因组有广泛的 3′序列同源性。
②STMV 基因组的 3′端与辅助病毒有序列和结构的相似性。
③因缺失部位而有所不同，脊髓灰质病毒 DI RNA 能复制但不能被壳体化。

（一）类病毒

类病毒（viroid）最早被发现是在 1971 年，美国植物病毒学家迪纳（Diener）等首次报道在马铃薯纺锤形块茎病中，引起感染的病原体是一种相对分子量较低的 RNA，没有蛋白质外壳，在感染的组织中也没有发现病毒样颗粒。这种小分子的 RNA 不需要辅助病毒就能够在敏感细胞中进行自我复制。由于该 RNA 分子的结构与性质都与已报道的病毒有所区别，因此将其命名为类病毒。至今为止，已报道鉴定的类病毒已有 20 多种，根据其病毒分子中是否含有核酸结构以及中央保守区可将类病毒分为两个科，分别为马铃薯纺锤形块茎类病毒科（Pospiviroidae）以及鳄梨白斑类病毒科（Avsunviroidae）。前者不含核酶保守序列，含有中央保守序列，后者没有中央保守区，但其含有核酶保守序列，可以进行自我切割。

1. 类病毒的结构

类病毒是一类只含 RNA 一种成分、专性寄生在活细胞内的分子病原体。它是目前已知的最小可传染致病因子，只在植物体中发现。其所含核酸为裸露的环状 ssDNA，但形成的二级结构却像一段末端封闭的短 dsRNA 分子，通常由 246~399 个核苷酸分子组成，相对分子质量很小，还不足以编码一个蛋白质分子；抗热性较强。在不同的类病毒之间，其序列具有较高的同源性，有一些类病毒极有可能是相关的类病毒之间进行重组所产生的嵌合分子，例如唇膏蔓蔷薇隐性类病毒（Columnea latent viroid，CLVd）等。

2. 类病毒的复制

类病毒的复制需要完全依靠宿主细胞中的酶来进行，其本身 RNA 没有编码的功能。因此，当病毒感染细胞时，其需要依赖于宿主细胞核内的 DNA 依赖的 RNA 聚合酶Ⅱ等进行复制。由于类病毒的 RNA 是单链环状结构，因此它适合于任何对称或者非对称的滚环复制机制。马铃薯纺锤形块茎类病毒（Potato spindle tuber viroid，PSTVd）以及一些相关的类病毒可能是利用非对称的滚环复制方式，产生多聚体的负链 RNA 并由此直接拷贝形成多聚体正链 RNA，经过剪切后环化进而形成子代的类病毒。而鳄梨日斑病毒（Avocado sunblotch viroid，ASBVd）则可能采用对称的滚环复制方式进行复制形成子代类病毒。

（二）卫星病毒

卫星病毒（satellite virus，sat-virus）是一类基因组缺损、必须依赖某形态较大的专一辅助病毒才能复制和表达的小型伴生病毒。20 世纪 60 年代，科学家首先发现了烟草坏死病毒（Tobacco necrosis virus，TNV）与其卫星病毒（Satellite tobacco necrosis virus，STNV）间的伴生现象。它们是一大一小两个二十面体病毒，但两者的衣壳蛋白和核酸成分都无同源性。TNV 的直径为 28nm，有独立感染能力；STNV 的直径为 17nm，无独立感染能力。后来，又陆续发现了多种卫星病毒，如卫星花叶病毒（Satellite tobacco moscire virus，STMV）、丁型肝炎病毒（Hepatitis D virus，HDV）、P_4 噬菌体（P_4 phage）等。

1. 植物卫星病毒

植物卫星病毒已发现多种，它们能够利用辅助病毒提供的复制酶进行复制，且能编码形成壳体蛋白。现在已知的植物卫星病毒包含了卫星烟草坏死病毒（STNV）、卫星花叶病毒（STMV）、卫星稷子花叶病毒（Satellite panicum mosaic virus，SPMV）、卫星玉米白线花叶病毒（Satellite maize white line mosaic virus，SMWLMV）等。植物卫星病毒所依赖的辅助病毒非常的专一。如植物病毒中除了烟草坏死病毒（TNV）之外，其他的病毒都不能辅助 STNV 的复制进行，并且 STNV 的不同毒株在复制过程中必须依赖一定的 TNV 毒株才能进行。

2. 丁型肝炎病毒

1977 年，在意大利的乙型肝炎病毒携带者中发现了另一种类型的肝炎病毒，即丁型肝炎病毒。HDV 是亚病毒感染因子中 δ 病毒属（*Deltavirus*）的代表性成员，它是一种缺损病毒，其自身不能进行复制，必须依靠乙型肝炎病毒的包膜蛋白才能够完成自身的复制，此外也可以依靠土拨鼠肝炎病毒辅助其复制。HDV 的 RNA 基因组是单链环状结构，与类病毒类似，其二级结构呈杆状，但是大小与类病毒不一样，并且 HDV 的 RNA 具有编码蛋白质的功能。HDV 中存在一个反基因组（antigenome）RNA，且含有一个开放阅读框（ORF），其存在一个特殊的 RNA 编辑（RNA editing）功能，通过这种能力 HDV 可产生两种 RNA 结合蛋白，称为 δ 抗原，两种结合蛋白分别参与了基因组的复制和颗粒的组装。HDV 的复制模式和类病毒一样，通过利用宿主细胞 DNA 的 RNA 聚合酶进行滚环复制，以其 RNA 为模板，产生多聚体 RNA 链，经过位点特异性的自我切割和连接，形成子代的共价的闭合环状病毒分子。

3. 卫星 RNA

卫星 RNA（satellite RNA，sat-RNA）通常指一些必须依赖于辅助病毒才能进行复制的小分子单链 RNA，它们被辅助病毒包裹在其壳体内，其本身对辅助病毒的复制不是必需的，并且卫星 RNA 与辅助病毒的基因组没有明显的同源性。

卫星 RNA 按大小可分为两类。较大的核苷酸可达到 1372 ~ 1376 个，如番茄黑环病毒（Tomato black ring virus，TBRV），其基因组与类病毒大小类似。一般来说，卫星 RNA 的基因组核苷酸大约在 300 个，如烟草环斑病毒（Tobacco ring spot virus，TRSV）。较大的卫星 RNA 含有长开放阅读框并且能够表达，而较小的卫星 RNA 一般不具备 mRNA 的功能。在被感染的组织中大多数卫星 RNA 都可以以线状和环状两种形式同时存在，但是在辅助病毒中卫星 RNA 只以一种线状形式存在。

不同的卫星 RNA 其复制方式也存在一些区别。一些较小的卫星 RNA 的复制方式为对称的滚环复制，复制中产生的 RNA 多聚体经过自我切割产生线性的单链分子。也有一些较小的或较大的卫星 RNA 在复制时不能自我切割，其复制的方式与辅助病毒相同。

（三）朊病毒

朊病毒能够引起哺乳动物的亚急性海绵样脑病，还能够引起人和动物的致死性中枢神经系统疾病。它们与一般的病毒在生物学性质以及理化性质上都有较大的区别，因此一直引起病毒研究人员的极大关注。朊病毒能够引起一些疾病如发生在人中的克雅氏病（Creutzfeldt-Jakob disease，CJD）、库鲁病（Kuru）、格-史氏综合征（Gerstmann-Straussler syndrome，GSS）、致死性家族失眠病（Fatal familial insomnia，FFI），发生在动物中的貂传染性脑病（Transmissible mink encephalopathy，TME）、羊瘙痒病（Scrapie）、黑尾鹿和麋鹿的慢性消耗病（Chronic wasting disease）、牛海绵状脑病（Bovine spongiform encephalitis，BSE）等。

美国生物化学家史坦利·布鲁希纳（Stanley Prusiner）教授，在 1982 年提出朊病毒是一种蛋白质的侵染颗粒（proteinaceous infectious particle），并将其命名为朊病毒，即 Prion 或 Virino。因发现朊病毒及阐述其致病机理，布鲁希纳荣获了 1997 年的诺贝尔生理学或医学奖。至今为止，朊病毒的研究已经取得了非常大的进展，大量的证据都支持了布鲁希纳等提出的这一观点，即朊病毒仅由蛋白质构成。但仍然有一些研究人员认为朊病毒中含有少量的核酸物质，因此，对于朊病毒的本质、朊病毒的复制、繁殖方式以及其传播方式和致病机理还有待于进一步的研究。

四、新冠病毒

新冠病毒

思考题

1. 原核微生物与真核微生物的主要区别有哪些？
2. 细菌的基本形态如何？其细胞壁、细胞膜、核质、间体等结构的化学组成、结构要点及主要生理功能有哪些？
3. 简述革兰氏阳性菌与革兰氏阴性菌的区别。
4. 请简述古生菌的分类及其代表属的特征。
5. 放线菌的菌丝有哪些类型？各代表属的繁殖方式有哪些？
6. 图示酵母菌的细胞结构，并与细菌细胞结构进行比较。
7. 酵母菌的繁殖方式有哪些？工业上常用的酿酒酵母是以哪种方式进行繁殖的？
8. 简述酿酒酵母的生活史。
9. 什么是子囊果？子囊果有哪些类型？
10. 试比较霉菌、酵母菌与放线菌的区别。
11. 试比较支原体、立克次氏体、衣原体、病毒和细菌的区别。

12. 什么是锁状联合？其生理意义如何？请图示其过程。
13. 简述病毒的结构与功能。
14. 试述噬菌体的应用。

参考文献

[1] 朱军. 微生物学 [M]. 北京：中国农业出版社，2010.
[2] 董明盛，贾英民. 食品微生物学 [M]. 北京：中国轻工业出版社，2006.
[3] 周德庆. 微生物学教程 [M]. 北京：高等教育出版社，2011.
[4] 江汉湖，等. 食品微生物学 [M]. 北京：中国农业出版社，2010.
[5] 贺稚非. 食品微生物学 [M]. 北京：中国质检出版社，2013.
[6] 唐欣昀. 微生物学 [M]. 北京：中国农业出版社，2009.
[7] 殷文政等. 食品微生物学 [M]. 北京：科学出版社，2015.
[8] 沈萍，等. 微生物学 [M]. 北京：高等教育出版社，2006.
[9] 刘慧. 现代食品微生物学 [M]. 北京：中国轻工业出版社，2011.
[10] 何国庆，贾英民，丁立孝. 食品微生物学 [M]. 北京：中国农业出版社，2016.
[11] 胡永金，刘高强. 食品微生物学 [M]. 长沙：中南大学出版社，2017.
[12] 李平兰. 食品微生物学教程 [M]. 北京：中国林业出版社，2011.
[13] 韩煜，等. 新冠感染的预防与新冠病毒消毒方法研究进展 [J]. 中国消毒学杂志，2021，30 (12)：939-945.
[14] 刘楠. 新冠病毒的现场可视化 LAMP 检测及其冷链食品分析应用 [J]. 现代食品科技，2022，38 (1)：88-93.

第三章　微生物的营养

第三章　微生物的营养

微生物营养是食品微生物学的重要组成部分，主要研究营养物质在微生物生命活动过程中的生理功能、微生物细胞从外界环境摄取营养物质的机制，以及培养基的制作。为了生存，微生物必须从环境中吸收各种营养物质，通过新陈代谢将其转化为自身的细胞物质或代谢物，并从中获取生命活动必需的能量，同时将代谢活动产生的废物排出体外。环境中能够满足微生物机体生长、繁殖和完成各种生理活动所必需的物质称为营养物质（nutrient），而微生物吸收和利用营养物质的过程称为营养（nutrition）。营养物质是微生物进行一切生命活动的物质基础，它因微生物种类和个体差异而不同，而营养是微生物维持和延续其生命形式的一种生理过程。

学习微生物的营养知识并掌握其中的规律，是认识、利用和深入研究微生物的必要基础，对有目的地选用、改造和设计符合微生物生理要求的培养基，以便进行科学研究或用于生产实践，具有极其重要的意义。

第一节　微生物的营养要素

一、微生物细胞的化学组成

微生物与动、植物细胞的化学组成基本相同，在其新陈代谢过程中不断地从外界吸收所需的营养物质和能量，以便合成新的细胞物质。微生物所需要的营养物质主要取决于细胞及其代谢产物的化学成分。

分析微生物细胞的化学组成是了解微生物营养物质的基础。构成微生物细胞的化学元素包括碳、氢、氮、氧、磷、硫、钾、钠、镁、钙、铁、锰、铜、钴、锌、钼等。这些元素组成微生物细胞的有机和无机成分，其中主要是水分、蛋白质、碳水化合物、脂肪、核酸和无机盐等（见表 3-1）。

表 3-1　微生物细胞的化学组成　　单位：%

组成成分		细菌	酵母	丝状真菌
占细胞鲜重的	水分	75~85	70~80	85~90
占细胞干重的	蛋白质	50~80	32~75	14~15
	碳水化合物	12~28	27~63	7~40
	脂肪	5~20	2~15	4~40
	核酸	10~20	6~8	1~2
	无机盐	2~30	3.8~7	6~12

组成微生物细胞的各类化学元素的比例因微生物种类的不同而有所差异（见表3-2）。细胞的干物质占鲜重的10%~25%，其中C、N、H、O四种元素占总干重的90%~97%，其余的3%~10%是无机盐。各类微生物的含碳量相对比较稳定，占细胞干重的（50±5）%；氮的含量差别较大，一般来说，单细胞微生物含氮量高，而丝状真菌含量略低。微生物细胞的化学元素组成也随菌龄及培养条件的不同在一定范围内发生变化，幼龄菌比老龄菌含氮量高，在氮源丰富的培养基上生长的细胞比在氮源相对贫乏的培养基上生长的细胞含氮量高。

表3-2　微生物细胞中碳、氮、氢、氧的含量　　单位：%

元素	细菌	酵母菌	丝状真菌
碳	50.4	49.8	47.9
氮	12.3	12.4	5.24
氢	6.7	6.7	6.7
氧	30.52	31.1	40.16

二、微生物生长繁殖的营养要素及其生理作用

微生物需要从环境中获取营养物质，而营养物质主要以有机或无机化合物的形式被微生物利用，也有小部分以分子态的气体形式被利用。根据营养物质在机体中生理功能的不同，可将它们分为碳源、氮源、无机盐、生长因子、水和能源六大类。

（一）碳源

凡是构成微生物细胞和代谢产物中碳架来源的营养物质称为碳源（carbon source）。碳源在细胞内经过一系列的化学变化后成为微生物自身的细胞物质（如糖类、脂质、蛋白质等）和代谢产物。同时，绝大部分碳源物质通过细胞内的生化反应，转化为维持机体生命活动所需的能源，因此碳源物质通常也是能源物质。

从简单的无机含碳化合物，如CO_2、碳酸盐等，到复杂的有机含碳化合物，如糖类、醇类、有机酸、蛋白质及其分解产物、脂肪和烃类等，都可以被不同微生物所利用。

自养型微生物不需要从外界供应有机营养物，它们可以利用CO_2为唯一碳源合成有机物，能源来自日光或无机物氧化所释放的化学能。

异养型微生物以有机碳化物为碳源，如单糖、双糖、多糖、有机酸、醇类、芳香族化合物等，近年来又发现不少微生物可以利用高度不活跃的碳氢化合物，如石蜡和各种烷烃化合物。

在微生物培养基中常用的碳源有葡萄糖、果糖、蔗糖、淀粉、甘露醇、甘油、有机酸等，而饴糖、米粉、玉米粉、淀粉、麸皮、米糠等常用来作为微生物工业发酵的碳源（见表3-3）。

表3-3　微生物可利用的碳源

种类	碳源	备注
糖类	葡萄糖、果糖、蔗糖、麦芽糖、淀粉、半乳糖、甘露糖、纤维二糖、纤维素、饴糖、米粉、玉米粉、麸皮、米糠等	单糖优于双糖，已糖优于戊糖，淀粉优于纤维素，同质多糖优于异质多糖和其他聚合物

续表

种类	碳源	备注
有机酸	葡糖糖酸、乳酸、柠檬酸、延胡索酸、低级脂肪酸、高级脂肪酸、氨基酸等	与糖相比效果较差，有机酸较难进入细胞，且会导致 pH 下降。当环境中缺乏碳源物质时，氨基酸可被微生物作为碳源利用
醇类	乙醇	在低浓度条件下被某些酵母菌和醋酸菌利用
脂类	脂肪、磷脂	主要利用脂肪，在特定条件下将磷脂分解为甘油和脂肪酸后再利用
烃类	天然气、石油、石油馏分、石油蜡等	利用烃的微生物细胞表面有一种由糖脂组成的特殊吸收系统，可将难溶的烃充分乳化后吸收利用
CO_2	CO_2	为自养微生物利用
碳酸盐	$NaHCO_3$，$CaCO_3$ 等	为自养微生物利用
其他	芳香族化合物、氰化物、蛋白质、肽、核酸等	当环境中缺乏碳源物质时，可被微生物作为碳源而降解利用，对环境保护有重要意义

碳源的功能主要有两个方面：①提供细胞组成物质中的碳素来源；②提供微生物生长繁殖过程中所需的能量。因此碳源具有双重功能，在微生物营养需求中，对碳需求量最大。

（二）氮源

凡是构成微生物细胞和代谢产物中氮素来源的营养物质称为氮源（nitrogen source）。氮素对微生物的生长、繁殖有重要作用，是提供合成细胞含氮化合物（蛋白质和核酸）的主要原料，一般不提供能量，只有少数细菌如硝化细菌可以利用铵盐、硝酸盐作为氮源和能源，某些厌氧微生物在厌氧条件下可以利用一些氨基酸作为能源物质。从分子态氮到结构复杂的含氮有机化合物，包括铵盐、硝酸盐、尿素、胺、酰胺、氰化物、嘌呤、嘧啶、氨基酸、牛肉膏、肽、胨和蛋白质等，都可以被不同微生物所利用。

不同微生物对氮源的利用有差异，如根瘤菌（*Rhizobium*）能以空气或土壤中的分子态氮（N_2）作为唯一氮源，通过固氮酶系将其还原成为 NH_3，进一步合成所需的全部有机氮化物。一些微生物能以无机氮（铵盐或硝酸盐）或尿素作为唯一的氮源，它们可以合成需要的全部有机氮化物；也有一些微生物，本身不能合成某些必需的氨基酸而需要从环境中吸收，如金黄色葡萄球菌（*Staphylococcus aureus*）和乳酸菌属（*Lactobacillus*）。

工业发酵常以鱼粉、黄豆饼粉、花生饼粉、蚕蛹粉、玉米浆和酵母粉等作为有机氮源。微生物对氮源的利用详见表 3-4。

表 3-4　微生物可利用的氮源

种类	氮源	备注
蛋白质	蛋白质及其不同程度降解产物（胨、肽、氨基酸等）	大分子蛋白质难以进入细胞，一些真菌和少数细菌能分泌胞外酶将其降解后利用，大多数细菌只能利用相对分子量较小的降解产物
氨及铵盐	NH_3，$(NH_4)_2SO_4$ 等	易被微生物吸收利用
硝酸盐	KNO_3 等	易被微生物吸收利用

续表

种类	氮源	备注
分子氮	N_2	固氮微生物可利用，但当环境中有化合态氮源时，固氮微生物就失去固氮能力
其他	嘌呤、嘧啶、脲、胺、酰胺、氰化物等	大肠杆菌不能以嘧啶为唯一氮源，在氮限量的葡萄糖培养基上生长时，可诱导合成分解嘧啶的酶，进而再分解嘧啶作为氮源利用

（三）无机盐

无机盐（inorganic salt，mineral salt）是微生物生长过程中不可缺少的一类营养物质，提供除碳源、氮源以外的各种必需矿物元素。它们在机体内的生理功能主要是参与细胞结构物质的组成、调节并维持细胞的渗透压平衡、控制细胞的氧化还原电位、作为酶活性中心的组分以及作为某些微生物的能源物质。

凡是微生物生长所需浓度在 10^{-4} ~ 10^{-3}mol/L（培养基中含量）的矿物元素称常量元素，它包括磷、硫、镁、钾、钠、钙、铁等。凡是微生物生长所需浓度在 10^{-8} ~ 10^{-6}mol/L（培养基中含量）的矿物元素称微量元素，包括锌、锰、硒、钴、铜、钼、钨、镍、硼等。

1. 磷

微生物细胞中磷含量较高，是微生物合成核酸、核蛋白、磷脂和其他含磷化合物的重要元素，也是许多重要辅酶，如辅酶Ⅰ（NAD）、辅酶Ⅱ（NADP）、辅酶 A、羧化酶，各种磷酸腺苷（ATP、ADP）的组成成分。磷参与碳水化合物代谢中主要步骤的磷酸化过程，生成高能磷酸化合物（ATP），高能磷酸键有贮存和转移能量的作用。磷在微生物的代谢和物质转化过程中起着重要作用。微生物主要是从无机磷化合物（如 K_2HPO_4、KH_2PO_4）中获得磷，这些无机含磷化合物进入细胞被迅速同化为含磷的有机化合物。磷酸盐对于培养基 pH 值的变化有缓冲作用。

细胞中的磷酸并非呈游离态存在，主要是与各种有机化合物通过酯键连接，构成细胞中的有机组分。例如，磷与脂类分子以磷脂键连接形成各种磷脂化合物，成为膜的结构基础；与糖类分子形成酯键，使其成为活化态的代谢物，能活跃地进行合成和分解代谢，还能活跃地进行输送；与蛋白质（酶）的结合与解离是细胞调节酶活性的一种方式。

磷酸的一个重要生物学作用是架桥，除上述磷脂类化合物外，最重要的是借磷酸的架桥作用将各种核苷酸连成长链，组成 DNA 和 RNA。磷酸可自我架桥成为多聚体，如焦磷酸、二磷酸和多聚偏磷酸等，多磷酸化合物对细胞的生命活动非常重要，是细胞能量代谢中主要的调节物。所有生物都依靠三磷酸及二磷酸化合物如 ATP 和 ADP 作为能量周转的分子形式，细胞直接利用这些多磷酸化合物内所含能量进行各式各样的生物学功能。

2. 硫

硫是蛋白质组成中某些氨基酸，如胱氨酸、半胱氨酸、蛋氨酸的成分。硫也是在代谢过程中起重要作用的物质，如硫胺素、辅酶 A、谷胱甘肽（可调节胞内氧化还原电位）等都含有硫的成分。硫或硫化物是某些自养微生物的能源物质。微生物可以从含硫无机盐或有机硫化物中获得硫。

3. 镁

镁参与组成叶绿素和菌绿素等光合色素，在光能转换中起重要作用。同时，镁也是有机体中一些重要酶，如已糖磷酸化酶、肽酶、羧化酶等酶的激活剂，其激活作用有时可被锰离子代替。镁在细胞中还起着稳定核糖体、细胞膜和核酸的作用。微生物可以利用硫酸镁或其他镁盐为镁源。

4. 钾

钾离子是细胞中重要的阳离子之一，是许多酶的激活剂，可促进碳水化合物的代谢。钾与原生质体的胶体特性和透性有重要关系，钾在细胞中积累的浓度往往要比培养基中的浓度高许多倍。培养基中常用 K_2HPO_4 或 KNO_3 等盐，一般浓度为 0.001~0.004mol/L。钾的作用有时可被铷代替，但不常被钠代替。

5. 钠

主要与维持细胞的渗透压有关。已知海洋和嗜盐微生物细胞内含有较高浓度的钠离子。

6. 钙

钙离子是细胞中重要的阳离子，它是某些酶（蛋白酶、淀粉酶）的激活剂。参与调节细胞的生理状态，如维持细胞的胶体状态，降低细胞膜的通透性，调节 pH 值以及拮抗重金属离子的毒性等。钙也是细菌芽孢的重要组分，在细菌芽孢的耐热性方面起关键作用。少数微生物还可在壁或膜外形成钙质的鞘或外壳。微生物可从水溶性的钙盐中获得所需的钙。

7. 微量元素

微量元素有的是酶的活性基团的成分，有的作为酶的激活剂，对微生物的生长有重要作用，如锌是乙醇脱氢酶和乳酸脱氢酶的活性基团，铜是多酚氧化酶和抗坏血酸氧化酶的成分，锰是黄嘌呤氧化酶和超氧化物歧化酶的组成成分，钼参与固氮酶和硝酸盐还原酶的活性，钴参与维生素 B_{12} 的组成，钨与镍则与甲酸脱氢酶和尿酶的活性有关。

微量元素的缺少常引起微生物生命活动强度的降低，甚至导致微生物不能生长发育。一般在培养基中含有千万分之一（0.1μg/mL）或更少就可以满足需要。由于这些微量元素常混在其他营养物或水中，所以培养基中一般不另行添加。过量的微量元素反而会起毒害作用。

无机盐在细胞内的功能总结如表 3-5 所示。

表 3-5　无机离子的生理功能

无机离子	主要生理功能
磷	核酸、磷脂、某些辅酶的组成成分；形成高能磷酸化合物；作为缓冲剂
硫	蛋白质、某些辅酶（如辅酶 A 等）的组成成分；某些自养微生物的能量
镁	许多酶（如己糖磷酸化酶、异柠檬酸脱氢酶等）的激活剂；细菌光合色素的组成成分
钾	许多酶的激活剂和辅助因子；维持细胞渗透压；调控细胞膜透性
钠	细胞运输系统组分；维持细胞渗透压；维持某些酶的稳定性
钙	某些酶（如蛋白酶、淀粉酶）的激活剂；细菌芽孢的组成成分；降低细胞的透性、调节酸度
铜、钴、锰、钼、锌	某些酶的组成成分；酶的激活剂；促进固氮作用

（四）生长因子

凡是微生物不能自身合成或合成量不足，但生命活动又不可缺少的微量有机营养物质，都可称为生长因子（growth factor），包括提供微生物细胞的重要化学物质（蛋白质、核酸和脂质）、辅因子（辅酶和辅基）的组分并参与代谢。由于它没有碳、氮源等结构材料的功能，因此需要量一般很少。主要包括维生素、氨基酸和核苷等。各种微生物所需生长因子的种类和数量是不同的，许多微生物具有自己合成所需生长因子的能力，因而能在只含碳、氮、无机盐和微量元素的基础培养基上生长，而另一些微生物类群则不能或只能部分合成所需的生长因子，它们只有在培养基中额外添加其所需的生长因子才能生长（见表3-6）。

表3-6　某些微生物生长所需要的生长因子

微生物	生长因子	需要量
弱氧化醋酸杆菌	对氨基苯甲酸	0~10ng
丙酮丁醇梭菌	对氨基苯甲酸	0. 15ng
Ⅲ型肺炎链球菌	胆碱	6g
肠膜状明串珠菌	吡哆醛	0. 025g
金黄色葡萄球菌	硫胺素	0. 5ng
肠膜状乳杆菌	胱氨酸	5g
白喉棒杆菌	丙氨酸	1. 5g
破伤风梭状芽孢杆菌	尿嘧啶	0~4g
阿拉伯聚糖乳杆菌	烟碱酸 泛酸 甲硫氨酸	0. 1g 0. 02g 10g
粪链球菌	叶酸 精氨酸	200g 50g
德氏乳杆菌	酪氨酸 胸腺核苷	8g 0~2g
干酪乳杆菌	生物素 麻黄碱	1ng 0. 02g

根据微生物对生长因子需要情况的不同，可将微生物分成三类：

第一类是生长因子自养型微生物，不需要外源供给的微生物，自养型细菌、一些腐生性细菌和丝状真菌，都可以自身合成生长因子，以满足生长的需要。如大肠杆菌（*Escherichia coli*）就属于此类。

第二类是生长因子异养型微生物，一些微生物需要一种或两种生长因子，如金黄色葡萄球菌需要硫胺素，根瘤菌需要生物素；还有一些微生物种类需要多种生长因子，如植物乳杆菌（*Lactobacillus plantarum*）需要多种维生素、氨基酸和碱基，因此，需在培养基中提供水解蛋白质或植物组织汁液，如麦芽汁、酵母汁等植物乳杆菌才能生长。

第三类是生长因子过量合成型微生物，少数微生物在其代谢活动中，能合成并大量分泌某些维生素等生长因子，因此可作为维生素的生产菌种。例如，可用阿舒假囊酵母（*Eremothecium ashbyii*）或棉阿舒囊霉（*Ashbya gossypii*）生产维生素 B_2；可用谢氏丙酸杆菌（*Propionibacterium shermanii*）生产维生素 B_{12} 等。

常见的生长因子根据化学结构及其在机体内的生理作用，分为以下几类：

1. 维生素类

是最早发现的生长因子，虽然一些微生物能合成维生素，但许多微生物仍需外界提供才能生长。维生素在机体内的作用是作为酶的辅基或辅酶的成分，参与新陈代谢。表 3-7 列出一些维生素及其作用。

表 3-7 维生素与有关化合物在代谢中的作用

化合物	代谢中的作用
对氨基苯甲酸	四氢叶酸的前体，一碳单位转移的辅酶
生物素	催化羧化反应的酶的辅酶，在 CO_2 固定、氨基酸和脂肪酸合成及代谢中起作用
辅酶 M	甲烷形成中的辅酶
叶酸	辅酶 F（四氢叶酸），参与一碳单位的转移，与合成嘌呤、嘧啶、核苷酸、丝氨酸和甲硫氨酸有关
泛酸（维生素 B_5）	辅酶 A 的前体，乙酰载体的辅基，转移酰基，参与糖和脂肪酸的合成
硫辛酸	丙酮酸脱氢酶复合物的辅基
尼克酸（维生素 B_3）	烟酰胺腺嘌呤二核苷酸（NAD）、烟酰胺腺嘌呤二核苷酸磷酸（NADP）的前体，它们是许多脱氢酶的辅酶
吡哆醇（维生素 B_6）	磷酸吡哆醛是转氨酶和氨基酸脱羧酶的辅酶
核黄素（维生素 B_2）	黄素单核苷酸（FMN）和黄素腺嘌呤二核苷酸（FAD）的前体，它们是黄素蛋白的辅基
维生素 B_{12}	辅酶 B_{12} 包括在重排反应里（为谷氨酸变位酶）
硫胺素（维生素 B_1）	硫胺素焦磷酸脱羧酶、转醛醇酶和转酮醇酶的辅基
维生素 K	甲基醌类的前体，起电子载体作用（如延胡索酸还原酶）

2. 氨基酸类

有些微生物自身缺乏合成某些氨基酸的能力，因此必须在培养基中补充这些氨基酸或合成这些氨基酸的小肽类物质，微生物才能生长。如肠膜状明串珠菌（*Leuconostoc mesenteroides*）是需要氨基酸最多的细菌，必须由外源供给 17 种氨基酸才能生长。微生物生长所需要的氨基酸都是 L-氨基酸，有些微生物也需要 D-丙氨酸以合成细胞壁的肽聚糖。微生物需要氨基酸的量一般比需要维生素的量要高，通常是 20~25μg/mL。这是因为氨基酸是组成蛋白质和酶的结构物质，而维生素只是作为酶的活性基团起催化作用。

3. 嘌呤、嘧啶及其衍生物

作为生长因子的嘌呤、嘧啶在微生物体内的作用主要是辅酶或辅基，以及合成核苷和核苷酸。原生动物和某些细菌，特别是乳酸杆菌生长需要嘌呤和嘧啶以合成核苷酸。有些微生物不但缺乏合成嘌呤或嘧啶核苷酸的能力，而且不能利用外源嘌呤和嘧啶以合成核苷酸，必须供给核苷或核苷酸才能生长，如某些乳酸杆菌（*Lactobacillus* spp.）生长就需要核苷。

在生活生产实践中，天然有机物培养基如米糠、肉汤，常含有足够量的生长因子，而在人工合成培养基中，应予以供给。在实验室制备培养基时常用酵母膏、牛肉膏、麦芽汁、肝浸液等天然物质作生长因子。

（五）水

水是微生物体内不可缺少的主要成分，是微生物生存的基本条件（芽孢、孢子、孢囊除外），微生物各种各样的生理活动中必须有水参加才能进行，如果缺乏水分，则会影响代谢作用。水的生理功能：①水是微生物细胞的重要组成成分，占活细胞总量的90%左右；②机体内的一系列生理生化反应都离不开水；③维持蛋白质、核酸等生物大分子稳定的天然构象；④营养物质的吸收与代谢产物的分泌都是通过水来完成的；⑤水的比热容高，又是热的良好导体，因而能有效地吸收代谢过程中放出的热并迅速地散发出去，避免细胞内温度突然升高，故能有效地控制温度的变化；⑥微生物通过水合作用与脱水作用控制由多亚基组成的结构，如酶、微管、鞭毛及病毒颗粒的组装与解离。

（六）能源

为微生物生命活动提供最初能量来源的营养物质或辐射能称为能源，包括化学能源和辐射能源。化学能源包括碳源类有机物和还原态无机物；辐射能主要是光能，供给进行光合作用的微生物应用。

第二节　微生物对营养物质的吸收方式

营养物质能否被微生物利用的一个决定性因素是这些营养物质能否进入微生物细胞内。只有营养物质进入细胞后才能被微生物细胞内的新陈代谢系统分解利用，促进微生物生长繁殖。根据营养物质运输过程特点，可将微生物对营养物质的吸收方式分为被动扩散、促进扩散、主动运输、基团转位。

一、被动扩散

被动扩散（passive diffusion）也称单纯扩散，它是由于细胞膜内外营养物质的浓度差，推动营养物质从高浓度向低浓度进行扩散。扩散是非特异性的，但原生质膜上含水小孔的大小和形状对参与扩散的营养物质分子有一定的选择性。扩散速度取决于营养物质的浓度差、分子大小、溶解度、极性、离子强度和温度等因素。营养物质的扩散将使细胞内外的浓度差不断减少，直至两者相等时即达到动态平衡。单纯扩散不需要膜上载体蛋白的参与，也不消耗能量，因此它不能逆浓度梯度运输养料，运输的速度低，能够运送的养料种类也十分有限。已知以这种方式进入的物质主要有水、溶于水的气体（O_2、CO_2）、某些氨基酸和极性小分子（如尿素、甘油、乙醇、脂肪酸等）。

二、促进扩散

促进扩散（facilitated diffusion）是营养物质通过与细胞膜上渗透酶（或称特异性载体蛋白）的可逆性结合来加快传递速度，渗透酶多为诱导酶，只有在环境养料成分的诱导下才能合成相应的渗透酶，每一种渗透酶能帮助一类营养物质的运输，它们如同“渡船”一样，把营养物质由外界运输到细胞中去（图3-1）。

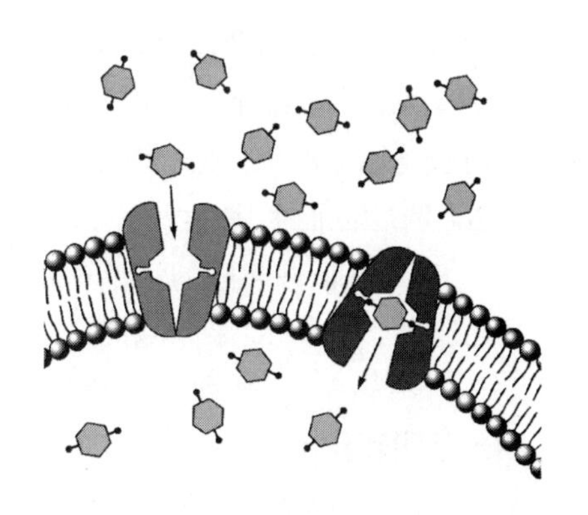
图3-1　促进扩散示意图

促进扩散的动力仍然是营养物质在膜内外的浓度差，不能逆浓度运输，运输速率与膜内外物质的浓度差成正比，也不消耗能量，同样也不改变最终达到内外浓度相等的动态平衡。在促进扩散中，由于有载体蛋白的参与，因而表现出如下特点：①特异性，即一定的载体蛋白只能选择性地运输与之结构相关的某类物质，渗透酶不显示催化活性，被运送的物质不发生化学变化；②能提高营养物质的转运速度，提前达到动态平衡；③当营养物质浓度过高时，由于可被结合的载体蛋白数量有限而表现出饱和效应。

通过促进扩散进入细胞的营养物质主要包括氨基酸、单糖、维生素及无机盐等。促进扩散在真核微生物中较常见，如酵母菌对葡萄糖的转运，而在原核微生物中不多见，但最近发现甘油可通过促进扩散进入大肠杆菌、沙门氏菌、志贺氏菌等肠道细菌中。

三、主动运输

主动运输（active transport）是一种需要消耗能量，并通过细胞膜上特异性载体蛋白构象的变化而将膜外环境中低浓度的溶质运入膜内的运输方式。主动运输与促进扩散区别在于：主动运输过程中的载体蛋白构型变化需要消耗能量，而促进扩散不需要能量。微生物细胞对糖类（乳糖、葡萄糖、半乳糖、阿拉伯糖、蜜二糖等）、氨基酸（丙氨酸、丝氨酸、甘氨酸等）、核苷、乳酸和葡萄糖醛酸，以及某些阴离子（PO_4^{3-}、SO_4^{2-}）和阳离子（Na^+、K^+）等都是通过主动运输吸收。

主动运输是微生物吸收营养物质的主要机制，也是微生物在自然界稀薄的养料环境中得以正常生存的重要原因之一。其特点是：①具有营养物质和载体蛋白对应的专一性；②消耗能量；③能逆浓度梯度吸收；④能改变营养物质运输反应的平衡点。

在主动运输中，研究最深入的是 Na^+，K^+-ATP 酶。其作用机制如图 3-2 所示。

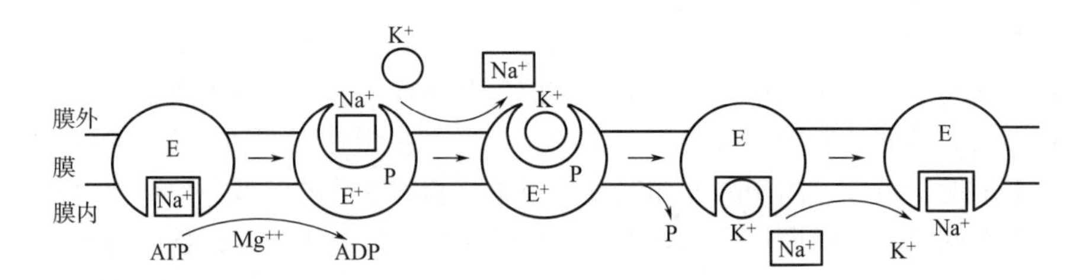

图 3-2　Na^+，K^+-ATP 酶系统示意图

E 为非磷酸化酶，在细胞膜内侧与 Na^+有较高的亲和力，而与 K^+的亲和力低。当 E 与 Na^+结合后，在 Mg^{2+}存在的情况下，消耗 ATP 使 E 磷酸化，促使 E 构象发生变化而转变成 E^+，并导致与 Na^+的结合位点朝向膜外，这时 E^+与 Na^+的亲和力降低，而与 K^+的亲和力高，其结果是将 Na^+排至细胞外，而与 K^+结合；E^+与 K^+结合后，K^+的结合位点朝向膜内，E^+去磷酸化而恢复原来的 E，Na^+将 K^+置换下来（见图 3-2）。Na^+，K^+-ATP 酶作用的结果是使细胞内 Na^+浓度低而 K^+浓度高，这种变化并不因环境中 Na^+、K^+浓度高低而改变。细胞内维持高浓度 K^+是保证许多酶的活性和蛋白质合成所必需的。由于 Na^+，K^+-ATP 酶将 Na^+由细胞内泵出胞外，并将 K^+泵入胞内，因此常将该酶称为 Na^+，K^+-泵。

四、基团转位

基团转位（group translocation）是一种既需要特异性载体蛋白的参与，又要消耗能量的营养物质运输方式。其特点是由一个复杂的运输系统来完成物质运输，溶质分子在运输前后发生了化学变化，因此不同于一般的主动运输。这种运输方式主要存在于厌氧和兼性厌氧细菌中（如大肠杆菌、鼠伤寒沙门氏菌、金黄色葡萄球菌等），主要用于糖以及脂肪酸、核苷、碱基等物质的运输。

这种运输机制在大肠杆菌中研究得比较清楚，运输过程主要靠磷酸转移酶系统（PTS）进行，即磷酸烯醇丙酮酸-糖磷酸转移酶系统，具体运输过程见图 3-3。

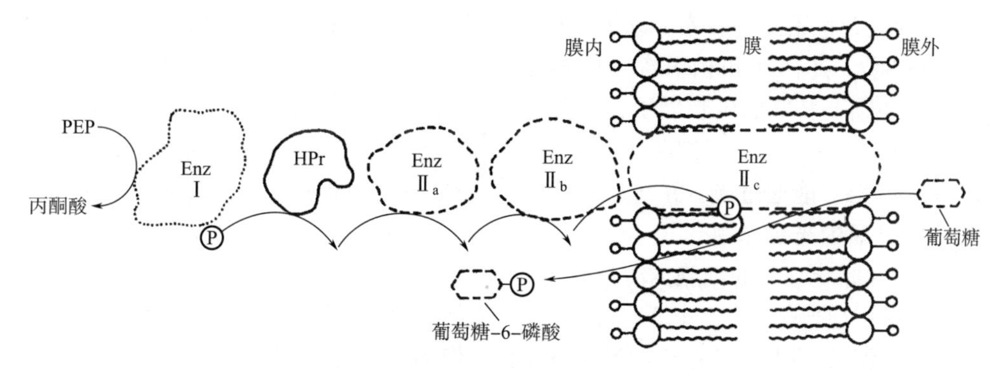

图 3-3　大肠杆菌的 PTS 运输系统

根据对大肠杆菌和金黄色葡萄球菌等的研究，发现磷酸转移酶系统能与烯醇式磷酸丙酮酸（PEP）偶联，由酶Ⅰ、酶Ⅱ（包括 A、B、C 三个亚基）和细胞膜上的热稳定性蛋白质 HPr 组成。

酶Ⅰ和 HPr 都是可溶性的非特异性细胞质蛋白，二者都不与糖类结合，因此它们不是载体蛋白，然而酶Ⅱ是一种复合蛋白，对不同的糖类有高度的专一性，而且是诱导生成的，并结合在细胞质膜上。

基团转位在营养物质运输的同时实现其磷酸化，磷酸化的糖可以立即进入细胞的合成或分解代谢，从而避免细胞内糖浓度过高，因而是一种经济有效的营养运输方式。

第三节　微生物的营养类型

由于生态环境的影响，微生物在其漫长的进化过程中，逐渐分化成各种营养类型。由于微生物的生活环境和利用不同营养物质的能力不同，它们的营养需要和代谢方式也不尽相同。根据碳源、能源及电子供体性质的不同，可将微生物分为光能自养型、光能异养型、化能自养型和化能异养型四种类型。

一、光能自养型微生物

光能自养型微生物（photoautotrophs）具有光合色素，利用日光作为其生命活动所需的能源，利用 CO_2 或碳酸盐作为碳源，以水或无机物为供氢体来还原 CO_2，合成微生物细胞的有机物质。蓝细菌、光合细菌和藻类属于这种类型。

（一）产氧光合作用

藻类和蓝细菌细胞内含有叶绿素，能利用光能分解水产生氧气，并还原 CO_2 为有机碳化物。其反应通式为：

$$CO_2+H_2O \xrightarrow[\text{叶绿素}]{\text{光能}} [CH_2O]+O_2\uparrow$$

藻类的叶绿体中含有叶绿素 a 和类胡萝卜素，其他光合色素则随类群而异，如绿藻含有叶绿素 b，红藻含有叶绿素 a 和藻胆素。藻类多数水生，只要环境中有光照、少量氮素和无机盐就能生长。

蓝细菌的光合色素除叶绿素 a 和类胡萝卜素外，还含有藻青蛋白、藻红蛋白和别藻青蛋白等三种藻胆素，其存在和相对含量随蓝细菌种类而异。由于蓝细菌能吸收光能并同化 CO_2，一般也不需要特殊的生长因子，只要有水、光照、少量氮素、无机盐，在中性至微碱性的环境中即可生长。许多蓝细菌还含有固氮酶，能固定氮气。多数蓝细菌类群成熟的异形胞只含有叶绿素 a，能通过光合系统的反应吸收光能产生 ATP 用作固氮的能源。

（二）非产氧的光合作用

紫硫细菌和绿硫细菌的细胞内，虽然也含有与叶绿素相似的菌绿素，但不能进行以水为供氢体的非环式光合磷酸化，也不产生氧气。光合细菌在不产氧的光合作用过程中吸收光能，以还原态无机硫化物（如 H_2S、S 或 $S_2O_3^{2-}$）作为氢或电子供体来同化 CO_2，其代表性反应是：

$$CO_2+2H_2S \xrightarrow[\text{菌绿素}]{\text{光能}} [CH_2O]+H_2O+2S$$

紫硫细菌细胞内只含有菌绿素 a 或菌绿素 b 一种色素，而绿硫细菌则含有一种主要色素（如菌绿素 c、d 或 e 等）和另一种次要色素（多为菌绿素 a）。为了进行光合作用和获得还原态无机物，它们一般需要有光照、厌氧及含有其他营养物质的水体。因此，它们主要存在于富含 CO_2、H_2 及硫化物的浅水池塘和湖泊的次表层水域中，蓝细菌和藻类在表层生长，紫硫细菌和绿硫细菌则利用从表层透过的蓝绿及绿色等长波光线，来自底层的 H_2S 等硫化物在无氧环境中生长繁殖。

二、光能异养型微生物

光能异养型微生物（photoheterotrophs）体内也有光合色素，能利用光能、以简单的有机物为供氢体来同化 CO_2 为碳水化合物。若以异丙醇为供氢体，其反应式为：

$$CO_2+2(CH_3)_2CHOH \xrightarrow[\text{菌绿素}]{\text{光能}} [CH_2O]+2CH_3COCH_3+H_2O$$

这一类型与光能自养型微生物的主要区别在于供氢体和电子供体的来源不同。光能自养型可单独利用 CO_2 作为唯一碳源或主要碳源，并以无机物作为供氢体，使 CO_2 还原成细胞物质；而光能异养型虽然能利用 CO_2，但必须在低分子有机物同时存在时才能迅速生长繁殖，以简单的有机物作为供氢体，将 CO_2 还原成细胞物质。

红螺菌属（*Rhodospirillum*）就是这一营养类型的代表，它们不能以硫化物为唯一电子供体，还需要同时供给某些简单的有机物和少量维生素才能生长。有机物在这里除了与硫化物一同用作氢或电子供体外，也可被直接同化利用。这类微生物在生长繁殖时，一般需要供给外源生长因子。

三、化能自养型微生物

化能自养型微生物是（chemoautotrophs）通过氧化无机物（H_2S、NH_3、NO_2^-、Fe^{2+} 等）

取得能量并以 CO_2（或碳酸盐）为唯一或主要碳源的微生物。由于受从无机物氧化产能有限的制约，这种类型微生物的生长一般较迟缓。化能自养型微生物可在完全无机物的环境中生长，有机物（甚至包括常用作细菌培养基凝固剂的琼脂）的存在均对它们有毒害作用。该类微生物在氧化无机物时，需要有氧参与，因此这类微生物在生长繁殖时，其环境中需要有充足的氧气供给。

亚硝化细菌、硝化细菌、硫化细菌、氢细菌和铁细菌等均属于这种营养类型，它们广泛分布于土壤和水中，在自然界物质循环中起重要作用。

如亚硝化细菌可将氨氧化为亚硝酸，以获得能量；而硝化细菌可将亚硝酸进一步氧化为硝酸以获取能量。

$$亚硝化细菌：2NH_4^+ + 3O_2 \longrightarrow 2NO_2^- + 2H_2O + 4H^+ + 552.3kJ$$

$$硝化细菌：NO_2^- + 1/2O_2 \longrightarrow NO_3^- + 75.7kJ$$

四、化能异养型微生物

化能异养型微生物（chemheterotrophs）的能源和碳源都来自有机物，目前已知大多数的细菌、放线菌、全部的真菌（单细胞藻类除外）、原生动物都属于这种营养类型，已知所有的病原菌也属于此种类型。特别是与人和动物疾病、人类的生活和食品、饲料有关的微生物均属此类。它们在自然界分布广、种类多、数量大，几乎能利用全部的天然有机物和各种人工合成的有机聚合物。

根据生态习性不同又可以将化能异养型微生物分为两类。

（一）腐生性微生物

这类微生物从无生命的有机物中获取营养物质。引起食品腐败变质的某些霉菌和细菌属于这一类型，如引起食品腐败的梭状芽胞杆菌、毛霉、根霉、曲霉等。

（二）寄生性微生物

这类微生物必须寄生在活的有机体内，从宿主体内获得营养物质，营寄生生活。寄生又分为专性寄生和兼性寄生两种，如果只能在活的生物体内营寄生生活则为专性寄生，如引起人、动物、植物等病害的病原微生物。有些微生物既能生活在活的生物体上，又能在已经死亡的有机残体上生长，这类微生物称为兼性寄生微生物，如引起瓜果腐烂的某些霉菌的菌丝可以侵入果树幼苗的胚芽基部进行寄生生活，也可以在土壤中长期进行腐生生活。

上述营养类型的划分并非是绝对的，只是根据主要方面决定的。绝大多数异养型微生物也能吸收利用 CO_2，并与丙酮酸反应生成草酰乙酸，这是异养型微生物普遍存在的反应。因此，划分异养型微生物和自养型微生物的标准不在于是否能利用 CO_2，而在于是否将 CO_2 作为唯一的碳源或主要碳源。在自养型和异养型、光能型和化能型之间还存在一些过渡类型。例如，氢单胞菌属（*Hydrogenomonas*）的细菌就是一种兼性自养型微生物类型，可以在完全无机的环境中进行自养生活，利用 H_2 的氧化获得能量，将 CO_2 还原成细胞物质。但若环境中存在有机物质时，也能直接利用有机物进行异养型生活。

第四节　培养基

培养基（medium）是人工配制的供微生物生长繁殖或产生代谢产物所用的营养基质。

培养基可用于微生物的分离、培养、鉴定以及微生物发酵生产等，满足科研与生产的需要。

一、培养基制备原则

无论是以微生物为试验材料进行科学研究，还是利用微生物生产生物制品，都必须在培养基上培养微生物，这是微生物学研究和微生物发酵生产的基础。在配制微生物培养基时一般遵循以下原则。

（一）选择合适的营养物质

不同微生物所需的营养成分不同，因此，在配制培养基时首先要考虑的原则就是根据不同微生物的营养要求来配制不同的培养基。自养型微生物的培养基完全可以由简单的无机物质组成。异养型微生物的培养基至少需要含有一种有机物质，但有机物质的种类需适应所培养菌的特点。实验室中常用牛肉膏蛋白胨培养基培养异养细菌，而配制发酵工业生产用的培养基，既要提供丰富的营养，又要考虑成本。

（二）营养成分的比例

在营养物中碳源、氮源、无机盐和生长因子是必不可少的，但是它们之间的组成要有适当的比例，在培养基中营养物之间的浓度配比直接影响微生物生长繁殖和代谢产物的积累。其中 C/N（碳氮比）的影响较为明显。在工业生产中培养基的氮源过多，会引起微生物生长过于旺盛，不利于产物的积累；如若氮源不足则菌体生长过慢。碳源供应不足时容易引起菌体衰老和自溶。碳氮比不仅影响菌体生长，而且也影响发酵代谢途径和代谢产物的积累。如在谷氨酸发酵过程中，培养基 C/N 为 4/1 时，菌体大量繁殖，谷氨酸生成量很少；当 C/N 为 3/1 时，菌体生长受抑制，谷氨酸积累量增加。

此外，还须注意培养基中无机盐的量以及它们之间的平衡；生长因子的添加比例也要适当，以保证微生物对生长因子的平衡吸收。

（三）培养基的 pH 值

培养基的 pH 必须控制在一定的范围内，以满足不同类型微生物的生长繁殖要求，促进代谢产物的产生。大多数细菌、放线菌所要求的 pH 值为中性至微碱性（7~7.5），而酵母和丝状真菌则要求偏酸性（4.5~6）。微生物在生长和代谢过程中，营养物质的分解利用和代谢产物的形成及积累，可以引起培养基 pH 值的变化，而培养基 pH 值的变化反过来又影响菌体的生长。例如含葡萄糖的培养基由于发酵的结果产生了有机酸，培养基 pH 值下降。含蛋白质或氨基酸的培养基由于菌体分解蛋白质或氨基酸而产碱，培养基 pH 值上升。为了维持培养基较为恒定的 pH 值，一般在配制培养基时加入一些缓冲剂或不溶性的碳酸钙。KH_2PO_4 和 K_2HPO_4 是最常用的缓冲剂，不但能起到缓冲作用（pH 6.4~7.2），而且能提供钾和磷。

（四）氧化还原电位

不同类型微生物生长对氧化还原电位（Eh）要求不同。一般好氧微生物在 Eh 值为 +0.3~+0.4V 时适宜生长；厌氧微生物在 Eh 值低于+0.1V 下生长；兼性厌氧微生物在 Eh 值为+0.1V 以上时进行好氧呼吸，在+0.1V 以下时进行发酵。对于专性厌氧性细菌来说，自由氧的存在对它本身是有毒害作用的，因此往往在培养基中加入还原剂以降低其氧化还原电位（氧化还原电位越高，培养基中氧化活性越强），常用的还原剂有抗坏血酸、硫化钠、谷胱甘肽、巯基醋酸钠、硫代硫酸钠等；培养好氧性微生物时可通过增加通气量（如振荡培养、搅拌等）或加入氧化剂来提高培养基的氧化还原电位。

5. 选择适宜的原料

尽量选用易获得、廉价的原料配制培养基，特别是在工业发酵中，廉价的原料可以大大降低成本。

二、微生物培养基类型

由于各种微生物所需要的营养物不同，所以培养基的种类各异，目前已有数千种之多。即使是同一菌种由于使用目的不同，对培养基的要求也不完全一样。针对不同营养类型的微生物，要采用不同的培养基。自养型菌和异养型菌的培养基成分显然不同，前者不含有机化合物，而后者需要有机化合物作为其碳源和能源。

可根据营养物质的来源、物理状态、功能将培养基划分成以下几种类型。

（一）根据营养物质来源划分

1. 天然培养基

天然培养基（natural medium）是采用化学成分尚不清楚或化学成分不恒定的天然有机物配制而成的培养基。常用的天然有机物质有牛肉膏、酵母膏、麦芽汁、蛋白胨、牛奶、血清、豆芽汁、马铃薯、玉米粉、麸皮、花生饼粉等。常用于细菌培养的牛肉膏蛋白胨琼脂培养基就是一种天然培养基（牛肉膏 3g，蛋白胨 10g，NaCl 5g，琼脂 20g，水 1000mL，pH 7.0~7.2）。

如在培养基中增加酵母膏和葡萄糖可提高这类培养基的营养价值，其中牛肉膏提供了碳水化合物、有机氮及水溶性维生素和无机盐。蛋白胨主要提供有机氮和维生素。酵母膏提供了大量 B 族维生素、有机氮和碳水化合物。

天然培养基配制方便，而且比较经济，缺点是化学成分不清楚、不稳定。天然培养基除实验室常用外（表 3-8），更适于生产上大规模培养微生物。

表 3-8　实验室配制培养基常用的几种天然有机物

营养物质	来源	主要成分	主要作用
牛肉膏	瘦牛肉组织浸出汁浓缩而成的膏状物质	富含水溶性糖类、有机氮化物、维生素、无机盐等	碳源（能源）、氮源、无机盐、生长因子
蛋白胨	将肉、酪素或明胶用酸或蛋白酶水解后干燥而成的粉末状物质	富含有机氮化物，也含有一些维生素和糖类	氮源、碳源（能源）、生长因子
酵母浸膏	酵母的水溶性提取物浓缩而成的膏状物质	富含 B 族维生素，也富含有机氮化物和糖类	生长因子、氮源、碳源（能源）

2. 合成培养基

合成培养基（synthetic medium）是采用化学成分已知的化学药品配制而成的，也称为化学限定培养基。这种培养基成分精确，重复性强，但价格高，配制烦琐，且微生物生长较慢，有许多异养型微生物营养要求复杂，在合成培养基上不能生长。合成培养基一般仅用于微生物的营养、代谢、生理、生化、菌种选育、遗传分析等定量要求较高的研究工作。如硝化细菌增殖培养基（KNO_2 0.2g，KH_2PO_4 0.07g，$MgSO_4 \cdot 7H_2O$ 0.05g，$CaCl_2 \cdot 2H_2O$ 0.05g，蒸馏水 100mL）用于自养菌的培养。察氏（Czapek）培养基（KCl 0.05g，KH_2PO_4

0.1g，$MgSO_4 \cdot 7H_2O$ 0.05g，$NaNO_3$ 0.3g，$FeSO_4$ 0.001g，蔗糖 3g，蒸馏水 100mL）用于异养菌（真菌）的培养。

3. 半合成培养基

在以天然有机物为主要碳源、氮源及生长因子的培养基中加入适当已知成分的化学药品，如无机盐类，或在合成培养基的基础上添加某些天然成分，如马铃薯等，使其更能充分满足微生物生长的需要，这类培养基称为半合成培养基。培养真菌的马铃薯蔗糖培养基就属于此种类型。半合成培养基配制方便、成本低、微生物生长良好，发酵生产和实验室中应用的大多数培养基都属于半合成培养基。

（二）根据培养基的物理状态划分

液体、固体培养基的故事

1. 液体培养基

液体培养基（liquid medium）是把各种营养物质溶解于水中，混合制成水溶液，不加任何凝固剂如琼脂，然后调节适宜的 pH，成为液体状态的培养基。可以通过振荡或搅拌以增加培养基的通气量。由于营养物质以溶质状态溶解其中，微生物能更充分地接触和利用，因此生长快、积累代谢产物多，现代化发酵工业多采用液体深层发酵生产微生物代谢产物或菌体，也用于微生物生长特征观察和微生物生理生化特性研究。

2. 固体培养基

中国制曲之父——郭怀玉

固体培养基（solid medium）是在液体培养基中加入一定量的凝固剂，使培养基凝固呈固体状态，常用作凝固剂的物质有琼脂、明胶、硅胶等，以琼脂最为常用（表 3-9）。琼脂的用量一般为 1.5%~2%。固体培养基用于菌种保藏、纯种分离、菌落特征的观察、活细胞（活菌）计数及育种等方面。

表 3-9 琼脂和明胶的特性

名称	化学成分	营养价值	微生物利用	熔化温度/℃	凝固温度/℃	透明度	耐热	常用浓度/%
琼脂	聚半乳糖硫酸酯	无	较难	约 96	约 40	好	强	1.5~2
明胶	蛋白质	做氮源	较易	约 25	约 20	好	弱	5~12

除在液体培养基中加入凝固剂制备的固体培养基外，一些由天然固体基质制成的培养基也属于固体培养基。如马铃薯、胡萝卜条、大米、麸皮、米糠、稻草粉等制成固体状态的培养基也属此类培养基。

3. 半固体培养基

半固体培养基（semi-solid medium）是在液体培养基中加入少量琼脂（0.2%~0.7%），使培养基呈半固体状，此种培养基常用于微生物的运动特征观察、分类鉴定及噬菌体效价的测定等。

（三）根据培养基的功能划分

1. 基础培养基

各种微生物的营养要求虽不相同，但多数微生物需要相同的基本营养物质。按一般微生物生长繁殖所需要的基本营养物质配制的培养基即称为基础培养基（general purpose medium）。如牛肉膏蛋白胨琼脂是培养细菌的基础培养基，马铃薯葡萄糖琼脂是适于丝状真菌的基础培养基，麦芽汁琼脂是适于培养酵母菌的基础培养基。如果某微生物需要特殊的营养物，则在基础培养基中加入所需要的该物质即可。

2. 加富培养基

加富培养基（enriched medium）也称营养培养基，即在基础培养基中加入某些特殊营养物质制成的一类营养丰富的培养基。一般用来培养营养要求苛刻的异养型微生物，如百日咳博德氏菌需要含血清的加富培养基；还可在培养基中加入一些额外的营养物质，使某种微生物在其中生长比其他微生物迅速，逐渐淘汰其他微生物。一般常加入的特殊营养物质包括血液、血清、动植物组织提取液等。在加富培养基上生长的微生物并不是一个纯种，而只是营养要求相同的一类微生物。加富培养基具有相对的选择性，常常用来做菌种的筛选。

3. 鉴别培养基

鉴别培养基（differential medium）是在培养基中加入特殊的化学物质，微生物的代谢产物会与培养基中特殊化学物质发生特定的化学反应，产生明显的特征性变化，从而将该种微生物与其他微生物区分开来，这种培养基称为鉴别培养基。如一般糖发酵管培养基，可观察不同细菌对糖的分解情况，分解后是否产酸、产气。用醋酸铅培养基可以鉴定细菌是否产生硫化氢。又如麦康氏（MacConkey）琼脂中含有蛋白胨、乳糖、牛胆盐、中性红等，能发酵乳糖的细菌，其菌落呈红色；不发酵乳糖的细菌，其菌落呈粉白色。

鉴别培养基主要用于微生物的快速分类鉴定，以及分离和筛选产生某种代谢产物的微生物菌种（表 3-10）。

表 3-10　一些鉴别培养基

目的	培养基名称	加入化学物质	微生物代谢产物	培养基特征性
鉴别产蛋白酶菌株	酪素培养基	酪素	胞外蛋白酶	蛋白水解圈
	明胶培养基	明胶		明胶液化
鉴别产脂肪酶菌株	油脂培养基	食用油、吐温、中性红指示剂	胞外脂肪酶	由淡红色变为深红色
鉴别产淀粉酶菌株	淀粉培养基	可溶性淀粉	胞外淀粉酶	淀粉水解圈

续表

目的	培养基名称	加入化学物质	微生物代谢产物	培养基特征性
鉴别水中大肠菌群	伊红美蓝培养基	伊红、美蓝	酸	菌落带深紫色金属光泽
	远藤氏培养基	碱性复红、亚硫酸钠	酸、乙醛	菌落带深红色金属光泽
鉴别肠道细菌	糖发酵培养基	溴甲酚紫	乳酸、醋酸、丙酸等	由紫色变为黄色
鉴别产 H_2S 菌株	H_2S 试验培养基	醋酸铅	H_2S	产生黑色沉淀

4. 选择培养基

根据不同种类微生物的特殊营养需求或对某种化学物质的敏感性不同，在培养基中加入相应的特殊营养物质或化学物质，即为选择培养基（selective medium）。此类培养基可以抑制不需要的微生物生长，促进所需微生物的生长。常用来将某种或某类微生物从混杂的微生物群体中分离出来。

加富培养基和鉴别培养基也可是选择培养基，然而选择培养基一般是指含有抑菌剂或杀菌剂的培养基，这些加入的物质没有营养作用。加入其中的抑菌剂或杀菌剂一般为染色剂或抗生素，如结晶紫、亮绿、复红、甲基蓝、孟加拉红、胆盐等。例如培养沙门氏菌时，在 SS 培养基中加入胆盐可以抑制其他肠道细菌的生长。

思考题

1. 试述微生物的营养物质及其生理功能。
2. 什么是碳源、氮源、碳氮比？微生物常用的碳源和氮源物质各有哪些？
3. 什么叫生长因子？它包括哪些物质？
4. 微量元素和生长因子有何区别？
5. 阐述微生物对营养物质的吸收有哪些方式，并比较异同。
6. 划分微生物营养类型的依据是什么？简述微生物的四大营养类型。
7. 什么是培养基？培养基的类型有哪些？
8. 配制培养基的基本原则是什么？
9. 配制培养基时可以通过哪些物质调节 pH 值？
10. 试比较选择培养基与鉴别培养基的区别。

参考文献

[1] 朱军．微生物学［M］．北京：中国农业出版社，2010.
[2] 董明盛，贾英民．食品微生物学［M］．北京：中国轻工业出版社，2006.
[3] 周德庆．微生物学教程（第 3 版）［M］．北京：高等教育出版社，2011.
[4] 江汉湖．食品微生物学［M］．北京：中国农业出版社，2010.
[5] 贺稚非．食品微生物学［M］．北京：中国质检出版社，2013.
[6] 唐欣昀．微生物学［M］．北京：中国农业出版社，2009.

[7] 殷文政．食品微生物学［M］．北京：科学出版社，2015.
[8] 沈萍．微生物学（第8版）［M］．北京：高等教育出版社，2016.
[9] 李明春．微生物学原理与应用［M］．北京：科学出版社，2018.
[10] 李平兰．食品微生物学教程（第2版）［M］．北京：中国林业出版社，2020.
[11] 刘慧．现代食品微生物学［M］．北京：中国轻工业出版社，2011.
[12] 桑亚新．食品微生物学［M］．北京：中国轻工业出版社，2017.

第四章　微生物的代谢

第四章　微生物的代谢

代谢（metabolism）是维持生物体的生长、繁殖、运动等生命活动的基础，它是生物进行一切生物化学反应的总称。微生物的代谢包括能量代谢和物质代谢，后者又分为合成代谢（anabolism）和分解代谢（catabolism）。合成代谢又称“同化作用”，是指细胞利用简单的小分子物质合成复杂大分子的过程，在这个过程中要消耗能量。分解代谢又称“异化作用”，是指细胞将大分子降解成小分子物质，并在这个过程中产生能量。

微生物在代谢过程中，会产生各种各样的代谢产物。根据代谢产物与微生物生长繁殖的关系，可以分为初级代谢产物和次级代谢产物两类。初级代谢产物是指微生物通过代谢活动所产生的，自身生长和繁殖所必需的物质。次级代谢产物是指微生物生长到一定阶段才产生的，化学结构十分复杂、对该微生物无明显生理功能，或并非是微生物生长和繁殖所必需的物质。

生物代谢离不开催化剂——酶。酶是微生物细胞产生的具有催化活性的蛋白质或核酸。细胞内的所有生化反应均需要酶的参与。细胞能够通过调节酶的结构（酶活性调节）和酶的表达量（酶合成调节）来控制代谢活性。

微生物代谢与其他生物细胞代谢的基本原理是相同的，但同时又有自身的特殊性，即微生物的代谢具有速度快、类型多和调节灵活等特征。本章内容将主要介绍微生物的能量代谢、物质代谢、代谢调控及其在发酵工业中的应用等。

第一节　微生物的能量代谢

无论是营养物质的吸收还是新陈代谢，微生物的一切生命活动都需要能量，而能量代谢是一切生物代谢的核心。能量代谢的中心任务是生物体如何把外界环境中多种形式的最初能源转换成对一切生命活动都能使用的通用能源——三磷酸腺苷（ATP）。微生物能够通过多种形式的能量转换，将环境所提供的能量转化为细胞自身生命活动所需要的能源形式，并且利用能量进行各种生命活动，这也体现了微生物代谢的多样性。微生物体内的这种能量转变过程称为能量代谢，它是通过微生物体内的生物氧化反应来实现的。

一、生物氧化

（一）生物氧化的功能

微生物细胞的代谢是在胞内微环境空间的特定条件下完成的，需要从根本上解决两大问题，即 ATP 的形成和胞内氧化还原的平衡。微生物需要能量进行生命活动（包括还原力的获得），而细胞内的氧化还原必须达到平衡，反应才能进行。伴随着生物氧化过程，微生物细胞会合成一些酸、醇等小分子代谢产物，这些小分子代谢物多是细胞组分合成、细胞生长和细胞生理活性所必需的物质。总之，生物氧化的功能就是产生能量（主要为 ATP）、还原力和小分子中间代谢产物。

（二）生物氧化过程

细胞内的生物氧化反应不像普通的化学氧化反应那样剧烈，它是由一系列酶在温和的条件下按一定的次序催化进行。氧化反应中的能量释放是分段逐级进行的，释放出的部分能量以化学能的形式储存在能量载体内，如 ATP 中的高能磷酸键能。细胞的生物氧化过程是一种失去电子或氢的过程，因此这类反应也叫脱氢反应。由于电子不能在溶液中存在，必须成为原子或分子的一部分，这类接受电子的物质称为电子受体，而被氧化的物质称为电子供体。电子供体在氧化反应中脱下的氢不是直接传递给电子受体而是先传递给氢载体，并通过多个载体完成电子从供体到受体的传递，这个过程称为递氢，而最终电子受体接受载体上电子的过程称为受氢。所以，生物氧化反应包括脱氢、递氢、受氢三个阶段（图 4-1），从而实现能量的释放。

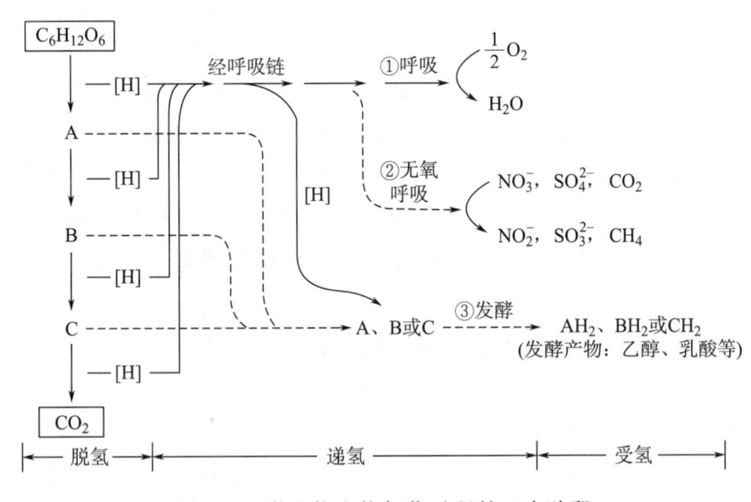

图 4-1　微生物生物氧化过程的三个阶段

自然界中已知的微生物绝大部分属于化能异养型，该营养型微生物能量代谢的基本途径是葡萄糖降解途径，下面以葡萄糖代谢为例阐述生物氧化的三个阶段。

1. 脱氢的主要途径

在各种微生物中，葡萄糖主要经过 EMP、HMP、ED 和 TCA 循环等途径完成底物的脱氢。一般而言，细胞内的脱氢催化步骤均需要辅酶的参与，最常见的是辅酶Ⅰ，如 EMP 途径中脱氢过程发生在糖酵解的第二阶段：甘油醛-3-磷酸在辅酶 NAD^+作用下脱氢氧化，生成甘油酸-1,3-二磷酸和 NADH。脱氢过程中的相关代谢途径将在“微生物的分解代谢”章节中详细阐述。

2. 递氢和受氢

在生物氧化过程中脱下的氢交给脱氢酶的辅酶（NAD^+）或辅基（FAD），形成的还原型 NADH 和 $FADH_2$ 必须重新被氧化后，才能继续行使氢载体的作用。NADH 重新氧化的方式因微生物类型和环境条件的不同而不同，即在不同的生物氧化产能方式中，递氢和受氢存在多种形式，包括发酵、无氧呼吸、有氧呼吸。

二、生物氧化类型

不同种属的微生物，生物氧化或者说微生物产能方式差别很大。即使同一株微生物在不同的环境条件下，产能的方式也有差异。自然界中大多数微生物是化能异养型微生物，化能异养型微生物的生物氧化依据氧化还原反应中电子受体（氢受体）的不同可分成发酵和呼吸两种类型，其中呼吸又可分为有氧呼吸和无氧呼吸。而光能微生物的生物氧化则包括光合作用。下面以这两类微生物为例，对生物氧化的类型加以说明。

（一）化能异养型微生物

化能异养型微生物的能量来自于有机物的生物氧化，根据氧化还原反应中电子受体的不同可分成发酵、无氧呼吸和有氧呼吸三种类型。

1. 发酵

发酵是指在不需要外界电子受体的条件下，微生物细胞将有机物氧化释放的电子直接交给底物本身未完全氧化的某种中间产物，同时释放能量并产生各种不同的代谢产物。在发酵条件下有机化合物的氧化不彻底，因此只释放出一小部分的能量。发酵过程的氧化是与有机物的还原偶联在一起的，被还原的有机物来自于初始发酵的分解代谢。发酵的种类有很多，可发酵的底物有糖类、有机酸、氨基酸等，其中以微生物发酵葡萄糖最为重要、最为常见。

发酵过程中电子载体没有经过呼吸链传递而是直接将电子传递给了最终电子受体——高氧化还原电位的中间代谢产物使其还原，实现氧化还原的平衡，即在生物氧化的后两个阶段，无能量的再释放，因而在发酵过程中，脱氢过程的底物水平磷酸化是产生能量的唯一方式。发酵的整体过程是个内部平衡的氧化还原过程，有机物既是被氧化了的基质，又是最终的电子受体。

具体的代谢途径，见后面“微生物发酵的代谢途径”章节。

2. 无氧呼吸

呼吸是大多数微生物用来产生能量（ATP）的一种方式，它是微生物以无机物或分子氧为最终电子受体的生物氧化过程。分为无氧呼吸、有氧呼吸两种类型。在无氧条件下，经电子传递链（呼吸链）最终将电子传递给环境中的一些氧化态的化合物，实现能量的释放过程即为无氧呼吸。

呼吸的一个重要特征是基质上脱下的氢要通过电子传递链进行传递，最终交给电子受体（氢受体），并且电子在传递过程中伴随 ATP 的生成。这种产生 ATP 的方式称氧化磷酸化。呼吸作用与发酵作用的根本区别在于：电子载体不是将电子直接传递给底物降解的中间产物，而是交给电子传递系统，逐步释放出能量后再交给最终的电子受体。

无氧呼吸的类型一般按照最终电子受体的名称来命名（表 4-1），通常为无机氧化物如硝酸盐、硫酸盐、CO_2、Fe^{3+}，个别为有机氧化物如延胡索酸。研究比较广泛的是其中的硝酸盐呼吸、硫酸盐呼吸、碳酸盐呼吸和延胡索酸呼吸。

表 4-1 无氧呼吸的类型

电子受体来源	电子受体	还原产物
环境中的无机物	CO_2	乙酸
	CO_2	$CH_4$①
	S	HS-
	SO_4^{2-}	HS^-
	NO_3^-	NO_2^-、N_2O、N_2

续表

电子受体来源	电子受体	还原产物
	高铁离子	亚铁离子
	四价锰离子	二价锰离子
环境中的无机物	硒酸盐	亚硒酸盐
	二甲基亚砜（DMSO）	二硫醚（DMS）
	砷酸盐	亚砷酸盐
	三甲基胺化氧（TMAO）	三甲胺（TMA）
环境中的有机物	延胡索酸	琥珀酸
	甘氨酸	乙酸+氨

注：①以无机化合物 H_2 为电子供体（能源）

在无氧呼吸中，由于电子受体（氢受体）的氧化还原电势低于分子氧，并存在高低不同，因而电子只经过部分传递即到达终电子受体，释放出的能量也因为电子受体不同而异。所以在无氧呼吸中，所产生的 ATP 数目随生物体和代谢途径的不同而变化。

（1）硝酸盐呼吸（反硝化作用）

在有氧或无氧条件下，硝酸盐还原成氨，为生长提供氮源，称为同化性硝酸盐还原作用；而在无氧条件下，将硝酸盐作为氢受体，还原成 N_2O、NO 等，最终生成 N_2 的产能过程称为异化性硝酸盐还原作用。由于所形成的还原产物都是气体，易消失在环境中，因而又称为反硝化作用。进行硝酸盐呼吸的都是一些兼性厌氧微生物——反硝化细菌，如地衣芽孢杆菌（*Bacillus licheniformis*）、荧光假单胞菌（*Pseudomonas fluorescens*）、铜绿假单胞菌（*P. aeruginosa*）、脱氮硫杆菌（*Thiobacillus denitrificans*）等。大肠杆菌（*Escherichia coli*）也是一种反硝化细菌，但是它只能将 NO_3^- 还原成 NO_2。在通气不良的土壤中，反硝化作用会造成氮肥的损失，对农业生产不利，其中间产物 NO 和 N_2O 还会污染环境，故应设法防止。但没有反硝化作用，氮素循环将会中断。此外，水生性反硝化细菌对环境保护有重大意义，因为它们能去除水体中的硝酸盐，以减少水体污染和富营养化而保护水生生物，同时还可用于高浓度硝酸盐废水的处理。

（2）硫酸盐呼吸（硫酸盐还原）

进行硫酸盐呼吸的细菌称硫酸盐还原细菌或反硫化细菌，是严格厌氧菌在无氧条件下获取能量的方式，是微生物利用硫酸盐（SO_4^{2-}）作为有机基质，厌氧氧化末端氢受体的一类特殊呼吸，是硫酸盐异化性还原形成 H_2S 的过程。

硫酸盐呼吸发生在富硫酸盐的厌氧环境中，如土壤、海水、含盐水、自流井、污水、温泉、地热区、油井、天然气井、硫矿、淤泥、盐沼、正在腐蚀的铁、牛羊瘤胃、昆虫与人肠道中。硫酸盐呼吸的产物是 H_2S，所以不仅会造成水体和大气的污染，还会引起埋于土壤或水底的金属管道与建筑构件的腐蚀。在浸水或通气不良的土壤中，厌氧微生物的硫酸盐呼吸及其有害产物对植物根系生长十分不利（例如可引起水稻秧苗的烂根等），故应设法防止。但硫酸盐还原细菌有清除重金属离子和有机物污染的作用。

硫酸盐呼吸在生态学上有着特殊意义，它参与了自然界的硫素循环，硫酸盐还原细菌作为一类耗氢细菌，单独或与其他细菌联合还有促进厌氧环境有机物质循环的作用。

（3）硫呼吸

以无机硫作为呼吸链的最终氢受体并产生 H_2S 的生物氧化作用。能进行硫呼吸的都是一些兼性或专性厌氧菌，主要是硫还原菌属（*Desulfurella*）和脱硫单胞菌属（*Desulfuromonas*）的成员。例如，利用乙酸为电子供体的氧化乙酸脱硫单胞菌（*Desulfuromonas acetoxidans*）能在厌氧条件下，通过氧化乙酸为 CO_2 和还原元素硫为 H_2S 的偶联反应而生长。

（4）碳酸盐呼吸

是一类以 CO_2 或碳酸氢盐（HCO_3^-）作为呼吸链末端氢受体的无氧呼吸。根据其还原产物的不同可分为：产甲烷菌产生甲烷的碳酸盐呼吸、产乙酸细菌产生乙酸的碳酸盐呼吸。上述两类碳酸盐还原菌都是专性厌氧菌，在厌氧环境系统中起着重要作用。特别是产甲烷菌，它作为厌氧生物链中的最后一个成员，在自然界的沼气形成以及环境保护的厌氧消化中扮演着重要的角色。

（5）铁呼吸

在某些专性厌氧菌和兼性厌氧菌（包括化能异养细菌、化能自养细菌和某些真菌）中发现，其呼吸链末端的氢受体是 Fe^{3+}，如假单胞菌属（*Pseudomonas*）和芽孢杆菌属（*Bacillus*）等。

（6）延胡索酸呼吸

外加的有机化合物也可作为氢受体参与呼吸。延胡索酸呼吸是研究最广的有机物无氧呼吸，延胡索酸最终被还原成琥珀酸。一些细菌能以延胡索酸作为氢受体，将延胡索酸还原与胞内的 NADH 氧化相偶联，产生的能量用于合成 1 个 ATP，如埃希氏菌属（*Escherichia*）和某些梭菌。另一些细菌在将延胡索酸作为氢受体时，不能与电子传递磷酸化偶联，如粪链球菌（*Streptococcus faecalis*）。

此外，在一些兼性厌氧菌中，甘氨酸也可作为氢受体。伴随着另一种氨基酸的氧化释放出电子，甘氨酸接受电子被还原成乙酸，这种一对氨基酸参与的代谢称为 Stickland 反应。

3. 有氧呼吸

有氧呼吸是指由脱氢途径形成的还原力 NADH（NADPH、$FADH_2$），经过完整的电子传递链，最后由细胞色素氧化酶将电子（或氢）传递给环境中的分子氧，生成 H_2O，同时产生能量 ATP。与发酵和无氧呼吸相比，有氧呼吸的产能效率最高。在有氧呼吸中，葡萄糖被彻底分解为 CO_2 和 H_2O，形成大量 ATP。该分解过程分为两个阶段：第一阶段，葡萄糖分解为 2 分子丙酮酸，由 EMP 途径、HMP 途径和 ED 途径完成；第二阶段，包括三羧酸循环与电子传递链两部分的化学反应，前者使葡萄糖完全氧化成 CO_2，后者使脱下的电子经电子传递链交给分子氧生成水并伴随有 ATP 生成，丙酮酸通过三羧酸循环和电子传递链彻底分解，形成 CO_2 和 H_2O，同时会产生大量 ATP。

在真核细胞中，EMP 途径的反应在细胞质中进行，而电子传递链位于线粒体内膜上。在细胞质中产生的 $NADH+H^+$ 不能穿过线粒体膜，必须借助于“穿梭机制”将线粒体外的 $NADH+H^+$ 变成线粒体内的 $FADH_2$，再通过电子传递链进行氧化，如图 4-2 所示，每次穿梭损失了一个 ATP。

因此在真核生物中（电子传递链均完整），每 mol 葡萄糖通过 EMP 途径和 TCA 循环彻底氧化时，总共形成 36mol ATP。而在原核生物中，因为电子传递链组分在细胞膜上，每 mol 葡萄糖可形成 38mol ATP。

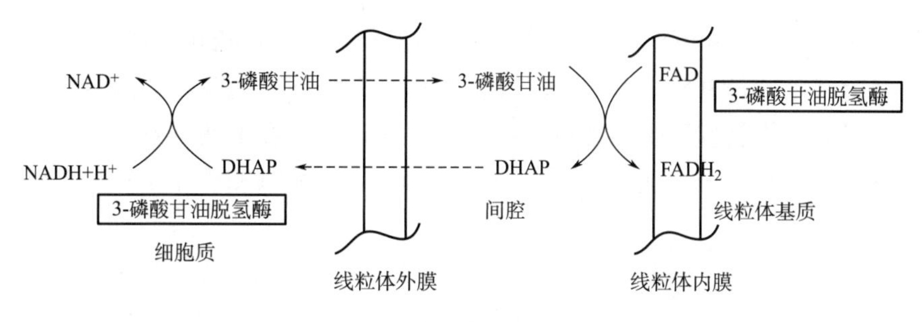

图 4-2　穿梭机制

（二）光能自养型微生物

光合作用是光能自养型微生物（包括一些真核和原核微生物）所特有的产能方式，是指光养微生物利用光能作为能源，通过光合磷酸化作用将其转换为化学能，用来固定 CO_2 合成细胞物质。

光合作用有两种类型，一种是发生在真核和某些原核微生物中的典型产氧光合作用，另一类是特殊种类细菌，如紫硫细菌、绿硫细菌中的非产氧光合作用。

三、生物能的产生

微生物的一切生命活动都需要能量。由于微生物类型不同，产能方式也不尽相同。一般来说，生物氧化的方式不同，磷酸化的方式也不一样。伴随着生物氧化所发生的磷酸化作用称为氧化磷酸化作用，通常又根据生物氧化的方式划分为底物水平磷酸化和电子传递磷酸化两种。而光合微生物则通过光合磷酸化产生能量，将光能转变为化学能储存在 ATP 中。

（一）底物水平磷酸化

生物氧化过程中生成的含有高能键的化合物，在酶的作用下直接将能量转给 ADP（GDP）生成 ATP（GTP），该磷酸化作用是在酶的底物水平上，与 ATP 的合成相偶联，因而将这种产生高能分子的方式称为底物水平磷酸化。

底物水平磷酸化存在于呼吸和发酵过程中，并且是发酵过程中获取能量的唯一方式（表 4-2）。

表 4-2　微生物代谢中的底物水平磷酸化

高能化合物的底物水平磷酸化反应	偶联形成的高能分子
1,3-二磷酸甘油酸→3-磷酸甘油酸	ATP
磷酸烯醇式丙酮酸→丙酮酸	ATP
琥珀酰辅酶 A→琥珀酸	GTP
乙酰磷酸→乙酸	ATP
丙酰磷酸→丙酸	ATP
丁酰磷酸→丁酸	ATP
甲酰四氢叶酸→甲酸	ATP

(二) 电子传递磷酸化

在生物氧化过程中伴随着电子传递而发生的磷酸化作用，也被笼统称作氧化磷酸化。

物质在生物氧化过程中形成的 $NADH_2$ 和 $FADH_2$ 可通过位于线粒体内膜和细菌质膜上的电子传递系统将电子传递给氧或其他氧化型物质，在这个过程中偶联着 ATP 的合成，这种产生 ATP 的方式称为电子传递磷酸化。1 分子 $NADH_2$ 和 $FADH_2$ 可分别产生 3 个和 2 个 ATP。

只有在进行呼吸作用（有氧或无氧）的微生物中才发生电子传递磷酸化。如图 4-1 所示，在典型的呼吸链中，只有三处能提供合成 ATP 所需的足够能量，即产生 3 分子 ATP；而当电子传递从黄素蛋白水平进入时，只能产生 2 分子 ATP。细胞在呼吸时大多数 ATP 的合成都是通过电子传递磷酸化实现的。

(三) 光合磷酸化

光合作用细胞中，位于光合膜中的叶绿素或菌绿素吸收光量子，释放出一个激发电子。电子首先从叶绿素跃迁到一系列电子载体的第一个载体上，在沿着电子传递系统传递过程中，质子被泵过膜，利用化学渗透作用，使 ADP 转变为 ATP，这种产生 ATP 等高能分子的方式叫作光合磷酸化。

光合磷酸化反应只发生在能进行光合作用的细胞中，分为循环式和非循环式两种。

如图 4-3 所示，在循环式光合磷酸化中，电子最终返回叶绿素，即电子仅在一个封闭的系统中传递，没有电子的净输入或消耗。循环式光合磷酸化类似于呼吸作用的电子跨膜传递，也是建立在质子动力的基础上，这一磷酸化反应的产物只有 ATP。

在非循环式光合磷酸化中，电子从叶绿素中释放后不返回叶绿素，而是被整合进 NADPH。叶绿素中损失的电子可重新从水或其他可氧化的化合物（如 H_2S）中获得。非循环式光合磷酸化反应的产物是 ATP、氧和 NADPH，如图 4-4 所示。

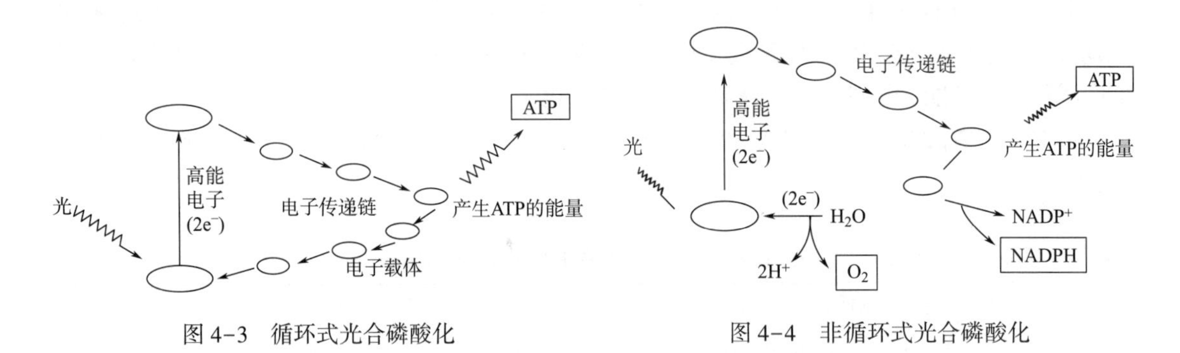

图 4-3　循环式光合磷酸化　　　　图 4-4　非循环式光合磷酸化

典型的线粒体电子传递链涉及几种类型的氧化还原酶和非蛋白电子载体：①NADH 脱氢酶，它可以从 NADH 中转移 H 原子；②含核黄素的电子载体即黄素蛋白，包括 FMN 和 FAD；③Fe-S 蛋白呈褐色，具有较低的氧化还原电位，是重要的电子载体；④脂溶性的非蛋白电子载体辅酶 Q（泛醌），可以通过细胞膜进行自由扩散；⑤细胞色素，是一类含有铁卟啉环的血红素蛋白，依靠铁的价电子变化来传递电子，根据吸收峰的波长进行分类。其中细胞色素 C 具有部分亲水性，可在线粒体内膜外侧表面的水相中自由泳动。而将电子直接交给分子氧的细胞色素称为细胞色素氧化酶，完成电子传递链最后的不可逆氧化反应。

第二节　微生物的物质代谢

一、微生物的分解代谢

自然界的微生物绝大多数是化能异养型微生物，这些微生物从外界吸收营养物质后，通过胞内自身的酶系进行分解代谢产生能量 ATP 和小分子物质。由此可见，分解代谢是微生物最基本的、不可或缺的代谢活动。微生物种类繁多，分解代谢途径也存在多样性，但总体上可以把分解代谢分为三个阶段。第一阶段：将蛋白质、多糖及脂类等大分子营养物质降解成为氨基酸、单糖及脂肪酸等小分子物质；第二阶段：将第一阶段产物进一步降解成更为简单的乙酰辅酶 A、丙酮酸以及能进入三羧酸循环的某些中间产物，在该阶段会产生一些 ATP、NADH 及 $FADH_2$；第三阶段：通过三羧酸循环将第二阶段产物完全降解生成 CO_2，并产生 ATP、NADH 及 $FADH_2$。第二和第三阶段产生的 ATP、NADH 及 $FADH_2$ 通过电子传递链被氧化，可产生大量的 ATP。

（一）糖的分解代谢

自然界最丰富的有机物是纤维素、半纤维素、淀粉等糖类物质，微生物赖以生存的主要碳源和能源物质也是糖类物质。在食品加工业和发酵生产中，微生物也是以糖类物质为主要的碳源和能源物质。因此，微生物的糖代谢是微生物代谢的一个重要方面，掌握这方面的知识，对于认识自然界不同的微生物类群，以及微生物的培养利用都是十分重要的。

葡萄糖代谢是微生物最基础、最重要的分解代谢。微生物将多糖、淀粉等大分子有机物降解为单糖（以葡萄糖为主）后，细胞能够通过多种分解途径将葡萄糖进一步代谢，产生能量 ATP、小分子化合物和还原力。葡萄糖的分解途径可以通过 EMP、HMP、ED 和 TCA 等途径完成。

1. EMP 途径（Embden-Meyerhof-Parnas pathway）

EMP 途径又称为糖酵解途径，是绝大多数生物所共有的基本代谢途径（图 4-5）。整个途径大致分为两个阶段，第一阶段为不涉及氧化还原反应和能量释放的准备阶段，在这一阶段有两步反应需要能量，共消耗 2 分子 ATP；第二阶段为氧化还原反应阶段，并通过底物水平磷酸化作用形成 4 分子 ATP。因此，1 分子葡萄糖经过 EMP 途径的 10 步反应形成三种产物：2 分子丙酮酸、2 分子（$NADH+H^+$），净产 2 分子 ATP。

EMP 途径的总反应式是：

$$C_6H_{12}O_6+2NAD^++2ADP+2Pi \rightarrow 2CH_3COCOOH+2NADH+2H^++2ATP+2H_2O$$

不同的微生物实现第一步反应，即葡萄糖磷酸化的方式是不同的。酵母菌、真菌、假单胞菌等好氧细菌中，在细胞内通过己糖激酶（需要 Mg^{2+} 和 ATP）完成这步不可逆反应；而在大肠杆菌和链球菌等兼性厌氧菌中，则借助于 PEP-PTS（磷酸烯醇式丙酮酸-磷酸转移酶系统）在葡萄糖进入细胞内时即完成磷酸化。第五步之后的代谢反应在所有能代谢葡萄糖的微生物中都基本相同。

EMP 途径不需要氧的参与，能够在无氧或有氧的条件下发生。在有氧条件下，该途径与 TCA 循环相连，丙酮酸进一步脱氢彻底氧化成 CO_2 和 H_2O，（$NADH+H^+$）经电子传递链交给分子氧，释放能量形成 ATP；而在无氧条件下，丙酮酸及其代谢产物受氢还原形成各种还原产物。

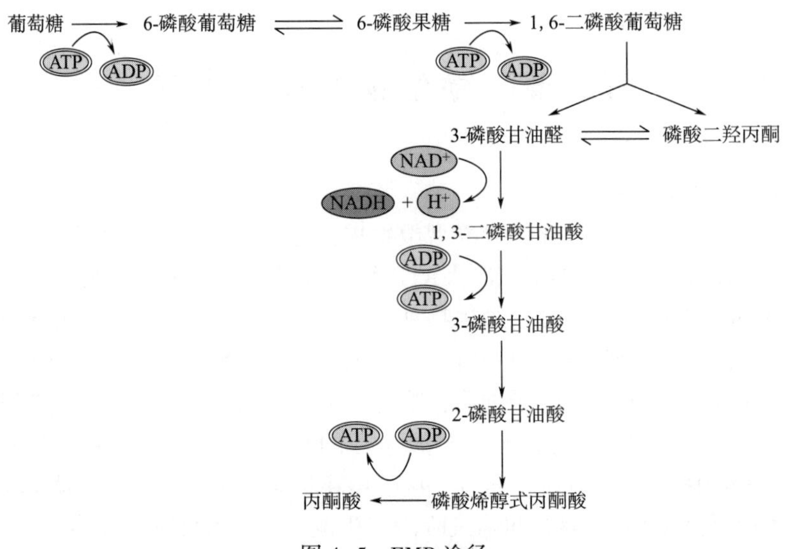

图 4-5　EMP 途径

2. HMP 途径（Hexose Monophosphate pathway）

HMP 途径也称戊糖磷酸途径，普遍存在于生物界中。大多数好氧、兼性厌氧微生物中都有 HMP 途径，并且在同一微生物中往往同时存在 EMP 和 HMP 途径，很少存在单独具有 EMP 或 HMP 途径的微生物。HMP 途径如图 4-6 所示，可人为地划分为氧化阶段和非氧化阶段。

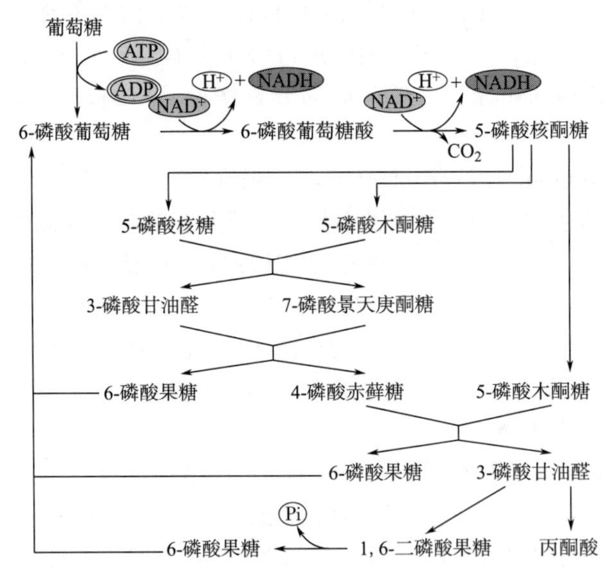

图 4-6　HMP 途径

氧化阶段脱下来的氢和电子交给载体 NADP，非氧化阶段中磷酸戊糖之间经一系列基团转移反应，重新合成磷酸己糖。

①分子葡萄糖通过 HMP 途径能被彻底氧化，形成 6 分子 CO_2、12 分子（$NADPH+H^+$），消耗 1 分子 ATP。在有氧条件下，NADPH 在转氢酶的催化下可以转变成 NADH，通过呼吸链产生大量的生物能；而在厌氧条件下，HMP 途径不能完全实现，需氧微生物沿不完全的

HMP 途径代谢，每分子葡萄糖生成 3 分子 CO_2、6 分子（$NADPH+H^+$）、1 分子（$NADH+H^+$），还有 1 分子 ATP 及丙酮酸。

HMP 途径的总反应式是：

$$6\text{葡萄糖-6-磷酸}+12NADP^++7H_2O \longrightarrow 5\text{葡萄糖-6-磷酸}+12NADPH+12H^++6CO_2+Pi$$

在 HMP 途径中存在 $C_3 \sim C_7$ 各种糖，因而具有这一途径的微生物可利用的碳源范围广泛。从能量产生的角度来看，HMP 途径并不是细胞产能的主要途径，而是细胞获得大量的还原力 NADPH 的重要途径。此外该途径还产生多种重要的中间代谢物，如核糖的重要来源五碳糖、核苷酸和核酸的生物合成原料戊糖-磷酸等。

3. TCA 循环（Tricarboxylic acid cycle）

三羧酸（TCA）循环，也称为柠檬酸循环（图 4-7），为一种循环式的反应。生物化学中已经详细介绍过相关内容，在此仅简要叙述。丙酮酸氧化脱羧形成乙酰 CoA 进入 TCA 循环，经过两次加水脱氢，两次碳链裂解而氧化脱羧，再经过一次底物水平磷酸化，将乙酰基完全降解。每分子丙酮酸通过 TCA 循环降解总共产生 4 分子（$NADH+H^+$）（在细菌中产生 3 分子 NADH 和 1 分子 NADPH），1 分子 $FADH_2$ 和 1 分子 ATP（或 1 分子 GTP），放出 3 分子 CO_2。

经过 TCA 循环形成大量的还原力 NADH 经过电子传递链形成大量的 ATP，因而，TCA 循环作为微生物生命活动的主要能量来源，在绝大多数异养微生物的呼吸代谢中起关键作用。此外，在物质代谢中该循环起到中枢作用，如许多有机酸、氨基酸的合成都与之关联。

4. ED 途径（Enter-Doudoroff pathway）

ED 途径又称 2-酮-3-脱氧-6-磷酸葡萄糖酸（KDPG）裂解途径，是缺乏完整 EMP 途径的微生物所具有的一种替代途径。主要存在于假单胞菌（*Pseudomonas* spp.）和发酵单胞菌（*Zymomonas* spp.）等少数革兰氏阴性（G^-）细菌中，在革兰氏阳性（G^+）细菌中一般不存在，在其他生物中也未发现。

如图 4-8 所示，利用 ED 途径降解葡萄糖的反应步骤比较简单，只经过 4 步即可获得丙酮酸，但反应产能效率低，每分子葡萄糖经 ED 途径产生 2 分子的丙酮酸，1 分子的（$NADH+H^+$）、（$NADPH+H^+$）及 ATP。

ED 途径的总反应式是：

$$C_6H_{12}O_6+ADP+Pi+NADP^++NAD^+ \longrightarrow 2CH_3COCOOH+ATP+NADPH+NADH+2H^+$$

在细胞中，ED 途径可与 HMP 途径同时存在，也可以独立存在，它是具有 ED 途径的微生物降解葡萄糖的主要或唯一途径（如发酵单胞菌）。具有 ED 途径的微生物可降解葡萄糖醛酸、果糖酮酸、甘露糖醛酸等化合物，因为这些化合物可转化成 KDPG 而被降解。

ED 途径和 EMP 途径、HMP 途径及 TCA 循环等各种代谢途径相连，通过相互协调以满足微生物对能量、还原力和不同代谢中间物的需要。

5. PK 途径

一些微生物在厌氧条件下因缺少醛缩酶而以磷酸解酮酶（PK）途径作为降解葡萄糖的主要途径，如图 4-9 所示。根据解酮酶的不同，把具有磷酸戊糖解酮酶的途径称为 PK 途径，把具有磷酸己糖解酮酶的途径称为 HK 途径。

PK（phospho-pentose-ketolase pathway）途径是 HMP 途径的变异途径，从葡萄糖到 5-磷酸木酮糖均与 HMP 相同，然后又在这条途径的关键酶——磷酸戊糖解酮酶的作用下，生成乙酰磷酸和 3-磷酸甘油醛［见图 4-9（a）］。

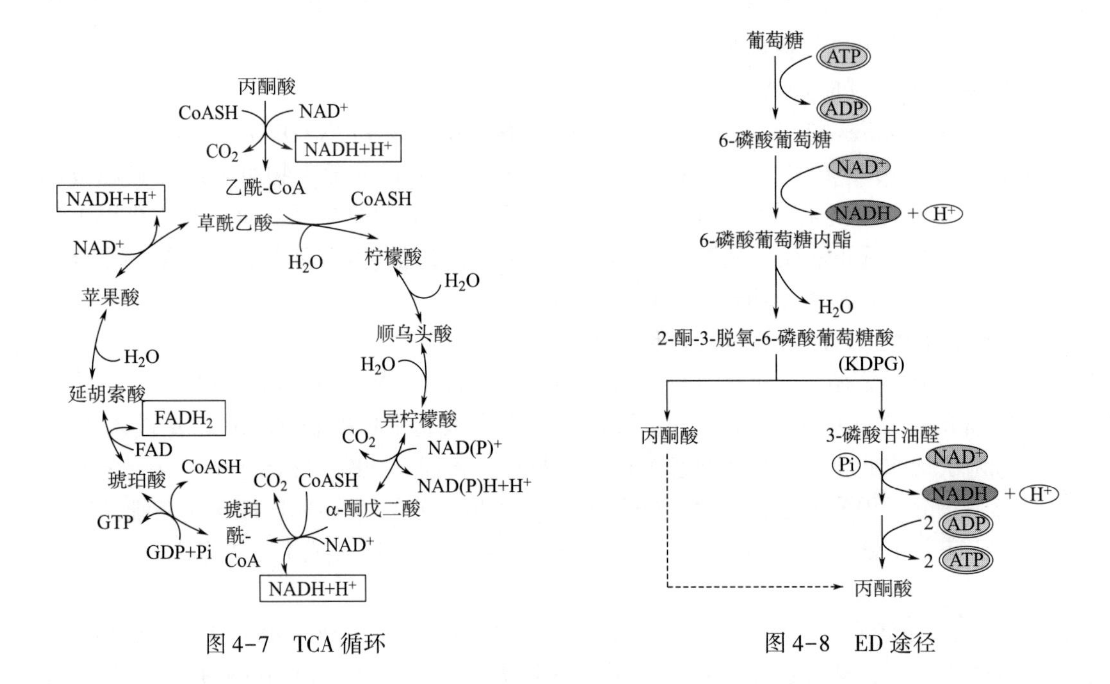

图 4-7　TCA 循环

图 4-8　ED 途径

HK（phospho-hexose-ketolase pathway）途径是 EMP 途径的变异途径，从葡萄糖到 6-磷酸果糖与 EMP 相同，然后在这条途径的关键酶——磷酸己糖解酮酶的作用下，生成乙酰磷酸和 4-磷酸赤藓糖［见图 4-9（b）］。

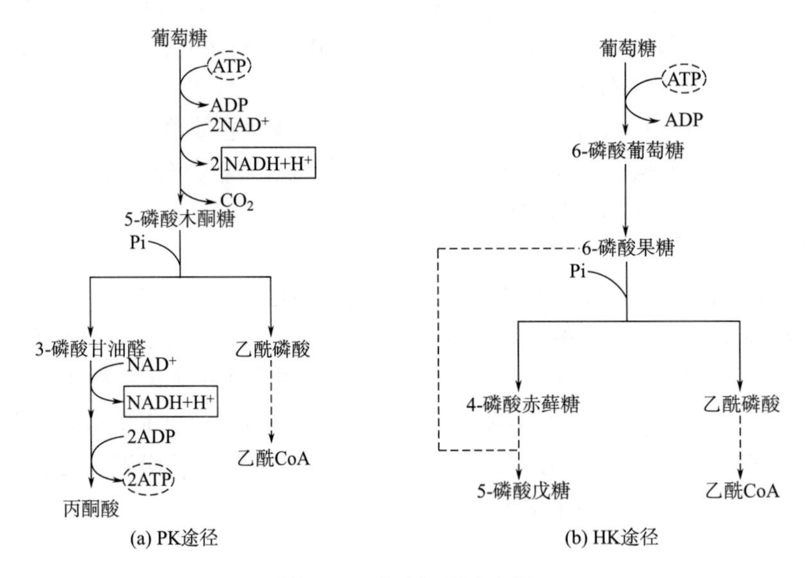

图 4-9　磷酸解酮酶途径

借助于 PK 途径，微生物在厌氧条件下不但可以利用葡萄糖，而且可以利用 D-核糖、D-木糖、L-阿拉伯糖。这 3 种糖首先转成 5-磷酸木酮糖，然后降解成丙酮酸和乙酰磷酸。

PK 途径的总反应式是：

$$C_6H_{12}O_6+ADP+Pi+NAD^+ \longrightarrow CH_3CHOHCOOH+CH_3CH_2OH+CO_2+ATP+NADH+H^+$$

6. 葡萄糖的直接氧化途径

在EMP、HMP、ED、PK各途径中，反应的第一步都是将葡萄糖磷酸化再进行代谢的，但是许多真菌（如黑曲霉、产黄青霉）和细菌（如假单胞菌属、气杆菌属中的某些菌）没有已糖激酶，因而具有不需要任何预先磷酸化作用而直接氧化葡萄糖的能力。

如图4-10所示，葡萄糖首先在特有的葡萄糖氧化酶的催化下，被分子氧氧化成葡萄糖内酯和葡萄糖酸，再进入HMP途径和ED途径降解成丙酮酸。

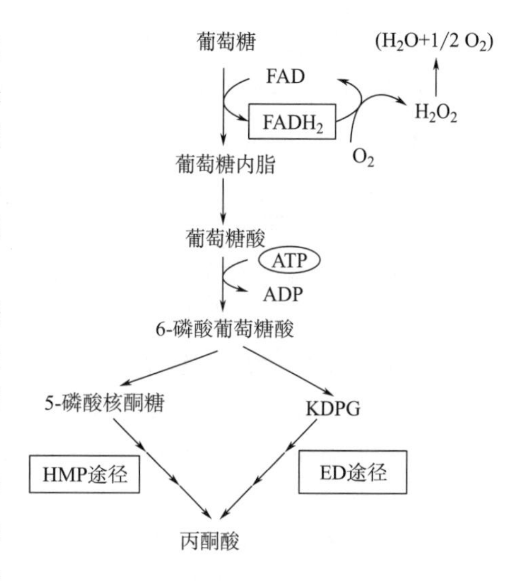

图4-10　葡萄糖的直接氧化途径

在葡萄糖的降解过程中，微生物根据胞内所具有的酶系沿一定的途径脱氢，同时环境条件影响脱氢过程，如在无氧条件下，由于还原型氢载体的回用障碍使TCA循环无法运转。EMP、HMP、ED途径在有氧和无氧条件都能够发生，而TCA循环、葡萄糖直接氧化只能在有氧条件下进行，PK途径只能在无氧条件下进行。

（二）生物大分子的分解代谢

1. 多糖的分解

多糖是10个以上的单糖由糖苷键结合组成的高分子碳水化合物。这些高分子往往不能被微生物细胞直接吸收利用，而是被微生物细胞向外分泌出分解这些高分子的胞外酶分解成小分子后，再被微生物细胞吸收利用。不同微生物对不同多糖的分解方式各不相同。

（1）淀粉的分解

淀粉是葡萄糖的高聚体，是多种微生物用作碳源的原料，可分为直链淀粉（糖淀粉）和支链淀粉（胶淀粉）。淀粉的分解需要淀粉酶的催化，微生物的淀粉酶种类很多，其作用方式及产物也不相同。淀粉酶既可以将直链淀粉水解为麦芽糖、葡萄糖，也可以将支链淀粉水解为糊精。淀粉酶分为液化型和糖化型两类。

①液化型淀粉酶。

又称为α-淀粉酶。微生物的液化型淀粉酶几乎都是分泌性的。此酶既作用于直链淀粉，也作用于支链淀粉，无差别地切断α-1,4-糖苷键，而不能切断α-1,6-糖苷键。因此，其特征是引起底物溶液黏度的急剧下降和碘反应的消失，在分解直链淀粉时，最终产物以麦芽糖为主，此外，还有麦芽三糖及少量葡萄糖。另外，在分解支链淀粉时，除麦芽糖、葡萄糖外，还生成分支部分具有α-1,6-糖苷键的α-极限糊精。由于它使淀粉黏度迅速下降，表现为液化，故称为液化酶。

米曲霉（*Aspergillus oryzae*）、淀粉液化杆菌（*Bacillus amyloliquefaciens*）、地衣芽孢杆菌（*Bacillus licheniformis*）、枯草芽孢杆菌（*Bacillus subtilis*）分别经发酵、精制、干燥后，均能得到α-淀粉酶。我国利用枯草杆菌BF-7658菌株生产此酶。

②糖化型淀粉酶。

糖化型淀粉酶又可细分为几种，其共同特点是将淀粉水解为麦芽糖或葡萄糖，不经过糊精阶段，所以称为糖化型淀粉酶。

a. 葡萄糖酶

葡萄糖酶又称淀粉-1,4-葡萄糖苷酶。葡萄糖酶既可以催化水解 α-1,4-糖苷键，也可以催化水解 α-1,6-糖苷键，所以水解产物全部为葡萄糖。此酶主要存在于根霉（*Rhizopus*）、黑曲霉、红曲霉等霉菌中。工业生产中一般用根霉和曲霉生产该酶。

b. β-淀粉酶

β-淀粉酶又称淀粉-1,4-麦芽糖苷酶。其作用方式是从多糖的非还原末端顺次切割相隔的 α-1,4-糖苷键，产生麦芽糖以及极限糊精。对于直链淀粉，由于没有分支，可以完全被分解得到麦芽糖和少量的葡萄糖，而对支链淀粉或葡聚糖，切断至 α-1,6-糖苷键反应即停止，因此生成相对分子质量比较大的极限糊精。

根霉和米曲霉等可产生大量的 β-淀粉酶，后发现巨大芽孢杆菌（*Bacillus megaterium*）、假单胞菌、多黏芽孢杆菌（*Bacillus polymyxa*）、某些放线菌也能产生该酶。

c. 异淀粉酶

异淀粉酶又称淀粉-1,6-葡萄糖苷酶。此酶是一类专门切开支链淀粉分支点中的 α-1,6-糖苷键，将最小单位的支链分解，从而剪下整个侧枝，最大限度地利用淀粉原料，形成直链淀粉的酶类，淀粉水解的产物为极限糊精。黑曲霉（*Aspergillus niger*）、米曲霉可产生此酶。我国常应用产气肠杆菌 10016 生产异淀粉酶。

以上这些微生物的淀粉酶和糖化酶可用于酶法水解生产葡萄糖、制曲酿酒、食品发酵中的糖化作用等。微生物来源的淀粉酶制剂现已实现工业化生产。

（2）纤维素的分解

纤维素是葡萄糖通过 β-1,4-糖苷键连接而成的直链大分子化合物。它广泛存在于自然界，是植物细胞壁的主要组成成分。人和动物均不能消化纤维素。只有在产生纤维素酶的微生物作用下，纤维素才能被分解成简单的糖类。

纤维素酶是一类纤维素水解酶的总称。纤维素经 C_1 酶、C_x 酶水解成纤维二糖，再经过 β-葡萄糖苷酶的作用，最终变为葡萄糖，其水解过程如下：

$$\text{天然纤维素}\xrightarrow{C_1\text{酶}}\text{水合纤维素分子}\xrightarrow{C_{x1}\text{酶、}C_{x2}\text{酶}}\text{纤维二糖}\xrightarrow{\beta\text{-葡萄糖苷酶}}\text{葡萄糖}$$

分解纤维素的微生物种类很多，如木霉、青霉、根霉、细菌以及某些放线菌等。

（3）果胶物质的分解

果胶质是构成高等植物细胞质的物质，并使相邻近的细胞壁相连。天然的果胶质又称为原果胶，是由 D-半乳糖醛酸以 α-1,4-糖苷键相连形成的直链高分子化合物，其中大部分羧基已形成甲基酯，而不含甲基酯的称为果胶酸。

果胶在浆果中最丰富。它的一个重要特点是在糖和酸存在下，可以形成果冻。食品厂利用这一性质来制造果浆、果冻等食品；但对果汁加工、葡萄酒生产则有引起榨汁困难的缺点。

果胶酶是指能够分解果胶物质的多种酶的总称，在果胶分解中起着不同的作用。主要有果胶酯酶和聚半乳糖醛酸酶两种，发生的反应式如下

$$\text{果胶}\xrightarrow{\text{果胶酯酶}}\text{甲醇}+\text{果胶酸}$$

$$\text{果胶酸}\xrightarrow{\text{聚半乳糖醛酸酶}}\text{半乳糖醛酸}$$

许多霉菌及少量的细菌和酵母菌都可产生果胶酶，主要以曲霉和杆菌为主。由于真菌中的黑曲霉属于公认安全级（General Regarded As Safe，CRAS），其代谢产物是安全的。因此目前市售的食品级果胶酶主要来源于黑曲霉，最适 pH 一般在酸性范围。

果胶酶主要用于食品工业，常用于果蔬汁生产、果酒的澄清、橘子脱囊衣、制造低糖果冻等。此外还可用于造纸业的生物制浆、丝麻等脱胶。

2. 蛋白质的分解

（1）蛋白质的分解

蛋白质是由氨基酸组成的分子巨大、结构复杂的化合物，不能够直接进入细胞。微生物利用蛋白质时，首先分泌蛋白酶至体外，将其分解为大小不等的多肽或氨基酸等小分子化合物后才能使其进入细胞。通式如下：

$$\text{蛋白质} \xrightarrow{\text{蛋白酶}} \text{多肽、氨基酸}$$

分解蛋白质的微生物种类很多，好氧的如枯草芽孢杆菌、假单胞菌等，兼性厌氧的如普通变形杆菌（*Proteus vulgaris*），厌氧的如生孢梭状芽孢杆菌（*Clostridium sporogenes*）等。放线菌中不少链霉菌均产生蛋白酶。真菌如曲霉属、毛霉属等均具蛋白酶活力。有些微生物只有肽酶而无蛋白酶，因而只能分解蛋白质的降解产物，例如乳酸杆菌、大肠杆菌等不能水解蛋白质，但可以利用蛋白胨、肽和氨基酸等，故蛋白胨是多数微生物的良好氮源。

在食品工业中，传统的酱制品，如酱油、腐乳等的制作都利用了微生物对蛋白质的分解作用。近代工业已经能够利用枯草芽孢杆菌、一些放线菌等生产蛋白酶制剂。

（2）氨基酸的分解

微生物对氨基酸的分解，主要是脱氨作用和脱羧作用，分别被脱氨酶类和脱羧酶类所催化。当培养基偏碱时，微生物进行脱氨作用；培养基偏酸时，进行脱羧作用。

①脱氨作用。

脱氨作用因微生物种类、氨基酸种类以及环境条件的不同而有不同的方式和产物，主要包括以下几种形式。

a. 氧化脱氨

这种脱氨方式须在有氧条件下进行，因而是好氧性微生物进行的脱氨作用。氧化脱氨生成的酮酸一般不积累，而被微生物继续转化成羟酸或醇。例如丙氨酸氧化脱氨生成丙酮酸，丙酮酸可借 TCA 循环继续氧化，反应式如下：

$$CH_3CHNH_2COOH+1/2\ O_2 \longrightarrow CH_3COCOOH+NH_3$$

b. 还原脱氨

还原脱氨在无氧条件下进行，生成饱和脂肪酸和氨。能进行还原脱氨的微生物是专性厌氧菌和兼性厌氧菌。如天冬氨酸经还原脱氨生成琥珀酸：

$$HOOCCH_2CHNH_2COOH+H_2 \longrightarrow HOOCCH_2CH_2COOH+NH_3$$

c. 水解脱氨

不同氨基酸经水解脱氨后生成的产物不同，有些好氧性微生物和酵母菌可进行此种脱氨方式，并且同种氨基酸水解之后也可以形成不同的产物。如丙氨酸水解之后可形成乳酸，也可形成乙醇。反应式如下：

$$CH_3CHNH_2COOH+H_2O \longrightarrow CH_3CHOHCOOH+NH_3$$

$$CH_3CHNH_2COOH+H_2O \longrightarrow CH_3CH_2OH+CO_2+NH_3$$

d. 减饱和脱氨（直接脱氨）

氨基酸直接脱氨生成不饱和脂肪酸与氨，如天冬氨酸直接脱氨生成延胡索酸反应式如下：

$$HOOCCH_2CHNH_2COOH \longrightarrow HOOCCH=CHCOOH+NH_3$$

e. 氧化-还原脱氨（Stickland 反应）

这是一种特殊的脱氨反应，某些专性厌氧细菌如梭状芽孢杆菌在厌氧条件下生长时，以一种氨基酸作为氢供体，进行氧化脱氨；另一种氨基酸作氢受体，进行还原脱氨，两者偶联进行氧化还原脱氨。这其中有 ATP 生成，其通式如下：

$$R'CHNH_2COOH+R''CHNH_2COOH+H_2O \longrightarrow R'COCOOH+R''CH_2COOH+2NH_3$$

并非在任意两种氨基酸之间都能进行这种反应，有些氨基酸能作为氢供体而另一些氨基酸是氢受体，作为氢供体的一种氨基酸能与任何一种氢受体氨基酸进行 Stickland 反应。

氢供体：Ala、Leu、Val、Ser、Phe、Cys、His、Asp、Glu。

氢受体：Gly、Pro、Hyp、Orn、Arg、Trp。

②脱羧作用。

氨基酸脱羧作用常见于许多腐败细菌和真菌中。不同的氨基酸由相应的氨基酸脱羧酶催化脱羧，生成减少一个碳原子的胺和 CO_2。如酪氨酸脱羧形成酪胺，精氨酸脱羧形成精胺，色氨酸脱羧形成色胺，这些物质可以作为评定食品新鲜度的指标。

$$RCHNH_2COOH \longrightarrow RCH_2NH_2+CO_2$$

微生物分解氨基酸的能力因菌种而异。一般地，革兰氏阴性细菌分解能力大于革兰氏阳性细菌，并且微生物分解氨基酸的方式及其产物也不同，这个特性常用来作为鉴定菌种的生理生化指标。

3. 核酸的分解

核酸是由许多核苷酸以 3,5-磷酸二酯键连接而成的大分子化合物。异养型微生物可以分泌消化酶类来分解食物或体外的核蛋白和核酸类物质，以获得各种核苷酸。核酸分解代谢的第一步是水解连接核苷酸的磷酸二酯键，生成低级多核苷酸或单核苷酸。只能作用于核酸的磷酸二酯键的酶，称为核酸酶。水解核糖核酸的称核糖核酸酶（RNase）；水解脱氧核糖核酸的称脱氧核糖核酸酶（DNase）。核苷酸在核苷酸酶的作用下分解成磷酸和核苷，核苷再经核苷酶作用分解为嘌呤或嘧啶、核糖或脱氧核糖。

$$\text{核苷酸}+H_2O \longrightarrow \text{核苷}+H_3PO_4$$

$$\text{核苷}+H_2O \longrightarrow \text{核糖}+\text{碱基}$$

$$\text{核苷}+H_3PO_4 \longrightarrow 1\text{-磷酸核糖}+\text{碱基}$$

4. 脂肪和脂肪酸的分解

脂肪是脂肪酸的甘油三酯。脂肪和脂肪酸作为微生物的碳源和能源，一般利用缓慢。脂肪在被利用时要先经脂肪酶的水解作用，生成甘油和脂肪酸。

甘油在甘油激酶作用下生成 3-磷酸甘油，再在磷酸甘油脱氢酶作用下，生成磷酸二羟丙酮，然后通过糖酵解转变为丙酸，进入 TCA 循环，彻底氧化分解为 CO_2 和 H_2O。

脂肪酸的生物氧化主要通过 β-氧化途径。β-氧化是由于脂肪酸氧化断裂发生在 β-碳原子上而得名。在氧化过程中，能产生大量的能量，最终产物是乙酰辅酶 A。乙酰辅酶 A 进入 TCA 循环从而被彻底氧化。

脂肪酶一般广泛存在于真菌中，假丝酵母（*Candida*）、镰刀菌（*Fusarium*）和青霉菌

（*Penicillium*）等属的真菌产生脂肪酶的能力较强，而细菌产生脂肪酶的能力较弱。脂肪酶目前主要应用于油脂工业、食品工业、纺织工业，常用作消化剂、乳品增香剂、制造脂肪酸的催化剂等。

二、微生物的合成代谢

分解代谢与合成代谢两者密不可分，其各自的方向与速度受生命体内、外各种因素的调节，从而适应不断变化着的内、外环境。分解代谢的功能在于保证正常合成代谢的进行，而合成代谢又反过来为分解代谢创造了更好的条件，两者相互联系，促进了生物个体的生长繁殖和种族的繁荣发展。

合成代谢又称“同化作用”，是指细胞利用简单的小分子前体物质合成复杂大分子或细胞结构物质的过程，在这个过程中要消耗能量。当微生物具备合成所需要的能量、还原力NADPH以及简单的化合物时，就能制造生物大分子的各种小分子前体物质。其中最重要的小分子物质有单糖、氨基酸、核苷酸和脱氧核苷酸、脂肪酸等单体物质。

（一）单糖的合成

单糖的种类很多，但它们能够由葡萄糖转化而成。在微生物细胞中单糖很少以游离形式存在，一般以多糖或多聚体的形式、少量的糖磷酸酯和糖核苷酸形式存在。

无论自养微生物还是异养微生物，都可以通过各种途径合成葡萄糖的前体代谢中间物，如丙酮酸、草酰乙酸、磷酸烯醇式丙酮酸、3-磷酸甘油醛，再逆EMP途径合成6-磷酸葡萄糖，然后再转化成为其他糖。

（二）氨基酸的合成

氨基酸是组成蛋白质的基本单位，胞内的游离氨基酸随着蛋白质的合成不断被消耗，必须得到补充。微生物可直接从周围环境中获取氨基酸，对于环境缺乏的氨基酸或不能获得的氨基酸，细胞则必须自身合成。

氨基酸合成中有两个问题即碳骨架的合成和氨基的结合。合成氨基酸的碳骨架来自糖代谢产生的中间产物，而氨的来源则随微生物和环境而呈现出多样性，比如从外界环境中获得、胞内含氮化合物分解、固氮作用合成、硝酸还原作用合成等。

氨基酸的合成主要有三种方式：

（1）氨基化作用

在酶催化下，α-酮酸与氨反应形成相应的氨基酸。此作用是微生物同化氨的主要途径。

（2）转氨基作用

在转氨酶的催化下，使一种氨基酸的氨基转移给酮酸，形成新的氨基酸。转氨作用普遍存在于各种微生物细胞内，是氨基酸合成代谢和分解代谢中极为重要的反应。

（3）前体转化

由糖代谢的中间产物为前体，经过一系列的生化反应合成氨基酸。

从生物合成的角度出发，根据前体的不同，可将组成蛋白质的20种氨基酸及氨基酰胺分为6组。

各种氨基酸生物合成的详细过程在生物化学和分子生物学中已有叙述，限于篇幅，这里不多加介绍。

（三）核苷酸的合成

核苷酸是核酸的基本结构单位，由碱基、戊糖、磷酸组成。微生物细胞内存在多种游离核苷酸，这类物质在代谢中极其重要。

微生物因遗传和环境条件的不同，可采用不同的方式进行核苷酸的合成。

1. 从无到有的途径

核苷酸从无到有的合成途径，是以细胞的中间代谢产物为基础，从头开始合成核苷酸分子。由各种小分子化合物，全新合成次黄嘌呤核苷酸和尿嘧啶核苷酸，然后转化为其他嘌呤核苷酸和嘧啶核苷酸。

2. 补救途径

当环境中已经有嘌呤、嘧啶或微生物缺乏合成某种核苷酸能力时，采用的是补救途径，即从环境中吸收嘌呤、嘧啶或其组成的核苷，来合成核苷酸。

脱氧核苷酸可由核苷酸还原而成，需要消耗能量。在不同微生物中，脱氧过程发生在不同的水平，如大肠杆菌中在核糖核苷二磷酸水平上进行脱氧，而赖氏乳酸菌中则是在核糖核苷三磷酸水平上脱氧，并且生成脱氧嘧啶核苷酸的情况比较复杂多样。

（四）脂肪酸的合成

微生物中常见的脂肪酸有饱和脂肪酸和不饱和脂肪酸，碳链长度主要在 C_{12} ~ C_{18}。

1. 饱和脂肪酸的合成

脂肪酸的合成并不是其β-氧化的逆反应，而是通过其他途径完成的。在微生物中饱和脂肪酸的合成模式是一致的，都是通过丙二酰 CoA 途径合成的。途径分为两个阶段：丙二酰 CoA 的合成和多酶复合体参与脂肪酸的合成。

2. 不饱和脂肪酸的合成

在微生物中不饱和脂肪酸有两种合成方式：好氧条件下，在饱和脂肪酰 CoA 基础上脱饱和，生成不饱和脂肪酸，反应由特异性的 NADPH 还原酶和特异的脱饱和酶催化，并且需要分子氧、NADPH 和铁氧还蛋白的参与。酵母和一些好氧细菌，如巨大芽孢杆菌、溶壁微球菌（*Micrococcus lysodeikticus*）中具有该途径。厌氧条件下，可通过由特殊的脱水酶催化的脱饱和作用合成不饱和脂肪酸。

三、微生物的次级代谢

在微生物的新陈代谢中，一般将微生物从外界吸收各种营养物质，通过分解代谢、合成代谢生成维持生命活动的物质和能量的过程，称为初级代谢。而次级代谢是相对于初级代谢提出的一个概念。一般认为，次级代谢是指微生物在一定的生长周期，以初级代谢产物为前体，合成一些对微生物的生命活动无明确功能的物质的过程。

初级代谢产物是指微生物通过代谢活动所产生的，自身生长和繁殖所必需的物质，如氨基酸、核苷酸、多糖、脂类等。次级代谢产物是指微生物生长到一定阶段才产生的化学物质，十分复杂、对该微生物无明显生理功能，或并非是微生物生长和繁殖所必需的物质，如维生素、抗生素、生长刺激素、毒素、色素、激素等。不同种类的微生物所产生的次级代谢产物不相同，它们可能积累在细胞内，也可能排到外环境中。其中，抗生素是一类具有特异性抑菌和杀菌作用的有机化合物，种类繁多，常用的有链霉素、青霉素、红霉素和四环素等。从弗莱明发现第一个抗生素——青霉素（penicillin）以来，世界各国对于微生物次级代谢产物筛选与研究的热情空前高涨。微生物学发展至今，微生物次级代谢产物的内涵得到极大拓展。

下面简要介绍几种常见的有代表性的微生物次级代谢产物。

（一）维生素类

细菌、放线菌、霉菌、酵母菌的一些种，在特定条件下会合成超过本身需要的维生素，机体含量过多时可分泌到细胞外。如丙酸杆菌生产维生素 B_{12}；分枝杆菌利用碳氢化合物产生吡哆醇（维生素 B_6）；酵母菌类细胞中除含有大量 B 族维生素如硫胺素（维生素 B_1）、核黄素（维生素 B_2）外，还含有各种固醇，其中麦角固醇是维生素 D 的前体，经紫外光照射能变成维生素 D；醋酸细菌合成维生素 C。临床上应用的各种维生素，主要是利用各种微生物生物合成后提取的。

（二）抗生素类

对于人类而言，抗生素是目前发现的最有价值的微生物次级代谢产物，已广泛应用于医药、临床、农业及畜牧业生产上。它是生物在其生命活动中产生的能特异性抑制其他生物生命活动的次生代谢产物及其人工衍生物的总称。一定种类的微生物只能产生一定种类的抗生素。从自然界发现和分离的抗生素约有 5000 种，经人工进行结构改造而制备的半合成抗生素数量更多。已发现的抗生素大多是放线菌产生的，细菌、真菌也可产生抗生素。

（三）生长刺激素

生长刺激素是由某些细菌、真菌、植物合成，能刺激植物生长的一类生理活性物质。已知有 80 多种真菌能产生吲哚乙酸等生长刺激素类物质。真菌中的赤霉菌所产生的赤霉素是目前广泛应用的植物生长刺激素。茭白黑粉菌也能产生吲哚乙酸，而“五四零六”放线菌既能产生抗生素也能产生生长刺激素。

（四）毒素

微生物在代谢过程中产生一些对动植物有毒的物质称为毒素。破伤风芽孢杆菌、白喉棒杆菌、痢疾志贺氏菌、伤寒沙门氏菌等病原微生物都可以产生毒素。细菌毒素分为外毒素和内毒素两类。苏云金芽孢杆菌可以合成对许多昆虫有毒杀作用的伴孢晶体，即 δ 内毒素。

影响人类健康的霉菌毒素已知有百种以上，有的毒性很强，如黄曲霉所产生的黄曲霉毒素。

（五）色素

许多微生物在培养中能合成一些带有不同颜色的代谢产物。微生物所形成的色素，有的留于细胞内，有的排到周围培养基中，所以有细胞内色素和细胞外色素之分。许多细菌产生光合色素。有的产生水不溶性色素，使菌落呈各种颜色；有的产生水溶性色素，使培养基着色。色素的合成途径尚不清楚。真菌和放线菌产生的色素更多。

微生物的代谢产物，特别是次生代谢产物，大部分尚未很好地被利用。微生物次生代谢的资源很丰富，潜力很大，有极其广阔的应用前景。

四、微生物发酵的代谢途径

近代杰出的工业微生物学家——施有光

发酵可以按照发酵底物或者产物进行分类，大量的发酵过程是根据发酵底物来分类的。发酵过程具有极其丰富的多样性，许多特殊的发酵仅仅局限在一些厌氧微生物和已知的独一无二的杆菌中，这些细菌在代谢上具有专一性。

葡萄糖经过各种脱氢途径形成重要阶段的产物——丙酮酸（PYR），由于微生物胞内不同酶系和所处环境不同，使接受电子的最终受体各种各样，形成不同的发酵途径，如图 4-11 所示。

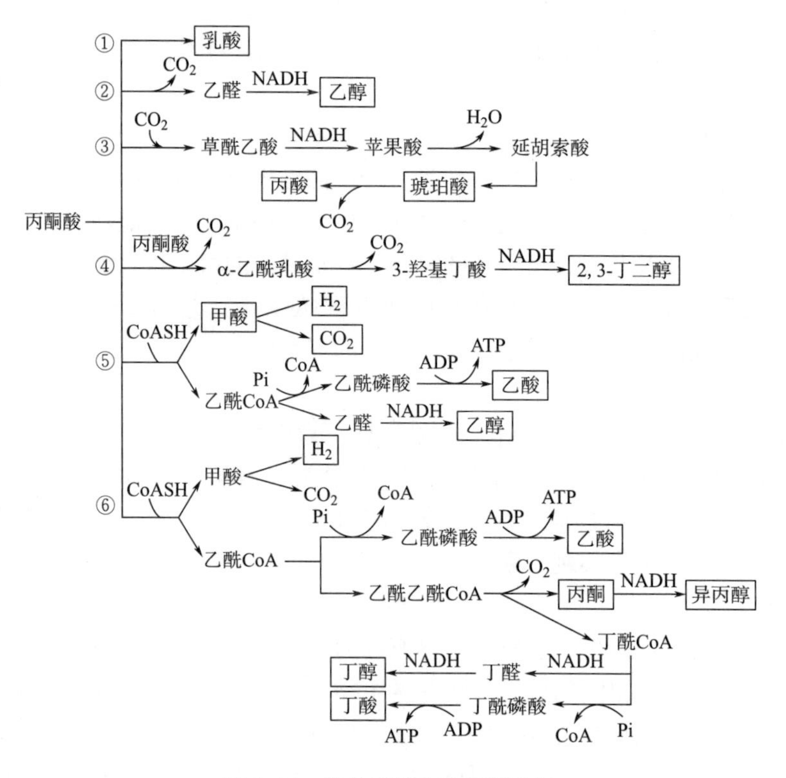

图 4-11　常见的微生物发酵途径

表 4-3 归纳了以产物划分的普通发酵的主要类型。

表 4-3　普通发酵类型

发酵类型	总反应	微生物	脱氢（电子）途径
乙醇发酵	己糖⟶2 乙醇+2CO_2	酵母	EMP
		发酵单胞菌	ED
同型乳酸发酵	己糖⟶2 乳酸	链球菌，乳酸杆菌	EMP
异型乳酸发酵	己糖⟶乳酸+乙醇+CO_2	明串珠菌，某些乳酸杆菌	HMP
丙酸发酵	乳酸⟶丙酸+乙酸+CO_2	丙酸杆菌，丙酸梭菌	EMP
混合酸发酵	己糖⟶乙醇+琥珀酸+乳酸+乙酸+甲酸+CO_2+H_2	肠杆菌，埃希氏菌，沙门氏菌，变形杆菌	EMP
丁二醇发酵	己糖⟶2,3-丁二醇+乳酸+乙酸+CO_2+H_2	肠杆菌，沙雷氏菌	EMP
丁酸发酵	己糖⟶丁酸+乙酸+CO_2+H_2	丁酸梭菌	EMP
丁醇发酵	己糖⟶丁醇+乙酸+丙醇+乙醇+CO_2+H_2	乙酸丁酸梭菌	EMP

下面主要介绍几种最常见的以产物分类的发酵途径。

（一）乙醇发酵

进行乙醇发酵的微生物主要是酵母菌（啤酒酵母），此外还有少数细菌（欧文氏菌属）。

微生物在厌氧条件下通过糖酵解作用使一分子葡萄糖分解生成二分子丙酮酸，同时产生可供机体生长的能量。丙酮酸在丙酮酸脱羧酶的作用下脱羧生成乙醛，乙醛在乙醇脱氢酶的催化下还原成乙醇。丙酮酸脱羧酶是酵母菌乙醇发酵的关键酶，目前已知它主要存在于酵母菌中。1 分子葡萄糖经糖酵解途径最终转化成 2 分子的乙醇，2 分子的 CO_2，净增 2 个分子的 ATP。

$$C_6H_{12}O_6+2ADP+2H_3PO_4 \longrightarrow 2C_2H_5OH+2ATP+2CO_2$$

丙酮酸的乙醇发酵需严格控制三个条件：厌氧、培养基中不含 $NaHSO_3$、$pH<7.6$。其原因在于：

（1）在有氧条件下，丙酮酸会直接进入三羧酸循环，彻底氧化形成 H_2O 和 CO_2，结果造成糖的利用率降低，乙醇的生成量减少。而这种呼吸抑制发酵的现象是巴斯德首先发现的，称为巴斯德效应。无氧条件下的酒精发酵，是酵母菌正常的发酵形式，又称第一型发酵。

（2）若培养基中含有 $NaHSO_3$，会发生第二型发酵，因为 $NaHSO_3$ 会与乙醛结合成难溶的复合物（磺化羟乙醛）产生沉淀。此时磷酸二羟丙酮被迫代替乙醛作为氢受体，生成 α-磷酸甘油。α-磷酸甘油进一步水解脱去磷酸而生成甘油，使得乙醇发酵变成甘油发酵。

（3）在 $pH\geqslant 7.6$ 时，会发生第三型发酵，乙醛因得不到足够的氢而积累，两个乙醛分子间会发生歧化反应，一个乙醛分子作为氧化剂被还原成乙醇，另一个乙醛分子则作为还原剂被氧化为乙酸，氢受体则由磷酸二羟丙酮担任，发酵终产物为甘油、乙醇和乙酸。这种发酵方式不能产生能量，只能在非生长的情况下进行。值得注意的是，采用此法生产甘油，必须使发酵液始终保持碱性，否则由于酵母菌产酸，发酵液 pH 降低，最终产物会变成乙醇。

由此可见，发酵产物会随发酵条件的变化而改变。酵母菌的乙醇发酵已广泛应用于酿酒和酒精生产。

（二）乳酸发酵

酸奶的故事

乳酸菌能发酵葡萄糖产生乳酸，其中大多数属于乳杆菌。根据产物的不同，可分成两种类型。

（1）同型乳酸发酵

在糖的发酵中，产物只有乳酸的发酵。由葡萄糖经 EMP 途径生成丙酮酸，其直接作为氢受体被 $NADH+H^+$ 还原而全部生成乳酸的一种发酵。进行乳酸发酵的有乳酸乳球菌（*Lactococcus lactis*）、植物乳杆菌（*Lactobacillus plantarum*）等。

（2）异型乳酸发酵

在发酵终产物中，除了乳酸外还有一些乙醇（或乙酸）等产物的发酵。这种发酵是以

HMP（或PK）途径为基础的，如肠膜状明串珠菌（*Leuconostoc mesenteroides*）、短乳杆菌（*Lactobacillus brevis*）等。

（三）混合酸发酵

某些肠杆菌如埃希氏菌属、沙门氏菌属（*Salmonella*）和志贺氏菌属（*Shigella*）中的一些菌，能够利用葡萄糖进行混合酸发酵，先通过EMP途径将葡萄糖分解为丙酮酸，然后由不同的酶系将丙酮酸转化成不同的产物，如甲酸、乙酸、乳酸、乙醇、CO_2和H_2，还有一部分磷酸烯醇式丙酮酸用于生成琥珀酸；而欧文氏菌属（*Erwinia*）中的一些细菌，能将丙酮酸转变成乙酰乳酸，乙酰乳酸经一系列反应最终生成丁二醇。由于这类肠道菌还具有丙酮酸-甲酸裂解酶、乳酸脱氢酶等，所以其终产物含有甲酸、乳酸、乙醇等。若大肠杆菌在特殊情况下（葡萄糖浓度受到了限制、pH值改变或温度降低等），细胞会由同型乳酸发酵进入混合酸发酵途径。与同型乳酸发酵相同，混合酸发酵也经由EMP途径，但丙酮酸的代谢途径发生了改变，生成了甲酸、乙酸、乙醇等副产物。

（四）丙酮丁醇发酵

丙酮丁醇梭菌（*Clostridium acetobutylicum*）能够发酵生产丙酮和丁醇，二者均为重要的化工原料。丙酮丁醇发酵指丙酮丁醇梭状芽孢杆菌在厌氧条件下分解糖类原料产生丙酮丁醇的过程。糖类基质先被酵解成丙酮酸，然后形成乙酰辅酶A，两个乙酰辅酶A缩合成乙酰乙酸辅酶A。乙酰乙酸辅酶A脱羧生成丙酮，乙酰乙酸辅酶A经还原生成丁醇。生化反应的关键酶为辅酶A转移酶、乙酰乙酸脱羧酶、丁醛脱氢酶、丁醇脱氢酶。

丙酮丁醇梭菌在很早以前就被用于溶剂丙酮和丁醇的生产，但由于受到菌株细胞发酵能力的限制以及化学合成法的竞争，丙酮丁醇发酵生产被石化法替代。近几年随着环境污染、石化资源逐渐枯竭和石油价格的迅猛增长，生物发酵法生产丙酮和丁醇重新受到关注。同时，由于分子生物学技术的飞速发展和微生物组学等技术的进步，通过遗传改造技术以及代谢工程来提高丙酮丁醇梭菌发酵性能特别是丁醇的产量又成为研究的热点。

第三节　微生物的代谢调节与发酵生产

微生物的代谢调节与发酵生产

思考题

1. 微生物代谢的多样性是如何体现的？
2. 试述生物氧化的类型。

3. 比较有氧呼吸、无氧呼吸和发酵的异同点。
4. 简述 ATP 产生的三种机制。
5. 试述 TCA 循环在微生物代谢中的重要性。
6. 微生物的分解代谢大致分为哪几个阶段，简述每个阶段都发生了什么？
7. 试述生物大分子分解有何实际意义？
8. 微生物进行酶的调节的方式有哪些？它们之间有何区别？
9. 次级代谢途径与初级代谢途径之间有哪些联系？
10. 试述常见的有代表性的微生物次级代谢产物。
11. 如何利用代谢调控提高微生物发酵产物的产量？

参考文献

[1] 朱军．微生物学［M］．北京：中国农业出版社，2010.
[2] 诸葛健，李华忠，王正祥．微生物遗传育种学［M］．北京：化学工业出版社，2011.
[3] 马迪根，马丁克，帕克．微生物生物学［M］．北京：科学出版社，2001.
[4] 江汉湖．食品微生物学［M］．北京：中国农业出版社，2010.
[5] 贺稚非．食品微生物学［M］．北京：中国质检出版社，2013.
[6] 唐欣昀．微生物学［M］．北京：中国农业出版社，2009.
[7] 殷文政．食品微生物学［M］．北京：科学出版社，2015.
[8] 沈萍．微生物学［M］．北京：高等教育出版社，2006.
[9] 刘慧．现代食品微生物学［M］．北京：中国轻工业出版社，2011.
[10] 何国庆，贾英民，丁立孝．食品微生物学［M］．北京：中国农业出版社，2016.
[11] Lansing M Prescott，John P Harley，Donald A Klein. Microbiology［M］. 6th Edition. America：McGraw-Hill，2004.
[12] 李平兰．食品微生物学教程［M］．北京：中国林业出版社，2011.
[13] 周丽．高产高纯 D-乳酸的 E. coli 代谢工程菌的构建［M］．无锡：江南大学，2012.

第五章　微生物的生长与控制

第五章　微生物的生长与控制

微生物无论其在自然条件下还是在人工条件下发挥作用，都是“以数取胜”或是“以量取胜”的。生长、繁殖就是保证微生物获得巨大数量的必要前提。可以说，没有一定的数量就等于没有微生物的存在。在微生物的研究和应用中，只有群体生长才有意义。凡提到“生长”时，一般均指群体生长，这一点与研究大型生物有所不同。微生物的生长、繁殖是其在内外各种环境因素相互作用下生理、代谢等状态的综合反映。因此，有关生长繁殖数据可作为研究各种生理、生化和遗传等问题的重要指标。同时有益菌在生产实践中的各种应用，以及控制腐败菌、病原菌引起食品腐败和食物中毒的发生，也都与其生长繁殖紧密相关。本章重点介绍微生物的生长繁殖规律、影响微生物生长的环境因素，以及控制其生长繁殖的方法。

第一节　微生物生长

一、微生物生长的概念

微生物在适宜的环境条件下，一方面，不断吸收营养物质，合成自身细胞组分，进行同化作用；另一方面，微生物又不断地将复杂的物质分解成简单的物质，进行着异化作用。若同化作用大于异化作用，细胞原生质的总量（质量、体积、大小）将不断增加，这个生物学过程就是微生物的生长。当微生物生长达到一定阶段，由于细胞结构的复制与再生，引起微生物生命个体增加的生物学过程就是微生物的繁殖。

微生物的生长与繁殖是两个不同但又相互联系的概念，从生长到繁殖是一个量变到质变的过程，整个过程就是微生物的发育过程。微生物的生长表现在微生物的个体生长和群体生长两个水平，如下所示：

个体生长→个体繁殖→群体生长

群体生长=个体生长+个体繁殖

微生物细胞生长周期受很多因素的影响，如遗传特性和营养条件。在牛奶中大肠杆菌的生长周期比在营养琼脂上的生长周期短，而且两者的生长周期均短于水中的生长周期。大多数的细菌比大肠杆菌繁殖慢，但也有少数几种比大肠杆菌繁殖快。

微生物的生长与繁殖是一把双刃剑，在实际工业生产中要利用好这把双刃剑，促进有益微生物的生长，抑制有害微生物的生长。

二、微生物生长量的测量

大多数微生物体积很小，个体生长变化不大，很难测定，即使测定意义也不大。所以通常测定微生物的生长时，一般测定微生物群体的生长，而非单个细胞的生长，实际上是细胞群体生长量的测定和细胞数目的测定。

（一）生长量测量

测量微生物生长量的方法有许多种，可根据研究目的和条件选择性地使用。

1. 湿重法

湿重法测量就是将待测微生物培养液放在刻度离心管中进行一定时间的离心或自然沉降，然后测量微生物细胞沉降物的体积，再弃上清，取沉淀称量。该方法简单实用，结果观察直观。

2. 干重法

干重法可用离心法或过滤法测定。离心法：将待测培养液离心，清水洗涤3~5次后干燥，干燥时可在烘箱中（100℃或105℃）干燥，也可用红外干燥仪干燥，还可以在较低温度（80℃或40℃）下进行真空干燥，最后称干重。部分微生物不适宜用离心法干燥，例如丝状真菌，可用滤纸过滤然后干燥，细菌可用硝酸纤维素膜等滤膜进行过滤。过滤后，用少量水洗涤细胞，然后真空干燥（40℃以下），最后称干重。这是测定细胞物质较为直接可靠的方法，但只适用于菌体浓度较高的样品，而且要求样品中不含菌体以外的其他干物质。

3. 含氮量测定

正常情况下，细胞的总氮量与细胞粗蛋白的含量关系是一定的。可以用下式进行计算：

$$粗蛋白含量=含氮量（\%）\times 6.25$$

细胞含氮量的测定方法也有很多，科研中常用的测定方法是凯氏定氮法，此法比较适合细胞浓度较高的样品，但操作较麻烦，主要用于科学研究。

4. 含碳量测定

微生物的新陈代谢必然伴随着物质的消耗或产生。微生物生长旺盛时，消耗或积累的某种代谢产物也多，反之，生长缓慢时，消耗或积累的代谢产物就少。将少量生物材料混入1mL水或无机缓冲液中，用2mL 2%重铬酸钾溶液在100℃下加热30min，冷却后加水稀释至5mL，580nm波长下测定光密度值，即可推算出生长量。

5. DNA含量测定

微生物细胞的DNA含量较稳定，所以可以采用适当的荧光指示剂或染色剂与菌体DNA作用，用荧光比色或分光光度法测定DNA含量。

6. 比浊法

微生物在液体培养基中培养时，细胞中原生质含量的增加会引起培养物浑浊度的增高。最古老的比浊法是采用McFarland比浊管的方法，用不同浓度的$BaCl_2$与稀H_2SO_4配制成10个梯度的$BaSO_4$浑浊液，以此表示10个相对细菌浓度。然后用未知浓度的菌液在透射光下与某一比浊管进行比较，浊度相当的两支试管可认为菌浓度相当。还可以用分光光度计测定微生物培养液浊度变化，在450~650nm波长范围内都可以测定。

7. 其他

磷、RNA、ATP、DAP（二氨基庚二酸）和*N*-乙酰胞壁酸等的含量，以及产酸、产气、产CO_2、好氧、黏度和产热等指标，均可用于生长量的测定。

（二）计数法

计数法是计算微生物繁殖出的个体数目，此法适宜于单细胞状态的微生物或丝状微生物所产生的孢子。如计数单细胞状态的细菌和酵母菌，而放线菌和霉菌等丝状微生物只能计数它们的孢子。

1. 直接法

直接法是在显微镜下直接观察细胞并进行计数的方法，计数结果是包括死细胞在内的总菌数。该方法常用，但也有一定的局限性，为了区别死活细胞，可采用特殊染色方法染色活菌后再在光学显微镜下观察计数，如美蓝染色法对酵母菌染色后，光学显微镜观察活菌为无色，死菌为蓝色，因此可分别做活菌和总菌的计数。在样品不染色时，需要使用相差显微镜。该法适于细胞密度低的样品，但细胞相对密度低于 10^6/mL 不能在视野中见到所有的细菌。

（1）比例计数法

是一种粗放的计数方法。将已知颗粒浓度的液体与待测细胞浓度的菌液按一定比例均匀混合，然后镜检各自的数目，计算未知菌悬液中细胞浓度。

（2）涂片计数法

将已知体积的待测样品，均匀地涂布在载玻片的已知面积内（$1cm^2$），经固定染色后，显微镜下选择若干个视野观察计算细胞的数量。视野可用镜台测微尺测得直径并计算其面积，从而推算 $1cm^2$ 总面积中所含细胞数目。

（3）血细胞计数板法

血细胞计数板中央有一个容积一定的计数室（$0.1mm^3$），将经过适当稀释的菌悬液或孢子液放在血细胞计数板与盖玻片之间的计数室中，在显微镜下进行计数，然后将所观察到的微生物的数目换算成单位体积内的微生物总数。此法是计数一定容积中细胞总数的常用方法，且对细胞较大的酵母菌较为适用。

2. 间接法

间接法是一种活菌计数法，原理是通过测定活菌在固体培养基上形成的菌落数或在液体培养基中生长繁殖使液体浑浊的程度来确定其活菌数的方法。

（1）涂布平板法

用灭菌的涂布器将一定体积（0.1～0.4mL）的适当稀释过的含菌液涂布在琼脂培养基的表面，在一定的温度下培养一定时间，记录菌落数目并换算成每 mL 试样中的细胞数量。

（2）倒平板法

该法是一种常用的食品中细菌总数的计数法，用标准方法将待测样品稀释，然后将已知体积（0.1～1mL）的适当稀释过的含菌液加到灭菌的平皿内，然后倒入融化后冷却至 45℃ 的琼脂培养基，水平位置旋转混匀，凝固后培养，每一个活细胞就形成一个单位菌落，即是一个“菌落形成单位”（colony forming unit，cfu），然后计数平板上出现的菌落数乘以样品的稀释度，即可计算出样品的含菌数。此法常用于食品中细菌总数的检测。

（3）液体稀释法

将未知样品进行 10 倍梯度稀释。选择适宜的 3 个连续浓度的 10 倍稀释液，每个稀释度接种 3 管液体培养基，适宜条件下培养一段时间，记录每个稀释度出现生长的试管数，然后查最近似数（most probable number，MPN）表，根据样品的稀释倍数可计算出活菌数量。

三、微生物的群体生长规律

微生物的生长表现在个体生长和群体生长两个水平，然而在实际工作中，除某些大型真菌外，我们肉眼所观察到的或接触到的微生物基本不是单个个体，而是成千上万的个体组成的群体，所以常以微生物的群体作为研究对象，以微生物细胞的数量或微生物群体细胞物质量的变化作为生长的指标。

（一）单细胞微生物的典型生长曲线

当把少量的菌种接种到新鲜培养基中，在培养条件保持稳定的状况下，细胞群体会发生有规律地生长。以培养时间为横坐标，以单细胞增长数目的对数值为纵坐标，作一条线，这一条定量描述液体培养基中微生物群体生长规律的实验曲线就叫作生长曲线。这条生长曲线代表单细胞微生物从生长开始到最终衰老死亡的一般规律。一条典型的生长曲线可以分为延滞期、对（指）数期、稳定期和衰亡期 4 个时期（图 5-1）。

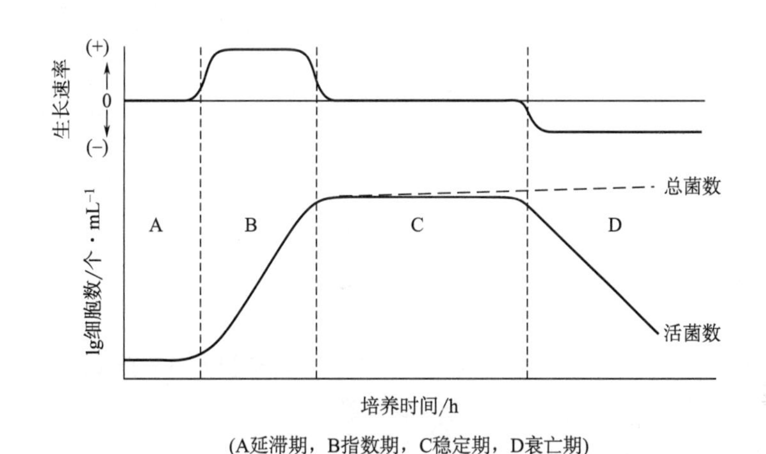

(A延滞期，B指数期，C稳定期，D衰亡期)

图 5-1 微生物典型生长曲线

1. 延滞期（lag phase）

又称为迟缓期、适应期、缓慢期或调整期。当把少量微生物接种到新鲜培养基后，细胞不会马上进行分裂，细胞数目在一段时间内基本保持不变，这一时期就叫作延滞期。处于延滞期的微生物有以下几个特点：①细胞数目基本保持不变，生长速率常数为零；②细胞的体积和质量增长快，细胞质均匀，贮藏物质消失；③细胞内蛋白质、DNA、RNA 尤其是 rRNA 含量增高，原生质呈嗜碱性；④代谢活跃，从基质中快速吸收各种营养物质，大量合成细胞分裂所需的酶类、ATP 和其他细胞成分，为细胞分裂做准备；⑤对不良环境（如 pH 值、溶液浓度、温度和化学物质等）敏感。

延滞期可能很长，也可以很短甚至不明显。出现延滞期的原因有很多种。若将对数生长期的培养物接种到与原来同样的培养基中，在相同条件下培养，微生物几乎能以同样生长速率进行生长；但是如果选择稳定期的微生物进行接种，就会产生很明显的延滞期。这是因为稳定期的微生物细胞生理趋于衰老，细胞内的各种辅酶或其他合成细胞所必需的成分基本已经耗尽，所以需要时间进行修复和合成相关物质。若被接种的微生物是经过处理如酸碱处理、辐照或诱变而有所损伤的细胞，也会有延滞期的出现，因为细胞进行分裂之前需要进行自身修复。生长在营养丰富的培养基上的微生物转移到营养贫瘠的培养基后，因为需要合成新培养基中缺乏的营养物质来满足自身生长的需要，所以也会出现延滞期。另外，菌种的遗传特性和接种体积的大小也会影响延滞期的长短。

在实际发酵工业生产中，为了提高生产效率经常采取一定的措施来缩短延滞期，常用方法有以下几种：①以对数期的菌体作种子，因为对数期的菌体生长代谢旺盛，繁殖力强，抗不良环境和噬菌体的能力强，延滞期短；②适当增大接种量。实际生产中，接种量的大小是影响延滞期的一个重要因素，接种量大，延滞期短，接种量小，延滞期长。一般采用3%~8%的接种量，根据生产上的具体情况而定，最高不超过10%；③培养基的成分。尽量使接种前后培养基成分不要相差太大，如常常在种子培养基中加入生产培养基的某些营养成分；④通过遗传学方法改变菌种的遗传特性，使延滞期缩短。

2. 对数期（logarithmic phase）

又称指数生长期。一旦微生物细胞的生理修复或调整完成，延滞期结束，细胞即开始进入快速分裂阶段。微生物以最大的速率生长和分裂，细胞数目以几何级数增加，即以 $2^0 \to 2^1 \to 2^2 \to 2^3 \to 2^4 \to 2^5 \to \cdots\cdots \to 2^n$ 速度增长，此阶段又称为对数期。此阶段的特点：①细胞快速分裂，生长速率常数最大，细胞每分裂一次所需世代时间（t）最短；②菌体平衡生长，其个体形态、细胞化学组成和生理特征比较均匀一致；③酶活力高而稳定，代谢旺盛。对数期的微生物是用作代谢、生理研究的良好材料，也是用作菌种的最佳材料。

在对数期中有繁殖代数、生长速率常数和世代时间（又称增代时间，简称代时）3个重要参数，它们之间的相互关系和计算方法如下：

（1）繁殖代数（n）。

如果在时间 t_1 时菌数为 x_1，经过一段时间为 t_2 时，繁殖 n 代后菌数为 x_2，则

$$x_2 = x_1 \cdot 2^n,$$

以对数表示：

$$\lg x_2 = \lg x_1 + n\lg 2$$

$$n = 3.322\ (\lg x_2 - \lg x_1)$$

（2）生长速率常数（R）：每小时的分裂代数的变化。

根据生长速率常数定义可知：

$$R = \frac{n}{t_2 - t_1} = \frac{3.322\ (\lg x_2 - \lg x_1)}{t_2 - t_1}$$

（3）代时（G）。

由代时定义可知：

$$G = \frac{1}{R} = \frac{t_2 - t_1}{3.322\ (\lg x_2 - \lg x_1)}$$

影响微生物对数期增代时间长短的因素较多，主要是菌种、营养成分、培养温度等。

不同的微生物代时差别很大，即使是同一菌种，由于培养基成分和物理条件的不同，其对数期的代时也不同。在一定条件下，各种菌的代时是相对稳定的，多数为20~30min，长的达到33h，短的只有9.8min。同种微生物，在营养丰富的培养基中生长，其代时就短，反之则长。另外，温度也是影响微生物生长速率的重要物理因素。微生物在最适生长温度范围时，代时较短。

3. 稳定期（stationary phase）

又称最佳生长期或恒定期。如果对数期的细胞分离不受节制地连续进行，理论上一个代时为20min、重10~12g的细菌菌体，经过48h的对数生长之后，群体质量可达到地球质量的4000倍。事实上，这种现象并没有发生。这是由于营养物质的消耗、代谢产物的积累和pH等环境因素发生变化，环境条件逐步不适宜细菌生长，导致细菌生长速率降低直至零

(即细菌分裂增加的数量等于细菌死亡数量)，对数生长期结束，进入稳定生长期。

此阶段的特点：①生长速率常数等于零，即新繁殖的细胞数与衰亡细胞数几乎相等，二者处于动态平衡，此时培养液中活菌数最高并维持稳定；②菌体分裂速率降低，代时逐渐延长，细胞代谢活力减退，开始出现形态和生理特征的改变；③细胞开始贮存糖原、异染颗粒和脂肪等贮藏物质；④多数芽孢菌在此阶段开始形成芽孢；⑤许多重要的发酵代谢产物主要在此时大量积累并达到高峰。

稳定期的生长规律对生产实践有重要指导意义。对以生产菌体或与菌体生长相平行的代谢产物为目的的一些发酵生产来说，稳定期是产物的最佳收获期，延长稳定期可以获得更多的菌体物质或代谢产物。同时对维生素、氨基酸、碱基等生长因子而言，稳定期是进行生物测定的最佳时期。此外，对稳定期产生原因进行的研究，还促进了连续培养原理的提出以及相关工艺、技术的创建。

4. 衰亡期（death phase）

如果处于稳定期的细菌继续培养，细胞的死亡率将逐步增加，最终群体中活的细胞数目将以对数速率迅速下降，出现“负增长”，此阶段就叫作衰亡期。衰亡期微生物有以下几个特点：①细胞形态发生改变，甚至产生畸形细胞；②细胞代谢活力明显降低，因蛋白水解酶活力的增强导致菌体死亡伴随菌体自溶，释放代谢产物；③有些革兰氏阳性细菌染色反应为阴性；④某些微生物在此时期进一步合成或释放对人类有益的抗生素等次级代谢物，芽孢杆菌在此时期释放芽孢。

衰亡期产生的原因主要是营养物质耗尽和有毒代谢产物的大量积累，外界环境对细胞生长越来越不利，从而引起细胞内的分解代谢明显超过合成代谢，导致大量菌体死亡。

正确地认识和掌握细菌群体的生长特点和规律，对于科学研究和微生物工业发酵生产具有重要指导意义。在研究细菌的代谢和遗传时，需采用生长旺盛的对数期的细胞；在发酵生产方面，使用的发酵剂最好是对数期的种子，几乎不出现迟滞期，控制延长对数期，可在短时间内获得大量培养物（菌体细胞）和发酵产物，缩短发酵周期，提高生产率。

单细胞微生物主要包括细菌和酵母菌，上述细菌的典型生长曲线对描述单细胞的酵母菌群体的生长规律同样适用。

（二）微生物的同步生长

微生物个体生长是微生物群体生长的基础，但是群体中的每个个体可能分别处于个体生长的不同阶段，他们的生理状态和代谢活动也不完全一样，因此出现生长与分裂不同步的现象。同步培养（synchronous culture）就是设法使微生物群体处于同一发育阶段，使群体和个体行为变得一致，所有的细胞都能同时生长或分裂的一种培养方法。以同步培养法培养的细胞的生长方式称为同步生长。通过同步培养方法获得的细胞被称为同步细胞或同步培养物。同步培养方法很多，可归纳为机械筛选法和诱导法两类。

1. 机械筛选法

机械筛选法是根据微生物细胞在同一生长阶段的细胞体积、大小与质量完全相同或它们与某种材料吸附能力相同的原理获取同步培养物。常用的方法有以下几种，实际生产中有效而常用的方法是前两种。

（1）硝酸纤维素滤膜法

此法根据硝酸纤维素滤膜能紧密黏附与其相反电荷的细菌设计的一种膜洗脱方法。将不同步的未知细菌液体培养物通过硝酸纤维素微孔滤膜，细胞会吸附其上；然后翻转滤膜，置于滤器中，以无菌的新鲜培养液通过滤膜，没有黏牢的细胞先被洗脱，除去起始洗脱液后就可以得到刚刚分裂下来的新生细胞。分裂后的子细胞不与薄膜直接接触，由于菌体本身的质量，加之它所附着的培养液的质量，便下落到收集器内，于是得到同步生长的细胞悬液。

（2）密度梯度离心法

此法原理是不同颗粒之间存在沉降系数差时，在一定离心力作用下，颗粒各自以一定速度沉降，在密度梯度不同区域上形成区带，每一区带的细胞大致是处于同一生长期的，分别将它们取出进行培养，即可获得同步培养物。离心时常用的介质为氯化铯，蔗糖和多聚蔗糖等物质。分离活细胞的介质要求：①能产生密度梯度，且密度高时，黏度不高；②pH 中性或易调为中性；③浓度大时渗透压不大；④对细胞无毒。

（3）过滤分离法

将不同步的细胞培养物通过孔径大小不同的微孔滤器，从而将大小不同的细胞分开，分别将滤液中的细胞取出进行培养，获得同步培养物。

2. 诱导法

又称环境条件控制技术，根据细菌生长与分裂对环境因子要求不同的原理，通过控制环境温度、培养基成分或影响其生长周期中主要功能的代谢抑制剂等诱导细菌同步生长，获得同步培养物。

在这两种方法中，由于诱导法可能导致与正常细胞循环周期不同的周期变化，所以不及机械法好，这在生理学研究中尤其明显。

（三）微生物的连续培养

连续培养（continuous culture），又称开放培养，是相对分批培养或密闭培养而言的，是指向培养容器中连续流加新鲜培养液，使微生物的液体培养物长期维持稳定、高速生长状态的一种生物培养技术。

微生物置于一定容积的培养基中，经过一段时间培养，最后一次收获，称为分批培养。在分批培养中，培养基一次性加入，不再补充，随着微生物的生长和繁殖，营养物质逐渐减少，有害物质不断积累，细菌不再以对数方式进行增长。连续培养是在微生物典型生长曲线的基础上，认识到稳定期出现的原因，在微生物生长到对数期后期时，不断向培养容器中添加新的培养液，并不断搅拌；同时，以同样的速度排出培养物。这样培养容器内的培养物就达到一种动态平衡，微生物也可以长期保持对数期的平衡生长状态以及稳定的生长速率，于是形成连续生长。连续培养为微生物的研究工作提供一定生理状态的实验材料，且提高发酵工业的生产效益和自动化水平，成为目前发酵工业的发展方向之一。

连续培养的方法可以分为以下两类：

1. 恒浊法

恒浊法是菌体生长曲线稳定期的延伸，利用光电池来检测培养室中的浊度（即菌液浓度），并根据光电效应产生的电信号强弱变化自动调节新鲜培养基流入和培养物流出培养室的流速。当培养容器中的浊度增高，可以通过调节光电系统，使培养液流速加快，当浊度较低时，可以降低培养液流速，从而达到恒定密度的目的。如果所用培养基中含有过量的必需营养物，就可使菌体维持最高的生长速率。恒浊连续培养中，细菌生长速率不仅受流速的控制，也与菌种种类、培养基成分以及培养条件有关。

恒浊法的特点是基质过量，微生物始终以最高速率进行生长，并可在允许范围内控制不同的菌体密度，但工艺复杂、烦琐。

在实际生产中，为了获得大量的菌体或者与菌体生长平行的代谢产物，可以采用恒浊法。

2. 恒化法

恒化法，又称外控法，是菌体生长曲线对数期的延伸。恒化法是使培养液流速保持不变，使微生物始终在低于最高生长速率条件下进行生长繁殖的一种连续培养的方法。实际生产中常常通过控制某一营养物浓度，使其成为限制因子，其他营养物均过量，这样限制因子的浓度就决定了菌体的生长速率。随着菌体的生长，菌体密度随时间增长而增高，限制因子的浓度随时间增长而降低，两者相互作用，控制微生物的生长速率正好与恒速加入新鲜培养基流速相平衡。这样，一方面可以获得一定生长速率的均一菌体，另一方面又可获得虽低于最高菌体产量，但能保持稳定菌体密度的菌悬液。

恒化法的特点是维持营养成分的亚适量，菌体生长速率恒定，菌体均一、密度稳定，产量低于最高菌体产量。

恒化法连续培养主要用于实验室的科学研究中，特别是用于与生长速率相关的各种理论研究中。

将连续培养技术应用于发酵工业生产中，就称为连续发酵。与分批发酵相比，连续发酵有很多优点：

①自控性。便于利用各种仪表进行控制。

②高效。连续发酵使装料、灭菌、出料、清洗发酵罐等工艺简化，缩短了生产时间，且提高了设备利用率。

③产品质量较稳定。

④节约了大量动力、人力、水和蒸汽，使水、汽、电的负荷减少。

但是，这种方法也存在其不足之处：

①易退化。微生物处于长期高速繁殖条件下，即使自发突变率很低，也是非常容易发生变异的。

②易污染。连续发酵过程中，要保持各种设备无渗漏、通气系统不出故障，是相当困难的。因此，“连续”是相对的，并不是无条件、无限的连续，仅仅是相对分批来说是连续的，一般连续时间为1~2年。一段时间后需要更换培养容器内的菌体。

③营养物利用率低。连续培养中，营养物没有利用完即流出，相对分批培养来说，连续培养的营养物的利用率是比较低的。

在发酵工业中，目前应用连续培养技术的有酵母单细胞蛋白的生产，乙醇、乳酸、丙酮和丁醇的发酵，利用假丝酵母进行石油脱蜡或者是污水处理等。

第二节　环境因素对微生物生长的影响

微生物的生长受很多因素的影响，除了第三章已经介绍过的营养条件外，还包括许多物理、化学因素。在一定限度内，环境条件的改变，可引起微生物形态、生理、生长、繁殖等特征的改变；超过这个限度，环境条件的变换会导致微生物的死亡。一种环境条件也许会对一种微生物是有害的，而对另外一种微生物却是有利的。研究环境条件与微生物的相互关系，可以帮助人们了解微生物在自然界的分布与作用，指导人们在食品加工中有效的控制微生物的生命活动，保证食品安全，延长食品货架期。

影响微生物生长的环境因素有很多，包括温度、pH 值、氧气、水分活度、渗透压、辐射等。

一、温度

温度是影响微生物生长繁殖和生存的最重要的因素之一，这是因为微生物的生命活动是由一系列生化反应组成的，而这些生化反应受温度影响非常明显，同时生物大分子的物理状态也受到温度的影响，如高温会导致蛋白质变性，低温则会使细胞膜凝固，致使物质运送困难。

温度对微生物的影响是以两种相反方式实现的。一定范围内，机体的代谢活动与生长繁殖随着温度的上升而增加，但当温度上升到一定程度，开始对机体产生不利影响，微生物细胞内的蛋白质、核酸等细胞组分受到不可逆的损害，若温度再继续升高，细胞功能急剧下降以致死亡。

总体而言，微生物的生长范围较广，在-12～100℃范围内均有已知微生物生长。但具体到某一种微生物，就只能在一定温度范围内生长。与其他生物一样，微生物的生长温度虽有高有低，但都有最低生长温度、最适生长温度、最高生长温度 3 个重要指标，这就是生长温度三基点。如果将所有微生物看成一个整体，它的温度三基点无疑是极宽的，由以下可以看出：

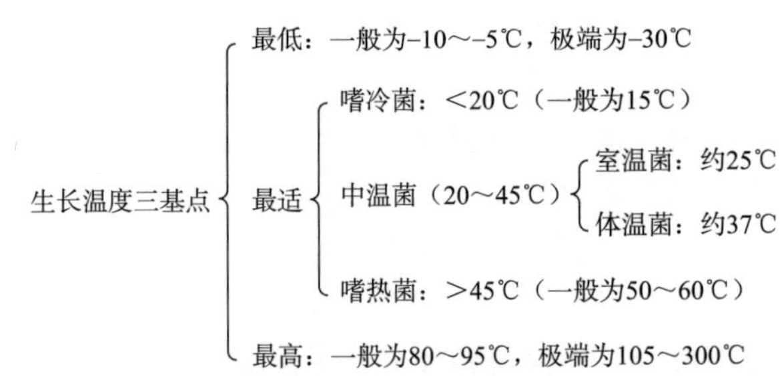

最低生长温度：微生物能进行繁殖的最低温度界限。处于该温度时微生物生长速率很低，低于此温度，微生物完全停止生长。不同微生物最低生长温度有所不同，与其物理状态和化学组成有关。

最适生长温度：菌体分裂代时最短或生长速率最高时的培养温度。不同的生理生化过程有着不同的最适温度（见表 5-1）。因此，生产上要根据微生物不同生理代谢过程最适温度的特点，采用分段式变温培养或发酵。

表 5-1　微生物各生理过程的不同最适温度

菌名	生长温度/℃	发酵温度/℃	累计产物温度/℃
Streptococcus thermophilus（嗜热链球菌）	37	47	37
Streptococcus lactis（乳酸链球菌）	34	40	产细胞：25～30 产乳酸：30
Streptomyces griseus（灰色链霉菌）	37	28	—
Corynebacterium pekinense（北京棒状杆菌）	32	33～35	—
Penicillium Chrysogenum（产黄青霉）	35	25	20

最高生长温度：微生物生长繁殖的最高温度界限。超过此温度后，细胞易衰老甚至死亡。不同微生物能适应的最高生长温度与其细胞内酶有关。例如细胞色素氧化酶以及各种脱氢酶的最低破坏温度常与该菌的最高生长温度接近（见表 5-2）。

表 5-2　细胞色素氧化酶以及各种脱氢酶的最低破坏温度与该菌最高生长温度

细菌	最高生长温度/℃	最低破坏温度/℃		
		细胞色素氧化酶	过氧化氢酶	琥珀酸脱氢酶
蕈状芽孢杆菌	40	41	41	40
单纯芽孢杆菌	43	55	52	40
蜡状芽孢杆菌	45	48	46	50
巨大芽孢杆菌	46	48	50	47
枯草芽孢杆菌	54	60	56	51
嗜热芽孢杆菌	67	65	67	59

致死温度：最高生长温度进一步升高，便可杀死微生物。这种使微生物致死的温度最低界限即为致死温度。致死率与处理时间有关。一定温度下，处理时间越长，死亡率越高。

按照最适生长温度不同，微生物可分为专性嗜冷微生物、兼性嗜冷微生物、嗜温微生物、嗜热微生物、超嗜热微生物 5 种不同类型（见表 5-3）。

表 5-3　微生物生长的温度范围

微生物类型	生长温度/℃		
	最低	适宜	最高
专性嗜冷微生物	<0	5~15	15~20
兼性嗜冷微生物	-5~0	10~20	25~30
嗜温微生物	10~20	20~40	40~45
嗜热微生物	45	50~60	80
超嗜热微生物	65	80~95	>100

（一）专性嗜冷微生物

专性嗜冷微生物又称低温型微生物，可在较低温度下生长。只能在常年低温的环境中，如两极地区或海洋深处才能生存。当温度上升至室温，这类微生物就会死亡。

嗜冷微生物能够在低温下生长的原因，目前认为有两点：

（1）嗜冷微生物产生的酶在寒冷条件下功能最佳，在温和条件下反而变性甚至失活。

（2）嗜冷微生物的原生质膜含有较多不饱和脂肪酸，这些脂肪酸即使在低温条件下也能保持流动状态，从而使嗜冷微生物在低温下仍然能够进行主动运输。某些嗜冷微生物的细胞膜中有聚不饱和脂肪酸和多个双键的碳氢化合物，目前已经从生存在南极的细菌脂类组分中鉴别出了有 9 个双键的碳氢化合物。

（二）兼性嗜冷微生物

兼性嗜冷微生物，又称耐冷微生物。除分布在终年常冷的环境中外，还可以分布在具有温度波动的冷环境中，如冷库、湖泊及土壤、肉、奶及奶制品、贮存在冰箱中的果汁、蔬菜及水果中。夏天环境变暖，不利于专性嗜冷微生物的生存，有利于兼性嗜冷微生物的生存，从而把专性嗜冷微生物淘汰。兼性嗜冷微生物是引起冰箱食物腐败的主要生物类群。

（三）嗜温微生物

这类微生物广泛存在于地球上各种环境中，分布在人和动物的体内或体表。它们又可以分为嗜室温微生物和嗜体温微生物。嗜体温微生物多为人及温血动物的病原菌，最适生长温度与宿主体温相近。引起人和动物疾病的病原微生物、发酵工业应用的微生物菌种以及导致食品原料和成品腐败变质的微生物都是这一类群的微生物。所以，这一类微生物与食品工业的关系密切。

（四）嗜热微生物

嗜热微生物多存在于温泉、日照充足的土壤表层、堆肥或发酵堆料中，以及一些热电厂、家用或工业用热水器等环境中。能在55～75℃中生长的微生物有芽孢杆菌属（*Bacillus*）、梭状芽孢杆菌属（*Clostridium*）、嗜热脂肪芽孢杆菌（*Bac. stearothermophilus*）、高温放线菌属（*Thermoactinomyces*）等。

（五）超嗜热微生物

超嗜热微生物最适生长温度在80℃以上，有的为100℃以上。此类微生物都是古细菌，它们通常生长在热泉、火山喷气口或海底火山喷气口的附近环境中。

超嗜热微生物在高温下能够生存，目前有两方面的原因：

（1）菌体内的酶和其他蛋白质比嗜温微生物更稳定，最适合在高温条件下发挥作用。研究嗜热微生物中的酶发现，它们的氨基酸序列与嗜温微生物中催化相同反应的酶的氨基酸序列只有很小的差别，由一个关键的氨基酸代替了存在于此酶中的一个或几个氨基酸，使该酶以不同方式进行折叠，从而能耐受热的变性作用，同时超嗜热微生物的蛋白质合成机构——核糖体和其他成分对高温抗性也较大。

（2）细胞膜中饱和脂肪酸含量高，与不饱和脂肪酸相比，可以形成更强的疏水键，因此可在高温下保持稳定性并具有正常功能。

微生物的耐热性在实践中有很重要的作用。筛选嗜热微生物进行发酵有很多优点：高温发酵，效率高；有利于非气体物质在发酵液中的扩散和溶解，防止杂菌污染发生；高温还可以降低冷却发酵所需的成本。由嗜热微生物生产的酶制剂，酶反应温度和耐热性都比嗜温微生物高。

二、pH值

微生物生长过程中机体内发生的绝大多数反应都是酶促反应，而酶促反应都具有最适pH范围，在此范围内只要条件合适，酶促反应速率最高，微生物生长速率最大，因此微生物生长也有最适生长的pH范围，与温度的三基点类似，也存在最高、最低、最适3个数值（见表5-4），在最适pH值范围内微生物生长繁殖速度快，在最低或最高pH值的环境中，微生物虽可生长，但生长非常缓慢且容易死亡。

同一微生物在其不同的生长阶段和不同生理生化过程中，也有不同的最适pH值，这对发酵工业中pH值的控制、代谢产物的积累特别重要。例如，黑曲霉最适生长pH值为5.0～6.0，产柠檬酸的最适pH值为2.0～2.5，合成草酸的最适pH值为7.0。

表 5-4　不同微生物生长的 pH 范围

微生物	pH 值		
	最低	适宜	最高
乳杆菌	4.8	6.2	7.0
嗜酸乳杆菌	4.0~4.6	5.8~6.6	6.8
金黄色葡萄球菌	4.2	7.0~7.5	9.3
大肠杆菌	4.3	6.0~8.0	9.5
伤寒沙门氏菌	4.0	6.8~7.2	9.6
一般放线菌	5.0	7.0~8.0	10.0
一般酵母菌	3.0	5.0~6.0	8.0
黑曲霉	1.5	5.0~6.0	9.0
大豆根瘤菌	4.2	6.8~7.0	11.0

特定的微生物生长需要一定的 pH 值，最适生长所需的 pH 值只代表了外环境的 pH 值，而内环境 pH 值必须接近中性，以防止酸碱对细胞内大分子的破坏。微生物在其代谢过程中，细胞内的 pH 值相当稳定，一般都接近中性，保护核酸和酶的活性不被破坏。但微生物会改变环境的 pH，即改变培养基原始 pH 值，产生这种现象的原因为：糖类和脂肪代谢产酸；蛋白质以及其他物质代谢产碱。一般随着培养时间的增长，培养基 pH 值会下降，培养基变酸。碳氮比例高的培养基，培养一段时间真菌后，pH 会明显下降；碳氮比例低的培养基，培养一段时间细菌后，pH 值会明显上升。

发酵工业中，为了使发酵向有利于积累代谢产物的方向发展，需要及时调整发酵液的 pH。

三、氧气

氧气对微生物的生命活动有着重要影响。按照微生物与氧气的关系，可把微生物分为好氧菌（aerobe）和厌氧菌（anaerobe）两大类。好氧菌又分为专性好氧菌、兼性厌氧菌和微好氧菌；厌氧菌分为专性厌氧菌、耐氧菌（见表 5-5）。不同微生物在半固体琼脂柱中的生长状态见图 5-2。

表 5-5　微生物与氧气的关系

微生物类型	最适生长的 O_2 的体积分数
专性好氧菌	≥20%
微好氧菌	2%~10%
耐氧厌氧菌	2%以下
兼性厌氧菌	有氧或无氧
专性厌氧菌	不需要氧，有氧时死亡

（一）专性好氧菌（strict aerobe）

该菌必须在较高浓度分子氧的条件下才能生长，有完整的呼吸链，以分子氧作为最终氢

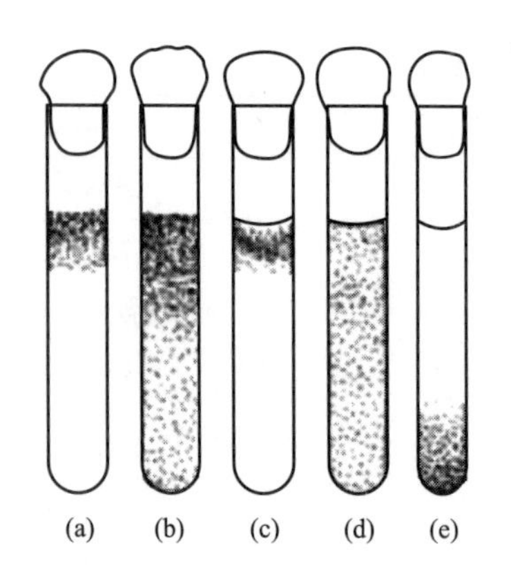

（a）专性好氧菌；（b）兼性厌氧菌；（c）微好氧菌；（d）耐氧菌；（e）专性厌氧菌

图 5-2 不同微生物在半固体琼脂柱中的生长状态

受体，具有超氧化物歧化酶（SOD）和过氧化氢酶。绝大多数真菌和多数细菌、放线菌都是专性好氧菌，如固氮菌属、白喉棒杆菌、米曲霉、醋酸杆菌、荧光假单胞菌、枯草芽孢杆菌、蕈状芽孢杆菌等。

（二）兼性厌氧菌（facultative anaerobe）

又称“兼性好氧菌”，在有氧或无氧条件下都能生长，但有氧的情况下生长得更好。有氧时靠呼吸产能，无氧时借发酵或无氧呼吸产能，细胞内含有 SOD 和过氧化氢酶。许多酵母菌和很多细菌都是兼性厌氧菌，例如酿酒酵母、大肠杆菌、普通变形杆菌、地衣芽孢杆菌、脱氮副球菌等。

（三）微需氧菌（microaerophilic bacteria）

只有在较低的氧气分压下（1～3kPa）才能正常生长的微生物，通过呼吸链并以氧为最终氢受体而产能。一些细菌属于微需氧菌，例如霍乱弧菌、拟杆菌属、发酵单胞菌属、螺杆菌属、氢单胞菌属等。

（四）耐氧厌氧菌（aerotolerant anaerobe）

耐氧厌氧菌，简称耐氧菌，是一类可在分子氧存在下进行厌氧呼吸的厌氧菌。它们的生长不需要氧气，但氧气的存在对它们也无毒害。它们不具有呼吸链，仅依靠专性发酵获得能量。细胞内有 SOD 和过氧化物酶，这是它们耐氧的原因。通常乳酸菌多数是耐氧菌，例如乳酸乳杆菌、肠膜明串珠菌、乳链球菌、粪肠球菌等。乳酸菌以外也存在耐氧菌，如雷氏丁酸杆菌。

（五）专性厌氧菌（obligate anaerobe）

那些缺乏呼吸系统而不能利用氧作为末端电子受体的微生物称为厌氧菌。它们的特征是：

（1）分子氧存在对它们有毒，即使短暂接触空气，也会抑制其生长甚至导致死亡；

（2）在空气或 10% CO_2 的空气中，它们在固体或半固体培养基的表面上不能生长，只能在深层无氧或低氧环境下才能生长；

（3）厌氧菌的生命活动所需能量是通过发酵、无氧呼吸、循环光合磷酸化等提供；

（4）细胞内缺乏 SOD 和细胞色素氧化酶，大多数缺乏过氧化氢酶。

生活中常见的厌氧菌有肉毒梭状芽孢杆菌、双歧杆菌属、拟杆菌属以及各种光合细菌和产甲烷菌等。

关于专性厌氧菌的氧毒害机理从 20 世纪初就有学者提出过，但直到 1968 年美国著名生物学家 SOD 之父——欧文·费雷德维奇（Irwin Fridovich）和他的学生乔·麦克德（Joe McCord）提出了关于专性厌氧生活的超氧化物歧化酶（SOD）学说后，人们对于这个问题的才有了进一步认识。他们指出，厌氧菌缺乏 SOD，因此容易被生物体内产生的超氧阴离子自由基毒害致死。除分子氧、单体氧对厌氧菌有毒外，还有呼吸过程中 O_2 还原成水时偶然产生的超氧负离子、过氧化氢、羟基自由基等强毒性氧。核黄素蛋白、醌、硫醇类及其铁-硫蛋白也能把 O_2 还原成超氧负离子。细胞内超氧化物都是强反应性的，能把任何一种有机化合物氧化，包括细胞内生物大分子和细胞组分。其中羟基自由基是所有毒性氧中氧化性最强的，能氧化细胞内任何一种有机物质。

四、水分活度

水是机体中的重要组成成分，它是一种起着溶剂和运输介质作用的物质，参与机体内水解、缩合、氧化与还原等反应在内的很多化学反应，并在维持蛋白质等大分子物质稳定的天然状态上起着重要作用。水分对维持微生物的正常生命活动是必不可少的。水分较低时，微生物失水，代谢停止以致死亡。每种微生物生长都有最适的水分活度（A_w），高于或者低于这个值，都会使微生物的生长受到影响。不同的微生物对干燥的抵抗力是不一样的，以细菌的芽孢抵抗力最强，霉菌和酵母菌的孢子也具较强的抵抗力。影响微生物对干燥抵抗力的因素较多，干燥时温度升高，微生物容易死亡，而在低温下干燥时，微生物抵抗力强，所以干燥后存活的微生物若处于低温下，可用于保藏菌种；干燥的速度快，微生物抵抗力强，干燥速度缓慢时，微生物死亡多；微生物在真空干燥时，加保护剂（血清、血浆、肉汤、蛋白胨、脱脂牛乳）于菌悬液中，分装在安瓿瓶内，低温下可保持长达数年甚至十数年的生命力。食品工业中常用干燥方法保藏食品。

五、渗透压

紫膜

大多数微生物只有在等渗的环境中才能更好地生长，在高渗溶液（20% NaCl）中，水将通过细胞膜进入细胞周围的溶液中，使细胞脱水从而引起质壁分离，细胞不能生长甚至会出现死亡。当把细胞置于水分活度低的环境中，例如高浓度盐水或糖溶液中时，细胞就会失水。反之，将细胞置于低渗溶液（0.02% NaCl）中，溶液中的水会通过细胞膜进入细胞，细胞吸水膨胀甚至死亡。

在海水中发现的微生物，一般能在海水的 A_w 下生长，同时对氯化钠有特殊要求，这些微生物叫嗜盐菌。根据微生物对盐量的要求不同，嗜盐菌可以分为轻度嗜盐菌（1%~6% NaCl）和中度嗜盐菌（6%~15% NaCl）。能在极高盐浓度的溶液中生长的微生物称为极端嗜盐微生物，极端嗜盐微生物甚至能在 35%的氯化钠溶液中生长。能在高糖环境中生长的微生物称为嗜高糖微生物，能够在极干燥环境中生长的微生物叫嗜干性微生物。

一般的微生物不能耐受高渗透压，所以，食品工业中常利用盐渍或糖渍来保存食品，如糖渍萝卜、腌渍蔬菜以及果脯蜜饯等，盐浓度为 5%~15%或糖浓度为 50%~70%。由于盐分子量较小，而且可以电离，因此如果要两者的保存效果基本相同，糖的百分浓度要高于盐的百分浓度。

食品工业中有些微生物耐高渗透压的能力较强，如发酵工业中的鲁氏酵母，嗜盐微生物也可以在 10%~30%的盐溶液中生长。

六、辐射

辐射是能量通过空间或某一介质进行传播或传递的一种物理现象。与微生物有关的电磁辐射主要有紫外线、X 射线和 γ 射线等。在辐射能中无线电波波长最长，对微生物效应最弱；红外辐射波长 800~1000nm，可被光合细菌作为能源；可见光部分波长 380~760nm，是蓝细菌等藻类进行光合作用的主要能源；紫外辐射波长为 136~400nm，有杀菌作用。波长较短的 X 射线、γ 射线、β 射线和 α 射线，会引起水与其他物质的电离，对微生物有伤害作用，因此可以作为一种灭菌措施。

紫外线是波长在 136~400nm 的电磁辐射波，其中 260nm 处的紫外线对微生物的作用最强，因为核酸中的嘧啶和嘌呤碱基对对紫外线的吸收高峰在 260nm。紫外线的作用一般认为是使 DNA 分子形成嘧啶二聚体。相邻嘧啶形成二聚体后，复制时造成局部 DNA 分子无法配对，从而引起微生物的变异甚至是死亡。紫外线还可以使空气中的分子氧变成臭氧，臭氧不稳定，分解时放出原子氧也有杀菌作用。

紫外线的杀菌能力因微生物种类而异，即使是同种微生物，在不同生长阶段的抗紫外能力也有所不同。紫外线的穿透能力差，不易透过不透明的物质，即使薄层玻璃也会被滤掉大部分，在食品工业中适于厂房内空气及物体表面消毒，也可用于饮用水消毒。

七、其他因素

除上述几种因素会对微生物的生长造成影响外，还有一些其他因素也会对微生物造成影响。例如超声波、氧化剂、重金属类、有机化合物等。

超声波具有强烈的生物学作用，可以引起微生物细胞破裂，内含物溢出而死。超声波作用的效果与超声波频率、处理时间、微生物种类、细胞大小、形状等有关系。一般来说，频率高比频率低的超声波杀菌效果好，从微生物种类上来说，病毒和细菌芽孢更不容易被杀死。

氧化剂的杀菌机理是能释放出游离氧，作用于微生物蛋白质的活性基团，造成其代谢障碍而死亡。常用的氧化剂有臭氧、氯、漂白粉、过氧乙酸等。

重金属盐对微生物也有危害作用，重金属毒害微生物的机理是金属离子容易和微生物的蛋白质结合而导致蛋白质变性或沉淀。医药行业中常用汞化合物作为杀菌剂，杀菌效果良好。虽然重金属盐杀菌效果较好，但对人同样有毒害作用，所以食品行业中防腐或消毒不采用重金属盐。

影响微生物生长的有机化合物主要有酚、醇、醛等，对微生物的毒害机理主要是使蛋白质变性。

第三节　有害微生物的控制

在我们生活的环境中，到处都有微生物的存在，其中一部分对人类是有害的。它们可以通过空气、水、接触和人工接种的方式，传播到合适的基质或生物对象上造成种种危害。例如，食品或工农业产品的霉变；实验室中的微生物、动植物组织或细胞培养物的污染；培养基、生化试剂、生物制品或药物的染菌、变质；发酵工业中的杂菌污染；以及人和动植物受病原微生物的感染而患各种传染病等。对这些有害的微生物必须采取有效的措施来防止、抑制或杀灭它们。

采用强烈的理化因素，使任何物体内外部的一切微生物永远丧失其生长繁殖能力的措施，称为灭菌。

采用较温和的理化条件，仅杀死物体表面或内部所有对人体或动、植物有害的病原菌，而对物体本身基本无害的措施称为消毒。

食品经过适度的热杀菌以后，不含有致病微生物，也不含有在通常温度下能在其中繁殖的非致病微生物，此种状态称作商业无菌或商业灭菌。在食品工业中，常用“杀菌”这个名词，它包括上述的消毒和商业灭菌，如牛奶的杀菌是指巴氏消毒，罐藏食品的杀菌是指商业灭菌。

利用某种理化因素完全抑制霉腐微生物的生长繁殖称为防腐。日常生活中以干燥、缺氧、低温、盐腌或糖渍、防腐剂等防腐方法保藏食物。

在亚致死剂量因子作用下微生物生长停止，但在移去这种因子后生长仍可以恢复的生物学现象称为抑制。

利用对病原菌具有高度毒力而对其宿主基本无毒的化学物质来抑制宿主体内病原微生物的生长繁殖，甚至杀灭，以达到治疗该宿主传染病的一种措施称为化疗。

不含任何活微生物的状态称为无菌，它往往是灭菌处理的结果。防止微生物进入人体或其他物品中的操作方法称为无菌操作。

任何杀死或抑制微生物的方法，都可以达到控制微生物生长的目的，包括加热、低温、干燥、辐射、过滤等物理方法，以及消毒剂、防腐剂、化学治疗剂等化学方法两大类。由于需求和目的不同，对微生物生长控制的要求和采用的方法也有很大的不同，产生效果也不同。

一、物理方法

许多物理方法都可以抑制或杀死微生物，在控制微生物生长方面有着广泛应用（见表5-6）。现以高温、低温、辐射、干燥、渗透压和过滤除菌为代表，介绍一些在实践中最常用的抑菌灭菌方法。

表5-6 某些物理杀菌方法的应用

杀菌方法	作用机制	应用
干热	蛋白质变性	烘箱加热灭菌玻璃器皿和金属物品，火焰灼烧微生物
湿热	蛋白质变性	高压蒸汽灭菌培养基
巴氏灭菌	蛋白质变性	灭菌牛奶、乳制品和啤酒中的病原菌
冷藏	降低酶反应速率	可保藏新鲜食品；不能杀死大多数微生物
冷冻	极大地降低酶反应速率	可保藏新鲜食品；不能杀死大多数微生物；可用于菌种保藏
干燥	抑制酶活性	某些水果和蔬菜的保藏；结合烟熏可用于香肠和鱼等食品的保藏
冷冻干燥	脱水作用抑制酶活性	用于食品保藏及菌种保藏（可达数年）
紫外线	蛋白质和核酸变性	用于降低手术室、动物房和培养室空气中的微生物数量
电离辐射	蛋白质和核酸变性	用于塑料制品和药物的灭菌及食品保藏
强可见光	光敏感物质的氧化	与染料合用可杀灭细菌和病毒，帮助消毒
过滤	机械化移去微生物	用于易被热破坏的培养基、药物和维生素等物质的灭菌

（一）高温

具有杀菌效应的温度范围较广。高温致死机理，主要是高温可引起微生物的蛋白质、核酸和脂质等重要生物高分子发生降解或改变空间结构等，从而变性或破坏。加热引起的微生物死亡是以指数速率进行的，例如，如果微生物在开始加热处理的第一分钟后，群体中有30%的细胞死亡，第二分钟后仍然存活的群体中同样有30%的个体死亡，随着时间的增加，剩余群体中每一分钟都将有30%细胞死亡。加热温度、起始微生物总数、微生物的抗热性等都会影响加热灭菌的作用效果。

微生物群体在一定时间内死亡细胞的比例与起始微生物总数无关，而与加热的温度有关，温度越高，一定时间内细胞死亡数目的比例就越高，灭菌所需的时间也就越短。同样温度条件下，被灭菌微生物的起始总数影响灭菌所需的时间，微生物总数越少，灭菌所需的时间就越短。不同的微生物对温度的敏感性不一样，微生物的抗热性越强，灭菌所需的温度要求就越高，灭菌所需时间就越长。食品工业中常用的灭菌方法有以下几种：

1. 干热灭菌法

干热灭菌是通过烘烤或火焰灼烧，使微生物的酶、蛋白质变性，细胞膜破坏，原生质干燥，并可使细胞成分发生氧化变质，从而杀死微生物的灭菌方法。

（1）烘箱热空气法

主要在干燥箱中利用热空气进行灭菌。把金属器械或洗净的玻璃器皿放入电热烘箱内，在150~170℃下维持1~2h后，利用热空气进行灭菌，可达到彻底灭菌的目的，如果处理物品体积较大，传热较差，需适当延长灭菌时间。适用于玻璃仪器、金属用具等耐干燥、耐热物品的灭菌。

（2）火焰灭菌法

直接利用火焰灼烧，将微生物烧死是一种最彻底的干热灭菌法，其特点是灭菌快速、彻底。常用于实验室接种环、接种针、试管口、三角瓶口的灭菌或带病原体的材料、动物尸体的烧毁等。由于火焰会损伤或烧毁某些物品，使用范围比较受限制。

2. 湿热灭菌法

湿热灭菌法通常指用100℃以上的加压蒸汽进行灭菌。在同样温度和同样作用时间下，湿热灭菌法比干热灭菌法更有效，因为水蒸气不但穿透力强，易于传导热量，使被灭菌的物品外部和深层的温度能在短时间内达到一致水平，而且能破坏维持蛋白质空间结构和稳定性的氢键，从而加速蛋白质的变性。另外，灭菌过程中蒸汽在被灭菌物体表面凝结，同时放出大量的汽化潜热，使被灭菌物体表面温度迅速提高，缩短整个灭菌所需时间。

不同微生物由于结构差异，灭菌条件及灭菌时间也有所不同。湿热条件下，多数细菌及真菌的营养细胞60℃左右处理5~10min后即可被杀死；酵母菌细胞及真菌孢子较之更加耐热，需适当提高灭菌温度；细菌芽孢最耐热，一般121℃、12min才能彻底被杀死。

湿热灭菌法种类很多，大致可以分为以下几类。

（1）常压法

①巴氏消毒法。

这是一种专用于牛奶、啤酒、果酒和酱油等不宜进行高温灭菌的液态风味食品及调料的低温消毒法。该方法最早是由巴斯德发明，故命名巴氏消毒法。与普通消毒法不同，巴氏消毒法不能杀死所有微生物，但是可以杀死物料中的无芽孢病原菌，而且也不会影响食品原有风味。一般将待消毒液体食品，在63~65℃保持30min后迅速冷却，即可杀死其中可能存在的病原菌。也可以72～85℃、15s处理或120～140℃、2～4s处理，都能达到杀死病原微生物的目的。其中，高温瞬时法（72～85℃、15s）或超高温瞬时法（120～140℃、2～4s）在有效杀死耐热有机体的同时保持食品原有风味，比较适合于大规模灭菌操作，食品工厂中大部分牛奶消毒都采用这两种方法。

②煮沸消毒法。

将物品在水中100℃煮沸15～20min即可杀死所有微生物的繁殖体（营养体），但不能杀死芽孢。若要杀死芽孢一般要煮沸1～2h或在水中加2%～5%的苯酚或1%～2%的碳酸钠。该法适用于食品、器材、器皿和衣服等小型物品的灭菌。

③间歇灭菌法。

又称为分段灭菌或丁达尔灭菌法。在灭菌器或蒸笼中利用100℃流通蒸汽维持30min杀死繁殖体，但不能杀死芽孢。故常将第一次杀菌后的物品置于室温或恒温箱内（28～37℃），待其芽孢萌发形成繁殖体，再重复两次以上杀菌过程，连续三次灭菌，即可杀死全部微生物和芽孢。

此灭菌法烦琐费时，一般仅用于不适合高压高温蒸汽灭菌的物品，如明胶、牛奶培养基等的灭菌。例如，培养硫细菌的含硫培养基就可采用这种方法灭菌，因为硫元素在99～100℃下可保持正常结晶形，121℃高温会使硫产生融化现象。

（2）加压法

①高压蒸汽灭菌法。

又称常规加压蒸汽灭菌法，是湿热灭菌中效果最好的一种灭菌方法。此法是利用蒸汽的高温而不是靠压力来灭菌的。灭菌时，将待灭菌的物品置于高压蒸汽灭菌锅（或家用压力锅）内，盖上盖子，打开排气阀，排出锅内空气，关闭排气阀，继续加热，使锅内温度继续上升。一般灭菌条件是在0.1MPa（121℃）下灭菌15～30min，即可达到灭菌目的。对于体积大、传热性能差的物品，灭菌时间应适当延长。

高压蒸汽灭菌法适合于微生物学实验室、医疗保健机构、发酵工厂中对培养基及多种器材或物料的灭菌。例如金属、纤维、玻璃和陶瓷等制品以及生理盐水、培养基、耐高温药品等。但此法不适合100℃以上会变质的物品。

②实罐灭菌和连续灭菌法。

发酵工业中，发酵所用的培养基都是用实罐灭菌或连续灭菌法进行灭菌的。实罐灭菌是在种子罐中进行的。连续灭菌法，又称连续加压蒸汽灭菌法，俗称“连消法”，指的是让培养基连续通过高温蒸汽灭菌塔，按需要连续不断地加热、保温和冷却，然后流入发酵罐。培养基一般在135～140℃下维持5～15s，然后在罐内继续保温5～8min。此法既达到了灭菌目的，又减少了营养物质的损失，与加压实罐分批式灭菌法（培养基在发酵罐内一同灭菌，121℃，30min）相比，减少了升温、加热灭菌和冷却过程所需时间，提高了发酵罐的利用率，且劳动强度低，适合自动化操作。

（二）低温

通过低温降低酶反应速率使微生物生长受到抑制，但微生物在此条件下不会被杀死。

1. *冷藏法*

食物置于4℃（冰箱冷藏室温度）保存时，可以使食物的保存期延长。但是，这种方法只能使保藏时间短暂延长。因为此条件下仍然有一些耐冷菌缓慢生长，最终导致食品腐败变质。利用微生物在低温下生长缓慢的特点，实验过程中可以将微生物菌种斜面放在冰箱中短期保藏，一般几周到几个月，微生物可以不衰亡。

2. 冷冻法

家庭或食品工业中一般在-10℃条件下对食品进行冷冻保藏处理。此条件下，微生物基本不生长，较之冷藏法，冷冻法保藏食品时间更久。冷冻法还可以用于菌种保藏，但温度更低，如-80℃超低温冰箱，-78℃干冰或-196℃液氮保存。

（三）辐射

辐射灭菌是利用电磁辐射产生的电磁波杀死大多数微生物的一种有效方法。微波、紫外线、X射线、γ射线等电磁辐射都具有抑制微生物生长的能力，但作用机理不同。

紫外线不能穿透固体、不透明体、和能吸收光的表面，所以仅能用于物体表面、空气和一些与水一样不吸收紫外线的物质表面的消毒。在生物实验室中，一般用紫外杀菌灯对操作台表面进行杀菌。

辐射灭菌法常利用放射性核素^{60}Co和^{137}Cs进行放射线灭菌。具体方法是将待灭菌的物品放在传送带上，使其从两个放射装置之间通过。这种灭菌方法可以一次性连续对大量样品进行灭菌，并且对包装好的食品也可以进行灭菌处理。主要适用于不耐热或受热易变质、变味的物品的杀菌或消毒。

（四）干燥和渗透压

微生物的生长离不开水分。对食品进行干燥处理或改变食品周围环境的渗透压都是利用降低微生物可利用水的数量或活度而抑制微生物生长的。

1. 干燥

干燥就是使食品或培养物脱水，使细胞失水造成代谢停止而抑制微生物生长，有时也会引起某些微生物的死亡。不同种微生物对干燥的敏感性不同，淋病球菌对干燥非常敏感，几小时便死去；结核分枝杆菌特别耐干燥，干燥环境中，100℃、20min后仍能生存；链球菌用干燥法保存几年也不会丧失其致病性；休眠孢子的抗干燥能力很强，干燥条件下可长期保藏。利用微生物这一特点，可以对菌种进行长期保藏。

2. 渗透压

高渗环境中，微生物细胞会脱水，严重会引起死亡。食品工业中腌制的咸鱼咸肉、果脯蜜饯等都是利用这一方法延长食品保藏期的。

（五）过滤除菌

过滤除菌是用滤器去除气体或液体中微生物的方法，其原理是利用滤器孔径的大小来阻截液体、气体中的微生物。对于蛋白质、酶、血清和维生素等热敏性物质，经常采用过滤除菌法。常用的过滤器有滤膜过滤装置、烧结玻璃板过滤器、石棉网过滤器、素烧瓷过滤器和硅藻土过滤器等。但此法弊端是无法除去液体中颗粒小的病毒和噬菌体等。

发酵工业上的无菌空气、微生物实验室中的超净工作台都是通过这种方法除菌的。

二、化学方法

可防腐的纳他霉素

许多化学药剂可以抑制或杀灭微生物，因而可以用来控制微生物的生长。它们大致可以分为消毒剂、防腐剂和治疗剂三大类。

（一）消毒剂及防腐剂

消毒剂指的是那些可以抑制或杀灭微生物，但对人体也可能产生有害作用的化学试剂，主要用于抑制或者杀灭微生物表面、器械、排泄物和周围环境中的微生物。防腐剂指的是可以抑制微生物生长，但对人体或动物体的毒性较低的化学试剂，可用于机体表面，如皮肤、黏膜、伤口等处的感染防治，也可用于食品、饮料、药品的防腐作用。常用的化学消毒剂种类很多，杀菌机制有所不同，杀菌强度也有所不同。但共性是低浓度时，可以起到防腐作用，高浓度时可以起到杀菌作用。

1. 醇类

醇类可以溶解类脂，损伤细胞膜，使蛋白质变性，同时还具有脱水作用，所以对于微生物来说具有杀菌效果。但醇类对芽孢无效，主要用于皮肤及器械的灭菌。例如70%~75%乙醇及60%~80%的异丙醇可用于皮肤消毒，乙二醇及丙二醇可用作熏蒸剂。

2. 酚类

低浓度的酚类可破坏细胞膜组分，高浓度的酚类可凝固菌体蛋白。酚类还能破坏结合在细胞膜上的氧化酶与脱氢酶，引起细胞迅速死亡。例如，可以用2%煤酚皂（来苏儿）对皮肤进行灭菌；用3%~5%苯酚对地面、家具、器皿等进行灭菌；5%的苯酚还可用于空气喷雾消毒。

3. 醛类

醛类主要作用是破坏蛋白质氢键或氨基，使蛋白质烷基化，改变酶或蛋白质的活性，使菌的生长受到抑制或死亡。常用5%~10%甲醛进行物品的消毒或接种室的熏蒸；15mL/m^3福尔马林对无菌室、发酵车间进行消毒，但不适合食品生产场所的消毒；用2%戊二醛（pH 8.0）对精密仪器进行消毒。

4. 酸类

酸类物质可以抑制或杀灭微生物主要是因为极端酸性条件可使蛋白质变性。如可以用5~10mL/m^3醋酸对房间进行熏蒸从而达到消毒的目的。苯甲酸、山梨酸和丙酸是广泛应用于食品、饮料中的防腐剂，在酸性条件下有很好的抑菌作用。

5. 卤素及其化合物

卤素及其化合物主要破坏细胞膜、酶、蛋白质，从而引起微生物的死亡。卤素的种类及其浓度不同，应用范围也不一样。0.2~0.5mg/L氯气可用于饮用水、游泳池水的消毒；10%~20%漂白粉可用于地面及厕所消毒；0.5%~1%漂白粉可用于饮用水、空气、体表的消毒；0.2%~0.5%氯胺可用于皮肤消毒，喷雾可用于室内空气消毒；3%二氯异腈尿酸钠可用于排泄物及分泌物的消毒；2.5%的碘酒可用于皮肤消毒等。

6. 表面活性剂类

表面活性剂主要破坏微生物细胞膜的结构，造成细胞内物质泄漏，蛋白质变性，菌体死亡。表面活性剂杀菌的应用范围很广。例如0.05%~1%的新洁尔灭（苯扎溴铵）可用于皮肤、黏膜、器械、超净工作台的灭菌；0.05%~1%杜灭芬可用于皮肤、金属、棉织品、塑料等物品的灭菌。日常生活中还可以用阴离子表面活性剂洗涤衣物或清洁家庭物品，从而达到杀菌的目的。

7. 氧化剂类

氧化剂可作用于蛋白质的巯基，使蛋白质和酶失活，强氧化剂还可破坏蛋白质的氨基和酚羟基。常用的氧化剂有高锰酸钾、过氧化氢、过氧乙酸、臭氧等。例如，可用0.1%高锰酸钾对皮肤、尿道、水果、蔬菜等进行灭菌处理；用3%过氧化氢对污染物的表面进行消毒灭菌处理；用0.2%~0.5%过氧乙酸对皮肤、塑料、玻璃、人造纤维等进行灭菌处理；1mg/L的臭氧可用于食品的灭菌等。

8. 重金属盐类

重金属盐类对微生物的作用机制主要是与蛋白质的巯基结合使其变性或沉淀。大多数重金属及其盐类都是有效的杀菌剂。例如，硝酸银可防止淋病，汞化合物可消毒皮肤和物体表面，铜可抑制藻类生长，硒可抑制真菌生长等。重金属盐类虽然杀菌效果好，但对人有毒害作用，所以严禁用于食品工业中的防腐或消毒。

9. 染料类

一些碱性染料的阳离子可与菌体的羧基或磷酸基作用，形成弱电离的化合物，妨碍菌体的正常代谢，因此具有抑菌作用。例如吖啶可用于清洗创伤，结晶紫可用于处理原生动物和真菌引起的感染。

（二）治疗剂

化学治疗剂指那些能够特异性作用于某些微生物，并具有选择性毒性的化学药剂，与非特异性化学药剂相比对人体基本无害或伤害很小，可用于治疗微生物引起的疾病，可用于体表，也可口服或注射。化学治疗剂有两大类，一类是人工合成的，主要是一些生长因子类似物；另一类是微生物产生的，被称为抗生素。

1. 生长因子类似物

生长因子类似物指的是在结构上与微生物生长因子类似但又有区别的一类物质，它们不能在细胞内与生长因子起一样的作用，但是能够阻止微生物对生长因子的利用，从而抑制微生物的生长。

第一个被发现的生长因子类似物就是磺胺类药物，也是人类第一个成功地利用特异性抑制某种微生物的生长以治疗疾病的化学治疗剂。磺胺药是最简单的磺胺类药物，是对氨基苯甲酸的类似物。1934年，德国病理学家格哈德·多马克（Gerhard Domagk）最开始发现“百浪多息”（一种红色染料）（4-磺酰胺-2',4'-二氨基偶氮苯）能治疗小白鼠因链球菌属和葡萄球菌属引起的感染，但是体外条件下无作用，后来发现“百浪多息”可治疗人的链球菌病及由链球菌引起的儿童丹毒症。之后的研究发现“百浪多息”可以在体内转化成磺胺，自此证实“百浪多息”的真正抑菌物质是磺胺。

磺胺抑菌机制最早发现于1940年。科学家们发现磺胺结构和对氨基苯甲酸（一种细菌生长因子）高度相似。很多细菌不能利用外界提供的叶酸，需要利用对氨基苯甲酸合成生长所需的叶酸。对氨基苯甲酸可由细菌自身合成，也可从生长介质中获得。磺胺是细菌的代谢类似物，与对氨基苯甲酸发生竞争性拮抗作用，抑制细菌的生长。

2. 抗生素

一次幸运的过失——弗莱明与青霉素

抗生素既是一类由微生物或其他生物产生的次级代谢产物，也是一类在很低浓度即能杀死或抑制其他微生物的化学物质。抗生素的种类有很多，但作用机制各有不同。抗生素对微生物的影响主要有以下四方面：

（1）抑制细胞壁的合成

青霉素、头孢菌素能抑制肽聚糖分子肽与肽桥间的转肽作用，阻止肽聚糖的合成。这些抗生素主要使菌体失去细胞壁的保护作用，从而引起菌体死亡。

（2）破坏微生物的细胞质膜

短杆菌肽可使氧化磷酸化解偶联，还能与膜结合，使细胞内含物外漏。多黏菌素能使细胞膜上的蛋白质释放，从而引起细胞内含物外漏。

（3）抑制蛋白质合成

抗生素抑制蛋白质的合成，有的可以促进错译，抑制肽链延伸；有的可以抑制氨基酰-tRNA 与核糖体结合；有的可以引起构象改变。

（4）干扰核酸合成

丝裂霉素可以与 DNA 互补链相结合，抑制 DNA 复制。利福平、利福霉素能与 RNA 聚合酶结合，阻止 RNA 合成。

三、微生物控制的新方法

1. 过氧化氢等离子体灭菌技术

过氧化氢等离子体灭菌技术是一种新型低温灭菌技术，其原理是过氧化氢在高频电场作用下，高度电离形成离子体后产生三重作用来杀灭微生物，即活性集团作用使微生物体内蛋白质和核酸物质失活、高速粒子击穿作用使微生物菌体被击穿死亡和紫外线作用杀灭微生物。过氧化氢等离子体灭菌技术产生于 20 世纪 90 年代，这种技术既环保又灭菌速度快，一般 60min 左右即可完成一个工作流程，低温无毒，灭菌完成后器材上没有残留物，可以立即使用。

2. 超声波灭菌新技术

超声波是频率 20kHz 以上的声波，是一种机械振动在媒介中的传播过程。作用机理是，当超声波强度超过某一空气化阈值时，在液体中产生空化现象，即液体中微小的泡核在超声波作用下被激活，它表现为泡核振荡、生长、收缩及崩溃等一系列动力学过程。气泡核绝热收缩及崩溃的瞬间，产生强大冲击波，使细菌或病毒丧失毒力，甚至会使细菌形态结构破裂和溶解，从而起到杀菌作用。超声波灭菌不会改变食品的色、香、味，而且不会破坏食品的组成成分。

第四节　预测微生物学理论与技术

预测微生物学理论与技术

思考题

1. 微生物生长量的测定方法有哪些，各有什么特点？
2. 单细胞微生物的典型生长曲线可分为几个时期，划分依据是什么？
3. 延滞期的特点是什么，如何缩短延滞期？
4. 对数生长期的特点是什么，处于该时期的微生物有何实际应用？
5. 稳定期有什么特点，微生物为什么会进入稳定期？
6. 什么是同步生长，如何使微生物达到同步生长？
7. 什么是连续培养，有哪些方法？
8. 试述最适生长温度、最低生长温度和最高生长温度的概念。
9. 试述控制微生物生长繁殖的主要方法及原理。
10. 哪些环境因素会对微生物生长造成影响，如何影响？
11. 有害微生物的控制方式有哪些？简述其原理。
12. 抗生素对微生物的作用机制有哪些？请举例说明。
13. 预测微生物学经典的初级模型有哪些？请举例说明。

参考文献

[1] 朱军. 微生物学［M］. 北京：中国农业出版社，2010.
[2] 董明盛，贾英民. 食品微生物学［M］. 北京：中国轻工业出版社，2006.
[3] 周德庆. 微生物学教程［M］. 北京：高等教育出版社，2011.
[4] 江汉湖. 食品微生物学［M］. 北京：中国农业出版社，2010.
[5] 贺稚非. 食品微生物学［M］. 北京：中国质检出版社，2013.
[6] 唐欣昀. 微生物学［M］. 北京：中国农业出版社，2009.
[7] 殷文政. 食品微生物学［M］. 北京：科学出版社，2015.
[8] 沈萍. 微生物学［M］. 北京：高等教育出版社，2006.
[9] 刘慧. 现代食品微生物学［M］. 北京：中国轻工业出版社，2011.
[10] 桑亚新. 食品微生物学［M］. 北京：中国轻工业出版社，2017.
[11] 何国庆，贾英民，丁立孝. 食品微生物学［M］. 北京：中国农业出版社，2016.

第六章　微生物的遗传变异与育种

第六章　微生物的遗传变异与育种

“最大规模国人基因库”现世

遗传（heredity）是指微生物在繁殖延续后代的过程中，子代与亲代之间在形态、构造、生态、生理生化特征等方面表现出的一定的相似性。而变异（variation）是指微生物在繁殖过程中受到某种外在或内在因素的作用，而引起个体遗传物质的结构或数量发生改变，使子代与亲代之间，或子代不同个体之间存在差异的现象。

遗传与变异，是生物界所有生物最基本的属性。遗传是相对的，变异是绝对的，遗传中有变异，变异中有遗传，二者是对立的统一体，遗传使物种得以延续，变异则使物种不断进化，且部分变异特性会相对稳定地遗传下去，因此是物种形成和生物进化的基础。微生物表面积与体积的比值大，分裂周期短，易受外界环境影响而更易发生变异，从而产生变种与新种以适应新环境。

无论是传统的发酵工业，还是以基因工程为核心的现代生物技术都离不开微生物。微生物菌种是发酵工业生产的基础和成败的关键，要使发酵工业产品的产量和质量有所提高，最关键的是要选育优质的微生物菌种。因此，微生物遗传育种一直是发酵工业的研究热点和难点，在发酵工业中占有极其重要的地位。

第一节　遗传变异的物质基础

1866 年，奥地利遗传学家孟德尔（G. J. Mendel）经过多年的豌豆杂交实验，总结出以分离定律和自由组合定律为代表的经典遗传学规律，指出遗传的不是性状本身，而是决定性状的因子。1868 年，瑞士生物学家米歇尔（J. F. Miescher）从外科绷带上的脓细胞中分离出一种有机物质——核素（nuclein），使人类第一次有了核酸的概念，但他并没有认识到核酸的重要意义。直到 1910 年，美国进化生物学家摩尔根（J. H. Morgan）确定了遗传因子——基因存在于染色体上后，人们才对遗传的物质基础进行了长期的研究和讨论，但一直认为遗传物质是蛋白质。1944 年以后，科学家们先后利用肺炎链球菌的转化、噬菌体的感染机制、烟草花叶病毒的拆分与重建这三个经典实验，充分证明了遗传变异的物质基础是核酸（nucleic acid）。核酸包括脱氧核糖核酸（deoxyribonucleic acid，DNA）和核糖核酸（ribonucleic acid，RNA)。

一、遗传变异的三个经典实验

(一) 肺炎链球菌转化实验

1928 年，英国科学家格里菲思（F. Griffith）首先发现了肺炎链球菌（*Streptococcus pneumoniae*）的转化现象。根据有无荚膜，肺炎链球菌可被分为两种类型：S 型（含荚膜，菌落呈光滑型）和 R 型（无荚膜，菌落呈粗糙型）。R 型肺炎链球菌是由 S 型肺炎链球菌经自发突变而产生的，无致病性，而 S 型肺炎链球菌可使小鼠死于肺炎感染。无论是 S 型还是 R 型，均可区分成许多不同的血清型。肺炎链球菌的荚膜多糖是一种可溶性的特异性物质，在不同菌株中，荚膜多糖的特异性是不同的，故可用血清学方法进行区分，分别以 RⅠ、RⅡ、RⅢ或 SⅠ、SⅡ、SⅢ等表示。肺炎链球菌转化实验就是以 SⅢ型和 RⅡ型作为实验材料的。

格里菲思将加热杀死的 SⅢ型肺炎链球菌和活的 RⅡ型肺炎链球菌一起注射到小鼠体内，结果小鼠受到感染而死亡，且在它的心脏血液中发现了活的 S 型肺炎链球菌。但是，在单独注射加热杀死的 SⅢ型肺炎链球菌或 RⅡ型肺炎链球菌的对照实验中小鼠并没死亡（见图 6-1）。这表明加热杀死了的 S 型肺炎链球菌以某种方式使无致病性的 R 型转化成致病性的 S 型。

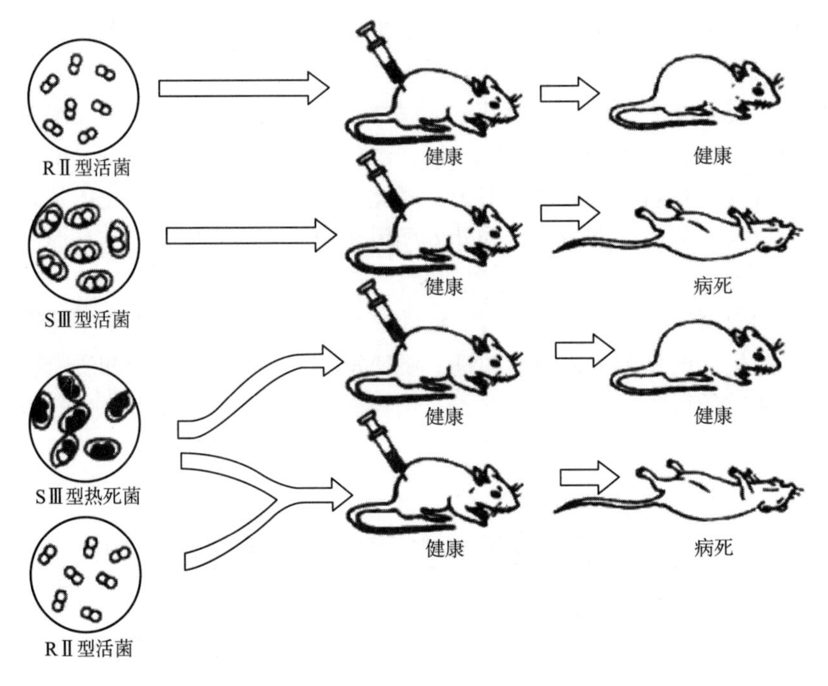

图 6-1　肺炎链球菌转化实验

1944 年，美国细菌学家埃弗里（O. T. Avery）等人在格里菲思工作的基础上，对转化的本质进行了深入的研究（体外转化实验），并进一步对使无毒肺炎链球菌变为有毒肺炎链球菌的转化物质进行了分离和化学鉴定。他们从活的 SⅢ型细菌中提取了 DNA、蛋白质和荚膜多糖，并将每个成分与 RⅡ型肺炎链球菌在合成培养基上混合培养。结果发现，只有 DNA 能将某些 RⅡ型肺炎链球菌转化成 SⅢ型肺炎链球菌，且 DNA 纯度越高，转化效率越大，一旦用 DNA 酶处理 DNA 后，就不会发生这种转化。该体外转化实验直接地证明了遗传因子是 DNA。

（二）噬菌体的感染实验

噬菌体感染实验是用人工方法把噬菌体蛋白质和核酸分开，并分析它们在决定遗传特性中的作用。由于噬菌体是由蛋白质外壳和 DNA 核心所组成的，而且蛋白质中含硫不含磷，DNA 却含磷不含硫，因此可用^{35}S或^{32}P分别标记噬菌体蛋白质和噬菌体 DNA。

1952 年，美国生物学家赫尔希（Alfed Hershey）和蔡斯（Martha Chase）把大肠杆菌（*Escherichia coli*）分别放在含^{35}S或^{32}P的培养基中培养，得到含^{35}S或^{32}P的大肠杆菌，再用它来繁殖 T_2 噬菌体，分别得到标记^{35}S或^{32}P的噬菌体。用含^{35}S的 T_2 噬菌体感染不含^{35}S的大肠杆菌；约 10min 后，用组织搅拌机搅拌以分离细菌和没有进入细菌细胞的噬菌体，然后分别测定两部分的放射量。用同样的方法，把含有^{32}P的 T_2 噬菌体感染不含^{32}P的大肠杆菌，分离后再分别测定两部分的放射量（见图 6-2）。实验结果表明，噬菌体的蛋白质外壳没有进入细菌细胞内，只有 DNA 进入细菌细胞中，说明新增殖的噬菌体所生成的外壳蛋白质，完全是由带^{32}P的“亲代”DNA 所决定。用电子显微镜观察也证实，进入细菌细胞内的只有噬菌体 DNA，噬菌体的蛋白质外壳没有进入细菌细胞中。这两位科学家的实验结论进一步证实了 DNA 是遗传物质，而蛋白质不是。

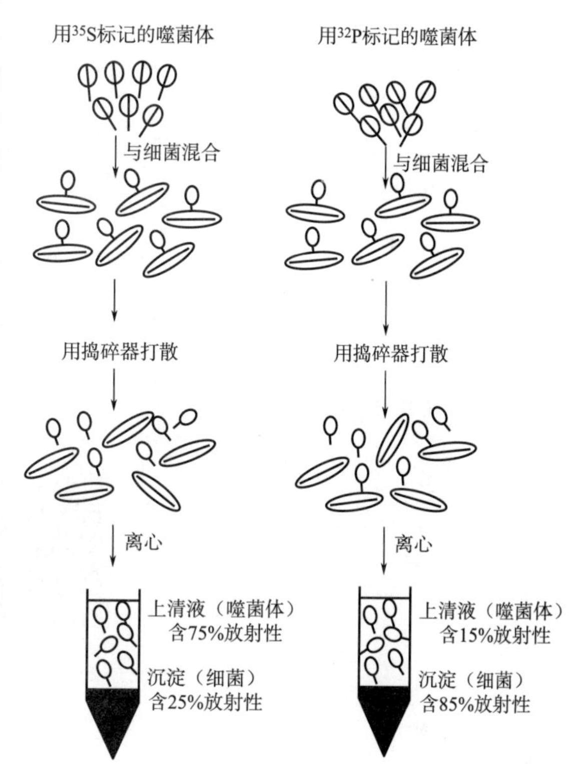

图 6-2　噬菌体感染实验

（三）烟草花叶病毒拆分与重建实验

对于不含 DNA 的生物，遗传物质又是什么呢？1956 年，美国生化学家康拉特（Fraenkel Conrat）等人进行了烟草花叶病毒的拆分与重建实验。烟草花叶病毒（tobacco mosaic virus，简称 TMV）是一种含 RNA，不含 DNA 的植物病毒，该病毒组分中，94%是蛋白质，6%是 RNA，它能在烟草上引起病斑，并有大小和颜色的特异性。把 TMV 病毒体置于一定浓度的苯酚溶液中振荡，可将病毒的蛋白质外壳和 RNA 分开，分别利用蛋白质和 RNA 对烟草进行感染实验。结果发现蛋白质不能感染烟草，只有 RNA 能感染烟草并表现出病害症状，而且在感染后的烟草病斑中能分离到完整的具有蛋白质外壳的烟草花叶病毒。

后来，康拉特又将甲（TMV）、乙（HRV）两种烟草花叶病毒拆开，在体外分别将甲病毒的 RNA 和乙病毒的蛋白质结合进行重组，将乙病毒的 RNA 和甲病毒的蛋白质结合进行重组，并利用重组过的病毒分别感染烟草。结果从宿主分离所得的病毒蛋白质均取决于相应病毒的 RNA（图 6-3）。这一实验结果充分证明了烟草花叶病毒的遗传性状完全由 RNA 决定，RNA 是遗传物质。

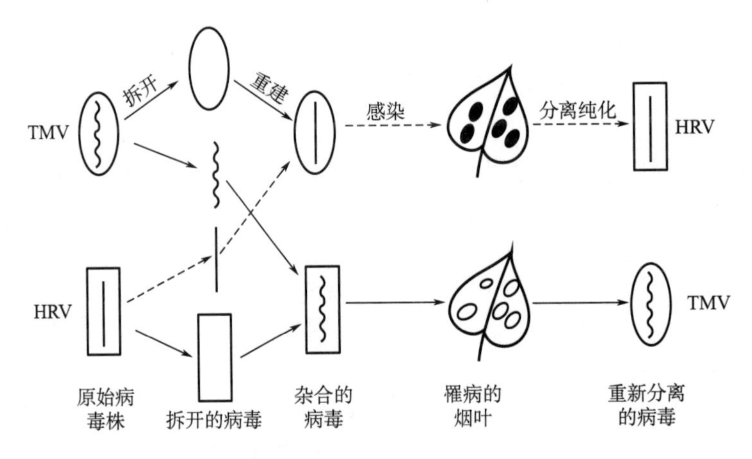

图 6-3 烟草花叶病毒的拆分与重建实验

通过以上三个经典的实验，证明了核酸（DNA 或 RNA）是遗传的物质基础。

二、遗传物质的化学组成

遗传物质的化学组成（图 6-4）

三、遗传物质的结构

遗传物质的结构（图 6-5~图 6-13，表 6-1）

四、遗传物质在细胞中的存在形式

遗传物质（DNA/RNA）在细胞内主要以细胞核（或拟核）、核染色体（核基因组）、细胞器基因组、质粒等形式存在，具体分为七个水平。

（一）细胞水平

从细胞水平来看，无论是原核微生物还是真核微生物，它们全部或大部分 DNA 都集中在细胞核或核质体中。在不同的微生物细胞或是在同种微生物的不同类型细胞中，细胞核的数目是不同的。例如，细菌和酵母菌通常一个细胞只有一个核；而放线菌和部分霉菌，其菌丝细胞往往是多核的，孢子则是单核的。

（二）细胞核水平

真核微生物的细胞核与原核微生物的核质体都是该种微生物遗传信息的主要装载者，被称为核基因组、核染色体组或简称基因组。除核基因组外，在真核微生物（仅酵母菌的2μm质粒例外，在核内）与原核微生物的细胞质中，多数还存在一类DNA含量少、能自主复制的核外染色体。原核生物的核外染色体通称为质粒。

（三）染色体水平

不同生物的每个细胞核中往往有不同数目的染色体。真核微生物的染色体不止一条，少则几条，多则几十条或更多。例如，酵母菌属（*Saccharomyces*）的染色体有17条，汉逊酵母属（*Hansenulax*）为4条。而在原核微生物中，每一个核质体只是由一个裸露的、光学显微镜下无法看到的环状染色体组成。因此，对于原核生物来说，染色体水平实际上与核酸水平无异。除了染色体数目外，染色体的套数也有不同。如果在一个细胞中只有一套相同功能的染色体，就称为单倍体；而包含有两套相同功能染色体的细胞就称为双倍体。

（四）核酸水平

多数微生物的遗传物质为双链DNA，只有少数病毒如大肠杆菌ϕX174和fd噬菌体等为单链DNA。双链DNA有的呈环状（如原核微生物和部分病毒），有的呈线状（部分病毒），而有的细菌质粒DNA则呈超螺旋状（麻花状）。真核微生物的DNA与缠绕的组蛋白同时存在，而原核微生物的DNA却单独存在。

（五）基因水平

基因是生物体内具有自主复制能力的最小遗传功能单位。其物质基础是一条以直线排列、具有特定核苷酸序列的核酸片段。众多基因构成了染色体，每个基因大体在1000~1500bp。从基因功能上看，原核生物的基因是通过操纵子和其调节基因而发挥调控基因表达作用，每一操纵子又包括结构基因、操纵基因和启动基因（又称启动子）。结构基因是决定某一多肽链结构的DNA模板；操纵基因与结构基因紧密连锁并通过与相应阻遏物的结合与否，控制是否转录结构基因；启动基因既是DNA多聚酶的结合部位，又是转录的起始位点。操纵基因和启动基因不能转录mRNA。调节基因能调节操纵子中结构基因的活动。调节基因能转录出自己的mRNA，并经翻译产生阻遏物（阻遏蛋白），后者能识别并附着在操纵基因上。由于阻遏物和操纵基因的相互作用可使DNA双链无法分开，阻碍了RNA聚合酶沿着结构基因移动，使结构基因不能表达。

（六）密码子水平

遗传密码是指DNA链上决定多肽链中各个氨基酸的特定核苷酸排列顺序。遗传密码的信息单位是密码子，每一个密码子由mRNA上3个连续核苷酸序列（三联体）组成。由4种核苷酸组成三联密码子的方式可达64种，用于决定20种氨基酸。有些密码子的功能是重复的，即几个密码子都编码同一个氨基酸，例如编码亮氨酸的密码子就多达6个，还有些密码子是“终止”信号，不代表任何氨基酸，例如，UAA、UAG和UGA。

（七）核苷酸水平

基因是遗传的功能单位，密码子是信息单位。核苷酸水平（碱基水平）则是一个最低突变单位或交换单位。在绝大多数生物的DNA组分中，均只含有腺苷酸（AMP）、鸟苷酸（CMP）、胞苷酸（CMP）和胸苷酸（TMP）。但也有少数例外，它们含有一些稀有碱基，例如，T偶数噬菌体的DNA含有少量5-羟甲基胞嘧啶。

五、质粒

质粒是游离并独立存在于染色体以外，能进行自主复制的细胞质遗传因子。质粒能在细胞质中自主复制，并能将质粒转移到子代细胞中，可维持许多代。一般来说，质粒对宿主细胞是非必需的，菌体去除质粒后，仍能正常生活，但质粒所携带的性状也随之消失。在某些条件下，质粒能赋予宿主细胞特殊的机能，从而使宿主得到生长的优势，如抗药性质粒和降解性质粒，就能使宿主细胞在有相应药物或化学毒物的环境中生存，并在细胞分裂时稳定传给子代细胞。许多与医学、农业、工业和环境密切相关的重要细菌的特殊性状便是由质粒编码的，如植物结瘤、生物固氮、对有机物的代谢等。某些质粒可以较高的频率（$>10^{-6}$）通过细胞间的接合、转化等方式，由供体细胞向受体细胞转移。在一定条件下，质粒可以整合到染色体 DNA 上，并可重新脱落下来。不同质粒或质粒与染色体上的基因可以在细胞内或细胞外进行交换重组，并形成新的重组质粒。如果质粒的复制受到抑制，而核染色体的复制仍继续进行，则引起子代细胞不带质粒。质粒消除可自发产生，也可用一定浓度的吖啶橙染料或丝裂霉素 C、溴化乙锭、利福平、重金属离子以及紫外线或高温等处理消除细胞内的质粒。

在分子生物学和遗传工程的发展过程中，质粒起着非常重要的作用，已在工、农、医各个领域中得到广泛应用。少数质粒可在不同菌株间发生转移，并可表达质粒所携带的基因信息。根据这一特性，通过转化作用，利用细菌质粒作为基因的载体，将人工合成或分离的特定基因片段导入受体细菌中，可以使受体细菌产生人们所需的代谢产物，故质粒已成为重要的基因载体而应用于基因工程中。对质粒的研究无论在理论上还是应用上均具有十分重要的意义，是现代生物学研究中的重要课题之一。

六、微生物的基因组

微生物的基因组

第二节　微生物基因突变

基因突变与中国人的酒量

超级细菌

在微生物中，突变是经常发生的，学习和掌握突变的规律，不但有助于对基因定位和基因功能等基本理论问题的了解，还为微生物的选种、育种提供必要的理论基础。

突变是指遗传物质的核苷酸顺序突然发生稳定的可遗传的变化。突变包括基因突变（gene mutation）和染色体畸变（chromosomal aberration）两大类。基因突变又称“点突变”（point mutation），往往只涉及一个或少数几个碱基对的改变。染色体畸变是指染色体数目的增减或结构的改变，一般涉及一大段即成百上千个碱基对的改变。发生染色体畸变的微生物往往易致死，所以微生物中突变类型的研究主要是在基因突变方面。对于微生物来说，基因突变最常见，也是最重要的遗传学现象，它是生物进化的原动力。

一、基因突变的类型

从基因突变发生方式和突变引起的一些表型变化对基因突变的类型进行分类。

（一）碱基变化引起遗传信息的改变

不同碱基的变化对遗传信息的改变是完全不同的，基因突变依据碱基变化的不同分为以下 4 个类型。

1. 同义突变（synonymous mutation）

虽然基因中单个碱基发生置换，但密码子具有简并性，不会引起蛋白质一级结构中氨基酸变化。例如，DNA 序列中 GCG 的第三位的碱基 G 被 A 取代而成 GCA，转录后都是精氨酸的密码子，不会引起蛋白质结构的变化。

2. 错义突变（mis sense mutation）

DNA 中碱基发生改变后，mRNA 中相应密码子发生改变，导致合成的多肽链中一种氨基酸编码变成另一种氨基酸，而该氨基酸前后的氨基酸均不改变。错义突变可能产生异常蛋白质和酶。

3. 无义突变（non sense mutation）

当 DNA 序列单个碱基置换导致出现终止密码子（UAG、UAA、UGA）时，该多肽链将提前终止合成，所合成的蛋白质（或酶）失去活性或部分失去活性。例如，DNA 序列中 ATG 的 G 被 T 取代时，相应的 mRNA 上的密码子变成终止信号 UAA，翻译终止形成缩短的肽链。

4. 移码突变（frame-shift mutation）

移码突变是由于 DNA 序列中增加或减少碱基数（非 3 或 3 的倍数）导致的基因突变。增加或减少 1~2 个碱基会使该碱基位点后面的 mRNA 序列发生系列变化。

（二）基因突变引起的表型突变

表型（phenotype）是指某一生物体所具有的一切外表特征和内在特性的总和，是其基因型在合适环境条件下通过代谢和发育而得到的具体表现。基因型（genotype）是指贮存在遗传物质中的信息，即 DNA 碱基顺序。从突变所带来的表型分类，突变的类型可以分为营养缺陷突变型、形态突变型、致死突变型、抗原突变型等类型。

1. 营养缺陷突变型

营养缺陷突变型属于一类重要的生化突变型，是指某种微生物经基因突变而引起微生物代谢过程中某些酶合成能力丧失的突变型，它们必须在野生型微生物生长的培养基中，添加相应的营养成分才能正常生长繁殖。营养缺陷突变型的基因型用所需营养物的前 3 个英文小写字母斜体表示，例如，*his*C 代表组氨酸缺陷型，相应的表型用 HisC 表示，常常用 *his*C^-和

hisC^+表示缺陷型和相应的野生型。这种突变型在微生物遗传学基础理论研究和实践研究中应用非常广泛，其菌株和研究方法均具有重要的应用价值。

2. 形态突变型

是指形态发生改变的突变型，包括引起微生物个体形态、菌落形态以及噬菌斑形态的变异，一般属非选择性突变。例如，细菌的鞭毛或荚膜的有无，霉菌或放线菌的孢子有无或颜色变化，菌落表面光滑或粗糙以及噬菌斑的大小或清晰度等的突变。

3. 条件致死突变型

在特定条件下，条件致死突变表达一种突变性状或致死效应，而在许可条件下的表型是正常的。应用最广泛的是温度敏感突变型，该类型突变在某一温度中并不致死，所以可以在这种温度中保存下来，但是另一温度对它们来说是致死的。例如，大肠杆菌的某些株能在37℃生长，在42℃下不生长；某些T_4噬菌体突变株在25℃下可感染宿主，在37℃却不能感染等。

4. 抗原突变型

抗原突变型指细胞成分，特别是细胞表面成分（如细胞壁、荚膜、鞭毛）的变异，而引起的胞壁抗原、荚膜抗原、鞭毛抗原等抗原性变化的突变型。

5. 抗性突变型

指野生型菌株因发生基因突变而产生对某种化学药物或致死物理因子的抗性变异类型。抗性突变型作为重要选择性遗传标记，在加有相应药物或用相应物理因子处理的培养基平板上，只有抗性突变株能生长，从而较容易地被分离筛选。

6. 产量突变型

指由于基因突变引起代谢产物产量有明显改变的突变类型。若突变株的产量显著高于原始菌株称正突变，该突变株称正突变株，反之则称负突变。

其他突变型还包括毒力、糖发酵能力、代谢产物的种类和数量以及对某种药物的依赖性等的突变型。

有的基因突变可能会具备以上几大类表型突变型中的几种。例如，有的营养缺陷型可以认为是一种条件致死突变型，在基础培养基上不能生长；有的营养缺陷型会有明显的形态改变。营养缺陷型是应用最广、最具代表性的表型突变。抗药性突变也是微生物遗传学中常用的一类生化突变型。

二、基因突变的特点

（一）自发性

由于自然环境因素的影响和微生物内在的生理、生化特点，在没有人为诱发因素的情况下，各种遗传性状的突变可以自发地产生。

（二）不对应性

指发生的突变与引起突变的原因之间无直接对应关系。如：抗药性突变并非由于接触了某种药物（如链霉素），而是接触之前就已自发地随机产生了，链霉素只是起着筛选抗药性突变株的作用。

（三）稀有性

通常自发突变的频率很低（10^{-9}~10^{-6}）。突变率是指每一个细胞在每一世代中发生某一性状突变的概率。

（四）独立性

引起各种性状改变的基因突变彼此独立，互不干扰。

（五）可诱变性

自发突变的频率可通过理化因子等诱变剂的诱变作用而显著提高（提高 $10\sim10^5$ 倍），但不改变突变的本质。

（六）稳定性

突变是遗传物质结构的改变，因而突变后的新性状可以稳定遗传。

（七）可逆性

野生型菌株的某一性状某次发生的突变称为正向突变，这一性状也可发生第二次相反的突变称回复突变。回复突变的频率与正向突变频率相等。例如，野生型菌株可以通过突变成为突变型菌株；相反，突变型菌株会再次发生突变使表型回复到野生型状态。

三、基因突变的机制

基因突变中碱基变化引起遗传信息的改变既可以在自然条件下自发地发生，也可以人为地应用物理、化学因素诱导发生，自发或诱发基因突变不会影响其突变的本质。

（一）自发突变机制

自发突变是指微生物在自然条件下，没有人工参与（不经诱变剂处理）微生物自然发生的突变。虽然自发突变是任何时候任何条件下都可能发生的突变，但这并不意味突变是没有原因的，多数人认为自发突变是由于自然界中存在的辐射因素和环境诱变剂所引起的。

1. 射线和环境因素的诱变效应

低剂量的诱变因素、长时期综合诱变效应常使微生物发生自发突变。如宇宙空间中各种短波的辐射或高温以及自然界普遍存在的低浓度诱变物质的作用等均可引起微生物自发突变。

2. 微生物自身有害代谢产物的诱变效应

微生物在培养过程中，菌体本身产生有害的代谢产物（过氧化氢、酸、碱），可作为内源性诱变剂对菌体自身遗传物质产生影响。

3. 互变异构效应

自发突变的一个最主要原因是碱基能够以互变异构体的不同形式存在。由于 A、T、G、C 四种碱基的第六位碳原子上不是酮基（T、G），就是氨基（A、C），所以 T 和 G 可以是酮式或烯醇式（互变异构）状态存在；而 C、A 则可以是氨基式或亚氨基式（互变异构）状态存在。因为平衡一般倾向于酮式或氨基式，故 DNA 双链结构中，一般总是以 A：T 和 G：C 碱基配对出现。只是在偶然情况下，T 和 G 会以稀有的烯醇式出现，因而在 DNA 复制到达这一位置的瞬间，通过 DNA 多聚酶的作用，在其相对位置上就不出现 A 和 C，而是 G 与 T；同理，如果 C 和 A 以稀有的亚氨基形式出现，在 DNA 复制到达这一位置的瞬间，则在新合成的 DNA 单链的与 C 和 A 相应的位置上就不出现 G 和 T，而是 A 和 C。这可能就是发生相应的自发突变的原因。据研究，碱基对发生自发突变的概率为 $10^{-9}\sim10^{-8}$。

（二）诱发突变机制

诱发突变是利用物理或化学的因素处理微生物群体，促使少数个体细胞的 DNA 分子结构发生改变，基因内部碱基配对发生错误，引起微生物的遗传性状发生突变。凡能显著提高突变率的因素都称为诱发因素或诱变剂。由于篇幅限制，诱发突变机制将在第四节诱变育种中详细阐述。

第三节 微生物基因重组

陈薇少将与重组新冠疫苗

基因重组又称遗传传递，是指遗传物质从一个微生物细胞向另一个微生物细胞传递而达到基因的改变，形成新遗传型个体的过程，属于遗传物质在分子水平上的杂交，它是在细胞繁殖过程或在特定环境中不同细胞接触或不接触，引起遗传物质传递而造成的。在基因重组时，不发生任何碱基对结构上的变化。重组后生物体新的遗传性状的出现完全是基因重组的结果。它可以在人为设计的条件下发生，为人类育种服务。

一、原核微生物的基因重组

原核微生物的基因重组方式主要有转化、转导、接合和原生质体融合，其共同特点为：①片段性，仅一小段DNA序列参与重组；②单向性，即从供体菌向受体菌（或从供体基因组向受体基因组）作单方向转移；③转移机制独特而多样，如接合、转化和转导等。

（一）转化（transformation）

一个种或品系的生物（受体菌）吸收来自另一个种或品系生物（供体菌）的遗传物质（DNA片段），通过交换组合把它整合到自己的基因组中去，从而获得后者某些遗传性状的现象称为转化。转化后的受体菌称为转化子，供体菌的DNA片段称为转化因子。呈质粒状态的转化因子转化频率最高。能被转化的细菌包括革兰氏阳性细菌和革兰氏阴性细菌，但受体细胞只有在感受态的情况下才能吸收转化因子。感受态是指细胞能从环境中接受转化因子的生理状态。处于感受态的细菌，其吸收DNA的能力比一般细菌强1000倍。例如，通常采用$CaCl_2$处理大肠杆菌细胞来制备感受态细胞。感受态既可以产生，也可以消失，它的出现受菌株的遗传特性、生理状态（如菌龄等）、培养环境等的影响。一定的外界因素可以使一般不出现感受态的受体出现感受态。

转化因子双链DNA吸附在受体细胞表面，其中感受态细菌可将其吸收。但转化时只有一条链进入受体细胞，而另一条链被细胞表面的核酸外切酶分解。具体转化过程如下：先从供体菌提取DNA片段，接着DNA片段与感受态受体菌的细胞表面特定位点结合，在结合位点上，DNA片段中的一条单链逐步被酶解掉，另一条链进入受体细胞，这是一个消耗能量的过程。进入受体细胞的DNA单链与受体菌染色体组上同源区段配对，而受体菌染色体组的相应单链片段被切除，并被进入受体细胞的单链DNA所取代，随后修复合成，连接成部分杂合双链。然后受体菌染色体进行复制，其中杂合区段被分离成两个，一个含供体菌DNA片段，另一个含受体菌DNA片段。当细胞分裂时，此染色体发生分离，形成一个转化子。

根据感受态建立的方式，可以分为自然遗传转化（natural genetic transformation）和人工转化（artificial transformation）。自然转化是指在自然的条件下发生的转化，其感受态的出现是细胞在一定生长阶段的生理特性。人工转化是指通过人为诱导的方法，使细胞具有摄取DNA的能力，或人工地将DNA导入细胞内。人工转化是基因工程的基础技术之一，但在大部分情况下是指将外源质粒DNA转化到受体菌中。人工转化方法主要有：①$CaCl_2$处理细胞，使其成为能摄取外源DNA的感受态。②电穿孔法，用高压脉冲电流击破细胞膜，或击成小孔，使各种大分子（包括DNA）能通过这些小孔进入细胞。

影响转化效率的因素：受体细胞的状态，决定转化因子能否被吸收；受体细胞的限制酶系统和其他核酸酶，决定转化因子在整合前是否被分解；受体和供体染色体的同源性，决定转化因子的整合。

在微生物中，转化是一种比较普遍的现象，原核微生物主要在肺炎链球菌、嗜血杆菌属（*Haemophilus*）、芽孢杆菌属（*Bacillus*）、奈瑟氏球菌属（*Neisseria*）、根瘤菌属（*Rhizobium*）、葡萄球菌属（*Staphylococcus*）、假单胞菌属（*Pseudomonas*）和黄单胞菌属（*Xanthomonas*）等中，都发现具有转化现象；而真核微生物在啤酒酵母（*Saccharomyces cerevisiae*）、粗糙脉孢霉（*Neurospora crassa*）和黑曲霉（*Aspergillus niger*）等中，也发现了转化现象。

（二）转导（transduction）

以完全缺陷或部分缺陷的噬菌体为媒介，把一个菌株（供体细胞）的遗传物质导入另一个菌株（受体细胞），通过交换与整合，使后者获得前者的某些遗传性状的现象，称为转导。转导又分为普遍性转导和特异性转导。

1. 普遍性转导（generalized transduction）

宿主基因组任意位置的DNA成为成熟噬菌体颗粒DNA的一部分并被带入受体菌被称为普遍性转导。如大肠杆菌P_1噬菌体、枯草杆菌PBS_1噬菌体、伤寒沙门氏菌P_{22}噬菌体等都能进行普遍性转导。普遍性转导的转导频率为10^{-8}～10^{-5}。能进行普遍转导的噬菌体，含有一个使供体菌株染色体断裂的酶。正常情况下，当噬菌体在供体细胞中复制组装时，是将噬菌体本身的DNA包裹进蛋白衣壳内。但也有异常情况出现，供体染色体DNA片段（通常和噬菌体DNA长度相似）偶然错误地被包进噬菌体外壳，而噬菌体本身的DNA却没有完全包进去，装有供体染色体片段的噬菌体称为转导颗粒。转导颗粒可以感染受体菌株，并把供体DNA注入受体细胞内，与受体细胞的DNA进行基因重组，形成部分二倍体。通过重组，供体基因整合到受体细胞的染色体上，从而使受体细胞获得供体菌的遗传性状，产生变异，形成稳定的转导子，这种转导称为完全转导。在普遍性转导中，更多的情况是转导来的供体染色体DNA不能整合到受体染色体上，也不能复制，但可以表达，这种转导称为流产转导。

2. 特异性转导（specialized transduction）

特异性转导，又称为局限性转导，是指噬菌体只能转导供体染色体上某些特定的基因。它的转导频率为10^{-6}。它与普遍性转导的区别在于被转导的基因共价地与噬菌体DNA一起进行复制、包装及被导入受体细胞中；特异性转导颗粒携带特殊的染色体片段并将固定基因导入受体细胞。

特异性转导是在大肠杆菌K12的温和型噬菌体（λ）中首次发现的，它也是特异性转导的典型代表。该噬菌体含有一个dsDNA分子，含有黏性末端cos位点（两端有12个互补的核苷酸单链）。它只能转导大肠杆菌染色体上半乳糖发酵基因（*gal*）和生物素基因（*bio*）。

当λ噬菌体侵入大肠杆菌 K12 后，使其溶源化，λ噬菌体的核酸被整合到大肠杆菌 DNA 特定位置上，即 *gal* 基因和 *bio* 基因座位的附近。λ噬菌体可以通过附着位置间一次切离，从细菌染色体上脱落下来，偶尔在噬菌体和细菌染色体之间发生不正常交换，诱发产生转导型噬菌体，带有细菌染色体基因 *gal* 或基因 *bio*，而噬菌体的部分染色体（大约 25%的噬菌体 DNA）被留在细菌染色体上。

（三）接合（conjugation）

通过供体菌和受体菌的直接接触而产生遗传物质转移和重组的过程称为接合。接合有时也称杂交，它不仅存在于大肠杆菌中，还存在于其他细菌中，如鼠伤寒沙门氏菌。

供体细胞被定义为雄性，受体细胞被定义为雌性。接合过程中转移 DNA 的能力是由接合质粒提供的，又称为致育因子（fertility factor），或性因子或 F 因子。在细菌中，接合现象研究最清楚的是大肠杆菌 F 质粒（F 因子）。其遗传组成包括 3 个部分：原点（转移的起点）、致育基因群、配对区域。F 因子约由 6×10^4 对核苷酸组成，相对分子质量为 5×10^7，约占大肠杆菌总 DNA 含量的 2%。F 因子具有自主地与细菌染色体进行同步复制和转移到其他细胞中去的能力。它既可以脱离染色体在细胞内独立存在，也可以整合到染色体基因组上；它既可以通过接合而获得，也可以通过理化因素的处理而从细胞中消除。

其中，雌性细菌不含 F 因子，称为 F^- 菌株；雄性含有 F 因子，并且在细胞中存在 3 种不同情况。一种是游离在细胞染色体之外，能自主复制的小环状 DNA 分子，这样的细菌称为 F^+ 菌株；另一种状态是 F 因子整合在细菌染色体上，成为细菌染色体的一部分，随同染色体一起复制，这种细菌称为 Hfr 菌株（high frequency recombination strain），即高频重组菌株；还有一种状态是 F 因子能被整合到细胞核 DNA 上，也能从上面脱落下来，呈游离存在，但在脱落时，F 因子有时能带一小段细胞核 DNA，这种含有游离存在的但又带有一小段细胞核 DNA 的 F 因子的细菌称为 F' 菌株。上述 3 种雄性菌株与雌性菌株接合时，将产生 3 种不同的结果：

1. $F^+\times F^-$

当把 F^+ 和 F^- 菌株混合几分钟后，所有 F^+ 细胞与 F^- 细胞便配对完成，同时在细胞间形成一根很细的接合管，使 F 因子通过接合管进入 F^- 细胞，而转变为 F^+ 菌株。具体过程为：首先，性纤毛的游离端和受体细胞接触，通过其供体与受体细胞膜产生解聚作用和再溶解作用，使供体和受体细胞紧密联结起来，接合配对完成之后，F^+ 菌株的 F 因子的一条 DNA 单链，在特定的位置上发生断裂并解螺旋，通过另一条环状单链 DNA 模板的旋转，一方面解开的一条单链通过性纤毛而推入 F^- 菌株中，另一方面，又在供体细胞内，重新组合成一条新的环状单链，以取代解开的单链，此为滚环模型（rolling circle model）。在 F^- 菌株细胞中，在外来的供体 DNA 单链上又合成一条互补的新 DNA 链，F^- 就变成了 F^+ 菌株。在 $F^+\times F^-$ 杂交中，虽然 F 因子以很高的频率传递，但供体遗传标记的传递则是十分稀少的（只有 $10^{-7}\sim10^{-6}$）。

2. $F'\times F^-$

F' 菌株与 F^- 菌株的接合过程同 F^+ 与 F^- 菌株的接合过程，接合后，产生 2 个 F' 菌株。

3. $Hfr\times F^-$

当 Hfr 细菌与 F^- 细菌混合时，两细胞接合配对，接着从 Hfr 细胞把染色体通过接合管定

向转移给 F^- 细胞。具体过程如下：Hfr 细胞跟 F^- 细胞配对，接合管形成后，Hfr 染色体从 F^- 插入点附近的起始位置开始复制传递，亲本 DNA 的一条链穿过接合位点附近的起始位置开始复制，并进入受体细胞；在复制和传递过程中，正在交配的细菌分开，形成一个 F^- 部分合子或部分双倍体细胞。在 F^- 细胞中还合成了 DNA 的一条互补链；F^- 染色体与从 Hfr 传递进入的染色体片断发生重组产生稳定的重组型。

（四）原生质体融合（protoplast fusion）

通过人为的方法，使遗传性状不同的两种菌（包括种内、种间及属间）的原生质体发生融合，进而发生遗传重组以产生同时带有稳定的双亲遗传性状的融合子的过程称为原生质体融合。该技术是在 20 世纪 70 年代后发展的育种新技术，继转化、转导和接合之后一种更有效地转移遗传物质的手段。原生质体融合不仅能在不同菌株或种间进行，还能做到属间、科间甚至更远缘的微生物或高等生物细胞间的融合。其重组频率高达 10^{-1}。原生质体融合基本特点为：①需要供体菌株和受体菌株的接触；②需要通过电场诱导或化学因子（常用的和最成功的化学融合剂是聚乙二醇 polyethyene glycol，PEG）诱导进行融合产生二亲原生质体。此项技术在细菌、放线菌、酵母菌、霉菌、高等动植物以及人体细胞中均有广泛应用。原生质体融合按图 6-14 的程序进行，大体分为五个步骤：

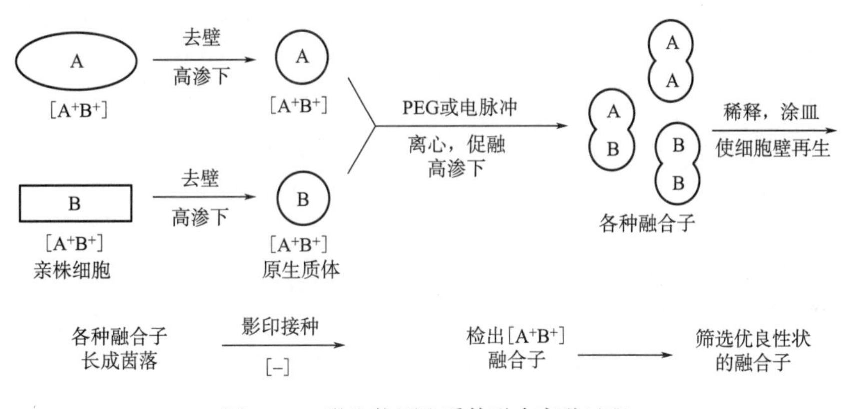

图 6-14 微生物原生质体融合育种过程

1. 选择亲株

选择两个有特殊价值的并带有遗传标记的细胞作为亲本。从高产菌株考虑，所用标记宜采用营养缺陷型和抗药性菌株，便于融合后的检出。

2. 制备原生质体

将两个亲株分别活化培养，经离心洗涤，制成菌悬液后用适当的脱壁酶去除细胞壁，得到相应的原生质体。由于各种微生物细胞壁的化学组分不同，所用的脱壁酶也不相同。例如，细菌或放线菌可用溶菌酶或青霉素处理，酵母菌可用蜗牛酶或纤维素酶脱壁，霉菌无性孢子可采用蜗牛酶、几丁质酶或纤维素酶脱壁。

3. 原生质体融合

制成的原生质体为避免破裂，需要放在高渗溶液中，为了提高原生质体的融合率，可通过物理或化学因子诱导进行融合。将制备好的原生质体进行离心收集，常用的化学促融合剂是聚乙二醇和 Ca^{2+}，物理促融主要采用电脉冲等方式。此外，融合频率受各种阳离子及其浓度的影响，也与融合液的 pH 有关，例如 Ca^{2+} 存在时，高 pH 下可得到较高的融合率；而缺

乏 Ca^{2+} 或低 pH 下融合率较低。

4. 原生质体再生

由于原生质体没有细胞壁，只有一层细胞膜，因此它虽有生物活性，但不能在普通培养基上生长。将融合后的原生质体用高渗溶液稀释后涂于再生培养基上，使其重新长出细胞壁，并经过细胞分裂形成菌落。原生质体融合后会产生两种情况，一种是真正的融合，另一种是暂时性的融合，即形成了异核体。形成菌落后，将菌落影印接种于各种选择性培养基上，检验是否为稳定的融合子，并进行几代自然分离、选择，确定是核融合而非异核体。为避免原生质体破裂，涂布的原生质体悬液浓度不宜太高，涂布前需先去除培养基表面的冷凝水。表 6-2 是几种常用的再生培养基成分。

表 6-2 几种常用的再生培养基

微生物种类	再生培养基成分
枯草芽孢杆菌（*Bacillus subtilis*）	蔗糖 0.5mol/L，顺丁烯二酸 0.02mol/L，$MgCl_2 \cdot 6H_2O$ 0.02mol/L
钝齿棒杆菌（*Corynebacterium crenaturn*）	丁二酸钠 135g，$MgCl_2 \cdot 6H_2O$ 2g，EDTA 1.9g
费氏链霉菌（*Streptomyces fradiae*）	蔗糖 12.5%，$CaCl_2 \cdot 2H_2O$ 0.368%，$MgCl_2 \cdot 6H_2O$ 0.51%
链霉菌属（*Streptomyces*）	蔗糖 0.3~0.5mol/L（或琥珀酸钠 0.55mol/L），$MgCl_2 \cdot 6H_2O$ 0.05mol/L（或 0.04mol/L），$CaCl_2 \cdot 2H_2O$ 0.025mol/L（或 0.015mol/L），磷酸盐，无机离子
霉菌	KCl 0.4~0.8mol/L，NaCl 0.3~1.0mol/L
酵母	多种糖及糖醇

5. 筛选优良性状的融合重组子

原生质体经融合后所产生的融合子类型是多种多样的，其性状和生产性能也不一样。因此，对得到的融合子仍要通过常规的人工筛选，把性状优良的菌株筛选出来。要获得真正的融合子，必须在融合原生质体再生后，进行几代自然分离和选择。原生质体融合技术的关键环节是准确检出具有优良性能的融合子。

二、真核微生物的基因重组

真核微生物可以进行有性繁殖，因此在 DNA 的转移和重组方面，与原核微生物大有不同。真核微生物的基因重组方式包括有性杂交、准性生殖等。

（一）有性杂交

有性杂交是指在微生物的有性繁殖过程中，两个性细胞相互接合，通过质配、核配后形成双倍体的合子，然后合子进行减数分裂，部分染色体可能发生交换而进行随机分配，由此而产生重组染色体及新的遗传型，并把遗传性状按一定的规律性遗传给后代的过程。凡是能产生有性孢子的酵母菌和霉菌，都能进行有性杂交。

有性杂交在生产实践中被广泛用于优良品种的培育。在进行有性杂交过程中，选择杂交的亲株时，不仅要考虑到性的亲和性，还要考虑其标记方法，以免在杂种鉴别时引起极大困难。另外，还要考虑子囊孢子的形成条件，在生孢子培养基上营造饥饿条件，促进细胞发生减数分裂从而形成子囊孢子。有性杂交的方法有群体交配法、孢子杂交法、单倍体细胞交配法等。群体交配法是将两种不同交配型的单倍体酵母混合培养在麦芽汁中过夜，当通过镜检发现有大量的哑铃形接合细胞时，就可以挑出接种到微滴培养液中，继而培养形成二倍体细胞。孢子杂交法需借助显微操纵器将不同亲株的子囊孢子配对，进行微滴培养和温室培养，使之发芽接合，形成合子。这种方法的优点在于可以在显微镜下直接观察到合子的形成，但这种方法需精密仪器。单倍体细胞交配法与孢子杂交法类似，是将两种交配型细胞配对放在微滴中培养，在显微镜下观察合子形成，但此法的成功率较小。

生产实践中利用有性杂交培育优良品种的实例很多。例如，用于酒精发酵的酵母菌和用于面包发酵的酵母菌是同一种啤酒酵母的两个不同菌株，其中一株产酒精率高而对麦芽糖和葡萄糖的发酵力弱，另一株则与其相反。通过两者的杂交，就得到了产酒精率高，又对麦芽糖及葡萄糖的发酵能力强的新菌株。

（二）准性生殖

准性生殖是一种类似于有性生殖，但比它更原始的生殖方式。它可使同一种生物的两个不同来源的菌株的体细胞经融合后，不经过减数分裂和接合的交替，不产生有性孢子和特殊的囊器，仅导致低频率的基因重组，最终重组成和一般的营养体细胞基本相同的体细胞。准性生殖多见于一般不具典型有性杂交的酵母和霉菌中，尤其是半知菌中。

准性生殖的主要过程如下（见图 6-15）：

1. 菌丝联结

常发生在一些形态上没有区别，但在遗传性状上有差别的同一菌种的两个不同菌株的体细胞（单倍体）间。发生联结的频率非常低。

2. 形成异核体

当两个遗传性状不同的菌株的菌丝互相接触时，通过菌丝的联结，使细胞核由一根菌丝进入另一根菌丝，原有的两个单倍体核集中到同一个细胞中，形成双倍的异核体。异核体能独立生活。

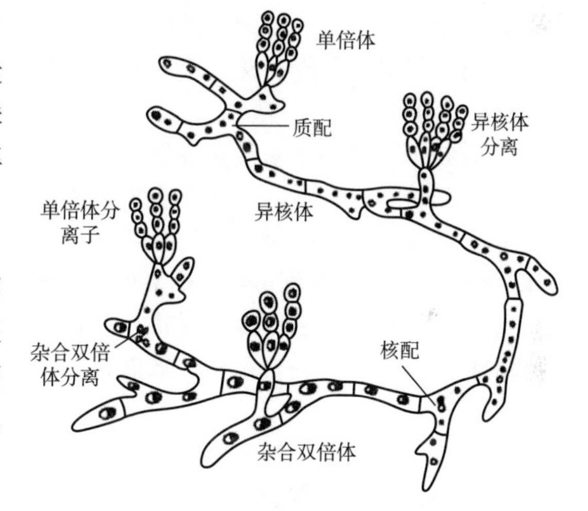

图 6-15　半知菌准性生殖示意图

3. 核融合或核配

异核体的两个不同遗传性状的细胞核，偶尔可以发生融合，产生杂合二倍体。它与异核体不同，与亲本也不同，它的 DNA 含量约为单倍体的 2 倍，孢子体积约比单倍体孢子大 1 倍，其他一些性状也有明显区别，杂合二倍体相当稳定。核融合后产生杂合二倍体的频率也是极低的，如构巢曲霉和米曲霉为 10^{-5} ~ 10^{-7}。某些理化因素如紫外线或高温等处理，可以提高核融合的频率。

4. 体细胞重组和单倍体化

杂合二倍体的遗传性状不稳定，在其进行有丝分裂过程中，会有极少数核内的染色体发生交换和单倍体化，从而形成极个别的具有新遗传性状的单倍体杂合子。如果对杂合二倍体用紫外线、γ 射线或氮芥等化学诱变剂进行处理，就会促进染色体断裂、畸变或导致染色体在两个子细胞中的分配不均，因而有可能产生各种不同性状组合的单倍体杂合子。

第四节　微生物的菌种选育

微生物育种学是建立在微生物遗传和变异基础上的。没有变异，生物界就失去了进化的素材；而没有遗传，变异也无从积累和提升。对菌种选育而言，没有变异就没有选择（选育）的素材；没有遗传，选育得到的优良性状就不能进行培育。微生物遗传育种主要方法有：自然选育、诱变育种、杂交育种、原生质体融合、基因工程育种。下边将逐一介绍这些育种方法。

一、自然选育

自然选育是不经人工处理，利用微生物的自发突变而进行的纯种分离方法，又称单菌落分离。自然选育是一种简单易行的育种方法，可以达到纯化菌种、防止菌种退化、稳定生产、提高产量的目的。但自然选育的效率比较低，因此经常与其他育种方法交替使用，以提高育种效率。

自然环境是工业微生物菌种的根本来源，其中土壤更是被称为菌种的宝库。但是，自然环境下的微生物是多种多样的，要得到理想的目的菌株，就需要进行菌种的分离筛选。菌种的分离筛选一般分为采样、富集培养、微生物分离、微生物筛选和目的产物鉴定等步骤。

（一）采样

采样是指从自然界中采集含有目的菌的样品。自然界含菌样品特别丰富，土壤、空气、动物和植物残体、枯枝烂叶、新鲜或腐烂水果等都含有较多微生物。但从何处采样，要根据筛选目的、微生物分布概况以及目的菌种生物学特性等因素综合考虑。

1. 根据不同的土壤特点和气候条件确定采集地点

土壤具备微生物生长所需的营养、水分和空气，是微生物最集中的地方。如果不清楚目的菌株的种类或特征，一般首选从采集的土壤样品中进行分离。

不同地理位置和气候条件会影响微生物的数量和种类分布。一般来说，温暖潮湿、植被丰富的南方土壤比北方土壤中微生物多，特别是热带、亚热带地区的土壤。有机质丰富和通气良好的土壤中微生物数量多，尤其是细菌和放线菌。山坡上的森林土因有机质丰富，阴暗潮湿，更适合于霉菌、酵母菌的生长。沙土、无植被的山坡土、新耕植的生土、瘠薄土等微生物数量较少。

从土壤纵剖面看，5~25cm 的土层是采样最好的土层。1~5cm 的表层土，由于阳光照射，蒸发量大，水分少，加上紫外线的杀菌作用，微生物数量少；25cm 以下的土层则因土质紧密，空气量不足，养分与水分缺乏，微生物也较少。

土壤 pH 值也会影响微生物种类和分布。偏碱（pH 7.0~7.5）的土壤适合于细菌、放线菌生长；偏酸（pH 7.0 以下）的土壤适合于霉菌、酵母菌生长。

土壤植被状况也会影响微生物的分布。一般果树下的土壤中酵母菌较多；番茄地或腐烂番茄堆积处有较多的维生素 C 产生菌；豆科植物的植被下，根瘤菌数量较多。

不同季节微生物数量也有明显的区别。冬季温度低、气候干燥，微生物生长繁殖缓慢，数量少；春季，微生物生长旺盛，数量逐渐增加，但南方春季雨水多，土壤含水量高，通气不良，会影响微生物繁殖；从夏季到秋季，有 7~10 个月处在较高的温度和丰富的植被下，土壤中微生物的数量比任何时候都多。因此，秋季是采土样分离微生物最理想的季节。

采土样时，先铲去表层土，取5~25cm深处的土样10~15g，装入事先准备好的塑料袋、牛皮纸袋或玻璃瓶中，密封、编号并记录时间、地点、土壤质地、植被名称及其他环境条件。一般样品取回后应马上分离，或暂存低温冰箱内，但要尽快分离，以免微生物死亡。

2. 根据微生物营养类型和生理特点确定采样地点

不同微生物对碳、氮的需求不一样，因此分布也有差异，如森林土有很多枯枝落叶和腐烂的木制材料，富含纤维素，适合纤维素酶产生菌的生长；肉类加工厂附近或饭店排水沟、污泥等有大量腐肉、豆类和脂肪存在的环境，适合蛋白酶、脂肪酶产生菌的生长；在面粉加工厂、糕点厂、酒厂等周边适合产淀粉酶的菌株的生长；在甘蔗、蜂蜜、蜜饯和含糖较多的植物汁液的加工厂及周边环境适合筛选利用糖质，甚至耐高糖的酵母菌。

在筛选具有特殊性质的微生物时，我们也需要根据不同微生物独特的生理特性到相应的地点进行采样。如筛选高温酶产生菌时，通常到温度较高的地方，如南方、温泉、火山爆发处以及北方的堆肥中采样；分离低温酶产生菌可以到温度较低的地方，如南极、北极地区、冰窖、深海中采样；分离耐压菌通常到海洋底部采样；分离耐高渗透压的酵母菌通常到甜果、蜜饯或甘蔗渣堆积处采样。

3. 在特殊环境下采样

北方气温较低，高温微生物少，但在该地区的温泉或堆肥中高温微生物较多。氧气充足的地方一般只适合好氧菌生长，但实际上也存在一些厌氧菌。海洋独特的高盐度、高压力、低温及光照条件，使海洋微生物具有特殊的生理特点，能产生一些不同于陆地来源的特殊产物。如深海鱼类肠道内的嗜压古细菌，80%以上的菌株可以生产EPA和DHA。

微生物一般在中温、中性pH值条件下生长，但在绝大多数微生物不能生长的高温、低温、酸性、碱性、高盐、高辐射强度的极端环境下，也有少数微生物存在，这类微生物被称为极端微生物。极端微生物包括嗜热微生物、嗜冷微生物、嗜碱微生物、嗜酸微生物、嗜盐微生物和嗜压微生物等。极端微生物生活所处的特殊环境，导致它们具有不同于一般微生物的生理生化特性，因而可能筛选到特殊的生理活性物质。

（二）富集培养

富集培养是指在目的微生物含量较少时，可根据目的微生物对营养、pH、温度、培养时间、氧气、光照等的需求而确定富集培养的条件，通过控制营养成分和培养条件使目的微生物在种群中占优势。如果目的微生物在样品中数量足够多，可直接进行分离。但多数样品在分离目的菌种之前，都需要采用富集培养方法增加目的菌数量。如筛选纤维素酶产生菌可选用以纤维素为唯一碳源的培养基。选用产淀粉酶的菌株，可选用淀粉为唯一碳源的培养基。

可添加抑制剂抑制非目标菌的生长，增加目的菌的分离机会。分离细菌时，加50μg/mL制霉菌素或30μg/mL多菌灵，抑制霉菌和酵母生长；分离放线菌时，加几滴10%的酚类物质以抑制霉菌和细菌生长；分离霉菌和酵母菌时，加青霉素、链霉素和四环素各30μL/mL以抑制细菌和放线菌生长。

可通过控制培养条件来“浓缩”微生物，如调整培养基pH值到目的菌适宜生长pH值范围，增加目的菌的数量，以达到富集目的；又如80℃、10min或100℃、5min处理样品，可杀死不产芽孢的微生物，达到“浓缩”芽孢杆菌的目的。

（三）微生物菌种的分离

经过富集的微生物虽然在数量上占优势，但得到的培养物是多种微生物的混合物，所以要进行纯种分离。分离微生物的方法很多，常用的有倾注平板分离法、涂布平板分离法、平板划线分离法和组织分离法。前三种方法因为简单、高效而常被采用。

1. 倾注平板分离法

首先把微生物悬液进行一系列稀释，取一定量的稀释液与灭菌并冷却至50℃左右的琼脂培养基充分混合并倾注到无菌培养皿中，待凝固后，倒置恒温箱培养，挑取单菌落。

2. 涂布平板分离法

取一定量适当稀释的微生物悬液在无菌的已凝固的营养琼脂平板上，然后用无菌涂布棒将稀释液均匀地涂布在培养基表面上，待菌液吸入培养基后，倒置至恒温培养箱培养，挑取单菌落。

3. 平板划线分离法

最简单的分离微生物的方法。用无菌接种环取适量培养物在平板上划线，将划有菌液的平板在恒温培养箱内倒置培养，挑取单菌落。划线的方法很多，常见的比较容易出现的单个菌落的划线方法有斜线法、曲线法、方格法、放射法、四格法等，具体见图6-16。

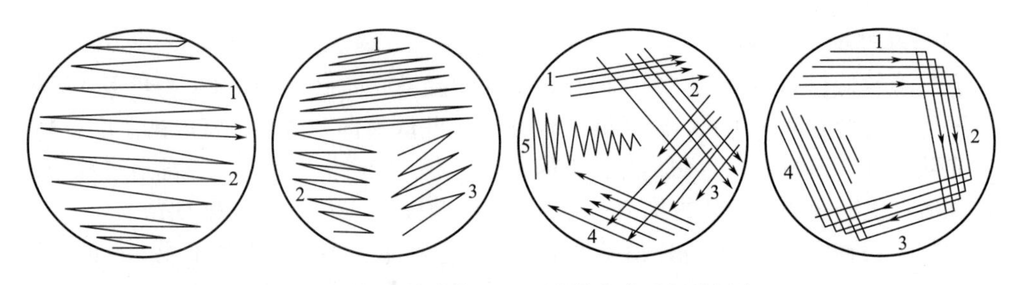

图6-16　平板划线分离图（图中数字表示划线顺序）

4. 组织分离法

适用于从感染的植株或大型子实体上分离植物病原菌或高等真菌。分离时，首先用1%漂白粉或0.1%氯化汞液对植物或器官组织进行表面消毒，然后切取小块病组织，并用无菌水洗涤数次后，移至培养皿中的琼脂培养基表面，最适宜的温度下培养，一般经过3~5d后，就可以看到从病原组织周围长出的菌丝，再移到斜面培养基上培养。若要分离大型担子菌，可将采集到的子实体进行表面消毒，无菌切取一小块内部组织，放入培养基上，置25℃左右的条件下培养，当组织周围长出新鲜菌丝后移至斜面培养基上进行培养和保藏。

（四）微生物菌种的筛选和目的产物鉴别

分离得到的菌种，需要进一步筛选产物合成能力高的菌株。生产性能的测定可通过初筛和复筛来进行。

1. 初筛

初筛是指从大量微生物中分离得到的，将具有目的产物合成能力的微生物筛选出来的过程。初筛要求筛选的菌株尽可能多，因此工作量很大。为了提高筛选效率，需设计简便快速的筛选方法。初筛可以采用摇瓶培养法，也可用平板培养法。

平板筛选法的筛选培养基是根据目的微生物的特殊生理特性和代谢产物的生化反应进行设计的。通过观察微生物在特殊分离培养基上的生长情况或生化反应进行分离，可显著提高目的微生物分离纯化的效率。常用的方法有透明圈法、变色圈法、生长圈法、抑菌圈法等。

（1）透明圈法

将待分离菌株接种到含有溶解性差的底物的混浊培养基中培养，能分解底物的微生物便会在菌落周围产生透明圈，透明圈的有无和大小可初步确定其利用底物的能力。该法多用于分离水解酶产生菌，如以淀粉为碳源的培养基可鉴别菌落能否产生淀粉酶；以纤维素为碳源的培养基可鉴别菌落能否产生纤维素酶；以酪蛋白为氮源的培养基可鉴别菌落能否产生蛋白酶。同时，可以用含有碳酸钙的培养基来分离产有机酸的微生物。

（2）变色圈法

对于不易产生透明圈的菌株，可在底物平板中加入指示剂或显色剂，或喷洒至已形成菌落的培养基表面，根据变色圈有无而对目的菌进行鉴定，如添加溴百里酚蓝的培养基，分离并挑取黄色菌落作为谷氨酸产生菌的备选菌株；添加吲羟乙酸酯的培养基，可分离和筛选蓝色菌落的菌株作为产碱性蛋白酶的备选菌株。

（3）生长圈法

为了筛选产某种生长因子，如氨基酸、核苷酸和维生素的菌株，可将该生长因子的营养缺陷型菌株（工具菌）与不含该生长因子的培养基混合倒平板，并在该培养基平板表面涂布含目的菌株的样品并保温培养。若目的菌株可在缺乏该生长因子的琼脂培养基上生长，并分泌该生长因子或分泌某种酶使前体物质转化成该生长因子，在目的菌菌落周围便会形成混浊的生长圈。如嘌呤营养缺陷型大肠杆菌与不含嘌呤的琼脂培养基混合倒平板，在其上涂布含菌样品培养，周围出现生长圈的菌落即为嘌呤产生菌。

（4）抑菌圈法

待筛选的菌株能分泌产生抑制工具菌生长的物质，或能分泌某种酶将无毒的前体物质转化成对工具菌有毒的物质，从而在该菌周围形成工具菌不能生长的抑菌圈。该法常用于抗生素产生菌的分离筛选，工具菌常用抗生素的敏感菌。

并不是所有产物的生产菌都可用平皿定性方法进行分离，这就需要进行常规生产性能测定，摇瓶筛选即可用于这些菌株的筛选。用于初筛的摇瓶培养后的代谢产物分析只需做相对比较，不做精确分析。具体筛选方法见本章诱变育种中菌株筛选方法部分的描述。

2. 复筛

通过初筛得到的较好菌株，需要进一步进行筛选，即复筛。复筛通常采用摇瓶振荡培养法，而且一个菌株要接种 3~5 个摇瓶，培养后的产物测定要采用精确检测法。在复筛时，也可以结合多种培养基和培养条件如培养基、温度、pH 值、供氧量等进行优化筛选，从而为育种做好服务。用于复筛的摇瓶培养液中代谢产物一般要用精确方法进行定量分析。具体筛选操作见本章诱变育种中菌株筛选方法部分的描述。

（五）菌株的鉴定和传代稳定性考察

分离到的菌株可通过经典的分类方法，如形态学特征、生理生化特征、血清学试验等进行鉴定和分类，也可通过现代分类鉴定方法，如微生物遗传性、细胞化学成分特征和数值分类等方法进行鉴定。不同微生物有不同的重点鉴定指标，如真菌以形态指标为主；放线菌、酵母菌形态、生理指标兼用；细菌以生理、生化和遗传等指标为主。得到的菌株仍需要在斜面上进行连续 3~5 次的传代，如果菌株代谢产物的产量稳定，可进一步用于生产。

二、诱变育种

诱变育种是指人为地利用物理、化学等因素诱发微生物产生遗传变异，从这些突变体中筛选具有优良性状的突变株的过程。能够显著提高突变频率的物理或化学因素称为诱变剂。与前述的自然选育相比，诱变剂处理大大提高了菌种的突变频率和变异幅度，自发突变频率一般为10^{-9}~10^{-6}，而诱发突变的突变率一般为10^{-4}~10^{-5}，因此可加快菌种选育速度，提高获得优良菌株的概率。尽管基因工程等已用于菌种改造，但诱变育种仍不失为一种育种的重要手段。许多工业发酵产物受多个基因控制，且在大多数情况下，参与生物合成的基因的结构、功能以及代谢途径的酶学与生物调控机制等尚不清楚，因此无法用基因工程手段进行改良。同时基因工程耗费人力物力，对一般发酵产品来说，诱变育种确实是一种较为经济高效的菌种选育手段。

(一) 诱变的基本原理

微生物经诱变剂处理后，其遗传物质可发生点突变和染色体突变（或称染色体畸变）。点突变可分为碱基对的置换突变和码组错位突变（即包括转化 A—T⇔G—C 和颠换 A—T⇔T—A），以及在基因中添加或缺失一至几个碱基对。染色体畸变包括结构变化（如缺失、倒位、重复、易位）及染色体数目的变化。在微生物诱变育种中，经常使用的诱变剂有三类：即物理诱变剂、化学诱变剂和生物诱变剂，其种类、性质、作用机理和主要生物学效应见表 6-3。诱变剂的作用机理各不相同，其诱变效果也不尽相同。对不同菌株而言，即使是同种诱变剂，诱变结果也相差很大。

表 6-3　常用的诱变因子

类别	名称	性质	作用机理	主要生物学效应
物理诱变剂	紫外线（UV）	非电离辐射	使被照射物质的分子或原子中的内层电子提高能级	DNA 链和氢键断裂 DNA 分子内（间）交联 嘧啶的水合作用 形成胸腺嘧啶二聚体 造成碱基对转换 修复后造成差错或缺失
	X 射线 γ 射线 快中子 高能电子流 β 射线（He）	电离辐射	使被照射物质的分子或原子中发生电子跳动，内外层失去或获得电子	DNA 链断裂 碱基受损 造成碱基对转换 引起染色体畸变 修复后造成差错或缺失
化学诱变剂	氮芥（NM）（双功能基） 乙烯亚胺（EI）（单功能基） 硫酸二乙酯（DES）（单功能基） 亚硝基胍（NTG）（单功能基） 亚硝基甲基脲（NMU）（单功能基）	烷化剂	碱基烷化作用	DNA 交联 碱基缺失 引起染色体畸变 造成碱基对的转换或颠换
	亚硝酸（HNO_2）	脱氨基	碱基脱氨基作用	DNA 交联 碱基缺失 碱基对转换
	5-氟尿嘧啶（5-FU） 5-嗅尿嘧啶（5-BU）	碱基类似物	代替正常碱基掺入 DNA 分子中	碱基对转换
	吖啶橙 吖啶黄	移码诱变剂	插入碱基对之间	碱基排列产生码组移动

续表

类别	名称	性质	作用机理	主要生物学效应
生物诱变剂	噬菌体	诱发抗性突变	结合到一个基因中间	传递遗传信息

1. 物理诱变剂

常用的物理诱变剂有紫外线、X 射线、γ 射线、粒子辐射等。紫外线是电磁波谱中波长 10~400nm 的辐射的总称。紫外线对生物诱变最佳波长为 200~300nm，其中 260nm 下诱变效果最强。紫外线的诱变原理是引起生物体 DNA 结构的改变。紫外线引起 DNA 结构变化形式很多，如 DNA 链的断裂、DNA 分子内和分子间发生交联、核酸与蛋白质的交联、胞嘧啶和尿嘧啶的水合作用以及嘧啶二聚体的形成，其中胸腺嘧啶二聚体的形成是紫外线诱发突变的主要原因（图 6-17）。链间胸腺嘧啶二聚体的交联会阻碍 DNA 双链的分开和复制。同一链上相邻胸腺嘧啶之间的二聚体形成会阻碍碱基的正常配对。在正常情况下胸腺嘧啶（T）应与腺嘌呤（A）配对，而如果两个相邻的胸腺嘧啶形成二聚体，就改变了正常的配对，破坏了腺嘌呤的正常掺入，复制就会在此停止或错误配对，从而导致突变的发生。

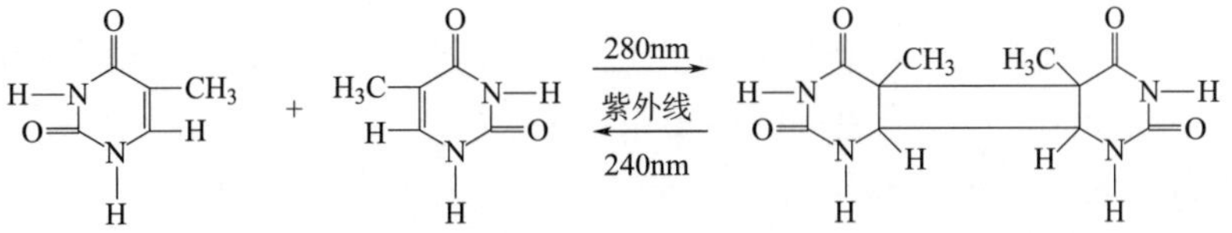

图 6-17　紫外线作用下胸腺嘧啶二聚体的形成

细菌受致死量的紫外线照射后，3h 内若再以可见光照射，则部分细菌又能恢复其活力，这种现象称为光复活作用（photoreactivation）。光复活作用是一种高度专一的 DNA 直接修复过程，它只作用于紫外线引起的 DNA 嘧啶二聚体（主要是 TT，也有少量 CT 和 CC）。它的机制是可见光（有效波长为 400nm 左右）激活了光复活酶，它能分解紫外线照射而形成的嘧啶二聚体，这是 DNA 最有效的修复过程。另一种过程是间接光复活，这是一种在受到近紫外线照射时，由于 DNA 的复制或细胞分裂减慢，除去损伤的有效作用时间延长，从而导致紫外损伤修复的现象。光复活酶在生物界分布很广，从低等单细胞生物到鸟类都有，而高等的哺乳类却没有。

X 射线和 γ 射线都是高能电磁波，两者性质十分相似。它们对微生物的作用是通过具有高能量的次级电子产生电离作用引起微生物变异，对基因和染色体都产生一定效应，除引起点突变外，也产生染色体断裂，引起染色体倒位、易位、缺损、重组及其他畸变。发生染色体断裂的细胞常常不稳定，因为复制时会引起染色体分离。

粒子辐射分带电粒子和不带电粒子 2 种。带电粒子包括 α 射线和 β 射线。α 射线是由天然或人工的放射性同位素衰变产生。它是带正电的粒子束，由两个质子和两个中子组成，也就是氦的原子核，用 4/2 He 表示。穿透力弱，电离密度大是 α 射线的特点。射线在空气中的射程只有几厘米，在组织中甚至只能渗入几百微米（μm），一张薄纸就能将 α 射线挡住。所以 α 射线作为外照射源作用不大，但如引入生物体内，作为内照射源时，对有机体内会产生严重损伤，诱发染色体断裂的能力很强。β 射线是由负电子或正电子组成的射线束，它可以从加速器中产生，也可以由放射性同位素蜕变产生。β 粒子静止质量小，速度又较快，所以与 α 粒子相比，β 粒子的穿透力较大，而电离密度较小。β 射线在组织中一般能穿透几毫米，所以在作物育种中往往用能产生 β 射线的放射性同位素溶液来浸泡处理材料，这就是内照射。常用于进行内照射处理的同位素是^{32}P、^{35}S、^{14}C 和^{3}H，它们能产生和 X、γ 射线相仿的生物学效应。中子属于不带电粒子，即中性粒子。中子按其能量可分热中子、慢中子、中能中子、快中子和超快中子。快中子也是目前应用的一种较好的诱变剂，比 X 射线和 γ 射线具有更大的电离密度，因而能够更多地引起基因突变和染色体畸变。中子可由回旋加速器、静电加速器或原子反应堆产生。

另外，电子束、激光和离子注入束也被用于微生物育种。电子束是在电子直线加速器中产生的，在加速器中，电子在强电场力的作用下，经过真空管道加速到一定能量后，对生物体进行辐照。目前用于辐射育种的电子加速器束流能量一般在 5M～20MeV。激光是一种低能的电磁辐射，在辐射诱变中主要利用波长为 200～1000nm 的激光。因为这段波长的激光较易被照射的生物所吸收而产生诱变作用。目前常用的激光器有二氧化碳激光器、氮分子激光器、红宝石激光器和氦-氖激光器等。激光引起突变的机理，是由于光效应、热效应、压力效应、电磁效应，或者是四者共同作用引发的突变，至今尚不明确。为此激光育种未得到国外同行的认可。离子注入是 20 世纪 80 年代初兴起的一项高新技术，主要用于金属材料表面的改性。1986 年以来逐渐用于农作物育种，近年来在微生物育种中逐渐引入该技术。离子注入诱变是利用离子注入设备产生高能离子束（40～60keV）并注入生物体引起遗传物质的永久改变，然后从变异菌株中选育优良菌株的方法。离子束对生物体有能量沉积（即注入的离子与生物体大分子发生一系列碰撞并逐步失去能量，而生物大分子逐步获得能量进而发生键断裂、原子被击出位、生物大分子留下断键或缺陷的过程）和质量沉积（即注入的离子与生物大分子形成新的分子）双重作用，从而使生物体产生死亡、自由基间接损伤、染色体重复、易位、倒位或使 DNA 分子断裂、碱基缺失等多种生物学效应。因此，离子注入诱变可得到较高的突变率，且突变谱广，死亡率低，正突变率高，性状稳定。

航天搭载（航天育种或太空育种）是利用返回式卫星进行新品种选育的一种方法，是在卫星上搭载野生菌株，利用空间环境技术提供的微重力（失重）、高能粒子、高真空、缺氧和交变磁场等物理诱变因子对生物生理和遗传性状产生的强烈影响而进行诱变育种。因此，航天搭载育种属于物理诱变育种的范畴。与传统辐射育种相比，航天搭载育种具有诱变作用强、变异幅度大和有益变异多等优点，可从中获得传统育种方法难以获得的罕见优质材料。航天搭载育种起步于 20 世纪 60 年代，但只有中国、俄罗斯和美国三国进行该项研究。我国于 1987 年开始进行航天搭载育种，我国先后利用卫星搭载了真菌、酵母、放线菌、细菌等微生物菌种，培育了性能改良的新菌种，开辟了微生物育种的新途径。航天搭载育种由于费用较高，因此目前仍不能作为常用的育种手段。同时其诱变因素、诱变作用机理和遗传特点等还有待深入研究。

微生物的太空“修炼”

2. 化学诱变剂

与物理诱变剂相比，化学诱变剂的特点有：①诱发突变率较高，而染色体畸变较少。主要是诱变剂的某些碱基类似物与 DNA 的结合而产生较多的点突变，对染色体损伤轻而不至于引起染色体断裂产生畸变。②对处理材料损伤轻，有的化学诱变剂只能引起 DNA 的某些特定部位的变异。③大部分有效的化学诱变剂较物理诱变剂的生物损伤大，容易引起活力和可育性下降。此外，使用化学诱变剂所需的设备比较简单，成本较低，诱变效果较好，应用前景较广阔。然而化学诱变剂对人体具有危险性，必须选择不影响操作人员健康的有效药品。但高效低毒的化学诱变剂数量不多，所以一般育种工作者仍以物理诱变为主。

化学诱变剂种类很多，可用于微生物育种的化学诱变剂总体上可分为四类：

第一类是烷化剂。烷化剂诱变原理是烷化剂分子中有一个或多个活性烷基能转移到 DNA 分子中电子云密度极高的位点上去，置换氢原子进行烷化反应。如鸟嘌呤的 N-7、N-3 位，腺嘌呤的 N-3 位，胞嘧啶的 N-3 位等，胸腺嘧啶不能发生烷化反应。当鸟嘌呤 N-7 位烷化后，由于分子质量加大，使其与核糖的结合链易发生水解而脱落（图 6-18），易形成缺口，在生物体自行修复中易产生错误，引起碱基对排列顺序改变而发生基因突变。正常 DNA 中的鸟嘌呤是酮式结构，烷化后的鸟嘌呤常变为烯醇式结构，不能与胞嘧啶配对，会与胸腺嘧啶错误配对。烷化的鸟嘌呤 G：T 错误配对，产生碱基对的转换是烷化剂诱变的主要原因。脱嘌呤作用产生的致死作用往往多于诱变作用。此外，烷化后的烷基与另一链上的鸟嘌呤的 N-7 位烷化而产生 DNA 链间的交联，烷化后的碱基由于烷化部分带上活性烷基所产生的重量造成碱基开环。烷化剂中包括甲基磺酸乙酯（ethyl methyl sulfonate，EMS）、硫酸二乙酯（diethyl sulfate，DES）、乙烯亚胺（ethyleneimine，EI）、亚硝基乙基脲烷（*N*-nitroso *N*-ethylurea，NEU）等。

第二类是碱基类似物。它们是与 DNA 中碱基的化学结构相类似的一些物质，能与 DNA 结合，又不妨碍 DNA 复制，但与正常的碱基又是不同的，当与 DNA 结合后，DNA 再进行复制时，由于它们的分子结构发生了改变，会导致配对错误，发生碱基置换，产生突变。最常用的类似物有 5-溴尿嘧啶、5-氨基尿嘧啶、8-氮鸟嘌呤、2-氨基嘌呤和 6-氯嘌呤等。

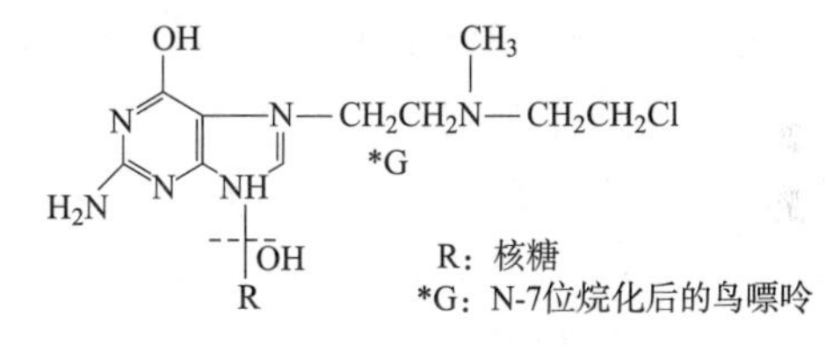

图 6-18 烷化鸟嘌呤的脱落

第三类是移码诱变剂。该类诱变剂是在 DNA 分子上减少或增加一两个碱基，引起碱基突变点以下全部遗传密码转录和翻译的错误，这类由于遗传密码的移动而引起的突变体称为码组移动突变体，这些诱变剂化合物称为移码诱变剂，如吖啶类物质和 ICR 类化合物（氮芥的一类衍生物，由美国的肿瘤研究所发现）。吖啶类化合物的平面三环结构插入 DNA 双螺旋的邻近碱基对之间，使 DNA 链拉长，两个碱基对之间的距离由 0.34nm 增大到 0.68nm（图 6-19）；同时由于这类化合物的插入，造成 DNA 链上碱基的添加或缺失，在 DNA 复制时突变点以下的碱基对发生错误，引起所有遗传密码的转录和翻译错误而造成突变。

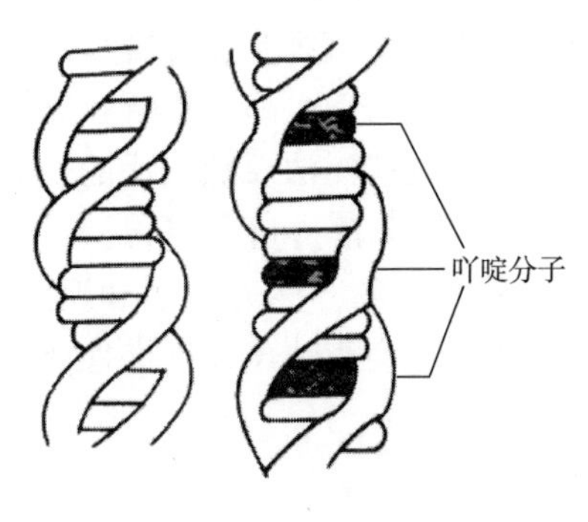

图 6-19 吖啶类化合物向 DNA 链中间插入的示意图

第四类是其他诱变剂。其他一些化学诱变剂，如抗菌素、亚硝酸、羟胺等虽也能引起一定的基因突变，但在诱变育种中的实用价值较低。

上述第一类和第三类诱变因素是首先和 DNA 发生化学反应，然后通过细胞的代谢作用和 DNA 的复制而完成碱基对的转换过程，所以在代谢作用十分缓慢或几乎停止的细胞中（如芽孢）、在游离的噬菌体颗粒中和在离体的 DNA 中照样可以诱发突变。

3. 生物诱变剂

生物诱变剂主要是指噬菌体，可用作抗噬菌体菌种的选育，其作用原理可能与传递遗传信息、诱发抗性突变有关。

（二）诱变的方法

诱变育种主要包括诱变和筛选两步，其中诱变过程又包括出发菌株的选择、单孢子或单细胞悬浮液的制备、诱变剂及诱变剂量的选择、诱变处理等。

1. 出发菌株的选择

出发菌株是指用于诱变的试验菌株。出发菌株的选择是决定诱变育种效果的重要环节。在选择出发菌株时，应注意以下方面：

（1）首先应考虑菌株是否具有一定生产能力，也应具有某种特性。

（2）出发菌株应选择纯种，尽量选择单倍体、单核细胞作为对象。

（3）应挑选生产能力高、遗传性状稳定并对诱变剂敏感的菌株作为出发菌株。

（4）连续诱变育种过程中，出发菌株应挑选每代诱变处理后均有一些表型（包括高产特性和其他优良特性）改变的菌株作为下轮诱变育种的出发菌株。

（5）诱变育种中应采用多个出发菌株。在无法确定选择哪一个菌株作为出发菌株时，可选择几株遗传背景不同的菌株作为出发菌株，这样可提高诱变育种的效率。在诱变育种中，一般可选择 3~4 株菌种作为出发菌株。

2. 单孢子（或单细胞）悬浮液的制备

单孢子或单细胞悬浮液是直接供诱变处理的，其质量将直接影响诱变效果。用于制备单孢子或单细胞悬浮液的斜面培养物要年轻、健壮、新鲜。在新鲜培养物中加入无菌生理盐水或无菌水，将斜面孢子或菌体刮下，然后倒入装有玻璃珠的三角瓶中振荡，再用滤纸或药棉过滤，即可得到单孢子或单细胞悬浮液。

采用生理状态一致的单细胞或单孢子悬浮液，可使细胞均匀接触诱变剂，减少分离性表型延迟现象的发生，并防止长出不纯菌落。诱变的细胞最好达到同步培养和对数生长期的状态，此时菌体细胞的 DNA 正迅速复制，容易造成复制错误而提高突变率。由于某些微生物细胞是多核的，即使处理其单细胞，也会出现不纯菌落。故应尽量处理单核细胞，如酵母菌和球菌，幼龄霉菌或放线菌刚成熟的孢子或细菌的芽孢等；又由于一般 DNA 都以双链状态存在，而诱变剂通常仅作用于某一单链的某一序列。因此，突变后的性状无法反映当代的表型，而要通过 DNA 的复制和细胞分裂后才表现出来，于是出现了不纯菌落。这种遗传型虽已突变，但表型却要经 DNA 复制、分离和细胞分裂后才表现出来的现象，称为表型延迟。上述两类不纯菌落的存在，也是诱变育种工作中初分离的菌株经传代后会很快出现生产性能“衰退”的原因之一。

3. 诱变剂及诱变剂量的选择

（1）诱变剂种类的选择

①根据诱变剂作用的特异性。

诱变剂主要是对 DNA 分子上的某些位点发生作用，如紫外线的作用主要是形成嘧啶二聚体；亚硝酸主要作用于碱基上，脱去氨基变成酮基；碱基类似物主要取代 DNA 分子中的碱基；烷化剂如亚硝基胍对诱发营养缺陷型效果较好；移码诱变剂诱发质粒脱落效果较好。

②根据菌种的特性和遗传稳定性。

对遗传性稳定的菌株，可以采用尚未使用、突变谱宽、诱变效率高的诱变剂；对遗传性不稳定的菌种，可先进行自然选育，再采用缓和的诱变剂。对经过长期诱变后的高产菌株，以及遗传性不太稳定的菌株，宜采用较缓和的诱变剂、低剂量处理。

选择诱变剂和诱变剂量，还要考虑选育的目的。筛选具有特殊特性的菌种或要较大幅度提高产量，宜采用强诱变剂和高剂量处理。对诱变史短的野生型低产菌株，开始时宜采用强诱变剂、高剂量处理，然后逐步使用较温和诱变剂或较低剂量处理。

③参考出发菌株原有的诱变系谱。

诱变之前要考察出发菌株的诱变系谱，详细分析、总结规律，选择一种最佳的诱变剂。

（2）最佳诱变剂量的选择

诱变的最适剂量应该使希望得到的突变株在存活群体中占有最大的比例，这样可以提高筛选效率和减少筛选工作量。

诱变剂量大小常以致死率和变异率（形态突变株、正变株、负变株、耐药性突变株）来确定。例如，亚热带链霉菌、龟裂链霉菌的诱变剂量和突变率的关系见图 6-20、图 6-21。一般来说，处理剂量大，杀菌率高，负变株多，正变株少，但在少量正变株中有可能筛选到产量大幅度提高的菌株。

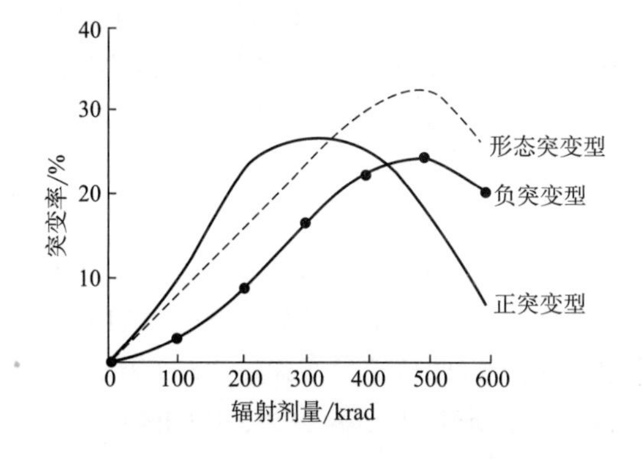

图 6-20　X 射线的照射剂量与亚热带链霉菌白霉素高产菌株 39#变异的关系

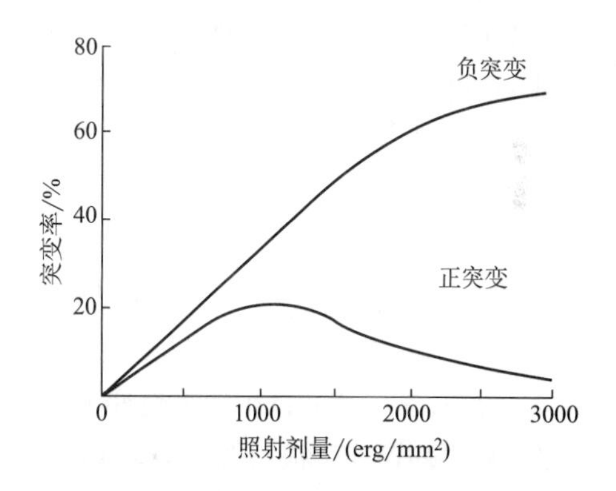

图 6-21　紫外线照射剂量与龟裂链霉菌土霉素高产菌株 293#变异的关系

物理诱变剂可以通过控制照射距离、时间和照射条件（氧、水等）来控制剂量；化学诱变剂主要通过调节诱变剂的浓度、处理时间和处理条件（温度、pH 值）来控制剂量。

（3）增效（变）剂

有一些因素本身并不是诱变剂，但它们与诱变剂配合使用可提高诱变效率，如氯化锂与紫外线、乙烯亚胺等物理或化学因子复合处理，可得到土霉素高产菌株，氯化锂使用量为 0.5%左右。

4. 诱变处理

（1）诱变剂的处理方式

诱变剂的处理方式有单因子处理和复合因子处理两种方式。单因子处理是指采用单一诱变剂处理出发菌株；而复合因子处理是指两种以上诱变剂诱发菌体突变。复合因子处理又可分为两个以上因子同时处理，不同诱变剂交替处理，同一诱变剂连续重复使用和紫外线光复活交替处理等方式。复合因子处理时需考虑诱变剂处理时间与诱变效应的关系，以及诱变剂处理先后与协同效应问题。一般低浓度长时间处理，相较高剂量短时间处理效果好；先用弱诱变剂后用强诱变剂往往也比较有效。

（2）诱变剂的处理方法

诱变剂的处理方法可分为直接处理和生长过程处理。直接处理法是指先对出发菌株进行诱变处理，然后涂平板分离突变株。生长过程处理法适用于某些诱变效率高而杀菌率低的诱变剂，或只对分裂 DNA 起作用的诱变剂。生长过程处理法通常采用如下方法：诱变剂加入培养基后涂平板，或先将培养基制成平板，再将诱变剂和菌体涂在平板上，或在摇瓶培养基中加入诱变剂，经摇瓶培养后涂平板等。下面举例说明物理诱变和化学诱变的处理方法。

①物理诱变（以紫外线诱变照射为例）。

在暗室中，将 5mL 合适浓度（真菌孢子和酵母菌悬液为 10^6CFU/mL，细菌细胞或放线菌孢子为 10^8CFU/mL）菌悬液加入直径 6cm 灭菌培养皿中并置于磁力搅拌器上，然后置于经预热 20min 光波稳定的 15W 紫外灯下，照射距离为 30cm，开动磁力搅拌器，打开培养皿盖，开始诱变处理并计时，达到预定时间后关闭紫外灯，在红灯下用黑纸包好进行增殖培养，以避免光复活作用。紫外线的照射剂量一般用照射时间或致死率来表示。在紫外灯功率 15W 和照射距离 30cm 条件下，使微生物致死率为 90%～99.9%所需的照射时间，因微生物种类不同而异，一般微生物营养体 3～5min、芽孢 10min 即可。总处理时间相同，分次照射和一次照射的效果基本相同。照射处理的菌株经过单菌落培养、形态鉴定及发酵性能分析选择性能优良突变株。

②化学诱变（以烷基化诱变剂为例）。

EMS 诱变方法：将培养至对数期的 10mL 细菌培养液离心，洗涤，用 0.1mol/L、pH 7.0 磷酸缓冲液制成 10mL 菌悬液。加入终浓度为 0.1～0.4mol/L EMS，在 37℃下处理数十分钟，如 30～60min，离心去上清液，用磷酸缓冲液洗涤两次，稀释涂平板进行菌株的分离和筛选，或增菌培养过夜后再稀释涂平板。如果是真菌的诱变，方法同细菌，但处理时间需要 3～6h，比细菌长。

DES 诱变方法：用 0.1mol/L、pH 7.0 的磷酸缓冲液制成菌悬液，取 4mL 加入 16mL 缓冲液或生理盐水中，加入 0.2mL（1%，体积分数）DES，振荡处理 30～60min，直接稀释或加入 0.5mL 25%的硫代硫酸钠溶液终止反应后稀释涂平板，也可以将处理菌液用肉汤培养基稀释 10～20 倍，培养过夜后再稀释涂平板。

NTG 和亚硝基烷基胍诱变方法：用 pH 6.0 的三羟甲基氨基甲烷缓冲液或磷酸缓冲液配制菌悬液（约 5×10^8CFU/mL），加入新鲜配制的 NTG 溶液，使终浓度为 0.1mg/mL，保温若干时间，稀释倒平板培养，或稀释 10～20 倍，培养过夜后稀释涂平板。亚硝基烷基胍作为微生物诱变剂用得最多的是亚硝基甲基胍（methylnitrosourea，NMU）和亚硝基乙基胍（ethylnitrosourea，NEU），它们在水溶液中不稳定，在不同 pH 条件下有不同的保存期。由于它们有较大的诱变效应，故被称为“超诱变剂”。NMU 和 NEU 的诱变处理方法同 NTG 的方法。

（三）影响诱变的因素

1. 菌体遗传特性和生理状态

遗传特性不同的菌种对诱变剂的敏感性不一样，同时，不同生理状态的菌种也影响突变效率。有的诱变剂，如碱基类似物，仅使细胞复制期的DNA发生突变，对静止期、休眠期细胞不起作用。然而，紫外线、电离辐射、烷化剂、亚硝酸等不仅对分裂细胞有效，也能引起静止状态的孢子或细胞基因突变。

2. 菌体细胞壁结构

丝状菌较厚的孢子壁及所含蜡质会阻碍诱变剂渗入细胞，减弱诱变剂突变频率。因此，可以先将孢子培养至萌发再进行诱变处理以达到提高丝状菌诱变效果的目的。

3. 培养条件和环境条件

一个菌株在诱变剂处理前，通常要进行预培养，特别是细菌和放线菌。在预培养中加入一些咖啡因、蛋白胨、酵母膏、吖啶黄、嘌呤等，能显著提高突变频率。反之，如在培养基中加入氯霉素、胱氨酸等还原性物质，会使突变率下降。后培养是指诱变后的菌悬液不是直接涂平板分离，而是先转移到营养丰富的培养基中，培养数代后再涂平板进行分离。进行后培养的主要原因是诱变处理后发生的突变，要通过修复、繁殖，即DNA复制，才能形成一个稳定的突变体。一般在培养基中加入适量的酪素水解物、酵母膏等富含各种氨基酸、碱基和生长因子的营养物质，可以提高突变率和增加变异幅度。同时，根据突变体表型延迟现象，在诱变后培养一段时间，使各种表型都有充分表达的机会。温度对诱变效应的影响随菌种特性和诱变剂种类不同而不同。化学诱变剂的诱变效率在一定范围内随温度的升高而升高，但要考虑菌种对温度的要求。化学诱变剂需在最适且稳定的pH值下才表现出良好的诱变效果。辐射的诱变效果与是否供氧有密切的关系，在有氧的条件下诱变效果较好。

4. 培养基上的密度效应

诱变处理后的菌悬液稀释涂布在培养基上的密度要适中，不能过密，因为菌落生长过密会影响突变体的检出。另有研究表明，随着培养基野生菌株数量的增加，营养缺陷型的回复突变率将减少。

（四）高产菌株的筛选

诱变育种包括诱变和筛选两个过程，在诱变育种中诱变是随机的，但筛选是定向的。筛选的条件决定选育的方向，因为突变体高产性能等优良特性总是在一定的培养条件下才能表现出来。培养基和培养条件是判断菌种某些特性保留或淘汰的依据。

在诱变育种中，为了提高筛选效率往往将筛选工作分为初筛和复筛。初筛的目的是删去明确不符合要求的大部分菌株，把生产性状类似的菌株尽量保留下来，使优良菌种不至于漏网。因此，初筛工作以量为主，测定的精确性为其次。初筛的手段应尽可能快速、简单。复筛的目的是确认符合生产要求的菌株，所以，复筛步骤以质为主，应精确测定每个菌株的生产指标。由于诱变产生高产突变株的频率很低，而且又存在实验误差，因此，在筛选工作中常采用多级水平筛选，有利于获得优良菌株。多级水平筛选的原则是让诱变后的微生物群体相继通过一系列的筛选，每级只选取一定百分比的变异株，使被筛选的菌株逐步浓缩。如在工作量限度为200只摇瓶的具体条件下，为了取得最大的效果，有人提出以下的筛选方案：

第一轮：

一个出发菌株 $\xrightarrow{\text{诱变剂处理}}$ 选出200个单孢子菌株 $\xrightarrow[\text{(每株1瓶)}]{\text{初筛}}$ 选出50株 $\xrightarrow[\text{(每株4瓶)}]{\text{复筛}}$ 选出5株

第二轮：

$$5个出发菌株\xrightarrow{诱变剂处理}\left\{\begin{array}{l}40株\\40株\\40株\\40株\\40株\end{array}\right.\xrightarrow[（每株1瓶）]{初筛}选出50株\xrightarrow[（每株4瓶）]{复筛}选出5株$$

第三轮、第四轮……（操作同上）。

初筛和复筛工作可以连续进行多轮，直到获得较好的菌株为止。采用这种筛选方案，不仅能以较少的工作量获得良好的效果，而且可使某些产量虽暂时不高，但有发展前途的优良菌株不至于落选。

通过以上筛选方案将挑选的菌落接种斜面培养后直接接入摇瓶培养，发酵产物采用常规法进行测定，这种筛选方法称为常规筛选法。

为了进一步提高筛选效率，可以在常规筛选法基础上进行改进：一方面分离到平皿上的菌落采用琼脂块法进行预筛选；另一方面，初筛摇瓶发酵液中产物分析，采用简便、快速的筛选方法，可以分为随机筛选和平板菌落预筛选。随机筛选是指随机挑选平板菌落进行摇瓶筛选。平板菌落预筛选是根据特定代谢产物的特异性，在琼脂平板上设计一些巧妙的筛选方法和活性粗测方法，用于诱变后从试样中检出突变株的一种琼脂平板筛选法。平板菌落预筛选主要采用菌落形态变异和平板生化反应进行筛选（如透明圈法、变色圈法，生长圈法和抑菌圈法等），这些方法已在本章的自然选育方法中讲述，故不再赘述。

三、杂交育种

尽管一些优良菌种的选育主要采用诱变育种的方法，但是，一般菌种长期使用诱变剂处理之后，其生活能力会逐渐下降，如生长周期延长、孢子数量减少、代谢减慢、产量增加缓慢、诱变因素对产量基因影响效率下降等。因此，常采用杂交育种的方法继续优化菌株。由于杂交育种是选用已知性状的供体和受体菌种作为亲本，因此无论在方向性还是自觉性方面，都比诱变育种前进了一大步，所以它是微生物菌种选育的另一重要途径。

微生物杂交育种一般是指利用真核微生物的有性生殖，或原核微生物的接合、F因子转导、转化等过程，促使两个具有不同遗传性状的菌株发生基因重组，以获得性能优良的生产菌株。通过杂交育种，可以将不同菌株的遗传物质进行交换和重新组合，从而改变原有菌株的遗传物质基础，获得杂种菌株（重组体），改变菌种的遗传特性。杂交育种也可克服长期用诱变剂处理造成的菌株活力下降等缺陷，获得的重组体可能提高和恢复对诱变剂的敏感性，以便重新使用诱变方法选育。通过分析杂交结果，可以总结遗传物质的转移和传递规律，促进遗传学理论的发展。

（一）常用的培养基

在微生物杂交育种中通常使用的培养基有完全培养基（completemedium，CM）、基本培养基（minimalmedium，MM）、有限培养基（limitedmedium，LM）和补充培养基（supplementalmedium，SM）。

（1）完全培养基（CM）

是一种含有糖类、多种氨基酸、维生素、核苷酸及无机盐等营养比较完全的基质，野生型和营养缺陷型菌株均可在完全培养基中生长。

（2）基本培养基（MM）

只含纯的碳源、无机氮和无机盐类，不含有氨基酸、维生素、核苷酸等有机营养物，营养缺陷型菌株不能在其上生长，只有野生型菌株可以生长。这种培养基要求严格，所用器皿必须用洗液浸泡过，用蒸馏水冲净，琼脂也必须提前洗净。

（3）有限培养基（LM）

是在基本培养基或蒸馏水中，加入10%~20%的完全培养基成分的培养基。

（4）补充培养基（SM）

也称为鉴别培养基，是在基本培养基（MM）中再添加某一营养缺陷型突变株所不能合成的相应代谢物或生长因子，能满足相应的营养缺陷型突变株的生长，该培养基通常是在分离鉴定时使用，可专门筛选相应的营养缺陷型突变株。

在进一步考察所选出的杂交株的生产性能时，应该用生产试验中使用的种子和发酵用培养基。

（二）杂交育种的基本过程

杂交育种的基本程序如下：选择原始亲本→诱变筛选直接亲本→亲和力鉴定→杂交→分离到基本培养基或选择培养基上培养→筛选重组体→鉴定。

杂交育种中使用的两种菌株是原始亲本菌株和直接亲本菌株。原始亲本是微生物杂交育种中具有不同遗传背景的优质出发菌株，主要根据杂交的目的来选择。从育种角度出发，通常选择具有优良性状如产量高，代谢快，产孢子能力强，无色素，泡沫少，黏性小等发酵性能好的菌株为原始亲本。它们可以来自生产用菌或诱变过程中的某些符合要求的菌株，也可以是自然分离的野生型菌株。原始亲本还应该具有野生型遗传标记，如具有一定的孢子颜色，可溶性色素或抗性标记等。微生物杂交育种所使用的配对菌株称为直接亲本，它一般都是由原始亲本菌株诱变而来，具有营养缺陷型标记或其他标记，常用的标记有营养、抗性（温度、高盐、高pH）、温度敏感性和其他性状标记等，其他性状标记包括孢子颜色、菌落形态结构、可溶性色素含量、代谢产物产量和代谢速度以及可利用的碳、氮源种类、杀伤力等，这些性状都可以作为检出重组体的辅助性标记。研究表明，若要获得高产的重组体，最好采用具有明显遗传性状差异的近亲菌株为直接亲本。

（三）杂交育种的方法

（1）细菌的杂交育种

细菌的杂交行为本质上是细菌的基因重组，包括接合、转化和转导等方式。

将两个具有不同营养缺陷型、不能在基本培养基上生长的菌株，以10^5CFU/mL的浓度在液体基本培养基中混合培养，然后涂布到基本培养基平板上，结果可能长出少量菌落，这些菌落就是杂交菌株。

研究发现，细菌的杂交主要是通过F因子转移来完成，细胞的接触是导致基因重组的必要条件。尽管转化和转导等也会发生基因重组，但通过这些方式进行杂交育种获得成功的报道并不多。

（2）放线菌的杂交育种

目前，放线菌杂交常用的有三种方法：混合培养法、平板杂交法和玻璃纸转移法。

①混合培养法。

将两个互补的营养缺陷型的亲株混合，接种至完全培养基斜面上，培养长成孢子并制成孢子悬液，然后在选择培养基上分离，长出的菌落即为各种重组体。也可将混合培养后所制得的单孢子悬浮液，分离在基本培养基平板上，强迫两株营养缺陷型互补营养，两个菌株经过菌丝细胞间融合形成异核体，最终长成的小而丰富的菌落即为异核系。然后将异核系再在完全培养基上分离，长出的菌落即为分离子。

②平板杂交法。

该方法是先将菌落培养在非选择性培养基上，当菌落形成孢子以后，用影印培养法将菌落印至已铺有试验菌孢子（1个亲本株）的完全培养基平板上，再培养至孢子形成，然后把孢子影印到各种选择性培养基上，以便于各种重组体子代的生长。该方法适于快速研究大量表型相似的菌株遗传，一个培养皿可排列20个菌株，与1株配对菌株杂交。

③玻璃纸转移法。

使用该方法必须具备两个条件：第一，直接亲本必须带有两个遗传标记，即一个直接亲本带有一种营养缺陷型和抗药性（如抗链霉素），而另一个直接亲本带有另一种营养缺陷型并对该药物敏感（如对链霉素敏感）。第二，选择性培养基是带有抗性药物的补充培养基。该方法可在选择性培养基上挑选异核系菌落，其筛选原理是：异核体带有对该药物敏感的等位基因，不能在含有该药物的培养基上生长；抗药性亲本和敏感性亲本因为营养得不到满足，也不能在该选择性培养基上生长；而不带药物敏感等位基因的直接亲本的局部结合子则可以在该选择性培养基上生长，繁殖成为异核系菌丝。具体筛选方法：将两个亲本的孢子，混合接种在表面铺有玻璃纸的完全培养基上，培养24h左右，微小菌落之间刚刚接触，玻璃纸上只生成基内菌丝，将玻璃纸转放至含抗生素的基本培养基平板上，这时基内菌丝停止生长，2d后在玻璃纸表面出现微小的气生菌丝体的小菌丛，这些小菌丛即为异核系。在完全培养基平板表面滴一滴无菌水，用无菌细针挑异核系小菌丛放在无菌水中，涂布均匀，培养3d，长出的菌落即为分离子。

（3）霉菌的杂交育种

某些不产生有性孢子的霉菌除了主要进行无性繁殖外，还能进行准性生殖。准性生殖的发现为这类微生物的育种提供了一条新的途径。准性生殖具有和有性生殖类似的遗传现象，如核融合、形成杂合二倍体，染色体分离，同源染色体间进行交换，出现重组体等。霉菌杂交育种已成功地运用于抗生素产生菌等的育种中。准性生殖的整个过程包括三个相互联系的阶段：异核体的形成、杂合二倍体的形成和体细胞重组（即杂合二倍体在繁殖过程中染色体发生交换和染色体单倍化，从而形成各种分离子）。异核体具有野生型性状，可在基本培养基上生长（基因互补功能）。随着异核体的繁殖，异核体菌落上形成杂合二倍体的斑点或扇面。将这些斑点或扇面的孢子挑出进行单孢子分离，即可得到杂合二倍体菌株。也可将异核体菌丝打碎，在完全培养基上进行培养，出现异核体菌落，将具有野生型的斑点或扇面的孢子或菌丝挑出，进行单孢子分离。还可在完全培养基中添加重组剂对氟苯丙氨酸（PFA）或吖啶黄类物质制成选择性培养基，进行分离子的鉴别检出。加PFA能促进体细胞重组，提高分离子的出现频率，但不引起基因突变，因此，可广泛用于霉菌杂交。

（4）酵母菌的杂交育种

酵母菌的杂交育种是通过运用其单双倍生活周期实现的。将不同基因型和相对的交配型的单倍体细胞经诱导杂交而形成二倍体细胞，经筛选便可获得新的遗传性状。例如，第三节真核微生物的基因重组中提到的生产实例，用于酒精发酵的酵母菌和用于面包发酵的酵母菌是同属一种啤酒酵母的2个不同菌株，由于各自的特点，它们不能互用。然而，通过两者的杂交，却得到了产酒精率高且麦芽糖及葡萄糖的发酵能力强，产生 CO_2 多，生长快，可以用作面包厂和家用发面酵母的优良菌种。

酵母的杂交方法有孢子杂交法、群体交配法、单倍体细胞杂交法和罕见交配法。就啤酒酵母而言，运用罕见交配法更易获得结果。

（5）原生质体育种

如前所述，原生质体融合就是把两个不同亲本菌株处理去壁，形成球状的原生质体，之后将两种不同的原生质体置于高渗溶液中，聚乙二醇助融条件下，促使两者发生细胞融合，进而导致基因重组，经重组子再生细胞后获得杂交重组菌株。

原生质体融合育种基本步骤为：标记菌株的筛选和稳定性验证→原生质体制备→等量原生质体加聚乙二醇促融→涂布于再生培养基→培养出菌落→选择性培养基上划线生长→分离验证可能的目标菌株→挑取融合子进一步试验→选取目标菌株保藏→进一步进行生产性能筛选→高性能重组菌株。

微生物原生质体间的杂交频率都明显高于常规杂交法，霉菌与放线菌已达 $10^{-1}\sim10^{-2}$，细菌与酵母菌已达 $10^{-5}\sim10^{-6}$。原生质体融合受接合型或致育型的限制较小，二亲株中任何一株都可能起受体或供体的作用，因此有利于不同种属间微生物的杂交。

已报道的丝状真菌种间的原生质体融合主要是曲霉属（*Aspergillus*）和青霉属（*Penicillium*）；属间原生质体融合主要在酵母菌中实现。在真菌中已成功地进行原生质体转化的菌株有酿酒酵母、构巢曲霉（*A. nidulans*）、黑曲霉（*A. niger*）、米曲霉（*A. oryzae*）等。

四、微生物基因工程育种

基因工程（gene engineering）又称遗传工程、DNA 重组技术，是在分子生物学和分子遗传学综合发展的基础上，在分子水平上对基因或基因组进行改造，使物种获得新的生物性状的一种崭新技术。基因工程的出现使遗传学和育种研究可以按照人们的愿望有计划地实施和控制。

最初，1909 年丹麦生物学家约翰逊（W. L. Johannson）根据希腊文“给予生命”之义创造了基因一词，并代替了孟德尔的遗传因子的说法。1944 年，美国细菌学家埃弗里（O. T. Avery）等通过肺炎链球菌的转化实验，首次证明基因的化学本质是 DNA 而不是别的物质，即 DNA（脱氧核糖核酸）是遗传物质。1953 年，美国分子生物科学家沃森（J. Watson）和英国物理学家克里克（F. Crick）共同阐明 DNA 分子双螺旋立体结构模型，开辟了分子生物学研究的新时代。之后 1958 年至 1971 年，科学家们提出了 DNA、RNA 和蛋白质三者关系的中心法则，并破译了 64 种密码子，成功揭示了遗传信息的流向和表达，为基因工程的发展奠定了坚实的理论基础。

20 世纪 60 年代末到 70 年代初，核酸限制性内切酶、DNA 连接酶的发现和应用，使对 DNA 分子进行体外切割和连接成为可能，其应用被认为是基因工程的核心技术。正是采用了这项技术，1972 年，美国分子生物学家贝格（P. Berg）构建了世界上第一个重组 DNA 分子，1973 年，美国遗传学家科恩（S. Cohen）等首次通过质粒将外源 DNA 成功地转化到大肠杆菌中，并转录出相应的 mRNA。该实验不仅证实了质粒分子可以作为基因克隆的载体，将外源 DNA 导入宿主细胞，还说明了真核生物的基因可以转移到原核生物细胞中，并实现其功能表达。同时还建立了质粒-大肠杆菌这样一个基因克隆模式，从此基因工程诞生。

在以后的 30 多年里，随着基因工程各项克隆技术和转化技术日趋成熟，基因工程得到了前所未有的飞速发展，无论在生物学基础研究，还是在农业、食品、医药及环保等诸多方面皆显示出了巨大的活力和潜力。1982 年，美国著名的 Genetech 公司推出了第一个基因工程药物——重组人胰岛素，标志着生物技术商业化的开始，基因工程技术正逐渐由实验室向产业化迈进。

随着基因工程技术的发展，不仅可以通过基因工程构建高效率表达蛋白质和多肽的基因工程菌株（经典基因工程，即第一代基因工程），通过定点突变技术定点改造蛋白质编码基因，从而改变目的蛋白或菌种的特性（蛋白质工程，即第二代基因工程），也可以通过修饰重构微生物代谢途径来改良微生物菌种（途径工程，即第三代基因工程），还可以通过基因组或染色体的转移构建基因工程菌（基因组工程，即第四代基因工程）。

（一）基因工程定义

所谓基因工程，是根据需要，用人工方法取得供体 DNA 的基因，经过切割后在体外重组于载体 DNA 上，再导入受体（宿主）细胞，使引入的供体 DNA 片段成为受体遗传物质的一部分，其所带的遗传信息得以表达或创建出一个新的物种。从实质上来讲，基因工程强调外源 DNA 分子的新组合被引入一种受体细胞中进行复制和表达的现象。这种 DNA 分子的新组合是按照工程学的方法进行设计和操作的，赋予基因工程以跨越天然屏障的能力，克服了固有的生物种间杂交的限制，扩大和带来了定向创造生物的可能性，这也是基因工程的最大特点。

综上所述，目的基因、载体和受体细胞是基因工程操作的三个必备元件。基因工程操作基本分为三大步骤，第一步是获得目的基因，即人为的方法将所需要的遗传物质——DNA 分子提取出来。目前，获得特定目的基因的途径主要有：从供体细胞的 DNA 中直接分离基因；人工合成基因；通过 PCR 或反转录 PCR（RT-PCR）制备目的 DNA。实施基因工程的第二步是基因表达载体的构建（即目的基因与载体的连接），也是基因工程的核心。该过程中不同来源的 DNA 分子在离体条件下按照预先设计的蓝图，用适当的工具酶进行剪切、拼接，把它与载体 DNA 分子进行体外连接，以构建重组 DNA 分子。实施基因工程的第三步是将重新组合的分子引入受体细胞中，并随受体细胞的繁殖而复制，实现目的基因的表达，从而达到物种之间的基因交流，打破常规育种难以逾越的物种之间的界限，实现不同物种之间遗传信息的重组和转移。因此，基因工程在较短时间内能创造出传统育种方法无法得到的生物品种。在上述三步完成之后，还需要检测基因表达产物的生理功能以及目的基因导入受体细胞后，是否可以稳定维持和表达其遗传特性等。基因工程的基本操作步骤见图 6-22。本部分仅对基因工程技术方面作一些基础性介绍，具体内容可参考相关专著。

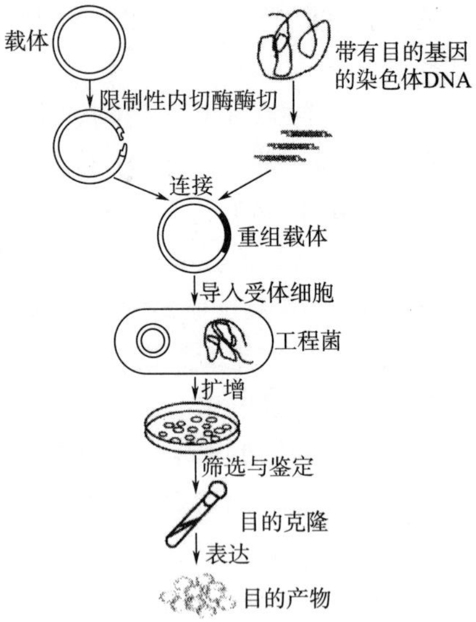

图 6-22　基因工程的基本操作步骤

（二）基因工程的基本操作

1. 目的基因的获得

目的基因又称为外源 DNA 片段，即需要被引入受体细胞的基因。根据需要，待获得的目的基因可能包含转录启动区、基因编码区和终止区的全功能基因，甚至是一个完整的操纵子或由几个功能基因、几个操纵子聚集在一起的基因簇；也可能只含结构基因编码序列，或者是只含启动子或终止子等元件的DNA片段。而且不同基因组类型的基因大小和基因组成也各不相同，因此，目的基因的获得应采用不同的途径和方法。

（1）构建cDNA文库法

通过转录和加工，每个基因都能转录出相应的一个mRNA分子，经反转录可产生相应的互补DNA（complementary DNA，cDNA）。这样产生的cDNA只含基因编码序列，不具有启动子、转录终止序列以及内含子。某生物基因组经转录和反转录产生的各种cDNA片段，分别与合适的克隆载体连接，可以通过转导（转化）贮存在一种受体菌的群体之中。这种包含某种生物基因组全部基因所对应cDNA的重组菌群体，称为该生物的cDNA文库（cDNA library）。如果此群体只贮存某种生物基因组的部分基因的cDNA，则称为部分cDNA文库。随后通过分子杂交等方法从cDNA文库中筛选出含目的基因的菌株。用此方法获得的目的基因只有基因编码区，进行表达还须外加启动子和终止子等调控转录的元件。

（2）构建基因组文库法

为了从真核生物基因组中获得可直接进行重组表达的序列（无内含子），一般可构建cDNA文库。然而对于原核微生物，例如细菌基因的获得，因其结构基因中无内含子，故可采用其基因组构建基因组文库（genomic library）。所谓基因组文库，即含有某种生物体全部基因的随机片段的重组DNA微生物群体。若此群体只贮存了某种生物的部分基因组序列，则称为部分基因组文库。构建基因组文库，首先是采用合适的工具酶（例如限制性核酸内切酶*Sau*3AI）将基因组随机降解成可克隆到载体的小片段，然后将降解得到的小片段克隆到载体中，转化到合适的受体细胞后，得到含基因组序列的重组微生物群体，随后通过前已述及的分子杂交方法，或进行选择性培养来筛选出含目的基因的重组子。

（3）化学合成法

若已知某种基因的核苷酸序列，或可以根据某种产物的氨基酸序列推导出该多肽链编码的核苷酸序列，就能利用DNA合成仪通过化学合成法来合成目的基因。通常用于小分子活性多肽基因的合成，其一次合成长度为100nt（nt表示核苷酸）。而对于分子质量较大的目的基因，可以通过分段合成，再连接组装成完整的基因。目前应用该法合成的基因有人生长激素释放抑制因子、胰岛素原、干扰素及脑啡肽基因等。

（4）聚合酶链反应法（PCR法）

1985年，美国Cetus公司的著名化学家穆利斯（K. B. Mullis）等建立了一套大量快速扩增特异DNA片段的系统，即聚合酶链反应（polymerase chain reaction，PCR）系统。PCR技术是目前分离筛选目的基因的一种快速有效的方法，它能够在体外通过酶促反应有选择地数以百万倍地扩增一段目的基因，其工作原理是以拟扩增的DNA分子为模板，以一对分别与模板5′端、3′端互补的寡核苷酸片段为引物，在DNA聚合酶的作用下，按半保留复制的机制沿着模板链延伸直到完成新的DNA合成。反应一旦启动，就可以循环往复，最终使目的DNA片段得到大量的扩增。

2. 目的基因的导入

目的基因扩增得到后，需导入受体细胞中才能进行重组表达尝试，而能否有效地导入受体细胞，取决于是否选用了合适的受体细胞、合适的克隆载体和合适的基因转移方法。

(1) 受体细胞

受体细胞是能摄取外源 DNA(基因)并使其稳定维持的细胞,是有应用价值和理论研究价值的细胞。微生物细胞、植物细胞和动物细胞都可以作为受体细胞。微生物细胞是一类很好的受体细胞,容易摄取外界的 DNA,增殖快,基因组较简单,便于培养和基因操作。原核微生物普遍被用作 cDNA 文库和基因组文库的受体菌,或者用作构建表达目的蛋白质的工程菌,或者作为克隆载体的宿主。目前,常用作基因克隆受体的原核生物是大肠杆菌,另外蓝藻和农杆菌等也被广泛应用。真核生物细胞也被普遍应用于基因克隆受体,如酵母和某些动植物的细胞。由于酵母的某些性状类似原核生物,所以较早就被用作基因克隆受体。

(2) 载体

载体是指在克隆其他 DNA 片段时使用的运载体。它们是复制子,即使与外源 DNA 片段共价连接,也能在受体细胞中进行复制,容易与细菌染色体分开并可以人为提纯。它们含有一些与细胞繁殖无关的 DNA 区段,插入这些区段位置的外源 DNA 可以随载体同步复制。为选用合适的克隆载体,须注意以下几点:第一,为了使将要组入的目的基因能够在受体细胞中有效表达,一般应选用具有强启动子的表达载体,除非目的基因本身已具备在受体细胞内有功能的强启动子;第二,选用的克隆载体应便于连接外源基因;第三,根据确定的受体(宿主)系统选用相应的载体,因为用作受体细胞的不同生物类型有各自适用的载体类型。常用的基因工程的载体主要有 3 类:质粒载体、噬菌体载体、根据特殊要求构建的其他载体。

①质粒载体。

分为转移质粒和非转移质粒两类,其转移性由自身的基因决定。用于基因工程的质粒须具有以下特点:A. 质粒不宜过大,当超过 15kb 时,转化到受体细胞(宿主细胞)的能力降低,运载外源遗传信息不稳定。B. 在受体细胞中能自主复制和稳定遗传。C. 具有多个单一限制内切酶切位点,位点不在 DNA 复制区。D. 具有明显的筛选标记。E. 质粒的扩增易受温度变化和加入的某些专一药物的控制。F. 能转化较广的受体细胞。目前大肠杆菌的 R 因子(耐药质粒)由于同时具有传递性和耐药性筛选标记,因而作为基因工程载体而被广泛利用,如 pBR322 等。质粒是微生物基因工程最常采用的载体。

②噬菌体载体。

即在外源基因导入受体细胞过程中,作为外源基因载体的噬菌体。例如,利用 λ 噬菌体作载体,主要将外源目的 DNA 替代或插入中段序列,使其随左右臂一起包装成噬菌体以便感染大肠杆菌宿主,并随噬菌体的繁殖而繁殖。

③根据特殊要求构建的其他载体。

这类载体有柯斯质粒(黏性质粒)和穿梭质粒等。柯斯质粒是将噬菌体的 COS 区域组入大肠杆菌素 E1 质粒中所形成的杂种质粒。而穿梭质粒是含有两种不同类型复制子的载体,因而可以在不同受体菌之中复制和扩增。例如,需在枯草芽孢杆菌中表达某目的基因时,因枯草芽孢杆菌转化效率较低,故直接在其中进行目的基因克隆的成功率较低。通常的做法是先将该目的基因克隆到大肠杆菌-枯草芽孢杆菌穿梭载体上,使构建的重组载体先在大肠杆菌中大量扩增并从中抽提纯化出重组载体,然后转化到枯草芽孢杆菌中进行目的基因的表达。

(3) 基因工程中常用的工具酶

基因工程的基本技术是人工进行基因的分离、切割、重组和扩增等,这个过程是由一系列相互关联的酶促反应完成的。凡是基因工程中应用的酶类统称为工具酶(见表 6-4),其中，限制性内切酶、DNA 连接酶、聚合酶和修饰酶类是基因工程中最常用的工具酶。

表 6-4　常见的工具酶

工具酶名称	主要功能
限制性内切酶（restrictio endonuclease）	在 DNA 分子内部的特异性碱基序列部位进行切割
DNA 连接酶（DNA ligase）	将两条以上的线性 DNA 分子或片段之间催化形成磷酸二酯键进而连接成一个整体
DNA 聚合酶（DNA polymerase Ⅰ）	①5′→3′聚合酶活性：催化 DNA 链的延伸，主要用于填补 DNA 上的空隙或是切除 RNA 引物后留下的空隙； ②3′→5′外切酶活性：能识别和切除 DNA3′端在聚合作用中错误配对的核苷酸，起到校读作用； ③5′→3′外切酶活性：主要用于切除 5′引物或受损伤的 DNA。此酶缺陷的突变株仍能生存，表明 DNA 聚合酶 I 不是 DNA 复制的主要聚合酶
多核苷酸激酶（polynucleotide kinase）	催化 ATP 的 γ-磷酸转移到多核苷酸链的 5′-磷酸末端上
反转录酶（reverse transcriptase）	以 RNA 分子为模板合成互补的 cDNA 链
DNA 末端转移酶（DNA terminal transfer-ase）	将同聚物尾巴加到线性双链或单链 DNA 分子的 3′-磷酸末端或 DNA 的 3′-末端标记 dNMP 上
碱性磷酸酶（alkaline phosphatase）	去除 DNA、RNA、dNTP 的 5′磷酸基团
核酸外切酶Ⅲ（exonucleautomotive service engineers Ⅲ）	从多核苷酸链的一端开始按序催化水解 3,5-磷酸二酯键，降解核苷酸的酶
核酸酶 S1（nuclease S1）	降解单链 DNA 或 RNA，产生带 5′磷酸的单核苷酸或寡核苷酸，也可切割双链核苷酸分子的单链区
核酸酶 Bal 31（nuclease Bal 31）	降解双链 DNA、RNA 的 5′及 3′末端
Taq DNA 聚合酶（*Taq* DNA polymerase）	能在高温下以单链 DNA 为模板，从 5′→3′方向合成新生的互补链
核糖核酸酶（RNase）	专一性降解 RNA
脱氧核糖核酸酶（DNase）	水解单链或双链 DNA

（4）目的基因与载体的体外重组

DNA 分子的切割由专一性很强的限制性核酸内切酶来完成，或人为在目的基因和载体 DNA 的 3′和 5′末端分别接上 poly（A）或 poly（T），就可使参与重组的两个 DNA 分子产生一段有互补黏性末端的 DNA 单链，而后将两者置于较低温度下（5~6℃）混合，即“退火”。由于同一种限制性核酸内切酶所切断的双链 DNA 片段的黏性末端都有相同的核苷酸组分，故当两者混合时，黏性末端上碱基互补的片段就会因氢键作用而彼此吸引，重新形成双链，此时在外加连接酶的作用下，目的基因就与载体 DNA 片段接合并被“缝补”（共价结合），形成一个完整的具有复制能力的环状重组载体，完成了目的基因与载体 DNA 的重组。

（5）重组 DNA 分子导入受体细胞

将重组 DNA 分子导入受体细胞，即将体外连接产生的重组 DNA 导入细胞，其方法有很多种，根据受体细胞的不同，可以选择不同的方法。

①转化作用。

转化指的是微生物细胞直接吸收外源 DNA 的过程。通过转化接受了外源 DNA 的细胞称为转化子。转化主要有化学转化法和电击转化法。

化学转化法中，受体细胞需要经过人工处理成可以吸收重组 DNA 分子的敏感细胞才能够用于转化，此时的细胞称为人工感受态细胞。经证实，将细胞置于0℃的$CaCl_2$低渗溶液中，细胞膨胀为球形（感受态），经过42℃短时间的热冲击后，细胞能够吸收外源DNA；在培养基上生长几小时后，球状细胞复原并分裂增殖；在选择性平板上可选出转化子。

电击转化法不需要事先诱导细菌的感受态，而是依靠短暂的电击来促使DNA进入细胞。

②转染与转导作用。

λ噬菌体载体所构建的重组DNA分子，能够直接感染进入大肠杆菌宿主细胞内，这一过程称为转染，但是转移效率低，为了提高转移效率，重组的λ噬菌体DNA或者重组的黏粒DNA需包装成完整的噬菌体颗粒。温和噬菌体通过颗粒的释放和感染将重组DNA转移到宿主内，称为转导，通过转导接受外源DNA的细胞称为转导子。

③其他方法。

植物细胞外层是坚韧的细胞壁，动物细胞外层没有细胞壁，随着动植物细胞工程的发展，人们根据动植物细胞的特点发明了许多种基因转移技术，根据其原理不同主要分为物理方法、化学方法和生物学方法三大类。

A. 物理方法

a. 显微注射法：在显微镜下利用显微注射针将外源DNA直接注入细胞核，常用于转基因动物的操作。注射时先用口径约100μm的细玻璃管吸住受精卵细胞，再用口径为1~2μm的细玻璃针刺入细胞核并将DNA注入。

b. 基因枪法：将外表附着DNA的高速运动的微小金属颗粒（由金或钨制成，直径0.2~0.4μm）射向靶细胞，从而将外源DNA引入受体细胞。基因枪技术可应用于动物细胞、植物组织、未成熟胚、花序及真菌。

c. 电穿孔法：在高压电脉冲作用下，使细胞膜上出现微小孔洞，从而使外源DNA可以穿孔进入细胞核内。该方法不但适用于贴壁生长的细胞，而且适用于悬浮增长的细胞，既能用于瞬时表达，又能用于稳定转染。

B. 化学方法

a. 磷酸钙共沉淀法：使DNA形成DNA-磷酸钙沉淀复合物，然后黏附在培养的哺乳动物细胞表面，从而迅速被细胞捕获的方法。

b. 脂质体法：通过脂质体包裹DNA并将其载入细胞。此法简单、可靠、重复性强。

c. 二乙胺乙基葡萄糖转染法：二乙胺乙基葡萄糖是一种高分子质量的阴离子试剂，能够促进哺乳动物细胞捕获外源DNA，但是其机制目前尚不清楚。

C. 生物学方法

a. 反转录病毒感染法：通过反转录病毒感染可将基因转移并整合到受体细胞核基因组中。

b. 原生质体融合法：植物和微生物细胞都具有坚韧的细胞壁，首先需要用酶将其除去制得原生质体，然后与外源DNA混合，在聚乙二醇的作用下经过短暂的共培养，即可将外源DNA导入细胞。

在实际操作中，通常将以上方法综合应用。

3. 重组子的筛选和鉴定

重组体DNA分子被导入受体细胞后，经培养得到大量转化子菌落或噬菌斑。从众多的转化子菌落或噬菌斑中，挑选并鉴定哪些菌落或噬菌斑所含重组DNA分子正确携带了目的基因的过程称为筛选（screening）。根据载体特性、受体细胞特性及外源基因在受体细胞表达情况的不同，可采用不同的筛选方法。因为载体都有供筛选用的遗传标记，如抗生素、酶等，细胞被转化后可获得这种遗传特性，使用含适量的相应抗生素或酶的底物和诱导物的培养基即可以初步筛选出转化的细菌或噬菌斑。

由于载体本身缺失或插入不符合要求的片段也能使转化细胞或噬菌斑出现相同的特征，因此经过初筛的细菌或噬菌斑不一定都含有合乎要求的重组 DNA，还要进一步对 DNA 进行分析、鉴定。鉴定的方法主要有 3 类：第一，重组体表现特征的鉴定；第二，重组 DNA 分子结构特征的鉴定；第三，外源基因表达产物的鉴定。

重组体表现特征的鉴定快速简便，所用方法主要有抗生素平板法、插入表达法、插入失活法和β-半乳糖苷酶显色反应法等。这些方法可作为重组 DNA 克隆的筛选、鉴定的初步方法。

重组 DNA 分子结构特征鉴定的方法主要有限制性核酸内切酶分析法、分子杂交法、DNA 序列分析法和 PCR 鉴定法等。测定 DNA 序列是验证外源基因是否正确的最确切的证据。基因的功能及调控取决于其碱基的排列顺序，因此，测序目的基因是研究该基因结构功能的前提，也是发现异常基因的依据。通过 DNA 序列分析可以精确地构建出 DNA 限制酶谱，了解蛋白质编码区上下游的调控序列，从而研究目的基因的表达，可以确认基因诱变后特异的碱基变化。

外源基因的表达产物主要采用免疫学方法进行鉴定。若克隆基因的蛋白质产物是已知的，则可以利用特异抗体和目的基因表达产物的相互作用进行鉴定。免疫学方法具有特异性强、灵敏度高等特点，尤其适用于鉴定不为宿主菌提供选择标记的基因。免疫学方法包括酶免疫检测分析和免疫化学方法等。

（三）基因工程在食品工业中的应用

基因工程技术在食品领域中的作用目前涉及对食品资源的改造、对传统的发酵菌种的改造、酶制剂的生产、新产品的开发以及食品卫生检测等方面。

1. 改善食品原材料品质

（1）对植物资源的改造

基因工程技术的应用使食品行业在原料选择及供应方面更加自由，应用基因工程的克隆技术、DNA 重组技术、转基因技术等，以高产、优质、抗虫、抗病、高蛋白含量为主要目标改造植物性食品资源。例如，豆类植物中蛋氨酸的含量普遍较低，但赖氨酸的含量很高；而谷类作物中的两者含量正好相反，通过基因工程技术，可将谷类植物基因导入豆类植物，开发蛋氨酸含量高的转基因大豆。

（2）对动物性资源的改造

目前，转基因动物虽然尚未达到高等转基因植物的发展水平，但通过转基因技术改良新的动物品种，已成为一项发展迅速的生物技术，特别是在家畜及鱼类育种上已初见成效。例如，中科院水生生物研究所在世界上率先进行转基因鱼的研究，成功地将人的生长激素基因和鱼的生长激素基因导入鱼，培育成当代转基因鱼，其生长速度比对照快并从子代测得生长激素基因的表达。另外，生长速度快、抗病力强、肉质好的转基因鸡、兔、猪等均已经培育成功。

2. 改造传统的发酵工业的菌种

发酵工业的关键是优良菌株的获取，除选用常用的诱变、杂交和原生质体融合等传统方法外，还应与基因工程结合，大力改造菌种，给发酵工业带来生机。而在基因工程和蛋白质工程上，为便于目的表达产品的大量工业化生产，最后大多选用微生物进行目的基因表达，而生产出“基因工程菌”，再通过发酵工业大量生产各种新产品。微生物的遗传变异性及生理代谢的可塑性都是其他生物难以比拟的，故其资源的开发有很大的潜力。第一个采用基因工程技术改造的食品微生物是面包酵母，把具有优良特性的酶基因转移到该菌中，使该菌中麦芽糖透性酶和麦芽糖酶的含量比普通面包酵母高，可以提高加工中产生 CO_2 气体的量，制造出膨发性能良好、松软可口的面包。

3. 用于酶制剂的生产

酶的传统来源是动物脏器和植物种子，随着发酵工程的发展，逐渐出现了以微生物为主要酶源的格局。近年来，基因工程技术的发展，使人们可以按照需要来定向改造酶，甚至创造出自然界从未发现的新酶种。目前，蛋白酶、淀粉酶、脂肪酶、糖化酶和植物酶等均可利用基因工程技术进行生产。

4. 开发和生产新一代食品

经过脱色、除臭和精制处理的烹饪用豆油常常需要被还原，以延长其储藏时间及提高其在烹调时的稳定性。但是，这种还原作用却导致豆油中富含反式脂肪酸，而摄入反式脂肪酸，会增加患冠心病的可能性。作为色拉油的精制豆油，虽然没有经过还原作用，但其中却富含软脂酸，而软脂酸的摄入也能导致冠心病的发生。因此，人们经过选择，挑选出合乎需要的基因和启动子，再通过重组 DNA 技术来改造豆油的组分构成。现在，相应的多种基因工程产品已投放市场，其中，有的豆油不含有软脂酸，可用作色拉油；有的豆油富含 80%的油酸，可用于烹饪；有的豆油含 30%以上的硬脂酸，可用作人造黄油以及使糕点松脆的油。利用基因工程改造的豆油的品质和商品价值显著提高。

基因工程在食品工业中的应用，使食品原料的来源更多样、食品营养更多样、更有利于健康，也能解决世界面临的粮食短缺、能源危机、环境保护等问题，因此基因工程被世界各国看作是 21 世纪经济和科技发展的关键技术。虽然现在转基因食品还没有普遍被人们接受，人们担心转基因食品会对人类健康带来危害，但转基因食品确实有多方面的好处，只要科学层面上控制好，做好检测，相信转基因食品将来也会造福人类。今后，基因工程也将更多地应用于食品工业中，使食品工业展现出崭新面貌。

第五节　菌种衰退、复壮与保藏

性状稳定的菌种是微生物学工作最重要的基本要求，在微生物的基础研究和应用研究中，选育一株性能良好的理想菌株是一件非常艰苦的工作，而要保持菌种的优良性状和遗传稳定性更是困难，特别是在发酵工业中，要保证高产菌株高效生产代谢产物的能力，即少发生突变，还需要做很多日常的工作。菌种退化是一种潜在的威胁，因此，微生物学研究人员必须关注与重视有关菌种的衰退、复壮和保藏方面的问题。

一、菌种的衰退

菌种衰退的基本原因是变异，变异是不可避免的，而减缓变异速度则是可能的。变异速度与菌种所处的环境有密切关系，不良环境条件能促进变异，频繁或过多传代也是造成衰退变异的重要原因。

衰退（degeneration）是在细胞群体中发生的一系列生物学性状由量变到质变的逐步演变过程，会出现某些原有生产性状的劣化、遗传标记的丢失等现象。其本质是微生物群体发生了自发突变。菌种衰退主要表现为：原料转化率降低，代谢产物减少，生长速度变慢，生物量减少，发酵速度缓慢，发酵周期延长；产孢子能力变弱，孢子形成数量减少；抗逆性减弱；形态上出现畸形等。

菌种退化会给生产及科研带来意想不到的损失。在实际生产中，人们可以通过控制传代次数以减少发生突变的概率；创造良好的培养条件；利用不同类型的细胞传代（放线菌和霉菌中，菌丝常含多核或异核，因此用菌丝传代就容易出现不纯或衰退，而孢子一般是单核，用它接种就不易出现衰退；构巢曲霉如用分生孢子传代易退化，改用子囊孢子传代则不易退化）；采用有效的菌种保藏方法等措施来防止菌种衰退。

二、菌种的复壮

当发现菌种出现退化时，应及时采取纯化复壮措施，以便重新获得或保持菌种的优良性状。狭义的复壮仅是一种消极的措施，它指的是菌种已经发生衰退，通过纯种分离和性能测定等方法，从衰退的群体中筛选出少数尚未衰退的个体，以达到恢复该菌种原有典型性状的措施。广义的复壮则是一项积极的措施，即在菌种的生产性能尚未衰退前，就有意识地经常进行纯种分离和生产性能的测定工作，以期待菌种的生产性能逐步有所提高。因此，复壮实际上是利用自发突变（正变）不断从生产中进行选种的工作。

（一）通过纯种分离进行复壮

有两类方法可进行菌种纯化：

（1）通过平板划线法或表面涂布法分离，该方法适于细菌、酵母等微生物的分离纯化。

（2）通过单孢分离可以分离纯化真菌细胞。对于厌氧微生物则要采用相应的厌氧培养技术分离纯化。

在实际操作中，也可以两者结合，先用前一种方法获得较纯的菌种后，再采用单细胞分离法进一步纯化。

（二）通过宿主进行复壮

对于寄生性微生物的退化菌株，可通过接种至相应昆虫或动植物等宿主体内以提高菌株的毒性。如苏云金芽孢杆菌（*Bacillus thuringiensis*）、白僵菌（*Beauveria bassiana*）、多角体病毒（Polyhedrosisvirus）等，由于长期使用，其毒力会下降，导致杀虫效率降低等衰退现象，这时可以用菌种去感染菜青虫幼虫，然后从致死的虫体上重新分离，经过几次重复感染与分离，就可以逐步恢复和提高毒力。

（三）淘汰已衰退的个体

通过物理、化学的方法处理菌体（或孢子），使大部分死亡（80%以上），存活的菌株多为健壮菌株，可从中选出优良菌种。

菌种复壮的方法还有很多，可根据不同的微生物和目的选用合适的方法进行。

三、菌种的保藏

菌种保藏是一项重要的微生物学基础工作，其主要任务就是在收集和生产实验室菌种、菌株的基础上，将它们妥善保藏，使之达到不死、不衰、不乱，以便于研究、交换和使用。

菌种保藏的方法有很多，原理也大同小异。首先挑选典型菌种的优良纯种，最好采用它们的休眠体（如分生孢子、芽孢等）；其次，还要创造一个最利于休眠的环境条件，如低温、干燥、缺氧、避光、缺乏营养以及添加保护剂和酸度中和剂等。一种良好的保存方法，首先应能保持原种的优良性状不变，同时还须考虑方法的通用性和简便性。低温是常用的简单易行的菌种保藏方法。低温保藏时，应注意尽量不损伤细胞。缓慢冷冻时，胞外基质一般较快结冰而形成冰晶使基质浓度增高，造成细胞水分外渗而大量脱水，可能使细胞死亡。如快速降温，胞内基质也很快形成冰晶，胞内外渗透压基本平衡，同时胞内冰晶较小，对细胞及原生质膜的损伤也较小，影响也较小，菌株不易死亡。除低温外，水分对生化反应和一切生命活动也至关重要。因此，干燥，尤其是深度干燥，在保藏中的地位就显而易见了。常用的菌种保藏方法有下列几种。

（一）传代保藏

将菌种定期在新鲜琼脂培养基上传代，然后在一定的生长温度下生长和保存称为传代保藏方法。该方法可用于实验室中各类微生物菌株的保藏，少数用冷冻保存容易死亡的菌种也可采用本法保藏。该法简单经济，不需要任何特殊设备，但该方法易发生培养基干枯、菌体自溶、基因突变和菌种退化等不良现象，因此一些重要菌株及生产性能优良菌株不宜用此法保藏。同时，最好在基本培养基上传代，淘汰突变菌。常用的方法有斜面保藏法、液体石蜡保藏法和穿刺保藏法。

1. 斜面保藏法

将菌种转接在适宜固体斜面培养基上，待其充分生长后，用牛皮纸将棉塞部分包扎好，置4℃冰箱内保藏。保藏时间依微生物的种类而定。霉菌、放线菌以及芽孢保存2~4个月移植一次，而酵母菌间隔2个月，普通细菌间隔1个月，假单胞菌两周传代一次。

2. 液体石蜡保藏法

液体石蜡保藏法是在培养好的斜面上覆盖灭菌的无菌液体石蜡，其用量以高出斜面顶端1cm为准，达到菌体与空气隔绝，使菌处于生长和代谢停止状态，同时石蜡油还能防止水分蒸发以达到较长期保藏菌种的目的。试管直立置于低温（-4~4℃）或室温下保存。此方法实用且效果好。霉菌、放线菌、芽孢菌可保藏2年以上，酵母菌可保藏1~2年，普通细菌也可保藏1年左右。

3. 穿刺保藏法

穿刺培养是将含0.6%~0.8%的琼脂培养基装试管灭菌后，直立冷凝，用接种针尖挑取少量菌体，垂直刺入琼脂培养基中心，放在适当温度下培养，待微生物培养好后放在低温（4℃）下进行保存，此法较斜面保藏法更有利，大肠杆菌可保藏两年以上不发生明显变异。

（二）冷冻保藏

冷冻保藏是保藏微生物菌种最简单且最有效的方法，指通过冷冻使微生物的代谢活动停止的保藏方法。冷冻保藏的温度一般在-20℃以下，同时应该掌握好冷冻和解冻速度。为了保护菌体在冷冻过程中不受到伤害，常常需要加入一定的冷冻保护剂。常用甘油，使用方便、效果好，但有些菌对甘油敏感，效果不佳，可选用其他保护剂，例如二甲基亚砜、二甲亚砜加蛋白胨、吐温80、蔗糖、葡聚糖、聚乙烯吡咯烷酮（PVP）、乳糖、脱脂乳粉等，剂量随菌种的不同而差别较大。常用的冷冻方法有普通的冷冻保藏（-20℃）、超低温冷冻保藏（-60~-80℃）和液氮冷冻保藏。

1. 普通的冷冻保藏

将液体培养物或琼脂斜面培养物收获制成高浓度的菌悬液（10^8~10^9CFU/mL）。取1mL

灭菌甘油（80%浓度）放入灭菌小管内，再加入 1mL 菌悬液与甘油充分混匀，使甘油浓度约为 40%，于-20℃下冻存。此方法可以维持微生物的活力 1~2 年。

2. 超低温冷冻保藏（-60~-80℃）

要长期保藏的微生物菌种，一般都要求-60℃以下保藏。一般是离心收获对数生长中后期的微生物细胞，用新鲜培养基重新悬浮所收获的细胞，加入等体积的 20%甘油或 10%二甲亚砜混匀，分装入冷冻管或安瓿瓶，置于超低温冰箱中保存。

3. 液氮冷冻保藏

制备待冷冻保存的菌悬液，加入终浓度为 10%甘油（高压灭菌），或 5%二甲亚砜（过滤除菌），混匀并分装于冷冻瓶或安瓿瓶中，控速冷冻进行冷冻保藏，制冷速度为 1℃/min。发酵液制备方法同超低温冷冻保藏方法。

4. 冻干保藏

冻干保藏是在减压条件下使冻结的细胞悬浮液中的水分升华，将培养物干燥。此法是微生物长期保藏的最为有效的方法之一。冷冻干燥过程中必须使用冷冻保护剂，目前国内常用脱脂乳和蔗糖，国外尚有运用动物血清等。大部分菌种可在冻干状态下保藏 10 年之久而不失去活力，而且冻干后的菌种不需要冷藏，方便运输。真空冷冻干燥法是最常用的冻干保藏方法。

真空冷冻干燥法是将样品中的水分在冰冻状态下抽真空减压，使冻冰直接升华为水蒸气，将样品干燥的方法。干燥后的微生物在真空下封装，与空气隔绝，达到长期保藏的目的。具体操作如下：

①2%盐酸浸泡安瓿管 8~10h，取出用自来水冲洗多次后再用蒸馏水洗 2~3 次，烘干；放入带有菌号及日期的小标签（字面朝管壁），管口塞好棉塞，灭菌备用。

②保护剂的选择及制备。真空冷冻干燥保藏法使用的保护剂种类很多，效果不尽相同，通常采用高分子与低分子化合物混合使用，效果更好。在配制时注意保护剂的比例、浓度、pH 和灭菌方法。一些对热敏感的保护剂如血清等用过滤除菌方法，牛乳、葡萄糖及乳糖等要控制灭菌温度。一般情况下，多数菌种可以用脱脂乳作为保护剂。

③菌种准备及分装。在每支生长良好、新鲜的、处于稳定期的纯种斜面培养物上加 2~3mL 保护剂，用接种环将菌苔轻轻刮起（注意勿刮起培养基），制成菌悬液。如用液体培养的菌种，则需经离心收集并用无菌生理盐水洗涤，收集的菌体用保护剂制成菌悬液。悬液中菌数要求达到 10^8~10^{10}CFU/mL。制备完悬液应尽快用无菌的长滴管直接滴入安瓿管底部以便分装和冻结。装量可依据冷冻干燥机效能而定。

④分装好的安瓿管放在-30~-40℃下冻结 20~60min，也可用干冰和无水乙醇冻结 5~10min，以达到预冻的目的。

⑤经预冻的安瓿管放入干燥箱中开始抽真空冷冻干燥。此时干燥箱温度控制在-30℃以下，并尽快使真空度达到<66.6Pa，最好控制在 10~20Pa。此后可逐渐升温以加速水分升华，但升温不宜过快以免引起样品融化。干燥时间视冻干机效率、样品装量及性质等而定，以样品最终水分含量达到 1%~30%为准。具体操作时间根据冻干样品呈酥块或松散片状而定。真空度接近空载时最高真空度。样品温度与管外温度接近。

⑥干燥完毕将安瓿管在真空下用火焰烧熔密封，并用高频真空检测仪检测真空度。

⑦密封好的冻干管在 4℃或-18℃下保藏。菌种能否适宜于用冷冻干燥法保藏，需经过试验来证明，一般是在保藏 1 个月后进行复苏培养，如果菌的成活率高于 0.1%，即认为可

用冷冻干燥法保藏，以后 6 个月、2 年、5 年、10 年再检查存活情况，以确定保藏期的上限。

真空冷冻干燥保藏法已被各国普遍采用，随着对各环节研究深入，这项技术也更加完善，设备更加先进。冻干保藏的效果因微生物种类而异，一般是：细菌>放线菌>真菌>藻类，而菌丝体不宜用此法保藏。

（三）载体法保藏

生长合适的微生物可以吸附在一定的载体上进行干燥保藏。常用的载体有土壤、沙土、硅胶、明胶、麸皮、磁珠和滤纸片等。具体保藏方法有：

1. 沙土管保藏法

此法需取河（海）沙，过筛，用 10%盐酸浸泡 2~4h 去除有机质，倒去盐酸溶液，用清水洗至中性，烘干并用 40 目筛子过滤，弃去粗颗粒备用。取菜园或果园非耕作层不含腐殖质的土壤，加自来水浸泡洗涤数次，直至中性。烘干后碾碎并用 100 目筛子过滤，弃去粗颗粒部分。把处理好的河砂与土壤按 3∶1 比例（或其他比例）混合均匀后，装入指形管或 100mm×10mm 小试管或安瓿管中，装量约 1g，塞上棉塞，121℃灭菌 1h，每天 1 次，连续 3d。将要保存的斜面菌种制成孢子悬液（$>10^6$ 个/mL），用无菌吸管吸取孢子悬液滴入无菌沙土上，每管 0.3~0.5mL，塞上棉塞，震荡混匀。也可将真菌分生孢子用接种环从斜面直接挑取放入沙土中。然后，将沙土管抽真空干燥，当管内沙土松散，表明已干燥。将干燥的沙土管用棉塞或石蜡封口，或火焰熔封后放置在干燥器内，4℃保存。从斜面取出的孢子放入沙土管中混匀后可以不抽真空直接放干燥器内保藏。

在沙土管保藏初期，菌死亡率高，以后逐渐减小，存活孢子稳定性较好。用沙土管保藏的某些抗生素产生菌保藏期可达 18~22 年。

2. 滤纸保藏法

滤纸保藏法是将微生物细胞或孢子吸附在灭菌滤纸上，干燥后冷藏的方法。其方法是将 3#滤纸剪成 5mm×50mm 的纸条，放干燥的培养皿中灭菌。用无菌脱脂乳将培养好的菌种制成菌悬液，无菌条件下，将滤纸条浸入菌悬液中，充分吸附后取出，放入无菌小试管或安瓿管中，在真空干燥机上抽干，真空条件下火焰熔封，4℃保存。

3. 大（小）米保藏法

此法是根据我国制曲原理加以改进的一种方法，将曲霉等大量产生孢子的菌株直接培养在大（小）米培养基上，待孢子充分成熟后干燥保藏。

以上几种保藏菌种的方法，应根据实验条件选择，对于重要的生产菌种和高产突变株，目前多采用沙土管或冷冻干燥法保藏，如有条件可利用液氮保藏。对重要菌种一定要同时采取两种以上的方法保藏，以防遭受损失。

思考题

1. 简述 DNA 作为遗传物质的结构、功能及其复制方式。
2. 简述 DNA 二级结构的特点。
3. 试述遗传物质在细胞中的存在形式。
4. 什么是质粒？质粒的类型有几种？

5. 简述微生物基因组分为几类，都是什么？

6. 列举基因突变的特点。

7. 原核微生物和真核微生物各有哪些基因重组形式？

8. 试述诱变育种的原理、基本步骤和关键点。

9. 什么是杂交育种，杂交育种的方法有哪些？

10. 什么是原生质体？如何制备微生物原生质体？原生质体技术对于遗传育种有何意义？

11. 简述通过基因工程方法进行微生物育种的一般步骤。

12. 菌种退化的原因有哪些？在生产实践中如何尽量防止菌种退化？

13. 什么是菌种复壮？菌种复壮常用的手段有哪些？

14. 微生物菌种保藏的方法主要有哪些？请列表比较各保藏方法的适用范围、保藏期和优缺点。

参考文献

[1] 杨荣武. 生物化学 [M]. 北京：科学出版社，2013.
[2] 金志华，林建平. 工业微生物遗传育种学原理与应用 [M]. 北京：化学工业出版社，2005.
[3] 孙树汉. 医学分子遗传学 [M]. 北京：科学出版社，2009.
[4] 吴乃虎，黄美娟. 分子遗传学原理 [M]. 北京：化学工业出版社，2015.
[5] 王冬梅. 生物化学 [M]. 北京：科学出版社，2010.
[6] 解军. 生物化学 [M]. 北京：高等教育出版社，2014.
[7] 宋方洲. 生物化学与分子生物学 [M]. 北京：科学出版社，2014.
[8] 张淑芳. 生物化学 [M]. 北京：中国医药科技出版社，2012.
[9] 何国庆. 食品发酵与酿造工艺学 [M]. 北京：中国农业出版社，2011.
[10] 李宗军. 食品微生物学原理与应用 [M]. 北京：化学工业出版社，2014.
[11] 刘慧. 现代食品微生物学实验技术 [M]. 北京：中国轻工业出版社，2006.
[12] 诸葛健，李华钟. 微生物学 [M]. 北京：科学出版社，2009.
[13] 常重杰. 基因工程 [M]. 北京：科学出版社，2012.
[14] 贺淹才. 基因工程概论 [M]. 北京：清华大学出版社，2008.
[15] 阮红，杨岐生. 基因工程原理 [M]. 杭州：浙江大学出版社，2007.
[16] 刘祥林. 基因工程 [M]. 北京：科学出版社，2009.
[17] 文铁桥. 基因工程原理 [M]. 北京：科学出版社，2014.
[18] 董妍玲. 基因工程 [M]. 武汉：华中师范大学出版社，2013.
[19] 胡永金，刘高强. 食品微生物学 [M]. 长沙：中南大学出版社，2017.
[20] 李平兰. 食品微生物学教程 [M]. 北京：中国林业出版社，2011.
[21] 江汉湖. 食品微生物学 [M]. 北京：中国农业出版社，2010.
[22] 殷文政. 食品微生物学 [M]. 北京：科学出版社，2015.
[23] 何国庆，贾英民，丁立孝. 食品微生物学 [M]. 北京：中国农业出版社，2016.
[24] 刘慧. 现代食品微生物学 [M]. 北京：中国轻工业出版社，2011.
[25] 桑亚新. 食品微生物学 [M]. 北京：中国轻工业出版社，2017.

第七章　微生物生态学

第七章　微生物生态学

微生物生态学

第八章　微生物在食品制造中的主要应用

第八章　微生物在食品制造中的主要应用

微生物是所有形体微小、单细胞或个体结构简单的多细胞以及没有细胞结构的低等生物的总称。人类生活在微生物的“海洋”中，时时刻刻与微生物“共舞”，微生物与人类的关系非常密切。微生物不仅在自然界物质循环中起着重要作用，而且在食品制造业中的应用也非常广泛，在我国已有数千年的历史。

无论是传统发酵工业还是以生物技术为手段的现代食品工业，都离不开微生物，微生物独有的生长特性和代谢活动造就了现代发酵食品的研发与生产。微生物在现代发酵食品工业所创造的经济效益和社会效益，使人类对微生物的研究与应用技术不断深入与拓宽。人类在长期的生活中积累了丰富的经验，利用微生物制造了种类繁多、营养丰富、风味独特的食品，所涉及的微生物类群主要有细菌、酵母和霉菌等。发酵食品不仅各具滋味，研究还证实其具有诸多营养保健功能，如纳豆中富含的纳豆激酶、皂青素、异黄酮类等物质，可溶血栓、降血脂、降血压、抗衰老，醪糟中富含的苏氨酸等成分可防止记忆力减退，活性乳酸菌可增强免疫力、调节肠道菌群平衡，具有预防便秘和大肠癌的作用。传统主食馒头、面包，由于微生物分泌的酶系裂解了细胞壁，改变了面团结构，因此比未经发酵的油饼、面条等食物更加松软美味，也更富营养。

随着科学技术的进步，特别是生物工程技术的发展，基因工程、固定化酶、固定化细胞等技术的应用，进一步发掘了微生物在食品工业中的巨大潜力。随着大众生活水平的提高和对自身健康的关注，食品行业积极向“绿色”“天然”的方向发展，微生物必将在食品领域具有更强的市场竞争力和更广阔的发展前景。本章重点介绍目前食品工业中常见的微生物及其在食品制造中的主要应用。

第一节　微生物在酿酒中的应用

我国是酒类生产大国，也是酒文化文明古国，在应用酵母菌酿酒的领域里有着举足轻重的地位。许多独特的酿酒工艺在世界上独领风骚，深受世界各国赞誉，同时也为我国经济繁荣做出了重要贡献。酒类产品种类繁多，如白酒、果酒、啤酒、黄酒等，且形成了各种类型的名酒，如贵州茅台酒、青岛啤酒、绍兴黄酒等。酒的品种不同，酿酒所用的酵母以及酿造工艺也不同，而且同一类型的酒在不同地域也有其独特的工艺。

一、白酒

白酒又名烧酒，是以曲类、酒母等为糖化发酵剂，利用粮谷等淀粉质原料经蒸煮、糖化、发酵、蒸馏、贮存、勾兑而成的蒸馏酒。白酒按香型可分为酱香型白酒（以茅台酒为代表）、浓香型白酒（以泸州老窖和五粮液为代表）、米香型白酒（以桂林三花酒为代表）、清香型白酒（以汾酒为代表）和兼香型白酒（以董酒为代表）。按生产工艺可分为液态发酵白酒（豉香玉冰烧酒）、固态发酵白酒（大曲酒）、半固态发酵白酒（桂林三花酒）和固液勾兑白酒（串香白酒）。按使用的原料可分为高粱白酒、玉米白酒、大米白酒、薯干白酒和代粮白酒。按使用的酒曲种类可分为大曲白酒、小曲白酒、大小曲混合白酒、麸曲白酒、红曲白酒和麦曲白酒。按酒度高低可分为高度白酒（酒度41%~65%，体积分数）和低度白酒（酒度一般40%以下）。

（一）白酒生产中的微生物

1. 霉菌

霉菌对于白酒品质与风味物质形成具有重要作用，它是物质降解的主要动力，具备较强的蛋白水解力、液化力和酯化力；主要分解大分子的淀粉与蛋白质原料，代谢产生糖和氨基酸。白酒酿造中常见的霉菌有：曲霉、根霉、毛霉和青霉等。

曲霉是酿酒所用的主要糖化菌，与制酒关系最为密切，直接决定出酒率和产品的质量。白酒生产中常见的曲霉有黑曲霉（*Aspergillus niger*）、黄曲霉（*Aspergillus flavus*）、米曲霉（*Aspergillus oryzae*）和红曲霉（*Monascus purpureus*）。

根霉在自然界分布很广，它们常生长在淀粉基质上，空气中也有大量的根霉孢子，根霉是小曲酒的糖化菌。

2. 酵母菌

酵母是一类单细胞兼性厌氧菌，喜含糖量高的偏酸环境，含有丰富的蛋白质及酶系。白酒生产中常见的参与发酵的酵母菌菌种有酒精酵母、产酯酵母和假丝酵母等。

酒精酵母产酒精能力强，形态以椭圆形、卵形和球形为主，一般以出芽的方式进行繁殖。产酯酵母具有产酯能力，它能使酒醅中含酯量增加，呈独特的香气。假丝酵母有一定的产酒精能力，是大曲中数量最多的酵母，主要生长于曲皮的表面，呈黄色小斑点，在低温培菌期繁殖，进入高温转化时，假丝酵母明显减少。

3. 细菌

乳酸菌是自然界中数量最多的菌种之一，大曲和酒醅中都存在乳酸菌。乳酸菌能在酒醅内产生大量的乳酸，乳酸通过酯化产生乳酸乙酯，乳酸乙酯使白酒具有独特的香味和口感。但乳酸过量会使酒醅酸度过大，影响出酒率和酒质，酒中含乳酸乙酯过多，会造成白酒呈酸味、馊味。

醋酸菌的种类较多，形态各异，有的呈杆状，有的呈椭圆或球形等，能利用葡萄糖生成醋酸，还可氧化葡萄糖生成葡萄糖酸，在低酸度下醋酸菌可直接氧化酒醅中的乙醇生成醋酸。在白酒中醋酸菌的产酸能力很强，因此大曲中存在少量的醋酸菌，对改进白酒风味有重要作用。但是，过量的醋酸菌则是有害的，可导致酒醅迅速变酸，影响白酒的正常风味，并降低出酒率，所以在制曲时要求新曲贮存3个月甚至半年以上形成陈曲，以降低酒醅的酸度。

丁酸菌、已酸菌是梭状芽孢杆菌，存在于生产浓香型大曲的窖泥中，其利用酒醅浸润到窖泥中的营养物质产生丁酸和已酸，正是这些窖泥中功能菌的作用，才产生了窖香浓郁、回味悠长的曲酒。

（二）白酒的生产工艺

通常白酒是以高粱和小麦为主要原料，使用中高温大曲，泥窖固态发酵，采用续糟润粮、混蒸混烧、分段摘酒、分级分质储存，精心勾兑而成。

1. 白酒生产中的原料和辅料

（1）制曲原料

一般有小麦、大麦、豌豆、大米、米糠、麸皮。要求原料颗粒饱满、新鲜，无虫蛀，不霉变，干燥适宜，无异杂味，无泥沙及其他杂物。

小麦含淀粉较高，黏着力强，氨基酸种类丰富，是微生物生长繁殖的良好天然培养基。小麦粉碎适度，制出的曲胚不易松散失水，适合微生物生长繁殖，是制大曲的优质原料。大麦含皮壳多，踩制的曲胚疏松、透气性好、散热快，在培菌过程中水分易蒸发，有上火快、退火也快的特点。豌豆含蛋白质丰富，淀粉含量较低，黏性大，易结块，上火慢，退火也慢，控制不好容易烧曲，故常与大麦配合使用，一般大麦与豌豆按 6∶4 混合，这样可使曲胚踩得紧实，按预定的品温升降培养，保持成曲断面清亮，能赋予白酒清香味和曲香味。大米淀粉含量较高，含脂肪较少，结构疏松，是制小曲的主要原料。麸皮含淀粉 15%左右，并含有多种维生素和矿物质，具有良好的通气性、疏松性和吸水性，是多种微生物生长的良好培养基，是麸曲的主要原料。

（2）生产原料

一般有高粱、大米、糯米、小麦、玉米、薯干、马铃薯干、木薯干。要求原料新鲜，无虫蛀，无霉变，干燥适宜，无泥沙，无异杂味，无其他杂物。

高粱是酿酒的主要原料，分为粳高粱和糯高粱，粳高粱含直链淀粉较多，结构紧密，较难溶于水，蛋白质含量高于糯高粱。糯高粱几乎完全是支链淀粉，具有吸水性强、容易糊化的特点，是历史悠久的酿酒原料，淀粉含量虽低于粳高粱，但出酒率却比粳高粱高。高粱在固态发酵中，经蒸煮后疏松适度，熟而不黏，利于发酵。大米淀粉含量 70%以上，质地纯正，结构疏松，利于糊化，蛋白质、脂肪及纤维等含量较少。在混蒸式的蒸馏中，可将饭味带入酒中，酿出的酒具有爽净的特点，故有“大米酿酒净”之说。糯米是酿酒的优质原料，淀粉含量比大米高，几乎 100%为支链淀粉，经蒸煮后质软性黏，单独使用容易导致发酵不正常，必须与其他原料配合使用，糯米酿出的酒甜。小麦不仅是制曲的主要原料，还是酿酒的原料之一。小麦中含有丰富的碳水化合物，主要是淀粉及其他成分，钾、铁、磷、硫、镁等含量也适当。小麦的黏着力强，营养丰富，在发酵中产热量较大，所以生产中单独使用应慎重。玉米品种很多，颗粒结构紧密，质地坚硬，淀粉主要集中在胚乳内，长时间蒸煮才能使淀粉充分糊化，玉米胚芽中含有占原料质量 5%左右的脂肪，容易在发酵过程中氧化产生异味而带入酒中，所以玉米酿酒不如高粱酿出的酒纯净，生产中选用玉米做原料时，可将玉米胚芽除去。

（3）酿酒辅料

一般是稻壳、谷糠、高粱壳，主要用于调整酒醅的淀粉浓度、酸度、水分、发酵温度，使酒醅疏松不腻，且有一定的含氧量，保证正常的发酵和蒸馏效率。辅料要求应具有良好的吸水性，适当的自然颗粒度，不含异杂物，新鲜，干燥，不霉变，不含或少含营养物质及果胶质等成分。

稻壳是酿制大曲酒的主要辅料，也是麸曲酒的上等辅料，稻壳质地疏松，吸水性强，是一种优良的填充剂，生产中用量的多少和质量的优劣，对产品的产量、质量影响很大。谷糠是指小米或黍米的外壳，酿酒中用的是粗谷糠，粗谷糠的疏松度和吸水性均较好，相比其他辅料用量少，疏松酒醅的性能好，在小米产区酿制的优质白酒多选用谷糠为辅料。用清蒸的谷糠酿酒，能赋予白酒特有的醇香。高粱壳质地疏松，吸水性差，入窖水分不宜过大。高粱壳中单宁含量较高，会给酒带来涩味。

2. 工艺要点

酿酒所用的“大曲”和“小曲”就是维持微生物（曲霉、毛霉、酵母菌、乳酸菌等）

生存和繁殖的养料。制曲所用的原料不同，制出的曲种也就不同。曲种一般有大曲、小曲、麸曲等。

大曲是以小麦、大麦或豌豆、小豆为原料，经过菌种培养而制成的。用大曲酿造的酒香气突出，味道醇厚，但生产用量大，粮食消耗多，酿造周期长，出酒率低，成本高。小曲是以大米粉和米糠为原料，以隔年的小曲为菌种，经自然发酵而成。小曲酿酒，适合气温较高的我国南方地区，一般属于米香型，其香气、口味都比较淡薄，不如大曲酿造的酒香味浓厚，但用小曲酿酒，用曲量少，出酒率高，成本低。麸曲是以麸皮为原料，蒸熟后接入纯种曲霉或其他霉菌，经人工培养制成的散曲。麸曲酿酒法可以使用薯干、糠饼等为原料酿酒，而且具有发酵时间较短、出酒率高、生产成本低等特点，但麸曲酒也有局限，以麸皮为原料制成的酒曲生成的香气物质较少，酿成的麸曲酒香气淡薄、口感单一，通常需要加入香气物质提香。

原料要求：要求原料含有丰富的碳水化合物、蛋白质以及适量的矿物质等，以利于具有分解淀粉和蛋白质能力的微生物生长繁殖。

制曲方法：用生料制曲、自然接种，可分为高温曲（制曲最高温度达60℃以上，主要用于酿造酱香型白酒）和中温曲（制曲最高温度不超过50℃，用于酿造清香型白酒和浓香型白酒）。

磨碎：将麦粒粉碎，要求麦皮呈薄片状，麦心呈粗粉和细粉状，且粗细粉比例为1∶1。

拌料：将水、曲母（4%~8%）和麦粉按一定比例混合，配成曲料，含水量控制在37%~40%。若用水量过大，曲砖易被压得过紧，微生物不利于从表及里生长，且曲砖升温快，容易引起腐败细菌繁殖。但用水过少，曲砖不易黏合，不利于微生物生长繁殖。

踩曲：春末夏初到中秋节前后进行踩曲。因为春秋季节，空气中的酵母菌较多，夏季霉菌较多，冬季细菌较多。可采用人工踩曲或踩曲机。

曲的堆积培养：包括堆曲、盖草和洒水、翻曲、拆曲4个工序。在地面铺一层约15cm厚的稻草，将曲砖3横3竖相间排列，构成第一行，曲砖间距为2cm。排满第一层后，在曲砖上铺一层7cm厚的稻草或一层谷秆，然后再以相同方式排列第二层，如此重复，堆4~5层。曲砖堆好后，用稻草覆盖，起保温作用。定时在草层上洒水，以水滴不流入草下的曲砖为宜。洒水后，将曲室门窗关闭，使微生物在曲砖上生长繁殖。约一周，曲砖表面长出霉菌斑点，品尝曲砖有香甜味时，进行第一次翻曲。再经一周左右，进行第二次翻曲。翻曲的目的是调节曲砖的温度、湿度。第二次翻曲后15d左右，可打开门窗进行换气。夏季再过25d，冬季再过35d后，曲砖大部分已干燥，品温接近室温，此时可拆曲出房。拆曲后的成品曲应贮存3~4个月后才可使用。成品曲折断后应具有特殊的曲香味，无酸臭味或其他异味，表面应有灰白的斑点或菌丝，曲皮越薄越好，曲的断截面有菌丝生长，且全为白色，不应掺杂异色。

蒸酒：发酵成熟的醅料称为香醅，含有复杂的成分。通过蒸酒把醅中的酒精、水、高级醇、酸类等有效成分蒸发为蒸汽，再经冷却即可得到白酒。蒸馏时应尽量把酒精、芳香物质等提取出来，并利用掐头去尾的方法尽量除去杂质。

贮存与勾兑：白酒在生产过程中，将同一类型具有不同香味的酒，按一定的规律比例进行掺兑，这一操作过程称为勾兑。这是白酒生产中一道重要的工序，主要是使酒中各种微量成分配比适当，达到该种白酒的标准要求和理想风味。白酒储存或灌装要尽量避免与铜质、铁质等器具接触，储酒的容器最好用陶器或不锈钢罐，酒泵用不锈钢的流酒管道，以防止白酒溶进铜铁离子而变色或产生沉淀，影响白酒的感官品质。

二、葡萄酒

葡萄酒是由新鲜葡萄或葡萄汁通过酵母的发酵作用而制成的一种低酒精含量的饮品，其质量和葡萄品种及酵母有着密切的关系。

（一）葡萄酒酵母

葡萄酒酵母（*Saccharomyces ellipsoideus*）为子囊菌纲的酵母属，啤酒酵母种。该属的许多变种和亚种都能对糖进行酒精发酵，并广泛用于酿酒、酒精、面包酵母等生产中，但各酵母的生理特性、酿造副产物、风味等有很大的不同。

葡萄酒酵母除了用于葡萄酒生产以外，还广泛用于苹果酒等果酒的发酵。世界各地葡萄酒厂、研究所和有关院校优选和培育出各具特色的葡萄酒酵母的亚种和变种，如我国张裕7318酵母、法国香槟酵母、匈牙利多加意酵母等。

葡萄酒酵母繁殖主要是无性繁殖，以单端（顶端）出芽繁殖为主。在条件不利时也易形成1~4个子囊孢子。子囊孢子为圆形或椭圆形，表面光滑。在显微镜下观察，葡萄酒酵母常为椭圆形、卵圆形，一般为（3~10）μm×（5~15）μm，在葡萄汁琼脂培养基上，25℃培养3d，形成圆形菌落，色泽呈奶黄色，表面光滑，边缘整齐，中心部位略凸出，质地为明胶状，易被接种针挑起，培养基无颜色变化。

优良葡萄酒酵母具有以下特性：除葡萄（其他酿酒水果）本身的果香外，酵母自身也有良好的果香与酒香；具有较高的对二氧化硫的抵抗力；具有较高发酵能力，能将糖分充分发酵，残糖在4g/L以下，一般可使酒精含量达到16%以上；有较好的凝集力和较快沉降速度；能在低温（15℃）或果酒适宜温度下发酵，以保持果香和新鲜清爽的口味。

（二）酵母扩大培养

从斜面试管菌种到生产使用的酒母，需经过数次扩大培养，每次扩大倍数为10~20倍。

1. 工艺流程

斜面试管菌种（活化）→麦芽汁斜面试管培养（10倍）→液体试管培养（12.5倍）→三角瓶培养（12倍）→玻璃瓶（或卡氏罐）（20倍）→酒母罐培养→酒母。

2. 培养工艺要点

（1）斜面试管菌种

由于长时间保藏于低温下，细胞已处于衰老状态，需转接于5°Bé麦芽汁制成的新鲜斜面培养基上，25℃培养4~5d。

（2）液体试管培养

取已灭菌的新鲜澄清葡萄汁，分装入经干热灭菌的试管中，每管约10mL，用0.1MPa的蒸汽灭菌20min，放冷备用。在无菌条件下接入斜面试管活化培养的酵母，25℃培养1~2d，发酵旺盛时接入三角瓶。

（3）三角瓶培养

经干热灭菌后的500mL三角瓶中，注入新鲜澄清的葡萄汁250mL，用0.1MPa蒸汽灭菌20min，冷却后接入两支液体培养试管培养的酵母，25℃培养24~30d，发酵旺盛时接入玻璃瓶。

（4）玻璃瓶（或卡氏罐）培养

洁净的10L细口玻璃瓶（或卡氏罐）中加入新鲜澄清的葡萄汁6L，常压蒸煮（100℃）1h以上，冷却后加入亚硫酸，使其二氧化硫含量达80mL/L，经4~8h后接入两个发酵旺盛的三角瓶培养酒母，摇匀后换上发酵栓于20~25℃培养2~3d，其间需摇瓶数次，至发酵旺盛时接入酒母培养罐。

（5）酒母罐培养

规模小的工厂可用两只200~300L带盖的木桶（或不锈钢罐）培养酒母。木桶洗净并经硫磺烟熏杀菌，过4h后向其中一桶中注入新鲜成熟的葡萄汁至80%的容量，加入100~150mg/L的亚硫酸，搅匀，静置过夜。吸取上层清液至另一桶中，随即添加1~2个玻璃瓶培养酵母，25℃培养，每天搅动1~2次，使葡萄汁接触空气，加速酵母的生长繁殖，经2~3d至发酵旺盛时即可使用。每次取培养量的2/3留1/3，然后再放处理好的澄清葡萄汁继续培养。若卫生管理严格，可连续分割培养多次。

（三）红葡萄酒的生产工艺

酿制红葡萄酒一般采用红葡萄品种。我国酿造红葡萄酒主要以干红葡萄酒为原酒，然后按标准调配成半干、半甜、甜型葡萄酒。

1. 工艺流程

红葡萄分选→除梗破碎→SO_2葡萄浆→发酵→压榨→调整成分→后发酵→添桶→第一次换桶→干红葡萄酒原料→陈酿→第二次换桶→均衡调配→澄清处理→包装灭菌→干红葡萄酒

2. 发酵

（1）前发酵（主发酵）

葡萄酒前发酵主要目的是进行酒精发酵、浸提色素物质和芳香物质。前发酵进程是决定葡萄酒质量的关键。红葡萄酒发酵方式按发酵中是否隔氧可分为开放式发酵和密闭发酵。发酵容器过去多为开放式水泥池，近年来逐步被新型不锈钢发酵罐所取代。

前发酵过程中温度的控制必须保证浸渍和发酵的需要，温度过高会影响酵母菌的活动，导致发酵终止，引起细菌性病害和挥发酸含量升高；温度过低，不能保证良好的浸渍效果，一般采用25~30℃。28~30℃有利于酿造单宁含量高、需较长时间陈酿的葡萄酒，25~27℃则适合于酿造果香味浓、单宁含量相对较低的新鲜葡萄酒。另外，应据原料及成品特点选择合适的浸渍时间、SO_2用量、倒灌次数等。

接入酵母3~4d后发酵进入主发酵阶段。此阶段升温明显，一般持续3~7d，控制最高品温不超过30℃，于25℃左右进行。当发酵液的相对密度下降到1.020以下时，即停止发酵，出池取新酒。

（2）发酵生产中应注意的问题

发酵容积利用率：葡萄浆在进行酒精发酵时体积增加，原因是发酵时本身产生热量，发酵醪温升高使体积增加，同时发酵产生大量CO_2气体不能及时排出，也导致体积增加。为了保证发酵的正常进行，一般容器充满系数为80%。

皮渣的浸渍：葡萄破碎后送入敞口发酵池，因葡萄皮相对密度比葡萄汁小，再加上发酵时产生的CO_2，葡萄皮渣往往浮在葡萄汁表面，形成很厚的盖子，这种盖子又称“酒盖”。因酒盖与空气直接接触，容易感染有害杂菌，破坏葡萄酒的质量。为保证产品品质，并充分浸渍皮渣上的色素和香气物质，须将酒盖压入醪中。

温度控制：发酵温度是影响红葡萄酒色素物质含量和色度值大小的主要因素，一般发酵温度高，葡萄酒的色素物质含量高，色度值高。从红葡萄酒质量如口味醇和、酒质细腻、果香酒香等方面综合考虑，发酵温度应控制稍低为宜。红葡萄酒发酵温度一般控制在25~30℃。红葡萄酒发酵降温方法有循环倒池法、发酵池内安装蛇形冷却管法和外循环冷却法。

葡萄汁的循环：红葡萄酒发酵时进行葡萄汁的循环，可以增加葡萄酒的色素物质含量，降低葡萄汁的温度。开放式循环可使葡萄汁和空气接触，增加酵母的活力，促使酚类物质的氧化，加速和蛋白质结合形成沉淀，促进酒的澄清。

SO_2 的添加：SO_2 在葡萄酒酿造过程起到多种作用。酿酒用的葡萄汁在发酵前不进行灭菌处理，有的发酵是开放式的，因此，为了消除细菌和野生酵母对发酵的干扰，在发酵时添加一定量的 SO_2 杀菌；SO_2 在水中可以生成亚硫酸，能将葡萄皮中不溶于葡萄汁和发酵液的色素溶解出来；SO_2 可以很快使不溶性的物质沉淀下来达到澄清的作用。

3. 压榨

当残糖降至 5g/L 以下，发酵液面只有少量 CO_2 气泡，“酒盖”已经下沉，液面较平静，发酵液温度接近室温，并且有明显酒香，此时表明前发酵已结束，可以出池，一般前发酵时间为 4~6d。出池时先将自流原酒由排汁口放出，放净后打开入孔清理皮渣进行压榨，得压榨酒。自流原酒和压榨原酒成分差异较大，若酿制高档名贵葡萄酒应单独贮存。

4. 后发酵

（1）后发酵目的

前发酵结束后，原酒中还残留 3~5g/L 的糖分，这些糖分在酵母作用下继续发酵成酒精、CO_2。前发酵得到的原酒还残留部分酵母及其他果肉纤维，在低温缓慢的发酵中，酵母及其他成分逐渐沉降，后发酵结束后形成沉淀即酒泥，使酒逐步澄清。新酒在后发酵过程中，会进行缓慢的氧化还原作用，并促使醇酸酯化，起到陈酿作用，使酒口味变得柔和，风味更趋完善。某些红葡萄酒在压榨分离后，会诱发苹果酸-乳酸发酵，后发酵对降酸及改善口味非常有利。

（2）后发酵的管理

补加 SO_2：前发酵结束后，压榨得到的原酒需补加 SO_2，添加量（以游离计）为 30~50mg/L。

温度控制：原酒进入后发酵容器后，品温一般控制在 18~25℃。若品温高于 25℃，不利于新酒的澄清，易给杂菌繁殖创造条件。

隔绝空气及卫生管理：后发酵的原酒应避免与空气接触，工艺上常称为隔氧发酵。后发酵的隔氧措施一般是在容器上安装水封。前发酵的原酒中含有糖类物质、氨基酸等营养成分，易感染杂菌，影响酒的质量，严格的卫生要求是后发酵的重要管理内容。

正常后发酵时间为 3~5d，但可持续至一个月左右。

三、啤酒

啤酒的诞生

啤酒是以优质大麦芽为主要原料，大米、酒花等为辅料，经过制麦、糖化、啤酒酵母发酵等工序酿制而成的一种含 CO_2、低浓度酒精和多种营养成分的饮料酒，是世界上产量最大的酒种之一。

（一）啤酒生产的原辅料

大麦是生产啤酒的主要原料。大麦在世界范围内种植面极广，发芽能力强，价格较便宜。大麦经发芽、干燥后制成的干麦芽内含各种水解酶类和丰富的可浸出物，能较易制备符合啤酒发酵的麦芽汁，大麦的谷皮也是很好的麦芽汁过滤介质。

大米是啤酒酿造的辅助原料，主要为啤酒酿造提供淀粉来源。玉米也是啤酒酿造的淀粉质辅料。酒花在啤酒酿造中是必不可少的辅助原料，在啤酒生产中的主要作用是赋予啤酒香气和爽口的苦味，提高啤酒泡沫的持久性，蛋白质沉淀，有利于啤酒的澄清，且酒花本身具有抑菌作用，可增强麦芽汁和啤酒的防腐能力。

（二）制麦

制麦的目的是使大麦产生各种水解酶类，麦粒胚乳细胞的细胞壁受纤维素酶和蛋白水解酶作用后变成网状结构，便于在糖化时酶进入胚乳细胞内，进一步将淀粉和蛋白质水解。通过制麦，大麦胚乳细胞壁适度受损，淀粉和蛋白质等达到溶解状态，在糖化阶段易被溶出。同时要将绿麦芽进行干燥处理，除去过多的水分和生腥味，使麦芽具有酿造啤酒特有的色、香、味。

1. 工艺流程

原料大麦→粗选→精选→分级→洗麦→浸渍→发芽→绿麦芽→干燥→除根→贮藏→成品

2. 制麦工艺要点

水分、氧气和温度是麦粒发芽的必要条件。大麦经水浸渍后，含水量达40%~48%，在制麦过程中通入饱和湿空气，环境的相对湿度维持在85%以上。麦粒发芽因呼吸作用而耗氧，同时产生大量的CO_2，因此在制麦芽时要进行通风，既供给氧气，又带走麦粒呼吸产生的CO_2，有利于麦粒发芽。但需要控制通风量，通风过大麦芽呼吸作用太旺盛，营养物质消耗过多，通风过小容易发生霉烂现象。发芽的温度一般为13~18℃，温度过低，发芽周期延长；温度太高，麦芽生长速度快，营养物质耗费多。

大麦在发芽过程中，酶原被激活并生成许多水解酶，如淀粉酶、蛋白酶、磷酸酯酶和半纤维素酶等。与此同时，麦粒本身含有的物质如淀粉、蛋白质等大分子在各种水解酶的作用下适度降解，降解程度直接关系到糖化的效果，进而影响到啤酒的品质。质量好的麦芽粉碎后，粗、细粉差与浸出率差比较小，糖化率及最终发酵度高，溶解氮和氨基氮的含量高，黏度小。

另外，在大麦发芽的过程中，应避免阳光直射，因日光能促进叶绿素形成，不利于啤酒风味和色泽。

（三）麦芽汁的制备

啤酒生产过程中麦芽汁的制备也称糖化，就是将干麦芽粉碎后，依靠麦芽自身含有的各种酶类，以水为溶剂，将麦芽中的淀粉、蛋白质等大分子物质分解成可溶性的小分子糊精、低聚糖、麦芽糖和肽、胨、氨基酸，制成营养丰富、适于酵母生长和发酵的麦芽汁。质量好的麦芽汁，麦芽内容物的浸出率可达80%。

1. 工艺流程

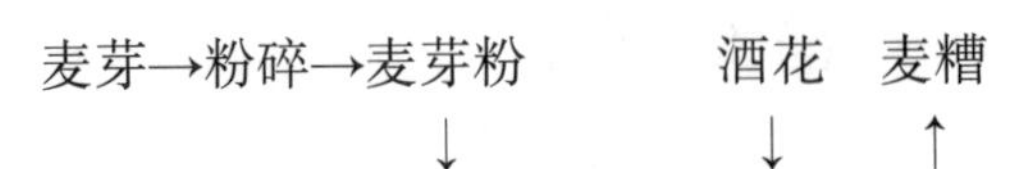
麦芽→粉碎→麦芽粉　　　酒花　麦糟

↓　　　↓　　↑

大米→粉碎→大米粉→糊化→糖化→过滤→煮沸→澄清→冷却→定型麦芽汁

↑

水

2. 原料处理

为了提高浸出率，原料和辅料必须进行粉碎。麦芽原料的粉碎要求做到皮壳破而不碎，且胚乳尽可能地细，避免由于皮壳过细造成的过滤困难，大米、玉米等辅助原料要求越细越好。

3. 糊化及糖化

糊化即辅料在50℃的料液中，其淀粉颗粒吸水膨胀，表层胶质溶解，内部的淀粉分子脱离膨胀的表层进入水中，再升温至70℃左右形成糊状物，为下一步糖化反应做必要的准备。

糖化是啤酒酿造最重要的工艺之一，主要是利用麦芽自身的各种酶类，把原料中的不溶性的大分子物质，分解成可溶性的小分子物质。因此，关键在于如何最大程度地利用各种酶的活力。不同的酶具有其最合适的反应温度、pH和糖化工艺，而且在最大限度地提高浸出率的同时，还要控制适当的糖与非糖的比例。

糖化的方法很多，主要可分为煮出法和浸出法两大类。煮出糖化法根据醪液煮沸的次数，又可分为一次、两次及三次煮出法。目前国内绝大多数企业生产淡色啤酒都采用二次煮出法进行糖化，其特点是将辅助原料和部分麦芽粉在糊化锅中与45℃温水混合，并升温煮沸糊化（第一次煮沸）；与此同时，麦芽粉与温水在糖化锅中混合并于45~55℃保温，进行蛋白质分解，时间30~90min；接着将糊化锅中已煮沸的糊化醪泵入糖化锅，使混合醪温达到糖化温度（65~68℃），保温进行糖化，直到与碘液不起呈色反应为止；然后从糖化锅中取出部分醪液（一般取底部占总量二分之一的浓醪）泵入糊化锅煮沸（第二次煮沸），再泵回糖化锅，使醪液升温至75~78℃，静置10min后进行过滤。

4. 过滤

麦汁过滤的方法有过滤槽法、压滤机法和快速过滤法等，目前国内多数啤酒生产企业采用过滤槽法。过滤槽法以麦糟本身为过滤介质，在过滤前先形成过滤层，逐渐过滤出清亮的麦汁。当糖化液即将过滤完毕时（在过滤层漏出之前）要立即进行洗糟，洗出残留于糟层中的糖分等，提高麦汁回收率。洗糟水的温度以75~78℃为宜，若水温过高，会将皮层的苦味成分如多酚类物质溶出，影响啤酒的质量；若水温过低，残糖不易从皮糟中洗出。

5. 煮沸和酒花添加

对经过滤后清亮的麦汁进行煮沸，目的在于蒸发掉多余水分，浓缩至规定浓度；破坏全部酶系，稳定麦汁成分；使热凝固物析出；杀死麦汁中的杂菌及浸出酒花中的有效成分。麦汁煮沸的基本要求是一定的煮沸强度和时间，煮沸强度指单位时间内所蒸发掉的水分占麦芽汁的百分比例，一般煮沸强度以8%~12%为宜，煮沸时间为1.5~2h。

酒花是在煮沸过程中添加的，用量为麦汁总量的0.1%~0.2%。一般在麦汁煮沸过程中分三次添加，第一次在麦汁初沸时加入，为总量的五分之一；第二次在麦汁煮沸后40~50min加入，为总量的五分之二；第三次在结束麦汁煮沸前10min加入，为总量的五分之二。但也可分两次或四次加入酒花。

6. 澄清及冷却

麦芽汁经过煮沸后，含有一定量的酒花糟和产生一系列的热凝固物，后者对啤酒发酵过程与啤酒的非生物学稳定性有很大的危害，一般采用回旋沉淀法和自然沉淀法除去。

麦汁冷却的目的在于使麦汁达到主发酵最适宜的温度，同时使大量的冷凝固物析出。另外，为了满足酵母在主发酵初期繁殖的需要，要充入一定量的无菌空气，此时的麦汁称为定型麦汁。

（四）发酵

1. 啤酒酵母

啤酒酵母

啤酒酵母是影响啤酒风味及稳定性的主要因素。啤酒酵母在麦芽汁琼脂培养基上的菌落为乳白色，有光泽，平坦，边缘整齐。无性繁殖以芽殖为主，能发酵葡萄糖、麦芽糖、半乳糖和蔗糖，不能发酵乳糖和蜜二糖。

根据酵母在啤酒发酵液中的性状，可将其分成两大类：上面啤酒酵母（*Saccharomyces cerevisiae*）和下面啤酒酵母（*Saccharomyces carlsbergensis*）。上面啤酒酵母在发酵时，酵母细胞随 CO_2 浮在发酵液面上，发酵终了形成酵母泡盖，即使长时间放置，酵母也很少下沉。下面啤酒酵母在发酵时，酵母悬浮在发酵液内，在发酵终了时酵母细胞很快凝聚成块并沉积在发酵罐底。按照凝聚力大小，把发酵终了细胞迅速凝聚的酵母，称为凝聚性酵母；而细胞不易凝聚的下面啤酒酵母，称为粉末性酵母。影响细胞凝聚力的因素，除了酵母细胞的细胞壁结构外，外界环境如麦芽汁成分、发酵液 pH、酵母排出到发酵液中的 CO_2 量等也起着十分重要的作用。

上面啤酒酵母和下面啤酒酵母，两者在细胞形态、发酵能力、凝聚性以及啤酒发酵温度等方面有明显差异，当培养组分和培养条件改变时，两种酵母各自的特性也会发生变化。用于生产上的啤酒酵母，种类繁多，不同的菌株，在形态和生理特性上不同，在形成双乙酰高峰值和双乙酰还原速度上都有明显差别，造成啤酒风味各异。

2. 啤酒酵母的扩大培养流程

扩大培养是将实验室保存的纯种酵母，逐步增殖，使酵母数量由少到多直至达到一定数量，以供生产需要的酵母培养过程。啤酒酵母扩大培养的流程如下：

斜面试管→5mL 麦芽汁试管 3 支（各活化 3 次）→25mL 麦芽汁试管 3 只→250mL 麦芽汁三角瓶 3 支→3L 麦芽汁三角瓶 3 支→100L 铝桶 1 只（第 1 次加麦芽汁 18L，第 2 次加麦芽汁 73L）→100L 大缸 3 只（一次加满）→1t 增殖槽 1 只（加麦芽汁 600L）→5t 发酵槽（第一次加麦芽汁 1.8t，第二次加麦芽汁 3.2t）

3. 啤酒酵母扩大培养工艺要点

在无菌室打开原菌试管，挑取酵母菌菌落，接种到已灭菌的盛有 5mL 麦芽汁的试管中，然后于 25℃培养 24h。

从上述已活化 1 次的酵母试管中挑取菌液，接种到盛有 5mL 已灭菌麦芽汁的试管中，于 25℃培养 24h。接着再重复活化，共活化 3 次。

将经 3 次活化的试管酵母，分别倒入盛有 25mL 灭菌麦芽汁的试管中。接种后，再于 25℃培养 24h。用于接种的酵母培养液与麦芽汁体积比为 1∶5。

将上述培养好的酵母种液，分别倒入盛有 250mL 灭菌麦芽汁的 500mL 三角瓶中，接种后于 25℃培养 24h。酵母种液与麦芽汁体积比为 1∶10，培养期间要经常振荡容器，以增加溶解氧。

将上述初次扩培的酵母种液，分别倒入盛有3L灭菌麦芽汁的5L三角瓶中。接种后在常温下培养24h。酵母种液与麦芽汁体积比为1∶12，培养温度比上一次培养要低，目的是让酵母逐步适应低温发酵的要求，但降温幅度不能太大，否则会影响酵母活性。培养期间要经常振荡大三角瓶。

在培养室，将上述大三角瓶内的酵母种液一次倒入已灭菌的铝桶内，加入冷麦芽汁18L。酵母种液与麦芽汁体积比为1∶2，在13~14℃下培养24~36h。培养期间要通入无菌空气，以满足酵母细胞对氧气的需求。

在上述27L酵母培养液中，加入73L冷麦芽汁，于12~13℃下继续培养24~36h。酵母种液与麦芽汁体积比为1∶2.7。

将上述100L酵母种液等量倒入3只100L大缸内，每缸一次性加麦芽汁至满量100L。培养温度为9~10℃，培养时间24~36h。种液与麦芽汁体积比为1∶2，培养期间要通入无菌空气。

将培养好的300L酵母种液倒入1t容积的增殖槽中，加入冷麦芽汁600L，在8~9℃下培养24h。酵母种液与麦芽汁体积比为1∶2，培养期间要通入无菌空气。

将上述酵母培养液倒入5t发酵槽内，加入冷麦芽汁1.8t，达到酵母种液与麦芽汁体积比为1∶2，在7~7.5℃下培养24h，期间通入无菌空气，之后追加冷麦芽汁至满量5t，满槽后转入正常发酵。冷麦芽汁的量与酵母种液体积比为1∶0.85。主发酵（也称前发酵）6~7d，然后将发酵液（俗称嫩啤酒）从酒液排出口引入后发酵罐，并完成后发酵，待嫩啤酒排完，应及时回收发酵槽底部的酵母，经过筛和漂洗，得到零代酵母，这种酵母泥即可供生产使用。酵母泥存放的时间不得超过3d，且先洗涤的先用。扩大培养后，经过车间生产周转过来的第1次沉淀酵母，称为第一代种子。在正确洗涤和正常发酵条件下，酵母使用代数一般为7~8代。

4. 啤酒发酵

啤酒发酵也遵循微生物的生长规律，分酵母繁殖期、低泡期、高泡期、落泡期和泡盖形成期。

最初在酵母繁殖期，将酵母泥与麦芽汁按1∶1进行混合，通入无菌空气，使酵母细胞悬浮并压送到酵母增殖池的麦芽汁中，使麦芽汁与酵母细胞充分混匀，待满池后再放置12~24h。待长出新酵母细胞和分离除去凝固物后，将酵母培养液和新麦芽汁同时添加到发酵罐，然后采用下部顶CO_2泵入大罐，由于容量较大，常需分批送入麦汁，一般要求在10~18h内装满罐，品温以9℃为宜。

装满罐后麦汁即进入发酵阶段。4~5h后是低泡期，麦汁表面出现洁白细腻、厚而紧密的小泡，24h后要在罐底排放一次冷凝固物和酵母死细胞；发酵2~3d后，泡沫增多，形成隆起，进入高泡期，此时为发酵旺盛期，需要人工缓慢降温；发酵5d后，发酵力逐渐减弱，为落泡期；发酵7~8d，泡沫回缩，形成泡盖，为泡盖期。当麦汁糖度降到4.8~5.0°Bé时，要封罐让其自升温至12℃，当罐压升到0.08~0.09MPa，糖度降到3.6~3.8°Bé时，要提高罐压到0.10~0.12MPa，并以0.2~0.3℃/h的速度使罐温降温到5℃，保持此罐温12~24h，自发酵的第7~8d开始排放酵母。由于罐压较大，排放的酵母不能再回收利用。在发酵接近后期时，在2~3d内继续以0.1℃/h的速度降温，使罐温降至0~1℃，并保持此温7~10d，且保持罐压0.1MPa，啤酒发酵总时间需21~28d。

在啤酒发酵过程中，酵母在厌氧环境中经过糖酵解途径将葡萄糖降解成丙酮酸，然后脱羧生成乙醛，后者在乙醇脱氢酶催化下还原成乙醇。整个啤酒发酵过程中，酵母利用葡萄糖除了产生乙醇和 CO_2 外，还生成乳酸、醋酸、柠檬酸、苹果酸和琥珀酸等有机酸，同时有机酸和低级醇进一步聚合成酯类物质。麦芽中所含的蛋白水解酶将蛋白质降解成胨、肽后，酵母菌自身含有的氧化还原酶继续将低含氮化合物转化成氨基酸和其他低分子物质。这些复杂的发酵产物决定了啤酒的风味、泡持性、色泽及稳定性等指标，使啤酒具有独特的风格。

5. 啤酒过滤与包装

经后发酵的啤酒，还有少量悬浮的酵母及蛋白质等杂质，需要采取一定的手段将这些杂质除去，目前多采用硅藻土过滤法、纸板过滤法、离心分离法和超滤法。过滤的效果直接影响啤酒的生物学稳定性和品质，因此，在啤酒过滤的过程中，啤酒的温度、过滤时的压力及后酵酒的质量是关键因素。

包装是啤酒生产的最后一道工序，以瓶装和罐装为主。

第二节　微生物在调味品酿造中的应用

酿造调味品，又称发酵调味品，是利用动植物原料经过微生物或酶的作用，以特殊的工艺过程制造而成的调味品，是东方饮食中不可或缺的要素之一。我国发酵调味品种类丰富，有酱油、食醋、虾酱、发酵辣酱、腐乳、豆豉、鱼露及地方特色产品等。

霉菌在食品加工业中用途广泛，许多酿造调味品，如腐乳、豆豉、酱、酱油等都是在霉菌的参与下生产的。绝大多数霉菌能把加工所用原料中的淀粉、糖类等碳水化合物、蛋白质等含氮化合物及其他种类的化合物进行转化。通常先进行霉菌培养制曲，淀粉、蛋白质原料经过蒸煮糊化加入种曲，在一定温度下培养，由霉菌产生的各种酶将淀粉、蛋白质分解成糖、氨基酸等水解产物。在调味品酿造中利用的霉菌很多，根霉属常用的有日本根霉（*Rhizopus japonicus* AS 3. 849）、米根霉（*Rhizopus oryzae*）、华根霉（*Rhizopus chinensis*）等，曲霉属常用的有黑曲霉（*Aspergillus niger*）、宇佐美曲霉（*Aspergillus usamil*）、米曲霉（*Aspergillus oryzae*）和泡盛曲霉（*Aspergillus awamori*）等，毛霉属常用的有鲁氏毛霉（*Mucor rouxii*）等，还有红曲属中的紫红曲霉（*Monascus purpurens*）、安卡红曲霉（*Monascus anka*）、锈色红曲霉（*Monascus rubiginosusr*）、变红曲霉（*Monascus serorubescons* AS 3. 976）等。除霉菌外，在酿造过程中细菌、酵母菌也参与作用，由于淀粉质为主要原料，只有将淀粉转化为糖才能被酵母菌及细菌利用。

一、酱油

酱油的历史

酱油是常用的一种食品调味料，营养丰富，味道鲜美，我国是世界上最早利用微生物酿造酱油的国家，迄今已有3000多年的历史。采用蛋白质原料（如豆饼、豆粕等）和淀粉质原料（如麸皮、面粉、小麦等），利用曲霉及其他微生物的共同发酵作用酿制而成。唐朝时，酱油的酿造方法由鉴真和尚带去日本，后相继传到东南亚各国，成为世界范围内广受欢迎的调味品之一。酱油生产中常用的霉菌有米曲霉、黄曲霉和黑曲霉等，应用于酱油生产的曲霉菌株应符合以下条件：不产黄曲霉毒素；蛋白酶、淀粉酶活力高；有谷氨酰胺酶活力；生长快速，培养条件粗放，抗杂菌能力强；不产生异味；制曲酿造的酱制品风味好。

（一）酱油生产的微生物

酱油生产所用的霉菌主要是米曲霉，常用菌株有：米曲霉AS 3.863（第1代）、米曲霉AS 3.951（沪酿3.042，第2代）、米曲霉UE 328（沪酿328，第3代）、米曲霉UE 336（沪酿336，第3代）、米曲霉渝3.811等。

生产中常由两种以上菌种复合使用，以提高原料蛋白质及碳水化合物的利用率，提高成品中氨基酸、还原糖、色素以及香味物质的水平。除曲霉外，酵母菌、乳酸菌也参与发酵，它们对酱油香味的形成也起着十分重要的作用。

（二）原料处理

先将麸皮与辅料拌匀，再加水充分混匀。由于一次加水蒸煮后熟料黏度高，团块多，过筛困难，应采用两次润水方法，即在混合原料中先加40%~50%的水，蒸熟过筛后再补充清洁的冷开水30%~45%。为防止杂菌的污染，可在冷开水中添加按总原料计0.3%的食用级冰醋酸或0.5%~1%的醋酸钠拌匀。蒸料时先开启蒸汽，排尽冷水，分层进料。注意原料必须洒于冒蒸汽处，洒料要求松散，切忌将原料压实而堵塞蒸汽，导致蒸料不匀。进料完毕、全面冒汽后加盖蒸煮。常压蒸煮冒汽后维持1h，焖30min，或采用加压蒸煮0.1MPa维持30min，然后过筛，摊开，适当翻拌，使之快速冷却。

（三）种曲制备

1. 工艺流程

麸皮、面粉→加水混合→蒸料→过筛→冷却→接种→装匾→曲室培养→种曲

2. 试管斜面菌种培养

将菌种接入斜面，于30℃培养3d，待长出茂盛的黄绿色孢子，进行三角瓶菌种扩大培养。

3. 三角瓶菌种扩大培养

三角瓶中接入试管斜面菌种，摇匀，于30℃培养18h左右，当瓶内曲料发白结块，摇瓶一次，将结块摇碎，继续培养4h，再摇瓶一次，经过2d培养，把三角瓶倒置，以促进底部曲霉生长，继续培养1d，待全部长满黄绿色孢子即可使用。

4. 种曲培养

（1）曲料配比

目前一般采用的配比有3种：麸皮80kg，面粉20kg，水70kg左右；麸皮100kg，水95kg，草木灰0.5kg；麸皮85kg，豆饼15kg，水90kg左右，加水量应视原料的性质而定。按上述配方将物料拌和均匀，拌料后的原料能捏成团，触之即碎为宜。原料拌匀后过3.5目筛。堆积润水1h，0.1MPa蒸汽压下蒸料30min，或常压蒸料1h再焖30min。要求熟料疏松，含水量50%~54%。

（2）培养

待曲料品温降至40℃左右即可接种，将三角瓶的种曲散布于曲料中，翻拌均匀，使米曲霉孢子与曲料充分混匀，接种量一般为0.5%～1%。制种曲常用竹匾培养和曲盘培养法。

竹匾培养：接种完毕，曲料移入竹匾内摊平，厚度约2cm，种曲室温度控制在28～30℃，培养16h左右，当曲料上出现白色菌丝，品温升高到38℃左右时进行翻曲。翻曲前调换曲室的空气，将曲块用手捏碎，用喷雾器补加40℃左右的无菌水，补加40%左右的水，喷水完毕，再过筛1次，使水分均匀。然后分匾摊平，厚度1cm，上盖温纱布，以保持足够的温度。翻曲后，种曲室温度控制在26～28℃，4～6h后，可见面上菌丝生长，这一阶段需注意品温，随时调整竹匾上下位置及室温，使品温不超过38℃，并保持纱布潮湿，这是制作种曲的关键。再经过10h左右，曲料呈淡黄绿色，品温下降至32～35℃。在室温28～30℃下，继续培养35h左右，曲料上长满孢子，此时可揭去纱布，开窗排出室内湿气，并控制室温略高于30℃，以促进孢子完全成熟。整个培养过程需68～72h。

曲盘培养：接种完毕，曲料装入曲盘内，将曲盘柱形堆叠于曲室内，室温28～30℃，培养16h左右。当曲面面层稍有发白、结块，品温达到40℃时，进行第一次翻曲。翻曲后，曲盘改为品字形堆叠，控制品温28～30℃，4～6h后品温上升到36℃，进行第二次翻曲。每翻毕一盘，盘上盖灭菌的草帘一张，控制品温36℃，再培养30h后揭去草帘，继续培养24h左右，种曲成熟。

（四）成曲生产

1. 工艺流程

种曲

↓

原料→粉碎→润水→蒸料→冷却→接种→通风培养→成曲

2. 工艺要点

（1）原料的选择和配比

酱油生产是以酿制酱油的全部蛋白质原料和淀粉质原料制曲后，再经发酵制备产品的。所以制曲原料的选用，既要满足米曲霉正常生长繁殖和产酶，又要考虑到酱油产品的质量。脱脂大豆的蛋白质含量非常丰富，宜作原料；麸皮质地疏松，适于米曲霉的生长和产酶，可作为辅料。酱油的鲜味主要来源于原料中蛋白质的分解产物氨基酸，而酱油的香甜则来源于原料中淀粉的分解产物糖及发酵生成的醇、酯等物质。所以，若需酿制香甜味浓、体态黏稠的酱油，在原料配比中要适当增加淀粉质原料。使用豆粕（豆饼）和麸皮为原料，常用的配比是8∶2、7∶3、6∶4和5∶5。

（2）制曲原料的处理

原料粉碎及润水：豆饼粉碎至适当的粒度，便于润水和蒸煮。一般若原料颗粒小，则表面积大，米曲霉生长繁殖面积大，原料利用率高。粉碎后的豆饼与麸皮按一定的比例充分拌匀后，即可进行润水。所谓润水，就是给原料加上适当的水分，使原料均匀而完全地吸收水分的工艺，目的在于：使原料吸收一定量水分后膨胀、松软，在蒸煮时蛋白质容易达到适度的变性；淀粉充分地糊化；溶出曲霉生长所需的营养成分，也为曲霉生长提供所需的水分。

原料蒸料：蒸料的目的在于使原料中蛋白质达到适度变性，成为易于酶作用的状态；使原料中的淀粉充分糊化，以利于糖化；杀灭原料中的杂菌，减少制曲时的污染。要蒸料均匀并掌握蒸料的最适程度，达到原料蛋白质的适度变性，防止蒸料不透或不均匀而存在未变性的蛋白质，或蒸煮过度导致蛋白质过度变性而发生褐变现象。

（3）厚层通风制曲

当前国内大都选用厚层通风制曲。蒸好的物料在输送过程中打碎成小团块，然后接入种曲。种曲在使用前可与适量新鲜麸皮（最好先经干热处理）充分拌匀，种曲用量为原料总重量的0.3%左右，接种温度以40℃左右（夏季35~40℃，冬季40~45℃）为宜。

曲料接种后置于曲池（也称曲箱）内，厚度一般为20~30cm，堆积疏松平整，利用通风机供给空气及调节温度，促使米曲霉迅速生长繁殖。调节品温至28~30℃，静止培养6h（间隔1~2h通风1~2min，以利于孢子发芽），品温升至37℃左右，开始通风降温。需要进行间歇或连续通风，一方面调节品温，另一方面更换新鲜空气，以利于米曲霉生长。继续维持品温在35℃左右，入池11~12h，品温上升很快，当肉眼稍见曲料发白时，进行第一次翻曲。以后再隔4~5h，根据品温上升及曲料收缩情况，进行第二次翻曲，使品温始终保持在35℃左右。18h后，曲料开始产生孢子，仍维持品温32~35℃，至孢子逐渐出现嫩黄绿色即可出曲。

（五）发酵

在酱油发酵过程中，根据醪醅的状态，有稀醪发酵、固态发酵及固稀发酵之分；根据加盐量的多少，可分为高盐发酵、低盐发酵和无盐发酵三种。以固态低盐发酵工艺为例，工艺流程如下：

成曲→打碎→加盐水拌合（12~13°Bé、55℃左右的盐水，含水量50%~55%等条件下）→保温发酵（50~55℃，4~6d）→成熟酱醅

食盐水的配制：食盐溶解后，以波美计测定其浓度，并根据当时温度调整到规定的浓度。一般100kg水加盐1.5kg左右，得10°Bé盐水，但往往因食盐质量及温度的不同而需要增减用盐量。采用波美计测定盐水浓度一般以20℃为标准，而实际生产配制盐水时，往往高于或低于此温度，因此，必须换算成标准温度。

发酵料的配制：将已准备好的盐水加热到50~55℃（根据下池后发酵品温的要求，控制盐水温度的高低），再将成曲通过制醅机的碎曲齿，输入螺旋拌和器中与盐水一起拌和均匀，落入发酵池内。初始时，池底15cm左右的成曲拌盐水略少，用阀门控制成曲与盐水的流速，使拌曲完毕后多出150kg左右的盐水，将此盐水浇于料面。待盐水全部吸入料内，面层加盖聚乙烯薄膜，四周加盐将膜压紧，并在指定的点上插入温度计，池面加盖。

保温发酵及管理：保温发酵时温度与时间的控制，根据实际设备情况及要求的不同而各异。发酵时，成曲与盐水拌和入池后，酱醅品温要求控制在42~46℃，保持4d，在此期间，品温基本稳定，夏天不需要开蒸汽保温，冬天如品温不足需要进行保温。低盐发酵的时间一般为10d，酱醅已基本成熟。但为了增加风味，往往延长发酵期至12~15d，发酵温度前期为42~44℃，中间为44~46℃，后期为46~48℃。有的工厂还采用淋浇发酵法，酱醅面上不封盐，制醅后相隔2~3h将酱汁回浇一次于酱醅内。发酵温度5d内为40~45℃，5d后逐步提高品温至45~48℃。发酵期共为10d。淋浇对发酵的好处在于使发酵温度均匀，酱汁中的酶充分发挥作用，并且可以减少面层的氧化层，提高酱油的风味，缺点是需要增加淋浇设备与淋浇操作，给工艺上带来不便。

（六）浸出提油及成品配制

1. 工艺流程

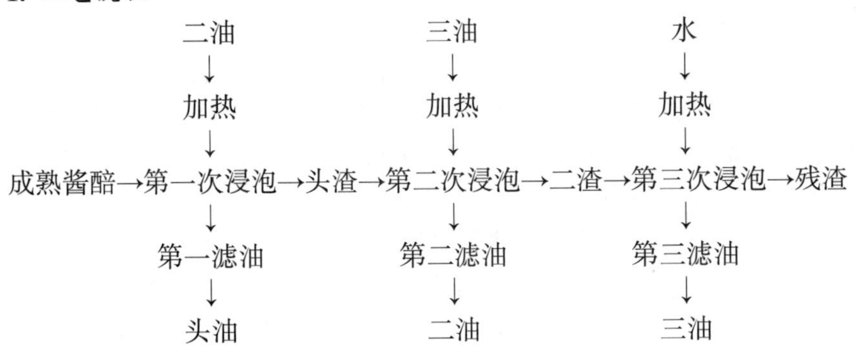

2. 成品配制

以上提取的头油和二油必须按统一的质量标准或不同的食用用途进行配兑，调配好的酱油再经灭菌、包装并经检验合格后出厂。

二、食醋

醋的故事

食醋是人们在长期的生产实践中制造的一种酸性调味品，它能增进食欲，帮助消化。我国食醋品种较多，著名的山西陈醋、镇江香醋、四川麸醋、东北白醋、江浙玫瑰米醋、福建红曲醋等是食醋的代表品种。食醋按加工方法可分为合成醋、酿造醋、再制醋三大类，其中酿造醋产量最大，它是用粮食等淀粉质为原料，经微生物制曲、糖化、酒精发酵、醋酸发酵等工艺酿制而成的。除主要成分醋酸（3%～5%）外，还含有各种氨基酸、有机酸、糖类、维生素、醇和酯等营养成分及风味成分，具有独特的色、香、味。

（一）食醋生产中的微生物

传统工艺酿醋是利用自然界中的野生菌制曲、发酵，因此涉及的微生物种类繁多。新法制醋采用人工选育的纯培养菌株进行制曲、酒精发酵和醋酸发酵，因而发酵周期短、原料利用率高，具有显著的经济效益。

1. 淀粉液化、糖化微生物

淀粉液化、糖化微生物能够产生淀粉酶、糖化酶。使淀粉液化、糖化的微生物很多，而适合于酿醋的主要是曲霉菌。常用的曲霉菌种有：

（1）甘薯曲霉 AS 3. 324

因适用于甘薯原料的糖化而得名，该菌生长适应性好、易培养、有强单宁酶活力，适合于甘薯及野生植物等酿醋。

（2）黑曲霉 AS 3. 4309（UV-11）

该菌糖化能力强、酶系纯，最适培养温度为 32℃。制曲时，前期菌丝生长缓慢，当出现分生孢子时，菌丝迅速蔓延。

（3）宇佐美曲霉 AS 3.758

是日本在数千种黑曲霉中选育出来的糖化型淀粉酶菌种，其糖化力、耐酸性都极强。菌丝黑色至黑褐色，孢子成熟时呈黑褐色。能同化硝酸盐，产酸能力也很强。

（4）东酒一号

该菌是 AS 3.758 的变异株，培养时要求较高的湿度和较低的温度。

此外，还有米曲霉菌株沪酿 3.040、沪酿 3.042（AS 3.951）、AS 3.863 等。黄曲霉菌株 AS 3.800，AS 3.384 等。

2. 酒精发酵微生物

生产上一般采用子囊菌亚门酵母属中的酵母，但不同的酵母菌株，其发酵能力不同，产生的滋味和香气也不同。北方地区常用 1300 酵母，上海香醋选用工农 501 黄酒酵母。酿酒酵母 AS 2.109、AS 2.399 适用于淀粉质原料，而威尔酵母 AS 2.1189、酿酒酵母 AS 2.1190 适用于糖蜜原料。

3. 醋酸发酵微生物

（1）醋酸菌的选择

醋酸菌（*Acetobacter aceti*）是醋酸发酵的主要菌种。醋酸菌具有氧化酒精生成醋酸的能力，其形态为长杆状或短杆状细胞，单独、成对或排列成链状，不形成芽孢，革兰氏染色幼龄菌为阴性，老龄菌不稳定。该菌好氧，喜欢在含糖和酵母膏的培养基上生长，生长适宜温度为 28~32℃，最适 pH 值为 3.5~6.5。

醋酸菌的选用标准为：氧化酒精速度快、耐酸性强、不再分解醋酸制品、风味良好。目前，国内外在生产上常用的醋酸菌有：

①奥尔兰醋杆菌（*Acetobacter orleanense*）。

该菌是法国爱尔兰地区用葡萄酒生产醋的主要菌种。生长最适温度为 30℃。该菌能产生少量的酯，产酸能力较弱，但耐酸能力较强。

②许氏醋杆菌（*A. schutzenbachii*）。

该菌是国外有名的速酿醋菌种，也是目前制醋工业较重要的菌种之一。在液体中生长的适宜温度为 25~27.5℃，固体培养的适宜温度为 28~30℃，最高生长温度 37℃。该菌产酸高达 11.5%。

③恶臭醋杆菌（*A. rancens*，AS 1.41）。

该菌是我国酿醋常用菌株之一，该菌细胞呈杆状，常呈链状排列，单个细胞大小为（0.3~0.4）μm×（1~2）μm，无运动性、无芽孢。在不良的环境条件下，细胞会伸长变成线形、棒形或管状膨大。平板培养时菌落隆起，表面平滑，菌落呈灰白色，液体培养时则形成菌膜，并沿容器壁上升，菌膜下液体不浑浊。该菌生长的适宜温度为 28~30℃，生成醋酸的适宜温度为 28~33℃，适宜 pH 3.5~6.0，发酵温度控制在 36~37℃。耐受酒精浓度为 8%（体积分数）。一般能产酸 6%~8%，较高产酸为 7%~9%，有的菌株副产 2%的葡萄糖酸，并能把醋酸进一步氧化成 CO_2 和水。

④沪酿 1.01 醋酸菌。

从丹东速酿醋中分离得到，是我国酿醋常用的菌种之一。该菌细胞呈杆形，常呈链状排列，菌体无运动性，不形成芽孢。在含酒精的培养液中，常在表面生长，形成淡青灰色薄层菌膜。在不良的条件下，细胞会伸长，变成线状或棒状，有的呈膨大状、分支状。该菌由酒精生成醋酸的转化率平均高达 93%~95%。对葡萄糖有一定氧化能力，生成葡萄糖酸，能氧

化醋酸为 CO_2 和水，最适培养温度 30℃，发酵温度 32～35℃。

⑤纹膜醋杆菌（沪酿 1.079）。

日本酿醋的主要菌株，在液面形成乳白色皱纹状有黏性的菌膜，摇动后易破碎，使液体浑浊。在高浓度酒精（14%～15%）中能缓慢发酵，能耐 40%～50%的葡萄糖。产醋率最大可达 8.75%，能分解醋酸成 CO_2 和水。

（2）醋酸菌的培养及保藏

醋酸菌种可采用斜面保藏，斜面接种醋酸菌后置于 30～32℃恒温箱内培养 48h。醋酸菌没有孢子，容易被自身所产生的酸杀死。在醋酸菌中，特别是能产生香酯的菌种每过十几天即死亡，因此宜保藏于 0～4℃备用。由于培养基中常加入碳酸钙中和产生的酸，所以保藏时间会延长。

（二）生产原料

目前酿醋生产用的主要原料有：薯类，如甘薯、马铃薯等；粮谷类，如玉米、大米等；粮食加工下脚料，如碎米、麸皮、谷糠等；果蔬类，如黑醋栗、葡萄、胡萝卜等；野生植物，如橡子、菊芋等；其他，如酸果酒、酸啤酒、糖蜜等。

生产食醋除了上述主要原料外，还需要疏松材料如谷壳、玉米芯等，使发酵料通透性好，好氧微生物能良好生长。

（三）固态法食醋生产工艺

按照醋酸发酵阶段的状态不同，酿造食醋可分为固态发酵食醋和液态发酵食醋。固态发酵生产的食醋风味好，是我国传统的酿造方法。

1. 醋酸菌种制备

斜面原种→斜面菌种（30～32℃，48h）→三角瓶液体菌种（一级种子，30～32℃，振荡 24h）→种子罐液体菌种（二级种子，30～32℃，通气培养 22～24h）→醋酸菌种子

2. 食醋生产工艺流程

薯干（或碎米、高粱等）→粉碎→加麸皮、谷糠混合→润水→蒸料→冷却→加麸曲、酒母→入缸糖化发酵→拌糠、接入醋酸菌→醋酸发酵→翻醅→加盐后熟→淋醋→贮存陈醋→配兑→灭菌→包装→成品

3. 生产工艺要点

（1）原料及处理

传统酿造醋生产使用的主要原料因地区不同差异较大，长江以南以糯米、粳米为主，长江以北以高粱、小米为主。目前多采用粮食加工下脚料或其他代用料，如碎米、玉米、甘薯、马铃薯等。果醋类则采用含糖质原料（如葡萄、苹果、柿子等），直接经乙醇发酵、醋酸发酵而成。

食醋生产除需要主料外，还需要辅料、填充料等。辅料一般有麸皮、谷糠、豆粕等，可参与产品色、香、味形成，并在固态发酵中起到吸收水分、疏松醋醅、贮藏空气等作用。填充料主要为谷壳、高粱壳、玉米芯等，主要作用为调节淀粉浓度，吸收酒精、液浆，使发酵料疏松、通透性好，利于醋酸菌生长和好氧发酵。

生产时需将薯干或碎米等粉碎，加麸皮和细谷糠拌合，加水润料后以常压蒸煮 1h 或在 0.15MPa 压力下蒸煮 40min，出锅冷却至 30～40℃。

（2）发酵

原料冷却后，拌入麸曲和酒母，并适当补水，使醅料水分达 60%～66%。入缸品温以

24~28℃为宜，室温25~28℃。入缸第二天后，品温升至38~40℃时，进行第一次倒缸翻醅，然后盖严维持醅温30~34℃进行糖化和酒精发酵。入缸后5~7d酒精发酵基本结束，醅中含酒精7%~8%，此时拌入谷糠、麸皮和醋酸菌种子，同时倒缸翻醅，此后每天翻醅一次，温度维持37~39℃。约经12d醋酸发酵，醅温开始下降，醋酸含量达7.0%~7.5%时，醋酸发酵基本结束。此时应在醅料表面及时加盐，防止成熟的醋醅过度氧化及杂菌生长，使醅温下降。一般每缸醋醅夏季加盐3kg，冬季加盐1.5kg。拌匀后再经2d醋醅成熟，即可淋醋。该阶段是将醋醅中没有转化的酒精及其中间产物进一步氧化生成醋酸的过程，同时使生成的有机酸和醇类化合物酯化生成酯类化合物，增加食醋的香味、色泽和澄清度等。

（3）淋醋

淋醋工艺采用三套循环法。先用二醋浸泡成熟醋醅20~24h，淋出来的是头醋，剩下的头渣用三醋浸泡，淋出来的是二醋，缸内的二渣再用清水浸泡，淋出三醋。如以头淋醋套头淋醋为老醋；二淋醋套二淋醋3次为双醋，较一般单淋醋质量更佳。

（4）陈酿及熏醋

陈酿是醋酸发酵后为改善食醋风味进行的储存、后熟过程。陈酿有两种方法，一种是醋醅陈酿，即将成熟醋醅压实盖严，封存数月后直接淋醋；或用此法贮存醋醅，待销售旺季淋醋出厂。另一种是醋液陈酿，即在醋醅成熟后就淋醋，然后将醋液贮入缸或罐中，封存1~2个月，可得到香味醇厚、色泽鲜艳的陈醋。有时为了提高产品质量，改善风味，会将部分醋醅用文火加热至70~80℃，24h后再淋醋，此过程称熏醋。

（5）配兑和灭菌

陈酿醋或新淋出的头醋仍是半成品，头醋进入澄清池沉淀，调整其浓度、成分，使其符合质量标准。除现销产品及高档醋外，一般要加入0.1%苯甲酸钠后进行包装。陈醋或新淋的醋液应于85~90℃维持50min杀菌，但灭菌后应迅速降温。一般一级食醋的含酸量5.0%，二级食醋含酸量3.5%。

（四）酶法液化通风回流制醋

1. 酶法液化通风回流制醋特点

酶法液化通风回流工艺是利用自然通风和醋汁回流代替倒醅的制醋新工艺。本法的特点是：α-淀粉酶制剂将原料进行淀粉液化后再加麸曲糖化，提高了原料的利用率；采用液态酒精发酵、固态醋酸发酵的发酵工艺；醋酸发酵池近底处池壁上开设通风洞，让空气自然进入，利用固态醋醅的疏松度使醋酸菌得到足够的O_2，进而使全部醋醅都能均匀发酵；利用池底积存的温度较低的醋汁，定时回流喷淋在醋醅上，以降低醋醅温度，调节发酵温度，保证发酵在适当的温度下进行。

2. 工艺流程

细菌α-淀粉酶、氯化钙、碳酸钠（↓液化）　麸曲（↓糖化）　酒母（↓液态酒精发酵）

碎米→浸泡→磨浆→调浆→加热→液化→糖化→冷却→液态酒精发酵→酒液→拌和入池→固态醋酸发酵→加盐→淋醋→加热灭菌→装坛→成品

松醅、回流（↑固态醋酸发酵）

麸皮、谷糠、醋酸菌种子（↑拌和入池）

3. 生产工艺要点

（1）水磨与调浆

将碎米浸泡使米粒充分膨胀，将米与水以 1∶1.5 的比例送入磨粉机，磨成 70 目以上的细度粉浆，使粉浆浓度在 20%～23%。用碳酸钠调 pH 至 6.2～6.4，加入氯化钙和 α-淀粉酶后，送入糖化锅。

（2）液化和糖化

粉浆在液化锅内应搅拌加热，在 85～92℃下维持 10～15min，用碘液检测显棕黄色表示已达液化终点，再升温至 100℃维持 10min，达到灭菌和酶失活的目的，然后送入糖化锅。将液化醪冷至 60～65℃时加入麸曲，保温糖化 35min，待糖液降温至 30℃左右，送入酒精发酵容器。

（3）酒精发酵

将糖液加水稀释至 7.5～8.0°Bé，调 pH 至 4.2～4.4 后接入酒母，在 30～33℃下进行酒精发酵 70h，得到约含酒精 8.5%的酒醪，酸度在 0.3～0.4。然后将酒醪送至醋酸发酵池。

（4）醋酸发酵

将酒醪与谷糠、麸皮及醋酸菌种拌合，送入发酵池，扒平盖严。进池品温以 35～38℃为宜，而中层醋醅温度较低，入池 24h 松醅一次，使上面和中间的醋醅尽可能疏松均匀，温度一致。

当品温升至 40℃时进行醋汁回流，即从池底放出部分醋液，再泼回醋醅表面，一般每天回流 6 次，发酵期间共回流 120～130 次，使醅温降低。醋酸发酵温度，前期可控制在 42～44℃，后期控制在 36～38℃。经 20～25d 醋酸发酵，醋汁含酸达 6.5%～7.0%时，发酵基本结束。

醋酸发酵结束后，为避免醋酸氧化，将食盐置于醋醅的面层，用醋汁回流溶解食盐使其渗入醋醅中。淋醋仍在醋酸发酵池内进行。再用二醋淋浇醋醅，池底继续收集醋汁，当收集到的醋汁含酸量降到 5%时，停止淋醋。此前收集到的为头醋。然后在上面浇三醋，由池底收集二醋，最后上面加水，下面收集三醋。二醋和三醋供淋醋循环使用。

（5）灭菌与配兑

通过加热灭菌的方法把陈醋或新淋醋中的微生物杀死，破坏残存的酶，使醋的成分基本固定下来。同时经过加热处理，醋的香气和味道更浓。

灭菌后的食醋应迅速冷却，并按照质量标准配兑。

（五）液体深层发酵制醋

液体深层发酵制醋是一种先进的制醋工艺，通常是将淀粉质原料经磨浆后加入淀粉酶、糖化酶等，经液化、糖化，然后接入酒母制成酒醪，再接入经扩大培养后的纯醋酸菌，在自吸式发酵罐或其他大型发酵罐中进行深层醋酸发酵。液体深层发酵法制醋具有机械化程度高、操作卫生条件好、原料利用率高（可达 65%～70%）、生产周期短、产品质量稳定等优点，缺点是醋的风味较差。

1. 工艺流程

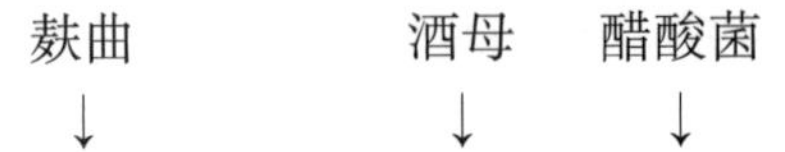

碎米→浸泡→磨浆→调浆→液化→糖化→酒精发酵→酒醪→醋酸发酵→醋醪→压滤→配兑→灭菌→陈醋→成品

2. 生产工艺要点

在液体深层发酵制醋过程中，至酒精发酵之前的工艺均与酶法液化通风回流制醋工艺相同，不同的是从醋酸发酵开始，采用较大的发酵罐进行液体深层发酵，并需通气搅拌，醋酸菌种子为液态，即醋母。

醋酸液体深层发酵温度为32~35℃，罐压维持0.03MPa，连续进行搅拌。醋酸发酵周期为65~72h。经测定已无酒精，残糖极少，酸度不再增加时，说明醋酸发酵结束。

液体深层发酵制醋也可采用半连续法，即当醋酸发酵成熟时，取出三分之一成熟醪，再加三分之一酒醪继续发酵，如此每20~22h重复一次。

三、酱类

酱起源于中国，远在周朝就已有酱的文字记载，《论语》有云："不得其酱不食"，《齐民要术》中则详细记载了黄衣、黄蒸和制酱的方法及原理，可见早在数千年以前，酱已成为人们日常食用的调味品，酿酱也是盛行的生产活动。

酱是用粮食作物为原料，经微生物发酵而制成的呈半流动态黏稠的调味品。酱主要分为以小麦粉为主要原料的甜面酱和以豆类为主要原料的豆瓣酱两大类；后期还有肉酱、鱼酱和果酱等调味品。酱类的生产菌种及其作用与酱油酿造基本相同，不再赘述。酱类发酵制品营养丰富，易于吸收，价格便宜，既可作小菜，又是调味品，呈特有的色、香、味，是一种颇受欢迎的大众调味品。

市场上的酱类品种繁多，生产所用原辅料差异很大，酿造工艺也不尽相同。下面以豆酱的生产为例介绍主要工艺流程。

豆酱以米曲霉为主要菌种发酵制得，采用大豆或脱脂豆粕与面粉混合制曲。作为传统的大豆发酵食品，豆酱具有一定的功能性。研究表明，豆酱具有预防肝癌、抑制血清胆固醇上升、降血压、抗氧化等功效。

（一）豆酱的制曲工艺

1. 制曲工艺流程

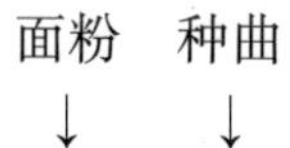

大豆→洗净→浸泡→蒸煮→冷却→混合→接种→厚层通风培养→大豆曲

2. 制曲原料的处理

大豆洗净、浸泡、蒸熟，面粉过去采用焙炒方法，现在可直接利用生面粉而不进行预处理。

3. 制曲操作

制曲时原料配比为大豆100kg、标准粉40~60kg。种曲用量为0.15%~0.3%，种曲使用时先与面粉拌和。为了使豆酱中麸皮含量减少，种曲最好采用分离出的孢子（曲精）。由于豆粒较大，水分不易散发，制曲时间适当延长。

（二）制酱工艺

1. 工艺流程

大豆曲→发酵容器→自然升温→第一次加盐水→酱醅保温发酵→第二次加盐水及盐→翻酱→成品

2. 制酱工艺要点

先将大豆曲倒入发酵容器内，表面扒平，轻轻压实，自然升温至40℃左右。再将准备好的14.5°Bé的热盐水（60~65℃）加至面层，让其逐渐全部渗入曲内。最后面层加封细盐一层，并盖好。大豆曲加入热盐水后，醅温即能达到45℃左右，以后维持此温度10d，酱醅成熟。发酵完毕，补加24°Bé的盐水及细盐（包括封面盐），翻酱，充分搅拌，使所加的细盐全部溶化，同时混合均匀，于室温中发酵4~5d即得成品。

四、腐乳

腐乳的传说

腐乳是我国著名的特产发酵食品之一，已有上千年的生产历史，各地有不同特色的产品，是一种滋味鲜美、风味独特、营养丰富的调味品，主要以大豆为原料，经过浸泡、磨浆、制坯、培菌、腌坯、配料、装坛发酵精制而成。目前用于制作腐乳的菌种很多，常用的霉菌有毛霉、根霉等。毛霉如江浙地区的腐乳毛霉、江苏的鲁氏毛霉、四川的五通桥毛霉（AS 3.25）、北京用雅致放射毛霉（AS 3.2278）；根霉如华根霉（AS 3.2746）、华新根霉。

（一）腐乳的工艺类型

1. 腌制型腐乳

豆腐坯加水煮沸后，加盐腌制，装坛加入辅料，发酵成腐乳。豆腐坯不经发酵（无前期发酵）直接装坛，进行后发酵，依靠辅料中带入的微生物而成熟。缺点是蛋白酶不足，后期发酵时间长，氨基酸含量低，色香味欠佳。

2. 毛霉型腐乳

毛霉型腐乳是国内常见的一种腐乳，前期发酵以豆腐坯培养毛霉，使白色菌丝长满豆腐坯表面，形成坚韧皮膜，积累蛋白酶，为腌制装坛后期发酵创造条件，毛霉产生的蛋白酶将蛋白质分解成氨基酸，形成腐乳的特有风味。

毛霉生长要求温度较低，其适宜生长温度为16℃左右。一般只能在冬季气温较低的条件下生产毛霉腐乳。传统工艺利用空气中的毛霉菌，自然接种，需培养10~15d，也可培养纯种毛霉菌，人工接种，15~20℃下培养2~3d即可。

3. 根霉型腐乳

采用耐高温的根霉菌，经纯菌培养，人工接种，在夏季高温季节也能生产此类腐乳。但根霉菌丝稀疏，蛋白酶和肽酶活性低，生产出腐乳的形状、色泽、风味及理化质量都不如毛霉腐乳。

4. 细菌型腐乳

采用细菌进行前期培菌的腐乳，如黑龙江的克东腐乳，这种腐乳具有滑润细腻、入口即化的特点。

（二）腐乳的生产工艺

1. 工艺流程

豆渣
↑
选料→浸泡→磨浆→甩浆→煮浆→点浆→养花→压榨→划块→豆腐坯→摆块→接种→培养→搓毛→腌坯→装坛→后发酵→成品
↑
配料

腐乳的生产主要分为豆腐坯的制作、前发酵、腌坯和后发酵四个阶段。

2. 工艺操作要点

（1）豆腐坯的制作

制好豆腐坯是提高腐乳质量的基础，豆腐坯制作与制作普通豆腐相同，只是卤水要稍老，压榨的时间更长，豆腐坯含水量更低。

豆腐坯的制作分为浸豆、磨浆、甩浆、点浆、养花、压榨成形、切块等工序。

大豆的浸泡：泡豆水温、时间、水质都会影响泡豆质量。水温在25℃以下，温度过高，泡豆水容易变酸，不利于提取大豆蛋白；夏季气温高，需多次换水，降低温度。

压榨和切块：养花以后豆腐花下沉，黄浆水澄清。压榨到豆腐坯含水量在65%~70%为宜，厚薄均匀，压榨成型后切成（4cm×4cm×1.6cm）的小块。

（2）前发酵

前发酵是发霉的过程，即豆腐坯培养毛霉或根霉的过程，发酵使豆腐坯长满菌丝，形成柔软、细密而坚韧的皮膜并积累大量的蛋白酶，以便在后发酵中将蛋白质慢慢水解，除了选用优良菌种外，还要掌握霉菌的生长规律，控制培养温度、湿度及时间等条件。

接种：将已划块的豆腐坯放入蒸笼格或木框竹底盘，豆腐坯需侧面放置，行间留空间（约1cm），以便通气散热，调节好温度，有利于霉菌生长。每个三角瓶中加入冷开水400mL，用竹棒将菌丝打碎，充分摇匀，用纱布过滤，滤渣再加400mL冷开水洗涤一次，过滤，两次滤液混合，制成孢子悬液。可采用喷雾接种，也可用豆腐坯浸沾菌液，浸后立即取出，防止水分浸入坯内，增大含水量影响霉菌生长。一般100kg大豆的豆腐坯接种两个三角瓶的种子液。高温季节，可在菌液中加入少许食醋，使菌液变酸（pH为4）抑制杂菌生长。或将生长好的麸曲接种，低温干燥磨细成菌粉，用细筛将干菌粉均匀筛于豆腐坯上，每面都有菌粉，接种量为大豆重量的1%。

培养：将培养盘堆高叠放，上面盖一空盘，四周以湿布保湿。春秋季一般在20℃左右培养48h，冬季保持室温16℃培养72h，夏季气温高，室温30℃培养30h。如采用自然接种，要求时间长一些，冬季为10~15d。发酵终止要视毛霉菌老熟程度而定，一般生产青方时，培菌时间稍短，当菌丝长成白色棉絮状即可，此时，霉菌蛋白酶活性尚未达到高峰，蛋白质分解作用不太旺盛，否则易导致豆腐破碎（因青方后发酵较强烈）。而红方则需要前发酵时间稍长，菌丝变成淡黄色为宜。

前发酵霉菌生长变化大致分为三个阶段，即孢子发芽阶段、菌丝生长阶段、孢子形成阶段。当豆腐坯表面开始长有菌丝后，进行翻笼，一般3次左右。

（3）腌坯

当菌丝开始变成淡黄色，并有大量灰褐色孢子形成时，即开窗通风降温，停止发霉，促进霉菌产生蛋白酶，8~10h后结束前发酵，立即搓毛腌制，先将相互依连的菌丝分开，再搓毛使菌丝包住豆腐坯，放入大缸中腌制。大缸下面离缸底20cm左右，铺一块中间有孔、直径约为15cm圆形木板，将毛坯放在木板上，沿缸壁排至中心，要相互排紧，腌坯时应注意使未长菌丝的一面靠边，不要朝下，防止成品变形。采用分层加盐法腌坯，用盐量分层加大，最后撒一层盖面盐。每千块坯（4cm×4cm×1.6cm）春秋季用盐6kg，冬季用盐5.7kg，夏季用盐6.2kg。腌坯时间冬季约7d，春秋季约5d，夏季约2d。腌坯要求NaCl含量在12%~14%，腌坯后3~4d要压坯，即再加入食盐水，没过坯面，腌渍时间3~4d。腌坯结束后，打开缸底通口，放出盐水静置过夜，使盐坯干燥收缩。

（4）后发酵

后发酵是利用豆腐坯上生长的霉菌以及配料中各种微生物的作用，使腐乳成熟，形成特有的色、香、味的过程，包括装坛、灌汤、贮藏等工序。

装坛：取出盐坯，将盐水沥干，点数装入坛内，装时不能过紧，以免影响后期发酵，使发酵不完全。将盐坯依次排列，用手压平，分层加入配料，如少许红曲、面曲、红椒粉，装满后灌入汤料。

配料灌汤：配好的汤料灌入坛内或瓶内，灌料的多少视所需的品种而定，但不宜过满，以免发酵时汤料溢出。

封口贮藏：装坛灌汤后加盖，再用水泥拌熟石膏封口。在常温下贮藏，一般需3个月以上可达到腐乳应有的品质，但青方与白方腐乳因含水量较高，1~2个月即可成熟。

第三节　微生物在有机酸制造中的应用

微生物在有机酸制造中的应用

第四节　微生物在氨基酸制造中的应用

鲜味的秘密——谷氨酸钠（味精）的发明

中国味精之父——吴蕴初

氨基酸是组成蛋白质的基本成分，其中有8种是人体不能合成但又必需的，只能通过食物来获得，称为必需氨基酸。在食品工业中，氨基酸可作为调味料，如谷氨酸钠、肌苷酸钠、鸟苷酸钠可作为鲜味剂，色氨酸和甘氨酸可作为甜味剂，赖氨酸、蛋氨酸可作为营养强化剂。因此，氨基酸的生产具有重要的意义。自20世纪60年代以来，微生物直接用糖类发酵生产谷氨酸获得成功并投入工业化生产，使微生物在氨基酸制造中的研究和应用得到了迅速发展。

一、谷氨酸

（一）谷氨酸生产中的微生物

生产谷氨酸的菌种有谷氨酸棒杆菌（*Corynebacterium glutamicum*）、乳糖发酵短杆菌（*Brevibacterium lactofermentum*）、黄色短杆菌（*Brevibacterium flavum*）等。我国常用的生产菌株是北京棒杆菌AS 1.299、北京棒杆菌D 110、钝齿棒杆菌AS 1.542、棒杆菌S-914和黄色短杆菌T6~13等。

在已报道的谷氨酸产生菌中，虽然它们在分类学上属于不同的属种，但除芽孢杆菌外都有一些共同的特点，如菌体为球形、短杆或棒状、无鞭毛、不运动、不形成芽孢、呈革兰氏阳性、需要生物素、在通气条件下培养产生谷氨酸。

（二）谷氨酸生产原料

发酵生产谷氨酸的原料有淀粉质原料如玉米、小麦、甘薯、大米等，其中甘薯淀粉最为常用，糖蜜原料如甘蔗糖蜜、甜菜糖蜜等，氮源如尿素或氨水等。

（三）谷氨酸生产工艺流程

谷氨酸生产过程主要包括淀粉水解糖的制取，谷氨酸生产菌种的扩大培养，谷氨酸发酵和谷氨酸的提取与分离。生产基本工艺流程如下：

淀粉质原料→糖化→中和、脱色、过滤→培养基调配→接种→发酵→提取（等电点法、离子交换法等）→谷氨酸

（四）发酵生产工艺要点

1. 培养基成分

碳源：碳源是构成菌体和合成谷氨酸的碳架及能量的来源。由于谷氨酸产生菌是异养微生物，因此只能从有机物中获得碳源，而细胞进行合成反应所需能量也是从氧化分解有机物过程中得到的。实际生产中以糖质原料为主，培养基中糖浓度与谷氨酸发酵关系密切，在一定范围内，谷氨酸产量随糖浓度的增加而增加。

氮源：氮源是合成菌体蛋白质、核酸及谷氨酸的原料。氮源比碳源对谷氨酸发酵有更大的影响。大约85%的氮源被用于合成谷氨酸，另外15%用于合成菌体。谷氨酸发酵需要的氮源远多于一般发酵工业，一般发酵工业碳氮比为100∶0.2~100∶2.0，谷氨酸发酵的碳氮比为100∶15~100∶21。

无机盐：无机盐是微生物维持生命活动不可缺少的物质，其主要功能包括构成细胞的组成成分，作为酶的组成成分，激活或抑制酶的活力，调节培养基的渗透压，调节培养基的pH，调节培养基的氧化还原电位。发酵时，使用的无机离子有K^+、Mg^{2+}、Fe^{2+}、Mn^{2+}等阳离子和PO_4^{3-}、SO_4^{2-}、Cl^-等阴离子。

生长因子：生长因子是微生物生命活动不可缺少，而微生物自身又不能合成的微量有机物质，通常包括氨基酸、嘌呤、嘧啶和生物素（一般指B族维生素）等。糖质为碳源的谷氨酸产生菌几乎均为生物素缺陷型，即这些细菌本身不能合成生物素。生长因子含量的多

少，与生产有着十分密切的关系，实际生产中通过添加玉米浆、麸皮、水解液、糖蜜等作为生长因子的来源，以满足谷氨酸产生菌对生长因子的需要。

2. 发酵条件的控制

（1）温度

谷氨酸发酵前期（0~12h）是菌体大量繁殖阶段，在此阶段菌体利用培养基中的营养物质来合成核酸、蛋白质等，供菌体繁殖用，而控制这些合成反应的最适温度均在30~32℃。在发酵中、后期，是谷氨酸大量积累的阶段，而催化谷氨酸合成的谷氨酸脱氢酶的最适温度在32~36℃，因此发酵中、后期适当提高罐温对积累谷氨酸有利。

（2）pH值

发酵液的pH影响微生物的生长和代谢途径。发酵前期如果pH偏低，则菌体生长旺盛，长菌而不产酸；如果pH偏高，则菌体生长缓慢，发酵时间延长。在发酵前期将pH控制在7.5~8.0较为合适，而在发酵中、后期将pH控制在7.0~7.6对提高谷氨酸产量有利。

（3）通风

在谷氨酸发酵过程中，发酵前期以低通风量为宜；发酵中、后期以高通风量为宜。实际生产上，以气体转子流量计来检查通气量，即以每分钟单位体积的通气量表示通风强度。另外，发酵罐大小不同，所需搅拌转速与通风量也不同。

（4）泡沫的控制

在发酵过程中，由于强烈的通风和菌体代谢产生的CO_2，培养液产生大量的泡沫，使氧在发酵液中的扩散受阻，影响菌体的呼吸和代谢，给发酵带来危害，必须加以消泡。消泡有机械消泡（耙式、离心式、刮板式、蝶式消泡器）和化学消泡（天然油脂、聚酯类、醇类、硅酮等化学消泡剂）两种方法。

（5）发酵时间

不同的谷氨酸产生菌对糖的浓度要求不一样，发酵时间亦有所差异，一般低糖（10%~12%）发酵时间为36~38h，中糖（14%）发酵时间为45h。

二、赖氨酸

（一）赖氨酸生产的微生物

1960年，日本首先采用微生物发酵法生产赖氨酸。我国于20世纪60年代中期，开始进行赖氨酸菌株选育和发酵的研究。目前，世界约2/3的赖氨酸企业采用发酵法生产L-赖氨酸。

用于工业上发酵生产赖氨酸的菌株主要是棒状杆菌和短杆菌等的变异株，棒状杆菌具有极高的经济价值，其中谷氨酸棒状杆菌应用最为广泛，谷氨酸棒状杆菌包括其亚种黄色短杆菌、乳糖短杆菌、钝齿棒状杆菌和分枝短杆菌，是赖氨酸工业生产中最重要的微生物。

（二）赖氨酸生产原料

发酵法生产赖氨酸的原料来源较广，常用的碳源有小麦、玉米、甘薯等淀粉质原料和甘蔗糖蜜、甜菜糖蜜、葡萄糖结晶母液等糖类原料，常用的氮源是尿素和硫酸铵。小麦、玉米等淀粉质原料需经糖化转化为葡萄糖后才可用，且发酵液配方中需再补充生物素；废甘蔗糖蜜含较高的生物素，发酵液配方中无须再行补充。

（三）发酵控制

赖氨酸发酵工艺条件及影响因素包括：①温度：前期32℃，后期30℃；②pH值：适宜

pH 6.5~7.0，控制 pH 在 6.5~7.5；③种龄和接种量：二级种子接种量 2%、种龄 8~12h，三级种子接种量 10%、种龄 6~8h；④供氧：供氧需充足，过高、过低的溶氧对发酵均不利，表现为菌体浓度下降、产酸降低，发酵时间延长；⑤初糖浓度：控制在 11%~15%，转化率最高。

目前大多数赖氨酸生产厂家的发酵方式为分批操作，发酵生产涉及发酵液和管路系统的消毒灭菌、营养调节、酸碱度调节、通风量调节等一系列操作，由系统自动化完成。

（四）提取

从成熟的发酵液中提取赖氨酸，必须对发酵液进行过滤或离心分离除去菌体和碳酸钙。传统的过滤方法为机械过滤，只能除去大颗粒的固体杂质。超滤技术可以截留发酵液中的菌体蛋白、悬浮固体等杂质，有利于提高下一个工序离子交换中树脂的使用效率和寿命，减轻后续工艺废水处理的压力，截留的滤渣含有丰富的菌体蛋白及少量的赖氨酸，可以作为饲料添加剂，大大减少了后续污物处理的压力，赖氨酸的收率可达到 97%以上。

世界上大多数赖氨酸生产厂家均采用离子交换法从发酵成熟液中提取赖氨酸，然后制成含量在 98.5%以上的赖氨酸单盐酸盐成品。离子交换树脂为强酸阳性离子交换树脂，洗脱剂为氨水，此法回收率高，洗出液中赖氨酸浓度高，离子交换树脂用量少，减少了浓缩时的蒸汽消耗，降低生产负荷。

（五）浓缩和结晶

赖氨酸浓缩液经盐酸调节 pH 后成为单盐酸盐溶液，在结晶器中结晶。我国部分生产厂家采用冷冻结晶的方法，得到含 2 个结晶水的湿晶，分离的母液返回提取工序。赖氨酸湿晶含有的结晶水须在干燥工序中除去。

第五节　微生物在发酵乳制品中的应用

发酵乳制品是指原料乳接种特定的微生物进行发酵，产生的具有特殊风味的一类食品。它们通常具有较高的营养价值，还具有一定的健康促进作用，深受消费者的欢迎。

发酵乳制品主要的生产菌种是乳酸菌，常用的有干酪乳杆菌（*Lactobacillus casei*）、保加利亚乳杆菌（*Lactobacillus bulgaricus*）、嗜酸乳杆菌（*Lactobacillus acidophilus*）、植物乳杆菌（*Lactobacillus plantarum*）、乳酸乳球菌（*Lactococcus lactis*）、嗜热链球菌（*Streptococcus thermophilus*）等。

一、酸奶

酸奶的前世今生

诺贝尔奖获得者的骗局——酸奶长寿

人类制作发酵乳的历史可追溯到数千年前，据史料记载，公元前200年，印度、埃及和古希腊人已掌握了发酵乳的手工制作方法。我国制作酸奶的历史也很悠久，早在后魏时期，贾思勰编著的《齐民要术》中就记载了酸奶的制作方法。国际乳业联盟（International Dairy Federation，IDF）对酸奶的定义如下：酸奶是一种半固体的乳制品，由加热处理的标准化乳的混合物，经嗜热链球菌和保加利亚乳杆菌的协同作用发酵而得到的，最终产品中含有大量的活菌。

酸奶不仅是一类食品，还具有一定的食疗功效，可以减少乳糖含量，增加乳的可消化性和营养价值，增加钙、铁的吸收，控制肠道有害微生物菌群的生长。

（一）酸奶的一般生产工艺

酸奶一般分为普通酸奶、功能型酸奶和风味型酸奶。普通酸奶除加入白糖外，不添加其他成分，以保持酸奶的清香味。风味酸奶有凝固型和搅拌型两种，凝固型风味酸奶在原料奶中预先调配天然风味物质（如花生乳、绿豆浆、大豆浆、松仁乳、玉米乳等），经巴氏杀菌后以普通酸奶菌种发酵制成，搅拌型风味酸奶在乳酸菌发酵原料奶凝固之后，再加入风味物质（如果酱果肉、果浆、胡萝卜汁、枸杞子、蜂蜜、香料等）调制而成，有些添加的天然风味物质同时具有生理调节活性。

酸奶的制作工艺可概括为配料、预热、均质、杀菌、冷却、接种、（灌装——用于凝固型酸奶）、发酵、冷却、（搅拌——用于搅拌型酸奶）、包装和后熟等工序。

1. 配料

原辅料包括鲜奶、砂糖和稳定剂等，变性淀粉可以在配料时单独添加也可与其他食品胶类干混后再添加。考虑到淀粉和食品胶类大都为亲水性极强的高分子物质，混合添加时最好与适量砂糖拌匀，在高速搅拌状态下溶解于热奶中（55~65℃，具体温度的选择视变性淀粉的使用而定），以提高其分散性。

2. 预热

预热的目的在于提高下道工序均质的效率，预热温度的选择以不高于淀粉的糊化温度为宜，以避免淀粉糊化后颗粒结构在均质过程中被破坏。

3. 均质

均质指对乳脂肪球进行机械处理，使其呈较小的脂肪球均匀一致地分散在乳中。在均质阶段物料受到剪切、碰撞和空穴三种效应的作用。变性淀粉由于经过交联变性，耐机械剪切能力较强，可以保持完整的颗粒结构，有利于维持酸奶的黏度和体态。

4. 杀菌

一般采用巴氏杀菌，目前乳品厂普遍采用95℃、300s的杀菌工艺，变性淀粉在此阶段充分膨胀并糊化，形成黏度。

5. 冷却、接种和发酵

变性淀粉是一类高分子物质，与原淀粉相比仍保留一部分原淀粉的性质，即多糖的性质。在酸奶的pH环境下，淀粉不会被菌种利用降解，所以能够维持体系的稳定。当发酵体系的pH降至酪蛋白的等电点时，酪蛋白变性凝固，生成酪蛋白微胶粒与水相连的三维网状体系骨架，呈凝乳状，此时糊化了的淀粉可填充在骨架之中，束缚游离水分，维护体系稳定性。

6. 冷却、搅拌和后熟

搅拌型酸奶冷却的目的是快速抑制微生物的生长和酶的活性，防止发酵过程产酸过度及搅拌时脱水。变性淀粉由于原料来源较多，变性程度不同，应用于酸奶制作中的效果也不相同，可根据酸奶品质的不同需求选择相应的变性淀粉。

（二）双歧杆菌酸奶的生产

双歧杆菌——长寿的秘密

近年来，随着对双歧乳酸杆菌在营养健康方面作用的认识，人们将其引入酸奶制造，使传统的单株发酵，变为双株或三株共生发酵。由于双歧杆菌的引入，使酸奶在原有的助消化、促进肠胃功能作用基础上，又具备了防癌、抗癌等保健作用。双歧杆菌因其菌体尖端呈分枝状（如Y型或V型）而得名，是无芽孢革兰氏阳性细菌，专性厌氧、不抗酸、不运动、过氧化氢酶反应为阴性，适宜生长温度为37~41℃。初始生长适宜pH 6.5~7.0，能分解糖。双歧杆菌能利用葡萄糖发酵产生醋酸和乳酸，不产生CO_2。目前已知的双歧杆菌有24种，其中9种存在于人体肠道内，包括两歧双歧杆菌（*Bifidobacterium bifidum*）、长双歧杆菌（*B. longum*）、短双歧杆菌（*B. brevvis*）、婴儿双歧杆菌（*B. infantis*）、链状双歧杆菌（*B. catenulatum*）、假链状双歧杆菌（*B. pseudocatenulatum*）和牙双歧杆菌（*B. dentmum*）等，应用于发酵乳制品生产的有5种。

在酸奶中，双歧杆菌除了起到和其他乳酸菌一样的对乳营养成分的“预消化”作用，使鲜乳中的乳糖、蛋白质水解成更易为人体吸收利用的小分子以外，还产生双歧杆菌素，对肠道中的致病菌如沙门氏菌、金黄色葡萄球菌、志贺氏菌等具有明显的杀灭效果。乳中的双歧杆菌还能分解积存于肠胃中的致癌物*N*-亚硝基胺，防止肠道癌变，并能通过诱导作用产生细胞干扰素和促细胞分裂剂，活化自然杀伤细胞（NK细胞），促进免疫球蛋白的产生、活化巨噬细胞的功能，提高人体的免疫力，增强人体对癌症的抵抗力。

双歧杆菌酸奶的生产有两种不同的工艺。一种是双歧杆菌与嗜热链球菌、保加利亚乳杆菌等共同发酵的生产工艺，称共同发酵法。另一种是将双歧杆菌与兼性厌氧的酵母菌同时在脱脂牛乳中混合培养，利用酵母在生长过程中的呼吸作用，以生物法耗氧，创造一个适合双歧杆菌生长繁殖、产酸代谢的厌氧环境，称为共生发酵法。

1. 共同发酵法

（1）工艺流程

原料乳→标准化→调配（蔗糖10%、葡萄糖2%）→均质（15~20MPa）→杀菌（115℃，8min）→冷却（38~40℃）→接种（双歧杆菌6%、嗜热链球菌3%、适量维生素C）→灌装→发酵（38~39℃，6h）→冷却（10℃左右）→冷藏（1~5℃）→成品

（2）生产工艺要点

双歧杆菌产酸能力低，凝乳时间长，需18~24h，且由于其属于异型发酵，最终产品的口味和风味欠佳，因而，生产上常选择一些对双歧杆菌生长无太大影响，但产酸快的乳酸菌，如嗜热链球菌、保加利亚乳杆菌、嗜酸乳杆菌、乳脂明串珠菌等与双歧杆菌共同发酵，这样既可以使制品中含有足够的双歧杆菌，又可以提高产酸能力，大大缩短凝乳时间，缩短

生长周期，并改善产品的口感和风味。

2. 共生发酵法

（1）工艺流程

原料乳→标准化→调配（蔗糖 10%、葡萄糖 2%）→均质（15～20MPa）→杀菌（115℃，8min）→冷却（26～28℃）→接种（双歧杆菌 6%、乳酸酵母 3%）→发酵（26～28℃，2h）→升温（37℃）→发酵（37℃，5h）→冷却（10℃左右）→灌装→冷藏（1～5℃）→成品

（2）生产工艺要点

共生发酵法常用的菌种搭配为双歧杆菌和用于马奶酒制造的乳酸酵母，接种量分别为6%和 3%。在调配发酵培养用原料乳时，用适量脱脂乳粉加入到新鲜脱脂乳中，以增加乳中固形物含量（固形物含量≥9.5%），并加入 10%蔗糖和 2%的葡萄糖，接种时还可加入适量维生素 C，以利于双歧杆菌生长。酵母菌的适宜生长温度为 26～28℃，为了让酵母先发酵，为双歧杆菌生长营造适宜的厌氧环境，接种后，先采用 26～28℃培养，以促进酵母的大量繁殖和基质乳中氧的消耗，然后提高温度至 37℃左右，以促进双歧杆菌的生长。由于采用了共生混合的发酵方式，双歧杆菌生长迟缓的状况大为改观，总体产酸能力提高，加快了凝乳速度，所得产品酸甜适中，富有纯正的乳酸口味和淡淡的酵母香气，双歧杆菌活菌数在 10^6cfu/mL 以上。

二、奶酪

联合国粮农组织（Food and Agriculture Organization of the United Nations，FAO）和世界卫生组织（World Health Organization，WHO）制定了通用的奶酪定义：奶酪是指以牛乳、奶油、部分脱脂乳、酪乳或这些产品的混合物为原料，经凝乳并分离乳清而制得的新鲜或发酵成熟的乳制品。

奶酪含有丰富的营养成分，其中的蛋白质和脂肪含量非常高，相当于将原料乳中的蛋白质和脂肪浓缩了 5～10 倍，由于奶酪中的蛋白质、脂肪被降解，其吸收率可高达 96%～98%。奶酪中重要的维生素是 A、B 族维生素（主要是维生素 B_1、维生素 B_2、维生素 B_6 和维生素 B_{12}），微生物菌群也影响着维生素的含量，如法国的软质霉菌成熟奶酪，含有很高的维生素 B_2、维生素 B_6 和烟酸，而在成熟过程中，维生素 B_{12} 含量下降；但在瑞士埃曼塔奶酪中，由于丙酸杆菌的作用，维生素 B_{12} 含量增加。钙和磷的含量在硬质奶酪如帕尔门逊奶酪和契达奶酪中含量较高，为牛乳的 10 倍，在霉菌奶酪如布里奶酪和法国浓味奶酪中的含量为牛乳的 4 倍。

（一）奶酪的生产工艺流程

原料乳接收→标准化→预热→注入奶酪槽→加入发酵剂→加入凝乳酶→凝乳→切割→保温搅拌→升温搅拌→排乳清→压榨→盐渍→包装→成熟

（二）工艺操作要点

1. 原料乳接收和标准化

原料乳应是新鲜牛乳，无不良气味，无掺假掺杂，每 100g 原料乳的脂肪指标为 3.10%～3.30%，蛋白质为 2.95%～3.10%，比重为 1.029～1.031g/cm^3。用于生产奶酪的原料乳要进行标准化，通常依据是最终产品脂肪含量，通过分离奶油或添加脱脂乳来对原料乳进行标准化。

2. 加入发酵剂

将牛乳预热到37℃，并注入奶酪槽内，然后将唾液链球菌嗜热亚种、瑞士乳杆菌和谢氏丙酸杆菌组成的发酵剂直接加入牛乳中，并且搅拌均匀，预发酵10~15min。

3. 加入凝乳酶

添加凝乳酶的作用是促使牛乳中的蛋白质凝结，为排出乳清提供条件。凝乳酶在使用前，通常用10倍的纯净水稀释成酶溶液，混合均匀后直接加入，然后搅拌3~5min，整个凝乳时间通常是30~40min。

4. 切割

使用奶酪切割刀先缓慢水平切割，然后再垂直切割，最后上下横切，切割成小立方块，切割后要将凝乳粒静置3~5min。

5. 保温搅拌

当凝乳粒达到适宜大小后开始搅拌，随着凝乳粒变得结实，逐渐增加搅拌速度，整个保温搅拌的时间是50~60min，并且pH达到6.50~6.55，凝乳粒在此期间要变得足够结实和富有弹性。

6. 升温搅拌

升高温度会促进凝乳粒的收缩，有利于乳清排出，使凝乳粒变硬，形成稳定的质构。将奶酪槽的温度在30min内，由37℃逐渐上升到52℃，升温速度要缓慢。

7. 排乳清

排出奶酪槽中的一部分乳清，然后将凝乳粒堆积在一起，使凝乳粒上部与乳清的液位持平，使凝乳粒全部浸泡在乳清中，以保持凝乳粒的温度。

8. 压榨

使用双层纱布将凝乳粒盖上，然后放上平板进行压榨，增加压力，保持15~30min，压力为30~50g/cm^2，排出奶酪槽中的乳清，再将凝乳粒静置1h。把平板和纱布取出，同时清除掉奶酪碎屑，再把纱布盖上，并且铺一层厚绒布，以吸收凝乳粒表面的水分，然后盖上平板并通过活动气缸逐渐施加压力。

9. 盐渍

压榨结束后取出平板和纱布，将凝块切成大小适宜的奶酪坯，然后放入21%~23%的盐水溶液中盐渍至少48h，并经常搅动盐水，以对暴露在盐水以外的奶酪表面进行盐渍。

10. 包装

盐渍完成后，将奶酪浸入盐水里，以洗去表面的食盐颗粒，然后存放在10℃的环境中，表面干燥后采用真空包装机包装。真空包装的袋子须大小合适，因为奶酪内部的气孔形成后，奶酪的体积会增加15%~20%。

11. 成熟

将真空包装后的奶酪放入8~12℃环境中，进行冷却和预成熟3~4周，然后在22~25℃条件下进行发酵以产生特有的气孔，气孔形成需要6~7周，最终把奶酪放入成熟室中，温度控制在2~5℃，成熟时间4~12个月。在成熟后期气孔停止产生，而风味的形成则继续进行。

三、开菲尔

开菲尔（Kefir）是以牛乳、羊乳（或山羊乳）为原料，添加含有乳酸菌和酵母菌的开菲尔粒发酵剂，经发酵制成具有爽快酸味和起泡性的发酵乳饮料。开菲尔作为高加索地区传统的发酵乳保健饮料，由于其特殊的营养功能及保健价值，受到许多国家和地区的欢迎。开菲尔不仅具有较高的营养价值，而且其中包含的乳酸菌、醋酸菌和酵母菌的代谢活性成分和抗菌物质对胃肠道疾病、便秘、高血压、贫血、代谢异常疾病等均有一定疗效。此外，研究还证实，开菲尔发酵乳中含有抑制癌细胞增殖的胞外多糖，可降低癌症的发病率，还具有较好的降血脂和降血糖功效。经常食用开菲尔可在人体胃肠道中保持益生菌群的优势作用，减少肠道疾病的发生。

（一）开菲尔粒

开菲尔粒（Kefir grains）是传统 Kefir 的发酵剂，具有不规则的外形，表面卷曲，不平整或高度扭曲，多为白色或浅黄色，具有一定的弹性和特殊的酸味，直径 3~20mm，形似花椰菜。具有活性的开菲尔粒可浮在乳的表面，主要成分是水、黏性多糖、蛋白质、脂质，以及在其上栖息的大量益生菌如乳酸链球菌、乳酸杆菌、明串珠球菌、醋酸菌及酵母菌等。一般来说，开菲尔粒中以乳酸菌数量和种类最多，其次是酵母菌和醋酸菌，但发酵条件的改变可能会影响到菌群的分布模式。开菲尔粒中几种同型发酵的乳杆菌，特别是马乳酒样乳杆菌和高加索酸奶乳杆菌可产生大量的水溶性多糖，即开菲尔多糖，具有一定的生物保健作用。酵母菌在发酵乳品的生产中同样扮演着重要的角色，比如合成氨基酸和维生素等生长必需因子。此外，开菲尔粒中的酵母能否为细菌的生长提供良好的环境，取决于开菲尔粒中微生物菌群间的共生关系，这种共生体系有利于维持菌种间的相互稳定及菌株的生理功能。

（二）开菲尔的生产工艺

1. 工艺流程

开菲尔制作工艺流程如下：

鲜牛奶→预热（70℃）并加白砂糖（同时搅拌）→过滤去杂→均质→杀菌→冷却→接种（开菲尔发酵剂）→分装→保温发酵（25℃）→成熟（6~8℃，12h）→成品

2. 操作要点

（1）开菲尔粒的活化

将开菲尔粒（按 5%的比例）与灭菌牛乳混合，在 25℃下恒温培养 24h，用纱布过滤，并用灭菌凉水对开菲尔粒冲洗 3~4 次，再放入灭菌乳中，25℃培养 24h，过滤，用水冲洗，按上述操作连续多次培养活化，直到颗粒增大并能形成新颗粒为止。

（2）开菲尔发酵剂的制备

开菲尔粒与灭菌牛乳混合，在 25℃下恒温培养 24h，用纱布过滤，将开菲尔粒保存，滤出奶液即为开菲尔发酵剂。

（3）调配、均质与杀菌

在牛乳中加入适量蔗糖及复合稳定剂等进行调配，并在均质机中均质，均质温度为 60℃，均质压力为 25MPa，均质 2 次，在 95℃杀菌 6min，将混合乳冷却至 24~26℃，准备接种。

（4）接种与发酵

在灭菌后的混合乳中，添加一定比例的开菲尔发酵剂，充分搅拌均匀，装杯，封口，然后放入培养箱中恒温发酵。

（5）冷却

发酵结束后置冰箱内冷藏保存。

第六节　微生物在其他食品中的应用

微生物在其他食品中的应用

思考题

1. 常见的发酵食品有哪些，微生物在这些发酵食品中起什么作用？
2. 在发酵生产葡萄酒过程中应注意的问题有哪些？
3. 简述啤酒生产的完整工艺过程。
4. 在酱油生产中对生产原料有什么要求？
5. 为什么说食醋生产是多种微生物参与的结果？常用的菌种有哪些？
6. 柠檬酸在食品中的作用有哪些？
7. 谷氨酸发酵的基本原理是什么？简述谷氨酸的生产工艺及其发酵调控技术。
8. 酸牛乳的发酵菌种有哪些？它们各有怎样的生物学特性？
9. 在双歧杆菌酸奶生产中常用的工艺路线是什么？
10. 纳豆和天贝生产所用的微生物是什么？简述这两种发酵豆制品的工艺过程。

参考文献

[1] 朱军．微生物学［M］．北京：中国农业出版社，2010.
[2] 董明盛，贾英民．食品微生物学［M］．北京：中国轻工业出版社，2006.
[3] 周德庆．微生物学教程［M］．北京：高等教育出版社，2011.
[4] 江汉湖．食品微生物学［M］．北京：中国农业出版社，2010.
[5] 贺稚非．食品微生物学［M］．北京：中国质检出版社，2013.
[6] 唐欣昀．微生物学［M］．北京：中国农业出版社，2009.
[7] 殷文政．食品微生物学［M］．北京：科学出版社，2015.
[8] 沈萍等．微生物学［M］．北京：高等教育出版社，2006.
[9] 胡永金．食品微生物学［M］．长沙：中南大学出版社，2017.
[10] 李平兰．食品微生物学教程［M］．北京：中国林业出版社，2011.

第九章　微生物与食品腐败变质

第九章　微生物与食品腐败变质

人类生存的自然环境是微生物活动的“大本营”，食品在加工、运输、贮藏、销售等过程中，常因卫生条件不良而受到微生物的污染。微生物在适宜的条件下生长繁殖，引起食品变质，甚至产生毒素，引起食物中毒。因此，了解污染食品的微生物主要来源，对于切断污染途径、控制微生物对食品的污染，延长食品保藏时间、防止食品腐败变质与中毒事件发生具有十分重要的意义。一般来说，微生物引起的食品腐败变质与食品基质的性质、污染微生物的种类和数量以及食品所处的环境条件等因素有着密切的关系，这些因素决定着食品是否发生变质，以及变质的程度。食品防腐保藏技术一直是食品科技工作者研究的热点之一，生产实践中应用各种措施，如低温贮藏、高温灭菌、脱水、腌制、发酵、浓缩、添加防腐剂、辐照等，来延长食品货架期。本章主要介绍了微生物的污染来源、各类食品的腐败变质情况以及食品防腐方法，并简单介绍了栅栏技术在食品工业中的应用。

第一节　食品的腐败变质

食品的腐败变质从广义上讲，是指食品由于受到自身组成成分与外界环境因素的影响，造成其原有的物理或化学性质发生改变，食品的色、香、味和营养从量变发展到质变，从而导致食品质量降低或不能食用的现象。引起食品腐败变质的因素很多，主要包括以下几种：因微生物的繁殖，引起食品腐败；因空气的氧化作用，引起食品成分的氧化变质；因食品内部所含的酶类物质（如氧化酶、淀粉酶、蛋白酶等）降解食品成分，致使食品逐渐变质；因昆虫的侵蚀、繁殖和有害物质的间接或直接污染，导致食品的腐败变质。其中由微生物污染引起的各类食品腐败变质最普遍，因此从狭义上讲，食品腐败变质就是指在一定环境条件下，由微生物的作用而引起食品的感官性状和化学组成成分发生变化，使食品降低或失去营养价值和食用价值的过程，故本章只讨论由微生物引起的食品腐败问题。

一、微生物污染食品的来源与途径

微生物在自然环境中分布十分广泛，其所生存的环境决定了微生物分布的类型和数量。食品的微生物污染来源主要是土壤、空气、水、动植物、操作人员、加工设备以及包装材料等（详细参阅第七章）。食品在生产、加工、储藏、运输、销售等环节中，与环境中的微生物会发生各种方式的接触，从而导致食品的微生物污染。食品中微生物污染的途径主要可分为两大类：凡是作为食品加工原料的动植物体在生长过程中，由自身携带的微生物而造成的食品污染，称为内源性污染；食品原料在收获、加工、运输、贮藏、销售过程中，使食品发生的污染称为外源性污染。

（一）土壤

土壤中的微生物种类十分丰富，数量多达 10^6 ~ 10^9 个/g，主要有细菌、放线菌、霉菌、酵母，另外也可能有藻类和原生动物。其中细菌的数量最多，所占比例达 70%~90%，主要有腐生性的球菌、需氧性的芽孢杆菌、厌氧性的芽孢杆菌和非芽孢杆菌等。放线菌次之，占 5%~30%。不同土壤中微生物的种类和数量差异很大，通常土壤越肥沃，土壤中的微生物种类越多。不同土层中微生物的种类和数量也会存在较大差异，表层土壤有一定的团粒结构，疏松透气，适合好氧菌生长；而深层土壤结构致密，适合厌氧菌生长。土壤中的微生物一方面可污染水源和空气，另一方面可污染作为食品加工原料的动植物体表面和内部，同时土壤还是一个开放的环境，也不断遭受其他来源的污染。

（二）空气

空气中的微生物主要来自土壤、水、人和动物体表的脱落物及呼吸道、消化道的排泄物。空气中的微生物主要为细菌的芽孢、放线菌的孢子、霉菌及酵母。不同环境空气中微生物的数量和种类有很大差别。尘埃多的地方，如交通拥挤的地方、公共场所、繁华街道、居民生活区、畜舍以及接近地面的空气中微生物数量较多，空气污浊；而尘埃较少的地方，如高山、海洋、湖泊、森林、市郊、农村田野，以及下雨和下雪之后的空气中微生物数量较少，空气清新。食品暴露于空气中的时间越长，污染则越严重。因此半成品食品在杀菌之前不能存放太久，否则将增加受空气污染的机会，致使菌数增高，用相同的条件杀菌不易彻底。杀菌之后的半成品食品最好也不要暴露于空气中，否则会再次受到空气中微生物的污染。鉴于此，加工食品应要求在封闭条件下操作，从而可减少食品被空气中微生物污染的风险。建议食品工厂不宜建立在闹市区或紧邻交通主干线旁。

（三）水

自然界的海洋、江河和湖泊等水域中存在着众多的微生物，微生物的种类与数量受到水域中有机物和无机物种类和含量、水域温度、深度、光照度、酸碱度以及溶氧量等因素的影响，其中有机物的含量影响最大。一般水中有机物含量越多，微生物就越丰富。海洋、江河和湖泊中的微生物可分为两大类：一类是原本生活在水域中的微生物，如一些自养型微生物；另一类是腐生型微生物，它们是随土壤、污水及腐败的有机质进入水域的。当水体受到土壤和人畜排泄物的污染后，会使病原菌的数量增加。在海洋中生活的微生物主要是细菌，它们具有嗜盐的特性，能够引起海产动植物的腐败，有些菌种还可引起食物中毒。矿泉水、深井水含菌很少。水中与食品有关的微生物主要有大肠杆菌、变形杆菌、假单胞菌、产碱杆菌、芽孢杆菌、梭状芽孢杆菌、微球菌、粪肠球菌等。

食品加工中，水不仅是微生物的污染源，也是微生物污染食品的主要途径。如果使用了微生物污染严重的水作原辅料，则会埋下食品腐败变质的隐患。在原料清洗中，特别是在畜禽屠宰加工中，即使是用洁净自来水冲洗，如方法不当，自来水仍可能成为污染的媒介。

（四）人及动物携带

健康人体的皮肤、头发、口腔、消化道、呼吸道均携带有许多微生物，而感染病原微生物的患者体内会存在大量的病原菌，可通过呼吸道和消化道向体外排出，从而传播疾病。因此，当人体接触食品时，就有可能使身体携带的微生物污染到食品中。其他动物体，如犬、猫、鼠、蟑螂、蝇等的体表及消化道也都带有大量的微生物，接触食品同样会造成微生物的污染。

（五）加工机械设备

各种加工机械设备本身没有微生物所需的营养物，但是，当食品颗粒或汁液残留在其表面，则会使微生物得以在其上生长繁殖。这种设备在使用中会通过与食品的接触而污染食品。

（六）包装材料

各种包装材料，如果处理不当也会带有微生物，其中一次性包装材料比循环使用材料的微生物数量要少。目前许多食品采用塑料包装，加工过程中塑料容易产生静电荷，吸附空气中的灰尘和微生物，增加了微生物污染的机会。

（七）原料及辅料

健康的动、植物原料表面及内部不可避免地带有一定数量的微生物，如果在加工过程中未经正确处理，很容易导致食品变质，有些动物原料食品还有引起疫病传播的可能。

各种调料、淀粉、面粉、糖等辅料，通常仅占食品总量的一小部分，但往往带有大量微生物，调料中含菌可高达 10^8 个/g。原辅料中的微生物主要来源于两方面：一是来自生活在原辅料体表与体内的微生物；二是在原辅料的生长、收获、运输、贮藏、处理过程中的二次污染。被微生物污染的原辅料，最终会导致食品腐败变质。

二、微生物引起食品腐败变质的基本条件

微生物污染食品后，能否导致食品的腐败变质，以及变质的程度和性质如何，受多方面因素的影响。一般来说，食品发生腐败变质，与食品本身的性质、污染微生物的种类和数量、食品所处的环境等因素有着密切的关系，而它们三者之间又是相互作用、相互影响的。

（一）食品本身的特性

1. 食品的营养成分

食品含有丰富的营养物质，如蛋白质、糖类、脂肪、矿物质、维生素和水分等，不仅可供人类食用，而且也是微生物天然的良好培养基。微生物在适宜环境条件下，利用食品中营养物质生长繁殖，使食品发生变质。来自不同原料的食品，蛋白质、糖类、脂肪的含量差异很大。由于微生物分解各类营养物质的能力不同，从而导致引起各类食品腐败的微生物类群具有差异，如肉、鱼等富含蛋白质的食品，容易受到对蛋白质分解能力强的变形杆菌、青霉等微生物的污染而发生腐败；米饭等含糖类较高的食品，易受到曲霉、根霉、乳酸菌、啤酒酵母等对糖类分解能力强的微生物的污染而变质；而脂肪含量较高的食品，易受到黄曲霉和假单胞杆菌等分解脂肪能力强的微生物的污染而发生酸败变质。

2. 食品的 pH

根据食品 pH 值范围不同可将食品划分为两大类：酸性食品和非酸性食品。pH 值在 4.5 以上者，属于非酸性食品；pH 值在 4.5 以下者为酸性食品。几乎所有的动物食品和蔬菜都属于非酸性食品；几乎所有的水果均为酸性食品。

食品的酸度不同，引起食品腐败变质的微生物类群也不同。各类微生物都有其适宜的 pH 值范围，大多数微生物最适生长的 pH 值接近中性，在 pH 6.6~7.5，极少数微生物在 pH 4.0 以下仍然能够生长。一般细菌最适生长 pH 值在 7.0，非酸性食品适合绝大多数细菌的生长。当食品在 pH 5.5 以下时，腐败细菌基本上被抑制，只有少数细菌，如大肠杆菌和个别耐酸细菌（如乳杆菌属）尚能继续生长。酵母菌生长的适宜 pH 值是 3.8~6.0，霉菌生长的适宜 pH 值是 4.0~5.8，因此酸性食品的腐败变质主要是由酵母和霉菌引起的。

微生物在食品中生长繁殖也会引起食品的 pH 值发生改变，当微生物生长在含糖与蛋白质的食品基质中，微生物首先分解糖产酸，使食品的 pH 值下降；当糖不足时，蛋白质被分解，pH 值又回升。由于微生物的活动，使食品基质的 pH 值发生很大变化，当酸或碱积累到一定量时，反过来又会抑制微生物的继续活动。

有些食品对 pH 值改变有一定的缓冲作用，一般来说，肉类食品的缓冲作用比蔬菜类食品大，因肉类中蛋白质分解产生的胺类物质，能与酸性物质起中和作用，从而保持一定的 pH 值。

3. 食品的水分活度（A_w）

水分是微生物生命活动的必要条件，微生物细胞组成不可缺少水，细胞内所进行的各种生物化学反应，均以水为溶媒。在缺水的环境中，微生物的新陈代谢就会受到阻碍，甚至引起死亡。食品中的水分会以游离水和结合水两种形式存在。微生物在食品上生长繁殖，能利用的水分是游离水，因而微生物在食品中的生长繁殖所需水分并不是取决于其总含水量（%），而是取决于水分活度（A_w）。因为食品中的部分水分会与蛋白质、糖类及一些可溶性物质结合，结合水是不能被微生物利用的。因而通常采用 A_w 来表示食品中可被微生物利用的水分含量。

不同种类微生物生长所需的最低 A_w 值差异较大，如多数细菌、酵母菌和霉菌的最低生长 A_w 值分别为 0.90、0.87 和 0.80，但嗜盐性细菌的最低生长 A_w 值为 0.75，耐旱霉菌（如双孢旱霉）和耐高渗酵母（如鲁氏酵母）的最低生长 A_w 值分别为 0.65 和 0.60。由此可见，食品的 A_w 值在 0.65 以下时，多数微生物不易生长。新鲜鱼、肉、果蔬等的 A_w 值一般为 0.98~0.99，因此适合多数微生物生长，如果不及时采取措施降低食品的 A_w 值至 0.60~0.70，则食品很容易变质。据研究，A_w 值为 0.80~0.85 的食品，仅能保存几天；A_w 值在 0.72 左右的食品，可保存 2~3 个月；如果 A_w 值在 0.65 以下，则可保存 1~3 年。

在实际生产中，食品中的水分常用含水量的百分率表示，以此作为控制微生物生长的指标。例如为了达到保藏目的，奶粉含水量应在 8%以下，大米含水量为 13%左右，豆类在 15%以下，脱水蔬菜为 14%~20%。这些物质含水百分率虽然不同，但 A_w 值均在 0.70 以下。

4. 食品的渗透压

渗透压与微生物的生命活动有一定的关系。如将微生物置于低渗溶液中（如 0.1g/L 氯化钠），菌体吸收水分发生膨胀，甚至破裂；若置于高渗溶液中（如 200g/L 氯化钠），菌体则发生脱水，甚至死亡。微生物在低渗透压的食品中有一定的抵抗力，较易生长，而在高渗食品中，微生物常因脱水而死亡。不同微生物种类对渗透压的耐受能力差异很大。

绝大多数细菌不能在较高渗透压的食品中生长，只有少数菌种能在高渗环境中生长，如盐杆菌属（*Halobacterium*）中的一些种的细菌能在食盐浓度为 20%~30%的食品中生长，引起盐腌的肉、鱼、菜的变质；又如肠膜明串珠菌（*Leuconostoc mesenteroides*）能在高糖食品中生长。而酵母菌和霉菌一般可以耐受较高的渗透压，如异常汉逊氏酵母（*Hansenula anomala*）、鲁氏接合酵母（*Saccharomyces rouxii*）、膜醭毕赤氏酵母（*Pichia membranaefaciens*）等能耐受高糖，常引起糖浆、果浆、浓缩果汁等高糖食品的变质；灰绿曲霉（*Aspergillus glaucus*）、青霉属（*Penicillium*）、芽枝孢霉属（*Cladosporium*）等霉菌常引起腌制品、干果类、低水分的粮食霉变。

食盐和糖是形成不同渗透压的主要物质。食盐或糖浓度越高，食品的 A_w 值越小，如食盐含量为 0.87%时，A_w 值为 0.995；食盐含量为 23.1%时，A_w 值为 0.8。通常为了防止食品腐败变质，常用盐腌和糖渍方法来长时间保存食品。

5. 食品自身结构

一些食品表面有天然的外层结构能够保护其不受腐败微生物的侵染和破坏，如种子的种皮、水果的果皮、坚果的壳、动物的皮毛等。表面破损的水果和蔬菜要比表面完好的腐败速度快得多。鱼和肉（如牛肉和猪肉）的表皮能够减缓微生物污染引起的食品腐败，可能是因为其皮层比新鲜的切口表面干燥得更快。

6. 抗菌成分

一些食品能够保持其稳定性，免受微生物的污染，是由于其中含有某些具有特定抗菌作用的天然物质。有些植物中包含具有抗菌作用的香精油，如丁香中的丁香酸，大蒜中的蒜素等都具有抗菌作用。蛋清和鲜乳都含有溶菌酶，蛋清的溶菌酶与伴清蛋白一起为鲜蛋构筑了一个富有长效的抗菌体系。乳过氧（化）物酶体系是牛乳中天然存在的抑菌体系，主要包含三种成分：乳过氧化物酶，硫氰酸盐，过氧化氢。这三种成分是发挥抑菌作用所必需的，尤其是革兰氏阴性菌对其非常敏感。乳过氧（化）物酶体系可以在冰箱没有普及的国家用于鲜奶保鲜。

（二）引起腐败的微生物种类

能引起食品腐败变质的微生物种类很多，主要有细菌、酵母和霉菌，而细菌通常比酵母更容易成为优势菌。

1. 分解碳水化合物类食品的微生物

绝大多数的细菌具备分解单糖或双糖的能力，其中利用单糖的能力极为普遍，某些细菌甚至还能利用有机酸或醇类。细菌中能强烈分解淀粉的为数不多，主要是芽孢杆菌属和梭状芽孢杆菌属的某些种，如枯草芽孢杆菌（*Bacillus subtilis*）、巨大芽孢杆菌（*Bacillus megaterium*）、马铃薯芽孢杆菌（*Bacillus mesentericus*）、蜡样芽孢杆菌（*Bacillus cereus*）、淀粉梭状芽孢杆菌（*Clostridium amylobacter*）等，它们是引起米饭发酵、面包黏液化的主要菌株。能分解纤维素和半纤维素的细菌更少，仅有来自芽孢杆菌属、梭状芽孢杆菌属和八叠球菌属（*Sarcina*）的少数种可以。能分解果胶的细菌主要是来自于芽孢杆菌属、欧氏杆菌属（*Erwinia*）、梭状芽孢杆菌属中的部分菌株，如多黏芽孢杆菌（*Bacillus polymyxa*）、胡萝卜软腐病欧氏杆菌（*Erwinia carotovora*）、费地浸麻梭状芽孢杆菌（*Clostridium felsineum*）等，它们参与了果蔬的腐败。

多数霉菌具有分解简单碳水化合物的能力；能够分解纤维素的霉菌也不多，常见的有青霉属、曲霉属、木霉属等中的几个种，其中绿色木霉（*Trichoderma viride*）、里氏木霉（*Trichoderma reesei*）、康氏木霉（*Trichoderma koningi*）分解纤维素的能力特别强。分解果胶质活力强的霉菌有曲霉属、毛霉属、蜡叶芽枝霉（*Cladosporium herbarum*）等；曲霉属、毛霉属和镰刀霉属（*Fusarium*）等还具有能够代谢某些简单有机酸和醇类的能力。

绝大多数酵母菌不能水解淀粉，但能降解有机酸。只有少数酵母菌如拟内孢霉（*Endomycopsis*）能分解多糖，以及极个别酵母菌如脆壁酵母（*Saccharomyces fragilis*）能分解果胶。

2. 分解蛋白质类食品的微生物

能够分解蛋白质而使食品变质的微生物，主要是细菌、霉菌和酵母菌，它们多数是通过分泌胞外蛋白酶来分解蛋白质的。

细菌都有分解蛋白质的能力，其中芽孢杆菌属（*Bacillus*）、梭状芽孢杆菌属（*Clostridi-*

um）、假单胞菌属（*Pseudomonas*）、变形杆菌属（*Proteus*）、链球菌属（*Streptococcus*）等分解蛋白质能力较强，即使没有糖分存在，它们也能在以蛋白质为主要成分的食品上生长良好。需要注意的是，虽然肉毒梭状芽孢杆菌分解蛋白质能力很微弱，但因该菌为厌氧菌，可以引起肉类罐头食品的腐败变质。

许多霉菌都具有分解蛋白质的能力，霉菌比细菌更能利用天然蛋白质。常见的有青霉属、毛霉属（*Mucor*）、曲霉属（*Aspergillus*）、木霉属（*Trichoderma*）、根霉属（*Rhizopus*）等，其中沙门柏干酪青霉（*Penicillium camemberti*）和洋葱曲霉（*Aspergillus alliaceus*）能迅速分解蛋白质。当环境中有大量碳水化合物存在时，更能促进蛋白酶的形成。

多数酵母菌对蛋白质的分解能力极弱，如啤酒酵母属（*Saccharomyces*）、毕赤氏酵母属（*Pichia*）、汉逊氏酵母属（*Hansenula*）、假丝酵母属（*Candida*）等能使凝固的蛋白质缓慢分解。但在某些食品上，酵母菌竞争不过细菌。

3. 分解脂肪类食品的微生物

分解脂肪的微生物能生成脂肪酶，使脂肪水解为甘油和脂肪酸。通常而言，对蛋白质分解能力强的需氧性细菌，大多数也能分解脂肪。细菌中的假单孢菌属（*Pseudomonas*）、无色杆菌属（*Achromobacter*）、黄色杆菌属（*Flavobacterium*）、产碱杆菌属（*Alcaligenes*）和芽孢杆菌属中的许多种，都具有分解脂肪的特性。其中分解脂肪能力特别强的是荧光假单孢菌（*Pseudomonas fluorescens*）。

能分解脂肪的霉菌比细菌多，在食品中常见的有曲霉、白地霉（*Geotrichum candidum*）、代氏根霉（*Rhizopus delemar*）、娄地青霉（*Penicillium roqueforti*）和芽枝霉（*Phycomycetes*）等。

酵母菌分解脂肪的菌种不多，主要是解脂假丝酵母（*Candida lipolytica*），这种酵母对糖类不发酵，但分解脂肪和蛋白质的能力却很强。因此，在肉类食品、乳及其制品中脂肪酸败时，也应考虑是否因酵母菌而引起。

（三）食品的外界环境条件

食品中污染的微生物能否生长繁殖造成食品的腐败变质，还与环境条件密切相关，影响食品变质的环境因素和影响微生物生长繁殖的环境因素一样，也是多方面的。有些内容已在前面有关章节中讨论过，故不再重复，仅就影响食品变质的最重要的几个因素，例如温度、湿度和气体等进行介绍。

1. 温度

根据微生物生长的最适温度，可将微生物分为嗜冷、嗜温、嗜热三个生理类群。每一类群微生物都有最适宜生长的温度范围，但这三个类群的微生物又都可以在20~30℃生长繁殖，当食品处于这种温度的环境中，各种微生物都可生长繁殖而引起食品的变质。

在5°C及以下条件时，嗜温微生物和嗜热微生物都不宜生长繁殖，只有部分嗜冷微生物可以保持活力，因此它们是引起冷藏、冷冻食品变质的主要微生物。这些微生物虽然能在低温条件下生长，但其新陈代谢活动极为缓慢，它们分解食品引起腐败的能力也非常微弱，甚至完全丧失。这正是低温可以保持食品品质的原因或者说是低温保藏的基础。

当温度在45℃以上时，仍有少部分嗜热微生物（又称高温微生物）能生长，在高温条件下，嗜热微生物的新陈代谢活动加快，所产生的酶对蛋白质和糖类等物质的分解速度也比一般嗜温细菌快7~14倍，因而使食品发生变质的时间缩短。由于它们在食品中经过旺盛的生长繁殖后，很容易死亡，所以在实际中，若不及时进行分离培养，就会失去检出的机会。高温微生物造成的食品变质主要是酸败、分解糖类产酸而引起。

2. 湿度

空气中的湿度高低对微生物生长和食品变质有较大影响，尤其是未经包装的食品。例如，将含水量低的脱水食品置于湿度大的地方，食品则易吸潮，表面水分迅速增加。长江流域梅雨季节，粮食、物品容易发霉，就是空气湿度太大（相对湿度 70%以上）的缘故。A_w值反映了溶液和作用物的水分状态，而相对湿度则表示溶液和作用物周围的空气状态。当两者处于平衡状态时，$A_w \times 100$ 在数值上等于大气和作用物平衡后的相对湿度。贮藏环境的相对湿度对食品的 A_w 和食品表面的微生物生长有较大影响。若将低 A_w 的食品置于相对湿度高的环境中，食品将吸收水分直至达到平衡，因而当食品的 A_w 较低时，贮藏环境的相对湿度不能太高，否则食品的 A_w 增加，将导致微生物的生长。故那些易因霉菌、酵母和某些细菌的生长而腐败的食品应在较低相对湿度条件下贮藏。

3. 气体状况

不同微生物的生长对氧气的依赖程度不同。一般在有氧环境中，多数好氧和兼性厌氧的细菌、兼性厌氧的酵母菌、好氧的霉菌进行有氧呼吸，生长、代谢速度快，食品变质速度也快。在无氧的环境中，能够生长繁殖的多数兼性厌氧菌和厌氧菌于食品中的繁殖速度缓慢，因此引起食品的变质速度较慢。

新鲜食品原料中会含有还原性物质，如植物组织常含有维生素 C 和还原糖、动物组织含有巯基，都具有抗氧化能力，能使动植物组织内部保持一段时间的少氧状态，因此新鲜食品原料内部能生长的微生物，主要是厌氧或兼性厌氧微生物。但食品原料经过加工处理，如加热可使食品中含有的还原性物质被破坏，同时也可因加工使食品的组织状态发生改变，这样氧就可以进入组织内部，好氧微生物随之生长繁殖，使食品腐败变质加速。

三、微生物引起的食品腐败变质的机制

食品的腐败变质实质上是食品中碳水化合物、蛋白质、脂肪等主要营养成分，在微生物或自身组织酶的作用下分解变化、产生有害物质的过程。粮食和水果采摘后的呼吸作用、新鲜肉类和鱼类的后熟均可引起食品成分的降解，食品组织破损和细胞膜破裂，也为微生物侵入提供有利条件，最终导致食品的腐败变质。

（一）食品中碳水化合物的分解

由微生物引起糖类物质发生的变质，习惯上称为发酵或酵解。食品中的碳水化合物主要包括纤维素、半纤维素、淀粉、糖原以及双糖和单糖等，含这些成分较多的食品主要是粮食、蔬菜、水果和糖类及其制品。在微生物、动植物组织中的各种酶及其他因素作用下，碳水化合物发生水解，分解为单糖、醇、醛、羧酸、二氧化碳和水等低级产物。含碳水化合物较高的食品变质的主要特征为，酸度升高、产气和稍带有甜味、醇类气味等。根据食品种类不同也表现为糖、醇、醛、酮含量升高或产气（CO_2），有时带有这些产物特有的气味。水果中果胶可被微生物所产生的果胶酶分解，使新鲜果蔬软化。

（二）食品中蛋白质的分解

由微生物引起蛋白质食品的变质，通常称为腐败。肉、蛋、鱼和豆制品等富含蛋白质的食品，在动植物组织酶以及微生物分泌的蛋白酶和肽链内切酶等的作用下，蛋白质被分解成多肽，进而裂解形成氨基酸。氨基酸再进一步分解成相应的胺类、有机酸和各种碳氢化合物。各种不同的氨基酸分解产生的腐败胺类和其他物质各不相同，甘氨酸产生甲胺，鸟氨酸产生腐胺，精氨酸产生色胺进而分解成吲哚，含硫氨基酸分解产生硫化氢、氨和乙硫醇等，

这些物质都是蛋白质腐败产生的主要臭味成分，也是含蛋白质较高的食品变质的主要特征。

（三）食品中脂肪的分解

虽然脂肪发生变质主要是由于化学作用引起，但是许多研究表明，它与微生物也有着密切的关系。一般把食品中脂肪的变质称为酸败，脂肪在微生物或动植物组织中的解脂酶作用下，使食物中的中性脂肪分解成甘油和脂肪酸。不饱和脂肪酸的不饱和键可形成过氧化物；脂肪酸可进而氧化分解、断链形成具有不愉快味道的醛类（或醛酸）和酮类（或酮酸），即所谓的“哈喇”气味，这就是食用油脂和含脂肪丰富的食品发生酸败后感官性状改变的原因。油脂中的饱和脂肪酸及天然抗氧化物质（如维生素 E）、芳香化合物含量高时，可减慢氧化和酸败。脂肪发生变质的特征是产生酸和刺激的哈喇气味。

经过上述过程，腐败变质的食品最终表现出使人难以接受的感官性状，如异常颜色、刺激气味、组织溃烂、发黏等，导致营养物质分解、营养价值下降。同时，食品的腐败变质可产生对人体有害的物质，如蛋白质类食品的腐败可生成某些胺类使人中毒，脂肪酸败产物会引起人的不良反应及中毒。若微生物严重污染食品，会增加致病菌和产毒菌存在的机会。微生物产生的毒素分为细菌毒素和真菌毒素，它们都能引起食物中毒，有些毒素还能引起人体器官的病变甚至癌变。

第二节　鲜乳的腐败变质

乳的营养成分比较完全，含有丰富的蛋白质，极易吸收的钙和丰富的维生素等，因此极易因微生物污染而腐败变质。各种不同来源的乳，如牛乳、羊乳、马乳等，其成分虽各有差异，但都含有丰富的营养成分，以鲜牛乳为例，其主要成分为水 87.5%，蛋白质 3.3%～3.5%，脂肪 3.4%～3.8%，乳糖 4.6%～4.7%（乳糖占乳中总糖的 99.8%），灰分 0.70%～0.75%。营养素丰富的牛乳是多种类群微生物生长和繁殖的良好培养基，在适宜条件下，污染牛乳的微生物（包括病原菌）会迅速繁殖，引起牛乳腐败变质，甚至引起食物中毒或其他传染病的传播。污染的微生物能分解乳糖、蛋白质和脂肪，并最终以乳糖发酵、蛋白质腐败和脂肪酸败导致牛乳腐败变质。

一、鲜乳中微生物的污染来源

（一）挤乳前的微生物污染

在健康乳畜的乳房内，仍然可能存在一些细菌。这些微生物从乳头管侵入乳房内，还有的从皮肤外伤部位通过毛细血管侵入，其中病原菌可从血液直接侵入。健康乳牛的乳房内细菌数较少，一般平均每毫升为 200 个左右。乳房中的正常菌群主要是微球菌属（*Micrococcaceae*）和链球菌属，其次是棒状杆菌属（*Corynebacterium*）和乳杆菌属等细菌，由于这些细菌能适应乳房的环境而生存，称为乳房细菌。挤出的最初乳中含细菌数较多，为每毫升 6000 个左右。若将挤出的最初乳弃掉，则乳中菌数可降到每毫升 400 个左右。但在患有乳房炎病的乳牛所产的乳中，微生物含量较高，乳液中可检出乳房炎病原菌。乳房炎是牧场乳牛的一种常见病，引起乳房炎的病原微生物有无乳链球菌（*Streptococcus agalactiae*）、乳房链球菌（*Streptococcus uberis*）、金黄色葡萄球菌（*Staphylococcus aureus*）、化脓性棒状杆菌（*Corynebacterium pyogenes*）以及埃希氏大肠杆菌（*Escherichia coli*）等。患有乳房炎乳牛产的乳液中，除可以检出病原菌外，乳的性状一般也会发生变化，如非酪蛋白氮的增多，过氧化物酶的活性增强，pH 值升高，乳糖、脂肪含量减少等。

（二）挤乳过程中的微生物污染

挤乳过程中最易污染微生物，是牛乳中微生物污染的主要来源。在严格注意环境卫生的良好条件下挤乳，将获得菌数低、质量好的牛乳。当乳牛场卫生条件不良时，在挤乳阶段最易被霉菌、酵母菌和细菌污染。污染微生物的种类、数量直接受牛体表面卫生状况，牛舍的空气、水源，挤奶的用具、设备和容器，挤奶工人或其他管理人员个人卫生情况等的影响，牛舍中的饲料、牛的粪便、地面的土壤、牛体自身、空气、苍蝇等，都是直接或间接污染乳液的主要来源。

（三）挤奶后的微生物污染

挤奶后被微生物污染的机会仍然很多，若不及时加工或冷藏不仅会增加新的污染机会，而且会使原来存在于鲜乳内的微生物数量增多，故挤乳后要尽快进行过滤、冷却，使乳温尽快下降至 6℃以下。加工设备和管路的及时清洗消毒也极为重要。此外，车间内外的环境卫生条件如空气、苍蝇、工作人员的卫生状况，都和牛乳的污染存在密切的关系。

微生物在常温状态下的乳中容易繁殖，特别是当气温升高到 30℃以上时，乳液变质非常快，在运输过程中，乳液不断振荡，相当于通风搅拌，更会加速微生物的繁殖而导致变质。

二、引起鲜乳腐败变质的微生物种类

污染鲜乳的微生物有多种类群，通过不同的途径进入乳液中，但最为常见的是细菌，其次为酵母菌和霉菌，现分述如下：

（一）牛乳中的细菌种类

牛乳中细菌的种类较多，主要有乳酸菌、丁酸菌、产气肠细菌、产碱菌、胨化菌以及致病菌等。

1. 乳酸菌类

在鲜乳中普遍存在，是一类能使碳水化合物分解而产生乳酸的革兰氏阳性兼性厌氧细菌，可使牛乳变酸。乳酸菌数量较多，约占鲜乳总菌数的 80%。主要有链球菌属中的嗜热链球菌（*Streptococcus thermophilus*）、液化链球菌（*S. liquefacient*），乳球菌属中的乳酸乳球菌（*Lactococcus lactis*）、乳酸乳球菌乳脂亚种（*L. lactis* subsp. *cremoris*），肠球菌属（*Enterococcus*）中的粪肠球菌（*E. faecalis*），乳杆菌属中的嗜酸乳杆菌（*Lactobacillus acidophilus*）、嗜热乳杆菌（*L. thermophilus*）、德氏乳杆菌保加利亚亚种（*L. delbrueckii* subsp. *bulgaricus*）、干酪乳杆菌（*L. casei*）等。乳酸杆菌类在牛乳及其制品中繁殖较乳酸球菌类缓慢，但在耐酸方面较乳链球菌强。这类菌在健康的牛乳房中不存在，是通过青贮饲料、厩肥、尘埃等侵入到乳中的。

2. 丁酸菌

能分解糖类产生丁酸、CO_2 和 H_2 的细菌为丁酸菌。乳牛在草场放牧中很少污染丁酸菌，主要通过质量不良的青贮饲料、卫生管理不良的牛场、牛粪及含有牛粪的土壤和水等途径污染。丁酸菌已被证实约有 20 多种，在牛乳中繁殖的丁酸菌以丁酸梭菌（*Clostridium butyricum*）为主。

3. 产气菌

能分解各种糖类产生乳酸及其他有机酸，使牛乳凝固，并伴有 CO_2 和 H_2 产生的微生物称为产气菌。易存在于牛乳中的产气菌为埃希氏大肠杆菌和产气杆菌（*Aerobacter aerogenes*），二者都属于革兰氏阴性短杆菌。这类微生物既有好氧性的，也有兼性厌氧的，在形态学和生理学性质上很相似，一般总称为大肠菌群。

4. 产碱菌

该菌能将牛乳中柠檬酸盐分解为碳酸盐，使牛乳呈碱性反应，是好氧性的革兰氏阴性杆状细菌。主要有粪产碱杆菌（*Alcaligenes faecalis*），存在于动物肠道内，适宜生长温度为25~37℃，可由粪便混入牛乳中。其次为黏乳产碱菌（*Al. viscolactis*），适宜生长温度为10~26℃，常存在于水中，可由水混入牛乳中，使牛乳变稠。

5. 胨化菌

是一类能分解蛋白质的细菌。凡能使不溶解状态的蛋白质变成溶解状态的简单蛋白质的一类细菌，统称为胨化菌。胨化菌能产生蛋白酶，使凝固的蛋白质消化成为可溶状态。胨化菌在生乳中会被乳链球菌抑制，短时不会出现危害作用，主要胨化菌有枯草芽孢杆菌、荧光假单孢菌、液化链球菌等。

6. 病原菌

牛乳中有时还存在各种病原菌，如人体病原菌、牛体病原菌以及人畜共患的病原菌。

（1）来自人体

主要有伤寒沙门氏菌（*Salmonella typhi*）、副伤寒沙门氏菌（*S. paratyphoid*）、痢疾志贺氏菌（*Shigella dysenteriae*）、猩红热链球菌（*Streptococcus scarlatinae*）、白喉棒杆菌（*Corynebacterium diphtheriae*）、霍乱弧菌（*Vibrio cholerae*）。

（2）来自牛体

主要有金黄色葡萄球菌、乳房链球菌、无乳链球菌、致病性大肠埃希氏菌、化脓棒状杆菌（*Corynebacterium pyogenes*）等。

（3）人畜共患病原菌

主要有结核分枝杆菌（*Mtuberculosis tuberculosis*）、流产布鲁氏杆菌（*Brucella abortus*）、炭疽杆菌（*Bacillus anthraci*）、溶血链球菌（*Streptococcus hemolyticus*）等。因此，饮用未经消毒的生牛乳是很危险的。

7. 耐热菌和嗜冷菌

鲜乳中微生物有一部分为耐热菌，在微球菌属、微杆菌属、芽孢杆菌属、梭状芽孢杆菌属、节杆菌属、产碱杆菌属、链球菌属及肠球菌属中，个别菌种的细菌具有耐热性。鲜乳中的嗜冷菌主要以革兰氏阴性杆菌为主，其中假单胞菌属占50%左右。此外还有黄杆菌属、无色杆菌属、产碱杆菌属、微球菌属、变形杆菌属等属内的一些菌种和大肠菌群，以及嗜冷性芽孢杆菌。鲜乳中的嗜冷菌主要由于挤乳用具、设备清洗和杀菌不彻底所致。

（二）牛乳中的霉菌和酵母菌

牛乳中常存在的霉菌有白地霉、酸腐节卵孢霉（*Oospora lactis*）、乳酪节卵孢霉（*O. casei*）、灰绿青霉（*Penicillium glaucum*）、灰绿曲霉和黑曲霉（*Aspergillus niger*）。牛乳中常常发现的酵母菌主要有脆壁酵母、解脂假丝酵母、球拟圆酵母（*Torulopsis globosa*）等。

三、鲜乳中微生物的活动规律与腐败变质过程

鲜乳与消毒乳都残留一定数量的微生物，特别是污染严重的鲜乳，消毒后仍残存较多的微生物，常引起乳的酸败，这是乳发生变质的主要原因。刚挤出的鲜乳放置于室温中，可观

察到微生物引起的乳液变质过程中乳所特有的菌群交替现象，分为抑制期、乳酸链球菌期、乳酸杆菌期、真菌期和胨化菌期五个阶段。

（一）抑制期（混合菌群期）

刚挤出的鲜乳含有溶菌酶等多种抑菌物质，使乳汁本身具有抗菌特性。但这种特性延续时间的长短，随乳汁温度和微生物的污染程度而不同。一般情况下，由于乳中抑菌物质的存在，新挤出的乳迅速冷却到0℃可保持48h，5℃可保持36h，10℃可保持24h，25℃可保持6h，30℃仅可保持2h。如果温度升高，则杀菌或抑菌作用增强，但抑菌物质持续时间会缩短。在抑菌物质持续时间内，乳液含菌数不会增高，有时甚至减少；但持续时间过后，乳中存在的微生物便迅速增殖。

（二）乳酸链球菌期

鲜乳中的抗菌物质减少或消失后，存在于乳中的微生物，如乳酸链球菌（*Streptococcus lactis*）、乳酸杆菌（*Lactobacillus lactis*）、大肠杆菌和一些蛋白质分解菌等迅速繁殖，其中乳酸链球菌生长繁殖居优势，分解乳糖产生乳酸。由于酸度的增高，抑制了其他腐败菌、产碱菌的生长。当pH值下降至4.5左右时，乳酸链球菌的生长被抑制，数量开始减少（此期已出现酸凝固）。

（三）乳酸杆菌期

在pH值降至6左右时，乳酸杆菌的活动逐渐增强。当乳液的pH值下降至4.5以下时，由于乳酸杆菌耐酸力较强，尚能继续繁殖并产酸，乳中出现大量乳凝块，并有大量乳清析出，该时期约有2d。在此时期，一些耐酸性强的丙酸菌、酵母菌和霉菌也开始生长，只是乳酸杆菌占有优势。

（四）真菌期

当pH值继续下降至3.0~3.5时，多数细菌生长受到抑制或死亡，而霉菌和酵母菌尚能适应高酸度环境，并能利用乳酸和其他有机酸大量生长繁殖，因而使乳的pH值回升至接近中性。

（五）腐败期（胨化菌期）

经过以上几个阶段，乳中的乳糖已基本消耗掉，而蛋白质和脂肪含量相对较高，因此，此时能分解利用蛋白质和脂肪的假单胞菌属、芽孢杆菌属、变形杆菌属、无色杆菌属、黄杆菌属、微球菌属等细菌开始生长繁殖，从而使凝乳块逐渐被消化，乳的pH不断上升，向碱性转化，并有腐败的臭味产生。

在冷藏温度下，乳中嗜温菌和嗜热菌生命活动受到抑制，但嗜冷菌能生长繁殖和进行代谢活动，从而引起冷藏乳的变质，出现脂肪酸败、蛋白质腐败现象，有时还产生异味、苦味、变色现象，形成黏稠乳。多数假单胞菌能产生脂肪酶和蛋白酶，而且在低温时两种酶的活性很强，例如，荧光假单胞菌（*Pseudomonas fluorescens*）的蛋白酶产量在0℃时最大，其脂肪酶在0℃时活性也最大，而且温度越低产酶量越多，该菌还会使牛乳带鱼腥味和产生棕色色素。其他几种嗜冷菌，如黄杆菌属、无色杆菌属、产碱杆菌属中的许多种也有分解蛋白质和脂肪的特性。低温下嗜冷菌生长繁殖速度较慢，引起变质的速度也较慢，在10℃以下贮藏2~3d内乳不会出现变质。含菌数4×10^6个/mL的鲜乳于2℃冷藏，经5~7d后出现变质。0℃贮藏鲜乳有效期一般为10d以内，10d过后即可变质。

四、鲜乳的净化、消毒和灭菌

（一）净化

鲜乳消毒前通常会经过净化处理，以除去因挤奶过程中不慎被污染的草屑、牛毛等非溶解性杂质。这类杂质上常常带有一定数量的微生物，杂质污染鲜乳后，附着在上面的微生物便可扩散到乳中。鲜乳经过净化以后，降低了微生物的数量，对鲜乳的消毒极为有利。净化的方法一般采用过滤法和离心法。过滤法一般采用3~4层纱布过滤，过滤的效果决定于过滤器空隙的大小，例如，鲜乳经过减压砂滤，除菌率可达90%以上。离心法借助于离心机强大的离心力作用，使鲜乳达到净化目的。净化只能降低微生物的含量，无论哪种净乳方式都无法达到完全除菌。

（二）消毒

神奇的巴氏灭菌法

为了饮用者的健康和延长贮藏期，鲜乳必须消毒，以杀死乳中可能存在的病原菌和其他多数微生物。为了最大限度地消灭鲜乳中的微生物，又要最高限度地保留鲜乳的营养成分和风味，各国乳品生产中常采用的消毒方法是加热处理。我国的原料乳质量标准是：菌落总数 $<2\times10^6$ CFU/g（mL），体细胞（白细胞）$<4\times10^5$ 个/mL，牛群无布氏病和结核病。最好选用挤乳后在10℃贮藏不超过2h的鲜乳生产消毒乳。若原料乳不符合微生物标准，即使用相同的条件杀菌也不易彻底，致使产品不达标。在对原料乳进行消毒时除考虑杀死病原菌外，还要尽量减少因高温导致的原料乳色、香、味和营养成分的破坏。常用的消毒方法有：

（1）低温长时消毒法

杀菌条件为63~65℃，保持30min。目前市场上见到的玻璃瓶装、罐装的消毒乳就是常用这种方法，但是此法消毒时间较长，且杀菌效果不太理想。

（2）高温短时消毒法

杀菌条件为72~75℃，保持4~6min；或80~85℃，保持10~15s；或85~95℃，保持2~3s，此法适于牛乳的连续消毒，但若原料污染严重时，则难以保证消毒的效果。

牛乳经过消毒，并未达到完全灭菌，消毒鲜乳中还存在着一些耐热性较强的细菌，这些耐热性细菌，处在10℃以下时，生长非常缓慢，接近停滞。因此鲜乳消毒后应于10℃以下冷藏，可以短时期保存。

（三）灭菌

对于污染严重的鲜乳，虽然经过消毒，已不能检出病原菌和大肠菌群，但杂菌总数含量还相当高，鲜乳在贮存过程中有可能由此而引起腐败变质。因此，目前世界上已采用了超高温瞬时灭菌法来处理鲜乳。灭菌方法分间接式和直接式加热两种。此法是将鲜乳加热至120~150℃，保持2~3s，主要是杀死耐热性强的芽孢细菌，鲜乳中的细菌经过超高温瞬时灭菌后，细菌的死亡率几乎可达100%。由于超高温的温度不同，其灭菌效果也不同，例如，牛乳经过130~135℃加热2min后，芽孢菌数可减少至原有的1/100，其他非芽孢细菌可以全部杀死；当138℃加热2s，乳中的耐热性芽孢菌还不能完全被杀死，必须加热至142℃时才有效。因此，污染严重的鲜乳，加热温度必须大于142℃。超高温瞬时灭菌法虽然有利于鲜乳的保藏，但乳液中可能会产生硫化氢臭味、乳清蛋白变性而沉淀以及羰氨反应的褐变现象。此法最大的优点是生产效率显著提高，但生产成本也相应增加。

（四）鲜乳的防腐

在鲜乳中加入适量防腐剂是为了加强消毒效果，或者是降低杀菌温度，避免因超高温灭菌产生不良影响。例如在消毒乳中加入 30~50mg/L 的乳酸链球菌素（Nisin），产品货架期可延长 1 倍。

第三节　肉类的腐败变质

肉类富含蛋白质和脂肪，水分含量高，pH 近中性，是微生物生长的良好培养基。肉类中的微生物以能分解利用蛋白质、脂肪的为主要类群，并最终以蛋白质腐败、脂肪酸败的肉类变质为基本特征。减少和控制微生物对肉类的污染和在肉品上的繁殖，防止食物中毒、某些传染病、寄生虫病以及肉类变质的发生，是保证肉类食品卫生质量的工作重点。

一、鲜肉中微生物的污染来源

健康良好、饲养管理正常的牲畜肌肉组织内部一般无菌，但身体表面、消化道、上呼吸道、免疫器官中有微生物存在。例如，未经清洗的动物毛皮上微生物数量为 10^5~10^6CFU/cm^2，如果毛皮沾有粪便，微生物的数量更多。肉类表面总会有微生物存在，有时肉的内部也会有微生物存在。其污染原因可分为内源性和外源性两个方面。

内源性污染是指来自动物体内的微生物污染。动物在宰杀之后，原来存在于消化道、呼吸道或其他部位的微生物有可能进入组织内部，造成污染。某些老弱、饥饿、疲劳的动物，由于其防御机能减弱，外界微生物也会侵入某些肌肉组织内部。此外，被病原菌感染的动物，有时在它们的组织内部也有病原菌存在。

外源性污染是指在牲畜宰杀时和宰杀后从环境中带来的污染。牲畜屠宰时，在放血、脱毛、剥皮、去内脏、分割等过程中，造成多次污染微生物的机会，微生物通过屠宰用具、用水、泥土、空气、动物毛皮和粪便、人手等途径污染肉类表面，成为肉类的主要污染源。例如，放血所使用的刀被污染，则微生物可进入血液，经由大静脉管而侵入胴体深处。宰后的运输、销售、储存等过程中的不清洁的因素也是肉类污染源。

二、引起肉类腐败变质的微生物种类

造成肉类腐败变质的微生物一般有腐生微生物和病原微生物。腐生微生物包括细菌、酵母菌和霉菌，但主要是细菌，它们污染肉品，使肉品发生腐败变质。

1. 细菌

主要是需氧的革兰氏阳性菌，如蜡样芽孢杆菌、枯草芽孢杆菌和巨大芽孢杆菌等；需氧的革兰氏阴性菌，如假单胞菌属、无色杆菌属、黄色杆菌属、产碱杆菌属、变形杆菌属、埃希氏杆菌属（*Escherichia*）等；此外还有腐败梭菌（*Clostridium septicum*）、溶组织梭菌（*C. histolyticum*）和产气荚膜梭菌（*C. perfringens*）等厌氧梭状芽孢杆菌。

在冷藏鲜肉表面还会存在一些嗜冷菌，是冷藏鲜肉的重要变质菌。常见的嗜冷菌有假单

胞菌属、莫拉氏菌属（*Moraxella*）、不动杆菌属（*Acinetobacter*）、乳杆菌属和肠杆菌科某些属的细菌。在冷藏肉表面微生物菌群中占优势的菌类随贮存条件的不同而有变化。例如，冷藏鲜肉在有氧条件下贮存，由于假单胞菌的旺盛生长消耗大量的氧气，会抑制其他菌类的繁殖，故表现为假单胞菌占优势，冷藏温度越低，这种优势越明显；在鲜肉表面干燥部分表现为乳杆菌占优势；在 pH 高的冷藏鲜肉上不动杆菌占优势。

2. 酵母菌和霉菌

常见的酵母菌有假丝酵母属、红酵母属（*Rhodotorula*）、球拟酵母属（*Torulopsis*）、隐球拟酵母属（*Cryptococcus*）和丝孢酵母属（*Trichosporon*）等；常见的霉菌有青霉属、曲霉属、毛霉属、根霉属、交链孢霉属（*Alternaria*）、芽枝孢霉属、丛梗孢霉属（*Monilia*）和侧孢霉属（*Sporotrichum*）等。其中腊叶芽枝霉（*Cladosporium herbarum*）可以导致冷冻肉产生黑斑点。

3. 病原微生物

鲜肉中的病原菌分为两种：一种是仅对某些牲畜致病而对人不致病；另一种是人畜共患的病原菌。可能存在的病原菌有沙门氏菌（*Salmonella*）、结核分枝杆菌、布鲁氏杆菌（*Brucella*）、炭疽杆菌、猪丹毒丝菌（*Erysipelothrix rhuriopathiae*）、金黄色葡萄球菌、肉毒梭菌（*Clostridium botulinum*）、小肠结肠炎耶尔森氏菌（*Yersinia enterocolitica*）、猪瘟病毒、口蹄疫病毒等。它们对肉的主要影响是传播疾病，造成食物中毒，其中沙门氏菌最为常见。

三、鲜肉的变质

新鲜肉保管不善，容易腐败变质。肉类的腐败，主要是由外界的微生物污染其表面后繁殖所致。影响微生物在肉类上生长的因素包括有：肉类的营养成分、pH、氧化还原电位（Eh）、缓冲能力、肉的水分活度（A_w）、组织结构、肉类加工和贮存温度、环境相对湿度等条件。

（一）鲜肉变质的基本条件

（1）污染状况

肉类卫生条件越差，污染的微生物越多，越容易变质。

（2）A_w 值

肉的表面湿度越大，越容易变质。

（3）pH 值

动物生活时，肌肉 pH 值为 7.1~7.2；放血后 1h，pH 值下降至 6.2~6.4，24h 后 pH 降为 5.5~6.0。pH 的降低是由于肌肉组织中存在的酶将糖原转化成葡萄糖，葡萄糖再经过糖酵解产生乳酸，乳酸使 pH 下降。肉的这种 pH 变化可在一定程度上抑制细菌的生长。pH 越低，抑制作用越强。若牲畜宰杀前处于应激或兴奋状态，则消耗体内的糖原，使宰后的肉的 pH 接近 7.0，此时肉更易变质。

（4）温度

温度越高越容易变质。低温可以抑制微生物的生长繁殖，但鲜肉在 0℃ 和通风干燥条件下，只能保存 10d 左右，10d 过后也会变质。

（二）鲜肉腐败变质过程

鲜肉变质实际就是蛋白质的腐败或腐化、脂肪的酸败和糖类的发酵作用。蛋白质的腐败主要是由于腐败菌的分解，产生氨气、胺类、吲哚、甲基吲哚（粪臭素）、乙硫醇、硫化氢等物质，其结果不仅破坏了肉的营养成分，而且产生严重的恶臭味，同时产生的尸胺、腐胺、组胺还具有毒性。脂肪经酸败分解成脂肪酸和甘油等产物，例如卵磷脂被酶解，形成脂肪酸、甘油、磷酸和胆碱，胆碱可被进一步转化为三甲胺、二甲胺、甲胺、蕈毒碱和神经碱，三甲胺可再被氧化成带有鱼腥味的三甲胺氧化物。肉中含有的少量糖则被乳酸菌和某些酵母菌分解为挥发性有机酸。

刚宰杀的牲畜，肉的温度（37℃）正适合微生物生长繁殖，因此应尽快将肉进行表面干燥、冷却并冷藏。肉体及时通风干燥的目的是使肉的表面肌膜和浆液凝固形成一层薄膜，可固定和阻止微生物侵入内部，从而延缓肉的变质。宰后畜禽的肉体由于有酶的存在，肉组织产生自溶作用，结果使蛋白质分解产生蛋白胨和氨基酸，这样更有利于微生物的生长。随着保藏条件的变化与变质过程的发展，在“成熟”过程中，污染的微生物开始生长繁殖，缓慢引起鲜肉发生腐败变质。其中以细菌的繁殖速度最为显著，它沿着结缔组织、血管周围或骨与肌肉的间隙蔓延到深部组织，最后使整个肉变质。与此同时，细菌的种类也发生变化，呈现菌群交替现象。这种菌群交替现象一般分为三个时期。

（1）好氧菌繁殖期

腐败分解前3~4d，细菌主要在肉表层蔓延生长，常见有假单胞菌（*Pseudomonas*）、微球菌（*Micrococcaceae*）、芽孢杆菌等好氧细菌。表层好氧菌从结缔组织和骨骼周围向深层侵入，将糖完全氧化为CO_2和水，在供氧受阻或其他原因氧化不完全时，则兼性厌氧菌和厌氧菌随之而入。

（2）兼性厌氧菌期

腐败分解3~4d后，细菌已在肉的浅层和近深层出现，繁殖和散播速度加快，主要是枯草芽孢杆菌、粪肠球菌、大肠杆菌、变形杆菌、产气荚膜梭菌等兼性厌氧的细菌。

（3）厌氧菌期

在腐败分解的7~8d后，深层肉中已有细菌生长，并开始大量繁殖，主要是厌氧的梭菌，如溶组织梭菌、水肿梭菌（*Clostridium oedematiens*）、生孢梭菌（*C. sporogenes*）等细菌。细菌向肉深层入侵的速度与温度、湿度、肌肉结构及细菌种类有关。细菌生长繁殖产生的酶使蛋白质和含氮物质分解，肉的pH值上升，产生明显的腐败臭气。与此同时，还伴有脂肪和糖的分解。

当肉的保藏温度较高时，杆菌的繁殖速度较球菌快。由于具体条件的不同，除由细菌活动引起变质外，还可能有霉菌和酵母菌的活动。

四、变质肉的特征

肉类变质时，可出现各种变质现象，如发黏、变色、霉斑、变味等。

（一）发黏

微生物在肉表面大量繁殖后，使肉体表面有黏状物质产生，这是微生物繁殖后所形成的菌落以及微生物分解蛋白质的产物。这些菌落主要由假单胞菌属、产碱杆菌属、埃希氏菌属、无色杆菌属、乳杆菌属、链球菌属、明串珠菌属（*Leuconostoc*）、微球菌属、芽孢杆菌属和酵母菌产生。它们往往是腐败初期的优势菌相，当肉体表面有发黏现象时，其细菌数一般为10^7CFU/cm^2。

（二）变色

正常的鲜肉颜色是肉中血红蛋白的颜色，色泽呈粉红色或淡红色，新切断的表面微湿，但不黏手，具有各种牲畜肉特有的颜色，肉质有光泽。一经微生物污染繁殖，肉类腐败变质后，新断切面明显发黏和发湿，肉的表面常常表现为各种颜色变化，最常见的是绿色，这是由于含硫蛋白质被分解所放出的硫化氢与肉质中的还原型血红蛋白结合，形成硫化氢血红蛋白所致，是由具有氧化作用和可产生硫化氢的细菌如乳酸杆菌属、明串珠菌属所引起的，这些菌属具有耐热性和耐盐性强的特点。此外，有些肉表面还有色斑出现，有可能是由产色素的微生物所引起的，如在肉的表面生成红色斑点，是由于黏质沙雷氏菌（*Serratia marcescens*）的繁殖所致，而深蓝色假单胞菌（*Pseudomonas syncyanea*）则产生蓝色斑点，黄色杆菌（*Xanthobacter*）或微球菌能产生黄色斑点。产生黄色色素的球菌和杆菌所生成的过氧化物与酸败的油脂作用后，可在肉的表面形成暗绿色、紫色或蓝色斑点。一些酵母菌能产生白色、粉红色和灰色斑点。把肉放置在阴暗处，甚至有磷光的现象，这是由于磷光菌的繁殖而引起的。

（三）霉斑

肉的表面有霉菌生长时，首先有轻度的发黏现象，而后形成霉斑，如美丽枝霉（*Thamnidium elegans*）和刺枝霉（*T. chactocladioides*），在肉体表面产生羽毛状菌丝；白色侧孢霉（*Sporotrichum album*）和白地霉产生白色霉斑；腊叶芽枝霉产生黑色斑点；顶青霉（*Penicillium corylophilum*）、扩展青霉（*P. expansum*）、糙梗青霉（*P. scabrosum*）产生蓝绿鳞片状斑点；草酸青霉（*P. oxalicum*）产生绿色霉斑。

（四）变味

新鲜肉具有恰到好处的该牲畜肉特有的气味。当鲜肉变质后，除上述肉眼观察到的变化外，通常还伴随一些非正常或难闻的气味，如放线菌作用产生的泥土气味；蛋白质被分解所产生的氨氮、硫化氢、硫醇、吲哚、粪臭素等恶臭气味；脂肪氧化分解产生的挥发性有机酸，如甲酸、乙酸、丙酸和丁酸等的酸败味；乳酸菌和酵母菌分解糖类产生的挥发性有机酸的酸味以及霉菌生长繁殖产生的霉味等。

第四节　鱼类的腐败变质

鱼类是营养价值较高的一种动物性食品，比畜肉容易消化和吸收，并含有其他食品所缺少的某些成分，故鱼类食品比畜、禽肉更易腐败变质。

一、鱼类的微生物污染途径

新鲜健康的鱼肉组织内部和血液最初是无菌的，但是与外界接触的部分，如鱼体表面、鱼鳃、消化系统内均存在着微生物。通常鱼类在捕获后，在多数情况下不是立即清洗，而是带着容易腐败的内脏和鳃一起运输，当鱼死亡后，这些细菌会从鳃经血管侵入肌肉组织内部，同时也可以从表皮和消化道经皮肤和腹膜进入肌肉组织内部，并开始生长繁殖。鱼体本身含水量高（70%~80%），组织脆弱，鱼鳞容易脱落，细菌容易从受伤部位侵入，而鱼体表面的黏液又是微生物良好的培养基，再加上死后体内酶的作用，造成鱼类死后僵直持续时间短，很快就会发生腐败变质。

二、引起鱼类腐败变质的微生物种类

由于季节、渔场、种类、捕捉方式的不同，鱼的体表所附微生物数量亦有差异。经过运输、贮藏和加工后，鱼体所带微生物的种类和数量也会有所改变。一般海水鱼类中常见的微生物有假单胞菌属、不动杆菌属、莫拉氏菌属、无色杆菌属、黄杆菌属和弧菌属（*Vibrio*）等。淡水鱼类除上述细菌外，还有产碱杆菌属、气单胞菌属（*Aeromonas*）和短杆菌属（*Brevibacterium*），其他如芽孢杆菌属、埃希氏菌属、棒状杆菌属和微球菌属等也有发现。以上菌类大部分为嗜冷菌。北方水域的水温在-2~12℃，适于嗜冷菌生长。此外，鱼类中还含有人类病原菌，包括副溶血性弧菌（*Vibrio parahemolyticus*）、霍乱弧菌（*V. cholerae*）、E 型肉毒梭菌和肠病毒等。

三、鱼类的腐败变质

新鲜的活鱼组织内是基本无菌的。但是，在鱼体表面、鳃及消化道内，都带有一定数量的微生物。当鱼体经过运输、贮藏、加工或机械损伤以后，鱼体所携带的微生物类群就有所改变。鱼内平均含水量为70%~80%；蛋白质为15%~20%；脂肪为5%~15%，还含有少量碳水化合物和矿物质等。鱼类等新鲜水产品腐败变质的过程，主要包括僵直、自溶和腐败变质三个阶段。鱼体自溶后，组织结构较为疏松，为微生物的入侵和繁殖创造了条件，氨基酸进一步被分解为吲哚、酚、组胺、腐胺、尸胺、三甲胺以及甲烷、氨气、硫化氢、CO_2 等。在外观性状上可出现软化、变黑、带氨臭味等现象，鱼类腐变后不但营养低劣，而且对人体有毒害。

鱼类在长期贮存的情况下，脂肪分子会受到微生物所产生的脂肪分解酶的作用，游离出脂肪酸。当游离脂肪酸不断增多并进行分解时，丁酸、己酸、辛酸等低级脂肪酸就会产生特殊的气味和滋味，形成水解型的酸败变质。由上所述，鱼体的腐败变质是由鱼体内微生物繁殖的快慢、腐败变质阶段到来的早迟所决定的。要保持鱼类的状态和鲜度，就必须抑制酶的活力及微生物的污染和繁殖，延缓自溶和腐败发生。根据酶和微生物的特性，以及活动所需的条件，抑制酶和微生物活力的方法，可采取低温，如将鲜鱼放在5~10℃条件下，可保存5d；在0℃中可保存10d，在-5℃时保存2~3周以上。为了较长期的保存，常于-25~-30℃的温度下保存。另外还可以采用脱水以防污染、预防机械损伤等措施。

第五节　蛋类的腐败变质

鲜蛋通常是指鸡、鸭、鹅、鸽蛋类。近年来，鹌鹑蛋也是人们普遍青睐的一种高级营养物。鲜蛋是营养成分丰富而完全的食品，其蛋白质和脂肪含量较高，含有少量的糖、维生素和矿物质。鲜蛋中虽有抵抗微生物侵入和生长的机能，但还是容易被微生物污染并发生腐败变质。鲜蛋中的微生物以能分解利用蛋白质的为主要类群，并最终以蛋白质腐败为鲜蛋变质的基本特征，有时还出现脂肪酸败和糖类发酵现象。

一、鲜蛋中微生物的污染来源

正常情况下，家禽的卵巢是无菌的，其输卵管也具有防止和排除微生物污染的机制。如

果家禽在无菌环境中产蛋，一般刚产的蛋是无菌的。但实际上鲜蛋中经常有微生物存在，即使刚产下的蛋也可能有带菌现象。其污染原因可分为内源性和外源性两方面。

（一）内源性污染

来自家禽本身的卵巢。家禽食入了含有结核分枝杆菌、沙门氏菌等病原菌的饲料，病原菌通过血液循环侵入了输卵管和卵巢，在形成蛋黄时，鸡白痢沙门氏菌（*Salmonella* pullorum）、鸡伤寒沙门氏菌（*S*. gallinarum）等病原菌可混入其中，从而引起内源性污染。

（二）外源性污染

来自外界环境。禽蛋产下后，蛋壳要受到禽粪、巢内铺垫物、不清洁的包装材料、空气等的污染，还会在收购、运输和不适当的贮藏过程中，被环境中的微生物污染。如果水洗或摩擦，蛋壳表面的胶质层脱落，污染的微生物更易经蛋壳气孔（7000~17000 个，孔径平均大小 20~40μm）侵入蛋内。若贮存时间过长，蛋清中抑菌系统失去了防御作用，那么入侵的微生物就容易生长繁殖。如果贮存环境的温度和湿度高，存在于蛋壳表面的微生物（整蛋表面有 4.0×10^6~5.0×10^6 个细菌，污染严重时可达数亿个）就会大量繁殖，并容易侵入蛋内。倘若冷藏时温度突然降低，蛋黄和蛋清亦随之收缩，蛋壳上的微生物就容易随空气经气孔进入蛋内。蛋壳损伤也极易造成微生物污染。

二、引起鲜蛋腐败变质的微生物种类

引起鲜蛋腐败变质的微生物主要是细菌和霉菌，酵母菌则较少见。常见的细菌有：假单胞菌属、变形杆菌属、产碱杆菌属、埃希氏菌属、不动杆菌属、无色杆菌属、肠杆菌属（*Enterobacter*）、沙雷氏菌属（*Serratia*）、芽孢杆菌属（枯草芽孢杆菌、马铃薯芽孢杆菌）、微球菌属等细菌，其中前四属是最为常见的腐生菌。

常见的霉菌有：芽枝孢霉属、侧孢霉属、青霉属、曲霉属、毛霉属、交链孢霉属、葡萄孢霉属（*Botrytis*）等，其中以前三属最为常见。鲜蛋中偶尔能检出球拟酵母。此外，蛋中也可能存在病原菌，主要有沙门氏菌、金黄色葡萄球菌、溶血性链球菌（*Streptococcus hemolyticus*）等。

三、鲜蛋的天然防御机能

鲜蛋先天对微生物具有机械性和化学性的防御能力。鲜蛋从外向内由蛋壳、蛋壳内膜（即蛋白膜）、清蛋白（蛋清或蛋白）、蛋黄膜和蛋黄等构成。蛋壳作为蛋的机械屏障，具有保持形状、使蛋免受损伤的作用；在蛋壳表面还有一层胶状膜（由黏蛋白构成的半透明的黏液胶质层），具有防止水分蒸发，阻碍微生物由气孔进入蛋壳内的作用；蛋壳内膜结构致密，是防止细菌侵入的天然屏障。在这些防御因素中蛋壳内膜对阻止微生物侵入具有重要作用。蛋清中含有溶菌酶、伴清蛋白、抗生物素蛋白、卵类黏蛋白、核黄素等溶菌、杀菌和抑菌物质，统称为抑菌系统，其中溶菌酶起主要抑制作用。

它们的作用机理分述如下：

（1）溶菌酶

它能溶解某些革兰氏阳性球菌和杆菌的细胞壁，主要作用于肽聚糖，产生溶解效应。蛋清的高 pH 对溶菌酶活力无影响，其杀菌作用在 37℃ 可保持 4~6h，在温度较低时，保持时间更长。蛋清即使稀释 5000 万倍，仍能杀死或抑制某些敏感的细菌。

（2）伴清蛋白

它能螯合蛋清中 Fe^{3+}、Cu^{2+}、Zn^{2+} 等离子，特别是高 pH 时作用更明显。细菌因不能利用这些离子而受到抑制。

(3) 抗生物素蛋白

它能与维生素中的生物素结合形成稳定的复合物，使细菌不能利用生物素而受到抑制。此外，它还能干扰微生物的代谢活动。

(4) 卵类黏蛋白

它能抑制某些革兰氏阳性菌蛋白酶的活性，而使细菌丧失分解蛋白质的能力。它还能抑制猪、牛和羊的胰蛋白酶活性，但对人的胰蛋白酶活性无影响。

(5) 核黄素

它能螯合某些阳离子，从而限制微生物对无机盐离子及生物素的利用，因而能限制某些微生物的生长繁殖。

(6) 卵抑制素、脱辅基蛋白、木瓜蛋白酶

这些物质均有抑制微生物生长繁殖的作用。

(7) 蛋清 pH

新产蛋的蛋清 pH 为 7.4~7.8，含有 10%的 CO_2，贮存一段时间后，由于 CO_2 逸出，使蛋清 pH 升至 9.3~9.6，如此的碱性环境极不适宜一般微生物生长繁殖。

由此可见，蛋清的复杂抑菌系统能有效抵抗微生物的生命活动，对一些病原菌，如金黄色葡萄球菌、链球菌、炭疽芽孢杆菌、伤寒沙门氏菌等，均有一定的杀菌或抑菌作用。蛋黄包含于蛋清之中，因而蛋清对微生物侵入蛋黄具有屏蔽作用。蛋黄对微生物的抵抗力弱，其丰富的营养和 pH（约 6.8）适宜于多数微生物的生长。

四、鲜蛋的腐败变质

由于微生物的侵入，会使蛋内容物的结构形态发生变化，且蛋内主要营养成分发生分解，导致蛋的腐败变质。鲜蛋变质的主要类型包括由细菌引起的腐败和由霉菌引起的霉变。

(一) 腐败

侵入蛋中的细菌不断生长繁殖，并形成各种适应酶，然后分解蛋内的各组成成分，使鲜蛋发生腐败，产生难闻的气味。先将蛋白系带分解断裂，使蛋黄不能固定而发生移位。其后蛋黄膜被分解，蛋黄散乱，与蛋白逐渐混在一起，这种蛋称为散黄蛋，是变质的初期现象。散黄蛋（核蛋白、卵磷脂和白蛋白）进一步被细菌分解，产生有恶臭气味的硫化氢和其他有机物，整个内容物变为灰色或暗黑色，称黑腐蛋（光照射时不透光线），同时蛋液可呈现不同的颜色。绿色腐败蛋和散黄蛋主要由荧光假单胞菌引起；红色腐败蛋由黏质沙雷氏菌、假单胞菌、玫瑰色微球菌（*Micrococcus roseus*）等引起；无色腐败蛋主要由假单胞菌、产碱杆菌、无色杆菌引起；黑腐蛋由产碱杆菌、变形杆菌、假单胞菌、埃希氏菌和气单胞菌等引起，其中产碱杆菌和变形杆菌使鲜蛋变质的速度较快而且常见。有时蛋液变质不产生硫化氢等恶臭气味而产生酸臭，蛋液变稠成浆状或有凝块出现，这是微生物分解糖或脂肪而形成的酸败现象，称为酸败蛋。

(二) 霉变

霉菌引起的腐败易发生于高温潮湿的环境。菌丝经过蛋壳气孔侵入后，首先在蛋壳膜上生长蔓延，靠近气室部分因有较多氧气，繁殖最快，使菌丝充满整个气室，形成大小不同的深色斑点菌落，造成蛋液黏壳，称为黏壳蛋。以后可逐渐蔓延扩散，蛋内成分分解，并有不愉快的霉变气味产生，蛋液产生各种颜色的霉斑。不同霉菌产生的霉斑点不同，如青霉产生

蓝绿斑，枝孢霉产生黑斑。

鲜蛋在低温贮藏条件下，有时也会出现腐败变质现象，这是因为某些嗜冷菌，如假单胞菌、枝孢霉、青霉等在低温下仍能生长繁殖。

第六节　果蔬及其制品的腐败变质

蔬菜和水果的主要成分是碳水化合物和水，特别是水的含量比较高，适于微生物的生长繁殖而引起腐败变质。水果和蔬菜中的微生物以能分解利用碳水化合物的为主要类群，并最终以碳水化合物发酵为果蔬变质的基本特征。

一、果蔬中微生物的污染来源

新鲜果蔬在收获前或收获后，由于接触土壤、水、空气等外界环境，果蔬表面可污染和附着大量腐生微生物。由于果蔬表面覆盖一层蜡质状物质，可阻止微生物的侵入，只有在收获、包装、运输、贮存等过程中，果蔬表皮组织被人为机械损伤或昆虫刺伤，微生物才会趁机侵入并进行繁殖，从而促进果蔬的腐烂变质，尤其是成熟度高的果蔬更易损伤。

在一般情况下，健康果蔬的内部组织应是无菌的，但有时外观看上去是正常的果蔬，其内部组织中也可能有微生物存在，例如一些苹果、樱桃的组织内部可分离出酵母菌，番茄组织中可分离出酵母菌和假单胞菌。果蔬表面直接接触外界环境，因而污染有大量的微生物，其中除大量的腐生微生物外，还有植物病原菌、来自人畜粪便的肠道致病菌和寄生虫卵。在果蔬的运输和加工过程中也会造成污染。

水果和蔬菜被微生物污染来自两个方面：一是果蔬在开花期，由于蜜蜂、蝴蝶或其他因素，微生物侵入花瓣，并生存于植物组织内部，如苹果、樱桃、番茄等的内部腐烂；二是水果和蔬菜在田间生长时，由于内部组织存在自然小孔，遭到植物病原微生物的侵害而引起病变。在收获前病原微生物可从根、茎、叶、花、果实等不同途径侵入植株，收获后由于破伤、机械损伤等又可在包装、运输和贮藏过程中感染微生物，这样的果蔬常会带有大量的植物病原菌。此外，水果和蔬菜的表面也可以通过环境污染大量的微生物，如冷却和清洗能将腐败性细菌从局部扩散到整个食品，影响到水果和蔬菜的贮存。在果蔬加工中，使用的未经过处理过的循环水或已用过的洗涤水，均是大量腐败菌和使人、畜致病的病原微生物的来源。一旦发生因微生物引起的变质，且已变质的水果和蔬菜与未变质的相接触，都将导致果蔬损失的扩大和病害的蔓延。

二、引起新鲜果蔬变质的微生物种类

（一）蔬菜中污染微生物的类型

蔬菜平均含水量88%、糖8.6%、蛋白质1.9%、脂肪0.3%、灰分0.84%，维生素、核酸与其他一些化学成分总含量<1%，pH为5~7。由此可见，蔬菜很适合霉菌、细菌和酵母菌生长，其中细菌和霉菌较常见。

1. 细菌

常见的有欧文氏杆菌属、假单胞菌属、黄单胞菌属、棒状杆菌属、芽孢杆菌属、梭状芽孢杆菌属等，但以欧文氏杆菌属、假单胞菌属最为常见。其中有的分泌果胶酶，分解果胶使

蔬菜组织软化，导致细菌性软化腐烂，以欧文氏杆菌最为常见，边缘假单胞菌、芽孢杆菌和梭状芽孢杆菌也能引起软腐；有的使蔬菜发生细菌性枯萎、溃疡、斑点、坏腐病等，以假单胞菌最为常见。

2. 霉菌

常见的有灰色葡萄孢霉（*Botrytis cinerea*）、白地霉、黑根霉（*Rhizopus nigricans*）、疫霉属（*Phytophthora*）、刺盘孢霉属（*Colletotrichum*）、核盘孢霉属（*Sclerotinia*）、交链孢霉属、镰刀菌属（*Fusarium*）、白绢薄膜革菌（*Pellicularia rolfsii*）、长喙壳菌属（*Ceratocystis*）、囊孢壳菌属（*Physalospora*）等。

（二）水果中污染微生物的类型

水果中水分、蛋白质、脂肪和灰分的平均含量分别为85%、0.9%、0.5%和0.5%，含较多的糖分与极少量的维生素和其他有机物，pH<4.5。由此可见，水果的pH低于细菌的最适生长pH，而霉菌和酵母菌具有较宽范围的生长pH，故成为引起水果变质的主要微生物。

引起水果变质的霉菌常见的有青霉属、灰色葡萄孢霉、黑根霉、黑曲霉、芽枝孢霉属、木霉属、交链孢霉属、疫霉属、苹果褐腐病核盘孢霉（*Sclerotinia fructigena*）、镰刀菌属、小丛壳属（*Glomerella*）、豆刺毛盘孢霉（*Colletotrichum lindemuthianum*）、色二孢霉属（*Diplodia*）、拟茎点青霉属（*Phomopsis*）、毛缘长喙壳菌（*Ceratocystis fimbriata*）、囊孢壳菌属、粉红单端孢霉（*Trichothecium roseum*）等，其中以青霉属最为常见。

青霉属可感染多种水果，如指状青霉（*Penicillium digitatum*）、绿青霉（*P. digitatum*）、意大利青霉（*P. italicum*）等可分别使柑橘发生青霉病和绿霉病。发病时，果皮软化，呈现水渍状，病斑为青色或绿色霉斑，病果表面被青色或绿色粉状物（分生孢子梗及分生孢子）覆盖，最后全果腐烂。扩展青霉可使苹果发生青霉病而腐烂。

三、果蔬及果汁的腐败变质

（一）果蔬的腐败变质

新鲜的果蔬表皮及表皮外覆盖的蜡质层可防止微生物侵入，使果蔬在相当长的一段时间内免遭微生物的侵染。当这层防护屏障受到机械损伤或昆虫的刺伤时，微生物便会从伤口侵入其内进行生长繁殖，使果蔬腐烂变质。这些微生物主要是霉菌、酵母菌和少数的细菌。首先霉菌在果蔬表皮损伤处繁殖或者在果蔬表面有污染物黏附的区域繁殖，侵入果蔬组织后，组织壁的纤维素先被破坏，进而果胶、蛋白质、淀粉、有机酸、糖类被分解，继而酵母菌和细菌开始繁殖，使果蔬内的营养物质进一步被分解、破坏。由于微生物繁殖，果蔬外观有深色的斑点（棕黄和暗色），组织变得松软、发绵、凹陷、变形，逐渐变成浆液状甚至水液状，并产生各种味道和气味，如酸味、芳香味、酒味等。此外，果蔬本身酶的活动及外界环境因素对果蔬变质都具有协同作用。引起果蔬变质的微生物类型中，有一部分为果蔬病原菌，它们最易感染果蔬而导致贮藏过程中的变质。

果蔬在低温（0~10℃）的环境中贮藏，可有效地减缓酶的作用，对微生物活动也有一定的抑制作用，从而延长果蔬的贮藏时间。但此温度只能减缓微生物的生长速度，并不能完全控制微生物。若温度过低而使果蔬冰冻，就会引起果蔬组织物理性状的改变。果蔬冷藏中，只有少数微生物能生长，并且其繁殖速度已减缓，因此，低温在一定时间内可有效防止果蔬变质。贮藏时间长短除决定于温度外，还与果蔬初始的微生物数量、果蔬表皮的损伤情况、果蔬的成熟度，以及冷藏环境中的湿度和卫生状况等因素均有关系。

控制果蔬的腐败变质，最重要的方法是将新鲜果蔬在适宜的温度下冷藏。除此之外，冷藏水果时结合气调包装或表面涂挂抑霉防腐剂效果更好。蔬菜在贮藏前用氯水清洗，以减少表面的微生物，沥干水分，小心整理以防止破皮等也有助于控制腐败。

（二）果汁的腐败变质

果汁是以新鲜水果为原料，经压榨后加工制成的。由于水果原料本身带有微生物，而且在加工过程中会受到二次污染，所以制成的果汁中必然存在许多微生物。微生物在果汁中能否生长繁殖，主要取决于果汁的 pH 和糖分含量。果汁的 pH 一般在 2.4~4.2，糖度较高，甚至有的浓缩果汁糖度高达 60~70°Be′，因而在果汁中生长的微生物主要是酵母菌、其次是霉菌和极少数细菌。

苹果汁中的酵母菌主要有假丝酵母菌属、圆酵母菌、隐球酵母属和红酵母属。葡萄汁中的酵母菌主要是柠檬形克勒克氏酵母（*Kloeckeria apicula*）、葡萄酒酵母（*Saccharomyces ellipsoideus*）、卵形酵母（*S. oviformis*）、路氏酵母（*S. ludwigii*）等。柑橘汁中常见越南酵母（*S. anamensis*）、葡萄酒酵母和圆酵母属（*Torula*）等。浓缩果汁由于糖度高、酸度高，细菌的生长受到抑制，只有一些耐渗酵母和霉菌生长，如鲁氏接合酵母（*S. rouxii*）和蜂蜜酵母（*S. mellis*）等。这些酵母生长的最低 A_w 值为 0.65~0.70，比一般酵母的 A_w 值要低得多。由于这些酵母细胞相对密度小于它所生活的浓糖液，所以往往浮于浓糖液的表层，当果汁中糖被酵母转化后，相对密度下降，酵母就开始沉至底部。当浓缩果汁置于 4℃ 条件保藏时，酵母的发酵作用减弱甚至停止，可以防止浓缩果汁变质。

刚榨制的果汁可检出交链孢霉属、芽枝霉属、粉孢霉属和镰刀霉属中的一些霉菌。其中贮藏的果汁中发现的霉菌以青霉属最为常见，如扩展青霉和皮壳青霉（*P. crustaceum*）。另一种常见霉菌是曲霉属，如构巢曲霉（*Aspergillus nidulans*）、烟曲霉（*A. fumigatus*）等。但霉菌一般对 CO_2 敏感，充有 CO_2 的果汁可抑制霉菌的活动。

果汁中生长的细菌主要是乳酸菌，如乳明串珠菌（*Leuconostoc lactis*）、植物乳杆菌（*Leuconostoc lactis*）等。其他细菌一般不容易在果汁中生长。

微生物引起果汁变质的表现主要有以下几种：

1. 浑浊

造成浑浊的原因除非生物不稳定因素外，主要由圆酵母属一些种的酒精发酵和产膜酵母的生长引起，有时也可因耐热性霉菌生长造成。造成浑浊的霉菌有雪白丝衣霉（*Byssochlamys nivea*）、宛氏拟青霉（*Paecilomyces varioti*）等，当它们少量生长时仅会产生霉味和臭味，由于能够产生果胶酶，对果汁还有澄清作用，只有大量生长时才发生浑浊。

2. 产生酒精

引起果汁产生酒精主要是酵母菌的作用，如啤酒酵母和葡萄汁酵母等。此外有少数细菌和霉菌也能引起果汁产生酒精，如甘露醇杆菌（*Bacterium mannitopoeum*）可使 40% 的果糖转化为酒精，有些明串球菌属可使葡萄糖转变成酒精。毛霉属、镰刀霉属、曲霉属中的部分霉菌在一定条件下也能利用果汁进行酒精发酵。

3. 有机酸变化

果汁中主要含有柠檬酸、苹果酸和酒石酸等有机酸，它们以一定含量存在于果汁中，构成果汁特有的风味。当微生物在果汁中生长时，原有的有机酸不断被分解，醋酸含量增多，从而改变了原有的有机酸含量的比例，导致风味被破坏，甚至产生不愉快的异味，如黑根霉、葡萄孢霉属、青霉属、毛霉属、曲霉属和镰刀菌属等可引起此类变质。

4. 黏稠

由于肠膜明串珠菌、植物乳杆菌和链球菌属中的一些菌种等在果汁中发酵，形成黏液性的葡聚糖，因而增加了果汁的黏稠度。

第七节　食品防腐保藏技术

一、食品防腐保藏常规技术

食品腐败变质主要是由于食品中的酶以及微生物的作用，食品中的营养物质分解或氧化而引起的。食品防腐保藏技术就是要通过各种不同的方法或方法组合杀灭腐败微生物或抑制微生物的生长繁殖，延缓食品中酶的作用，从而达到延长食品货架期的目的。食品防腐保藏技术一直是食品工业研究的热点之一，生产实践中应用各种措施，如低温保藏、高温灭菌、干制保藏、罐藏、腌制、添加防腐剂、发酵、浓缩、辐照等，使食品在尽可能长的时间内保持营养价值，以及色、香、味和良好的感官性状。具体方法可以结合第五章第三节学习，相关重复内容在此不再赘述。

(一) 食品的低温保藏

食品的低温保藏是借助于低温技术，降低食品温度，并维持低温水平或冻结状态，以阻止或延缓腐败变质的一种保藏方法。低温保藏不仅可以用于新鲜食品物料的贮藏，也可以用于食品加工品、半成品的贮藏。

低温保藏是目前最常用的食品保藏方法之一。温度对微生物的生长繁殖起着重要的作用，大多数病原菌和腐败菌为中温菌，其适宜生长温度为20~40℃，在10℃以下大多数微生物便难以生长繁殖，在-10℃以下仅有少数嗜冷性微生物还能活动，在-18℃以下几乎所有微生物停止生长。因此，低温保藏在-18℃以下较为安全。食品在低温下，本身酶活性及化学反应得到延缓，食品中残存微生物生长繁殖速度大大降低或完全被抑制，因此食品的低温保藏可以防止或减缓食品的变质。

低温保藏一般分为冷藏和冷冻两种方式。前者无冻结过程，新鲜果蔬类和短期贮藏的食品常用此法；后者要将保藏食品降温到冰点以下，使水部分或全部呈冻结状态，动物性食品常用此法。

1. 食品的冷藏

指在不冻结状态下的低温贮藏。低温不仅可以抑制微生物的生长，而且可以降低食品内原有酶的活性。大多数酶的适宜活动温度为30~40℃，温度维持在10℃以下，酶的活性将受到很大程度的抑制，因此冷藏可延缓食品的变质。冷藏的温度一般设定在-1~10℃。

水果、蔬菜等植物性食品在贮藏时，仍保持生命活动，利用低温可以减弱它们的代谢活动，延缓其衰老进程。但是对新鲜的水果蔬菜来讲，如果温度过低，则将引起果蔬生理机能的障碍而受到冷害（冻害）。因此，应按其特性采用适当的低温，并且还应结合环境的湿度和空气成分等因素进行调节。具体的贮藏期限还与果蔬的卫生状况、种类、受损程度以及保存的温度、湿度、气体成分等因素有关。

冷鲜肉是指屠宰后的畜胴体在24h内降为0~4℃，并在后续加工、流通和销售过程中始终保持0~4℃的生肉。始终处于低温控制下，大多数微生物的生长繁殖被抑制，肉毒梭状芽孢杆菌和金黄色葡萄球菌等病原菌分泌毒素的速度大大降低，这样既保持了肉质的鲜美，又保证了鲜肉的安全。

2. 食品的冷冻保藏

食品原料在冻结点以下的温度条件下贮藏，称为冻藏。较之在冷冻点以上的冷藏保藏期更长。

当食品在低温下发生冻结后，其水分结晶成冰，水分活度降低，渗透压提高，导致微生物细胞内细胞质因浓缩而增大黏性，引起 pH 值和胶体状态改变，从而使微生物的活动受到抑制，甚至死亡。另外微生物细胞内的水结为冰晶，冰晶体对细胞也有机械损伤作用，可直接导致部分微生物的裂解死亡，因此在-10℃以下的低温条件，通常能引起食品腐败变质的腐败菌基本不能生长，仅有少数嗜冷菌还能活动，-18℃以下几乎所有的微生物不能活动，但如果食品在冷冻前已被微生物大量污染，或者冷冻条件不稳定，温度波动回升严重时，冻藏食品表面也会出现菌落。因此冻藏之前应严格控制原料的清洗，降低食品原始带菌数，冻藏过程中保持稳定的低温。

目前最佳的食品低温贮藏技术是食品快速冻结（速冻）。通常指的是食品在 30min 内冻结到所设定的温度（-20℃），或以 30min 左右通过最大冰晶生成带（-5～-1℃）为准。以生成的冰晶大小为标准，生成的冰晶大小在 70μm 以下者称为速冻，但目前还没有统一的标准。食品的速冻虽极大地延长了食品的保鲜期限，但能耗却是巨大的。

为了保证冷藏冷冻食品的质量，食品的流通领域要完善食品冷藏链，即易腐食品在生产、贮藏、运输、销售，直至消费前的各个环节始终处于规定的低温环境下，以保证食品质量，减少食品损耗。

低温虽然可抑制微生物的生长和促进部分微生物死亡，但在低温下，微生物死亡速度比在高温下要缓慢得多。一般认为，低温只是阻止微生物繁殖，不能彻底杀死微生物，如霉菌中的侧孢霉属、芽枝孢霉属在-7℃以下还能生长；青霉属和丛梗孢霉属的最低生长温度为 4℃；细菌中假单胞菌属、无色杆菌属、产碱杆菌属、微球菌属等在-4～7.5℃下能生长；酵母菌中，一种红色酵母在-34℃冰冻温度时仍能缓慢生长。一旦温度升高，微生物的繁殖也逐渐恢复。另外低温也不能使食品中的酶完全失活，只能使其活力受到一定程度的抑制，长期冷冻储藏的食品品质也会下降。因此，食品冷冻保藏的时间也不宜过长，并要定期进行抽查。

（二）食品的干藏保藏

干藏保藏是指在自然条件或人工控制条件下，降低食品中的水分，从而抑制微生物活动、酶的活力以及化学反应的进行，达到长期保藏的目的。

各种微生物要求的最低水分活性值是不同的。细菌、霉菌和酵母菌三大类微生物中，一般细菌要求的最低 A_w 较高，为 0.94～0.99，酵母要求的最低 A_w 值为 0.88～0.94，霉菌要求的最低 A_w 值为 0.73～0.94。但是有些干性霉菌，如灰绿曲霉最低 A_w 值仅为 0.65～0.70（含水质量分数 16%）。食品 A_w 值为 0.70～0.73（含水质量分数 16%）时，曲霉和青霉即可生长，因此干燥食品的 A_w 值要达到 0.65 以下（含水质量分数 12%～14%以下）才较为安全。

新鲜食品如乳、肉、鱼、蛋、水果、蔬菜等都有较高的水分，其水分活度一般在 0.98～0.99，适合多种微生物的生长。目前干燥食品的水分一般在 3%～25%，如水果干为 15%～25%，蔬菜干为 4%以下，肉类干制品为 5%～10%，喷雾干燥乳粉为 2.5%～3%，喷雾干燥蛋粉在5%以下。

食品脱水干燥方法目前主要有自然干燥和人工干燥。自然干燥包括晒干和风干；人工干燥方法很多，如烘干、隧道干燥、滚筒干燥、喷雾干燥、加压干燥以及冷冻干燥等。根据原料和产品要求不同，采取适当的干燥方法。生鲜食品干燥前，一般需破坏酶的活性，最常用的方法是热烫（亦称杀青、漂烫）或硫处理（主要用于水果）或添加抗坏血酸（0.05%~0.1%）及食盐（0.1%~1.0%）。肉类、鱼类及蛋中因含0.5%~2.0%的肝糖，干燥时常发生褐变，可添加酵母或葡萄糖氧化酶处理或除去肝糖再干燥。

干燥并不能将微生物全部杀死，只能抑制它们的活性，使微生物长期处于休眠状态，环境条件一旦适宜，微生物又会重新恢复活性，引起干制品的腐败变质，甚至有些病原菌还会在干燥食品上残存下来，导致食品中毒。最正确的控制方法是采用新鲜度高、污染少、质量高的原料，干燥前将原料巴氏杀菌，在清洁的工厂加工，将干燥过的食品在不受昆虫、鼠类及其他污染的情况下储藏。

（三）食品罐藏

罐头的发明

食品罐藏是将食品原料预处理后密封在容器或包装袋中，通过杀菌工艺杀灭大部分微生物，在密闭和真空的条件下，室温长期保存食品的方法。

食品罐藏主要通过创造一个不适合微生物生长繁殖及酶活动的条件，达到能在室温下长期保藏的目的。这个基本条件主要是通过排气、杀菌和密封来实现的。排气是将罐内空气排除，降低了氧气含量，有效阻止了需氧菌特别是其芽孢的生长发育；杀菌即杀死食品所污染的致病菌、产毒菌、腐败菌；密封是使罐内食品与罐外环境完全隔绝，不再受外界空气及微生物的污染而引起腐败。

食品的杀菌方法有多种，但热处理杀菌仍是食品罐藏工业最有效、最经济、最简便的方法。食品工业中的杀菌是指商业无菌，即杀灭食品中污染的病原菌、产毒菌以及正常储存和销售条件下能生长繁殖、并导致食品变质的腐败菌，从而保证食品正常的货架寿命。一般认为，达到杀菌要求的热处理强度足以钝化食品中的酶活性。同时，热处理当然也造成食品的色香味、质构及营养成分等质量因素的不良变化。因此，热杀菌处理的程度既要达到杀菌及钝化酶活性的要求，又要尽可能保证食品的质量，这就必须研究微生物的耐热性，以及热量在食品中的传递情况。

影响微生物耐热性的因素包括污染微生物的种类和污染量、热处理温度、罐内食品成分等，其中食品的酸度是影响微生物耐热性的一个重要因素，大量试验证明，高酸度环境可以抑制乃至杀灭许多种类的嗜热或嗜温微生物，因此可以对不同pH值的食品物料采用不同强度的热杀菌处理，既可达到热杀菌的要求，又不致因过度加热而影响食品的质量。所有pH值>4.5的食品都必须接受基于肉毒梭状芽孢杆菌耐热性所要求的最低热处理量。而在pH值≤4.5的酸性条件下，肉毒梭状芽孢杆菌不能生长，但其他一些产芽孢杆菌、酵母菌及霉菌则可能造成食品的败坏。一般而言，这些微生物的耐热性远低于肉毒梭状芽孢杆菌，不需要高强度的热处理过程。因而有些低酸性食品物料因为感官品质的需要，不宜进行高强度的加热时，可以采取加入酸或酸性食品的办法使整罐产品的最终平衡 pH 值在 4.5 以下，这类产品称为“酸化食品”。酸化食品就可以按照酸性食品的杀菌要求来进行处理。酸性食品通常采用常压杀菌（杀菌温度不超过 100℃），低酸性食品则采用高温高压杀菌（杀菌温度高于 100℃而低于 125℃）和超高温杀菌（杀菌温度 125℃以上）。

（四）食品的腌渍保藏

将食盐或糖渗入食品组织内，降低其水分活度，提高其渗透压，从而有选择地控制微生物活动，抑制腐败菌生长，防止食品腐败变质，保持食品食用品质，或获得更好的感官品质，并延长保质期的储藏方法，称为腌渍保藏。

腌渍保藏是人类最早采用的一种行之有效的食品保藏方法，用该法加工的制品统称为腌渍食品，其中盐腌的过程称为腌制，加糖腌制的过程称为糖渍或糖制。

腐败菌在食品中大量生长繁殖，是造成食品腐败变质的主要原因。腌渍品之所以能抑制腐败菌的活动，延长食品的保质期，是因为食品在腌渍的过程中，食盐或糖都会使食品组织内部的水渗出，食盐或糖溶液扩散渗透进入食品组织内，从而降低了其游离水分，提高了结合水分及其渗透压，正是在这种渗透压的影响下，抑制了微生物活动。加上辅料中酸及其他组分的杀（抑）菌作用，微生物的正常生理活动进一步受到抑制。溶液的浓度、扩散和渗透的速度对食品腌渍也有重要影响。

1. 盐渍保藏

国家非遗，涪陵榨菜

各种微生物对不同盐液浓度的反应并不相同，一般来说，盐液浓度在 1%以下时，微生物生长活动不会受到任何影响；当浓度为 1%~3%时，大多数微生物就会受到暂时性抑制；当浓度达到 6%~8%时，大肠杆菌、沙门氏菌和肉毒梭状芽孢杆菌就会停止生长；当浓度超过 10%时，大多数杆菌不再生长；当浓度达到 15%时，大多数球菌就会停止生长；当盐浓度达到 20%~25%时，霉菌才能被抑制。因而一般认为 20%的浓度基本上已能达到阻止微生物生长的目的。不过，有些微生物在 20%盐液中尚能进行生长活动。

蔬菜腌制品通常分为发酵性和非发酵性两大类，发酵性腌制品在腌制过程中，乳酸发酵作用积累的乳酸对有害微生物起抑制作用；非发酵性腌制品，可以通过添加酸味料（如柠檬酸、苹果酸、乳酸等）降低制品的 pH 值，抑制微生物的繁殖。例如，普通芽孢杆菌和马铃薯芽孢杆菌在 9%盐液中仍能生长，在 11%盐液中生长缓慢，可是添加 0.2%醋酸和 0.3%乳酸就能很好抑制它们的生长。

2. 糖渍保藏

浓度为 1%~10%的糖溶液会促进某些微生物的生长，当糖浓度达到 50%时则阻止大多数细菌的生长，浓度达到65%~75%时抑制酵母菌和霉菌的生长。因此，为了达到保藏食品的目的，糖渍品的糖液浓度至少要达65%~75%，以72%~75%为适宜。

一般酵母菌繁殖必需的水分活度为0.85~0.95，而有些耐渗透压的酵母菌可以在水分活度为0.65~0.70的环境生长，相当于80%浓度的糖液。糖液越稀，酵母菌繁殖速度越快，高浓度糖液常因表面吸湿，在表面形成一薄层较低浓度的糖液层，而导致酵母菌大量繁殖。但繁殖速度受温度影响很大，许多酵母菌在4℃以下易受到抑制。

食品中常见的霉菌如青霉属、交链孢霉属、芽枝霉属、葡萄孢霉属，多数属于耐高渗透压的霉菌，对糖渍品的危害较大。仅靠增加糖浓度有一定的局限性，若添加少量酸，微生物的耐渗透性会显著下降。如果酱等原料果实中含有有机酸，在加工时又添加蔗糖，并经加热，在渗透压、酸和加热三种因素的联合作用下，可获得良好的保藏性。

(五) 食品的化学保藏

化学保藏主要通过在食品中添加化学防腐剂和抗氧化剂来抑制微生物的生长、推迟化学反应的发生，它只在有限时间内才能保持食品原来的品质状态，属于暂时性保藏。

由于微生物的结构特点、代谢方式不同，因而同一种防腐剂对不同的微生物可能有不同的影响。

防腐剂抑制和杀死微生物的机制十分复杂，一般认为目前使用的防腐剂对微生物具有以下几方面的作用：①破坏微生物细胞膜的结构或者改变细胞膜的通透性；②使微生物体内的酶类和代谢产物逸出细胞外；③导致微生物正常的生理平衡被破坏；④防腐剂与微生物的酶作用，如与酶的巯基作用，破坏多种含硫蛋白酶的活性，干扰微生物的正常代谢，从而影响其生存和繁殖，通常防腐剂作用于微生物的呼吸酶系，如乙酰辅酶A、缩合酶、脱氢酶、电子传递酶系等；⑤防腐剂还可以作用于蛋白质，导致蛋白质部分变性、交联等。

防腐剂按其来源和性质可分为化学防腐剂和天然防腐剂两大类。

1. 化学防腐剂

包括无机防腐剂和有机防腐剂，种类较多，在食品中应用也很广泛。

(1) SO_2

SO_2 对微生物的作用与双硫键的还原、羰基化合物的形成、其和酮基的反应、对呼吸作用的抑制等因素有关。SO_2 对霉菌及好氧细菌的抑制作用较为强烈，0.01%的 SO_2 溶液就可以抑制大肠杆菌的生长；0.1%~0.2%可以显示出防腐剂的保藏作用；但对酵母菌的作用稍差一些，浓度达到0.3%，酵母菌才受到抑制。通常采用 SO_2 熏蒸、浸渍或直接加入的方法处理，使用时一定要注意使用量。

(2) CO_2

CO_2 对微生物并无毒害影响，只是由于pH值的改变或缺氧环境的形成，才影响微生物的生长。高浓度 CO_2 对腐败微生物的生长抑制作用明显，可以用于肉类、鱼类的防腐保鲜。CO_2 也常和冷藏结合在一起而形成气调保鲜。

(3) 硝酸盐和亚硝酸盐

在动物性食品加工和储存过程中应用较多，主要起到发色、防腐、抗氧化作用。亚硝酸与血红素反应，形成亚硝基肌红蛋白，使肉呈现鲜艳的红色。另外，亚硝酸盐可以抑制微生物的生长繁殖，特别是对防止耐热性的肉毒梭状芽孢杆菌的发芽，有良好的抑制作用。同时还可以抑制酶活性，减缓组织自身腐败，并降低细菌营养细胞的抗热性。但亚硝酸在肌肉中能转化为亚硝胺，有致癌作用，因此在肉品加工中应严格限制其使用量，目前还未找到完全替代物。允许用量为咸肉、腊肉、板鸭、中式火腿、腊肠等在0.03g/kg以下；猪、牛、羊、鱼等肉类罐头为0.05g/kg以下（以亚硝酸钠残留量计）。

（4）苯甲酸及其钠盐和对羟基苯甲酸酯

苯甲酸和苯甲酸钠又名安息香酸和安息香酸钠，为白色晶体，苯甲酸在水中的溶解度小，易溶于酒精，苯甲酸钠易溶于水。苯甲酸抑菌机制是能抑制微生物细胞呼吸酶的活性，特别是对乙酰辅酶缩合反应有很强的抑制作用。苯甲酸及其盐类属于酸性防腐剂，食品的pH值越低效果越好。苯甲酸及苯甲酸钠适用于pH值在4.5~5.0以下的情况，pH值为3.0时对细菌的抑制作用最强，对霉菌的抑制效果较弱。苯甲酸用于食品防腐对人体产生毒害作用很小，因为它和人体肾脏内甘氨酸反应能形成马尿酸，而马尿酸对人体无害，能从人体排出。我国允许在酱油、酱菜、水果汁、果酱、琼脂软糖、汽水、蜜饯类、面酱类等食品中使用。根据食品的种类不同，最大使用量以苯甲酸计为0.2~1g/kg。

对羟基苯甲酸酯（又称尼泊金甲酯）是白色结晶状粉末，无臭味，易溶于酒精，其抑菌机制与苯甲酸相同，但防腐效果更好。研究表明，对大肠杆菌、枯草芽孢杆菌、金黄色葡萄球菌、啤酒酵母、黑曲霉、黑根霉等都有明显的抑制作用。对羟基苯甲酸酯受pH值影响较小，pH值在4.5~8.0抑菌效果良好，可用于中性食品。但由于其溶解度较低，加之不良的气味和较高的成本，对羟基苯甲酸酯在食品的广泛应用受到限制。

（5）山梨酸及其钾盐

山梨酸的化学名称为2,4-己二烯酸，又名花楸酸。山梨酸为无色针状结晶或白色粉末状结晶，无臭或稍带刺激性气味，耐光、耐热，但在空气中长期放置易被氧化变色，而降低防腐效果。微溶于水，易溶于有机溶剂，所以多用其钾盐。

山梨酸能与微生物酶系统中巯基结合，从而破坏许多重要酶系，达到抑制微生物增殖及防腐的目的。山梨酸对霉菌、酵母菌和好氧性细菌具有抑制作用，但对厌氧性芽孢菌与嗜酸杆菌几乎无效。它适合在pH值6.0以下使用，防腐效果随pH值升高而降低，在pH值为3时抑菌效果最好。

山梨酸是一种不饱和脂肪酸，在人体内正常地参加代谢作用，氧化生成CO_2和H_2O，所以几乎无毒，是目前各国普遍使用的一种较为安全的防腐剂。使用领域比苯甲酸更广泛，最大允许使用量以山梨酸计为（0.075~1.5）g/kg。

（6）丙酸盐

丙酸盐主要是指丙酸钙及丙酸钠，丙酸盐多为白色颗粒或粉末，无臭味，溶于水。丙酸盐的有效成分是丙酸分子，单体丙酸活性分子可在微生物细胞外形成高渗透压，使微生物细胞内脱水，还可穿透微生物细胞壁，抑制细胞内酶活性，抑制微生物的繁殖。

丙酸盐的抑菌谱较窄，主要作用于霉菌，对细菌作用有限，对酵母菌无作用。在同一剂量下丙酸钙抑制霉菌的效果比丙酸钠好，但会影响面包的蓬松性，实际常用钠盐。丙酸盐pH值越小抑菌效果越好，一般pH值小于5.5。

丙酸盐是谷物、饲料储藏最有效的有机酸类防腐剂。在美国，被认为是安全的食品防腐剂，广泛用于面包和干酪。在我国，广泛用于糕点、饼干、面包等，也可以用于包装材料表面，防止食品表面长霉。

（7）双乙酸钠

双乙酸钠为白色结晶，略有醋酸气味，易溶于水。其抗菌机制是双乙酸钠含有分子状态的乙酸，可降低产品的 pH 值，乙酸分子与类脂化合物溶解性较好，而分子乙酸比离子化乙酸能更有效地渗透进微生物的细胞壁，干扰细胞间酶的相互作用，使细胞内蛋白质变性，从而起到有效的抗菌作用。双乙酸钠广泛应用于粮食、食品、饲料等防霉、防腐（一般用量为 1g/kg），还可以作为酸味剂和品质改良剂。双乙酸钠成本低，性质稳定，防霉防腐作用显著。

（8）联苯

无色或淡黄色的片状晶体，略带甜臭味。不溶于水，溶于乙醇、乙醚等。联苯对柠檬、葡萄、柑橘类果皮上的霉菌，尤其是对指状青霉和意大利青霉的防治效果较好。一般不直接使用于果皮，而是将该药浸透于纸中，再将浸有此药液的纸放置于贮藏和运输包装容器中，让其慢慢挥发（25℃下蒸汽压为 1.3Pa），待果皮吸附后，即可产生防腐效果。允许的药剂残留量应在 0.07g/kg 以下。

2. 天然防腐剂

世界上唯一被允许用作食品添加剂的
细菌素——乳酸链球菌素

天然防腐剂根据来源不同，可分为微生物源防腐剂如乳酸链球菌素（Nisin）和溶菌酶，动物源防腐剂如壳聚糖，植物源防腐剂如天然香辛料、中草药等。

（1）乳酸链球菌肽

乳酸链球菌肽又称乳酸链球菌素（Nisin），由乳酸链球菌、嗜热链球菌、乳脂链球菌（*Streptococcus cremoris*）等分泌的一种多肽类抗生素，共由 34 个氨基酸组成，活性分子常以二聚体或四聚体的形式出现。食用后在消化道中很快被蛋白水解酶分解成氨基酸，不会改变肠道内正常菌群分布，不会引起其他常用抗生素所出现的抗药性，更不会与其他抗生素出现交叉抗性。因此，是一种高效、无毒、安全、无副作用的天然食品防腐剂。世界粮农组织（FAO）和世界卫生组织（WHO）已于 1969 年给予认可，它是目前唯一被允许作为防腐剂在食品中使用的细菌素。

Nisin 的抑菌机制是作用于细菌细胞膜，抑制细菌细胞壁中肽聚糖的生物合成，使细胞膜和磷脂化合物的合成受阻，从而导致细胞内物质的外泄，甚至引起细胞裂解。也有学者认为 Nisin 是一个疏水带正电的小分子肽，能与细胞膜结合形成管道结构，使小分子和离子通过管道流失，造成细胞膜渗漏。

Nisin 的作用范围相对较窄，仅对大多数的革兰氏阳性菌具有抑制作用，如金黄色葡萄球菌、链球菌、乳酸杆菌、微球菌、丁酸梭菌等，且对芽孢杆菌、梭状芽孢杆菌芽孢萌发的抑制作用比对营养细胞的作用更大。但 Nisin 对真菌和革兰氏阴性菌没有作用，因而只适用于革兰氏阳性菌引起的食品腐败的防腐。研究发现，Nisin 与螯合剂 EDTA 联合作用可以抑制一些革兰氏阴性菌，如抑制沙门氏菌、志贺杆菌和大肠杆菌等细菌生长。

Nisin 的溶解性随着 pH 值的下降而提高，在中性或偏碱性条件下溶解度较小，因此 Nisin 适用于酸性食品。Nisin 与热处理杀菌作用可以相互促进，加入少量 Nisin 可以大大提高腐败微生物的热敏感性。同样，热处理也提高了细菌对 Nisin 的热敏感性，因此在食品中添加 Nisin，能降低食品灭菌温度和缩短食品灭菌时间，并能有效地延长食品保藏时间。另外，辐射处理和 Nisin 相结合，山梨酸与 Nisin 配合使用可以弥补其抗菌谱窄的缺点，发挥广泛的防腐作用。

食品加工过程中，有二次污染或没有密闭包装的食品，添加 Nisin 也能延长货架期。但要获得理想的效果，必须与其他能抑制革兰氏阴性菌、霉菌、酵母菌等的食品防腐剂（如山梨酸、壳聚糖等）复合使用，具体用量和用法视产品不同而不同。

（2）溶菌酶

溶菌酶存在于人的唾液、眼泪、哺乳动物乳汁、蛋清、植物和微生物中。研究最多的蛋清溶菌酶由 129 个氨基酸组成，具有 4 个二硫键。溶菌酶对人体安全无毒，无副作用，且具有多种营养与药理作用，所以是一种安全的天然防腐剂。溶菌酶专门作用于微生物的细胞壁，对革兰氏阳性菌具有较好的溶菌作用，但对霉菌和酵母几乎无效。在 pH 值为 3.0 时能耐 100℃ 高温 40min，在中性和碱性条件下耐热性较差，pH 值为 7.0 时 100℃ 高温加热 10min 即失活。食品中的羧基和硫酸能影响溶菌酶的活性，因此将其与其他抗菌物如乙醇、植酸、聚磷酸盐等配合使用，效果更好。目前溶解酶已用于面食类、冰激凌、色拉和鱼子酱等食品的防腐保鲜。

（3）壳聚糖

壳聚糖即为脱乙酰甲壳素，是黏多糖之一，呈白色粉末状，不溶于水，易溶于盐酸和醋酸。它对大肠杆菌、金黄色葡萄球菌、枯草芽孢杆菌等有良好的抑制作用，还能抑制生鲜食品的生理变化。因此它可作食品尤其是果蔬的防腐保鲜剂。我国于 1991 年批准使用的甲壳素是一种无毒性、优良的天然果蔬防腐剂。使用时，一般将壳聚糖溶于醋酸中，如用 2%改性壳聚糖涂膜苹果。

（4）香辛料

其抑菌成分主要有丁香酚、异冰片、茴香脑、肉桂醛等，将这些成分协同起来可得到效果更好的防腐剂。近些年的研究发现，香辛料能抑菌防腐，真正起作用的是其精油或者提取物。精油中的类萜类破坏微生物膜的稳定性，从而干扰细胞代谢的酶促反应。肉桂醛可以处理水果表面，残留量≤0.3mg/kg 即可。

由于防腐剂只能延长细菌生长滞后期，因而只有未遭细菌严重污染的食品，使用化学防腐剂才有效。化学保藏并不能改善低质量食品的品质。防腐保鲜技术是利用高温、冷冻、干燥、提高食品酸度、盐渍、添加化学物质等手段控制微生物的。在实际应用中，各种保藏方法应综合、有机地配合使用，以达到最佳贮藏效果。

二、食品防腐保藏新技术

随着生活水平的不断提高，消费者对食品的质量和卫生要求也越来越严苛，传统的食品防腐保藏技术已不能满足现代人的生活要求，国内外研究学者对食品防腐保藏进行了更为广泛、深入的研究。为了更大限度地保持食品天然的色、香、味、形和一些生理活性成分，“冷杀菌”技术应运而生。

冷杀菌技术（非热杀菌）是相对于加热杀菌而言的，指采用非加热的方法杀灭杀菌对象（物料、制品或环境）中的有害的和致病的微生物，使杀菌对象达到特定无菌程度要求的杀菌技术。非热杀菌技术克服了一般热杀菌的传热相对较慢和对杀菌对象产生热损伤等弱点，适合于特定热敏性的物料、制品和环境的杀菌。能够保持产品中容易变质的维生素和色素等成分是非热加工的最大特征。从能量消耗的角度和加热处理相比较，非热处理大大节省了能量消耗。

（一）超高静压杀菌（ultra-high hydrostatic pressure，简称 UHHP）

超高静压杀菌技术是将包装或散装的食品物料放入超高压装置中，以压媒（水或矿物油等）作为传递压力的介质，施加 100~1000MPa 的超高静压，在常温或较低温度下保压一定时间后，使之达到杀菌要求的目的，延长食品保藏期的杀菌技术。

1. 基本原理

物料在高压处理时被压缩，细胞内的气泡破裂，细胞壁脱离细胞膜，破坏细胞壁和细胞膜的通透性；高压可使生物高分子的立体结构中非共价键结合部分（氢键、离子键和疏水键等）相互作用而发生变化，导致菌体蛋白质变性、酶失活，抑制 DNA 复制，从而引发微生物死亡。

影响超高静压杀菌效果的因素有压力大小、加压时间、施压方式、处理温度、微生物种类、食物本身的组成和添加物、基质 pH、A_w 等。不同生长期的微生物对超高静压的抗性不同。一般对超高静压的抗性规律：延迟期>对数期的微生物，革兰氏阳性菌>革兰氏阴性菌，真菌孢子和细菌芽孢>营养细胞。一般在 300MPa 以上的压力下作用 15min 可杀灭多数细菌、酵母和霉菌。600MPa 条件下可有效杀死食品中的致病菌、腐败菌及一些细菌的芽孢。

2. 超高静压杀菌的特点

超高静压处理为冷杀菌，能保持食品原有的营养价值、色泽和天然风味，不会产生异味。例如，经过超高静压处理的草莓酱可保留 95%的氨基酸，在口感和风味上明显超过加热处理的果酱。超高静压处理后，蛋白质的变性及淀粉的糊化状态与加热处理不同，从而获得具有新特性的食品。超高静压处理是液体介质短时间内的压缩过程，使食品灭菌具有均匀、瞬时、高效的特点，且耗能比加热法低。

3. 超高静压杀菌的应用

在肉制品的柔嫩度、风味、色泽、成熟度及保藏性等方面会有不同程度的改善。例如，常温下质粗价廉的牛肉经 250MPa 高压处理，牛肉制品明显得到嫩化；300MPa 压力处理鸡肉和鱼肉 10min，能得到类似于轻微烹饪的组织状态。

超高静压处理水产品可最大限度地保持水产品的新鲜风味，增大鱼肉制品的凝胶性。例如，在 600MPa 压力下处理水产品（如甲壳类水产品），其中的酶完全失活，细菌数量大大减少，色泽外红内白，仍保持原有的生鲜味。

在果酱加工中采用超高静压杀菌，不仅可杀灭其中的微生物，而且可使果肉糜粒成酱，简化生产工艺，提高产品质量。这方面最成功的例子是日本明治屋食品公司，室温下加压 400~600MPa、10min 加工草莓酱、猕猴桃酱和苹果酱，所得制品保持了新鲜水果的色、香、味，已有小批量产品上市。

（二）脉冲电场杀菌（pulsed electric field，简称 PEF）

脉冲电场杀菌是一种全新的非加热处理杀菌方法，在特殊的处理室里对液态食品施加瞬时高强度的脉冲电场，将其中的微生物杀死，具有杀菌时间短、效率高、能耗小等特点。目前该技术已成功用于牛奶、果蔬汁等食品的杀菌。

1. 基本原理

脉冲电场杀菌机理目前尚未完全明确。许多学者提出了各种假说，其中细胞膜穿孔使细胞发生崩溃的假说被认为更有说服力。脉冲电场杀菌是电化学效应、冲击波空化效应、电磁效应和热效应等综合作用的结果，并以电化学效应和冲击波空化效应为主要作用。它可使细胞膜穿孔，液体介质电离产生臭氧，微量的臭氧可有效杀灭微生物。该杀菌技术的效果取决于电场强度、脉冲宽度、电极种类、液体食品的电阻、pH、微生物种类以及原始污染程度等因素。

2. 脉冲电场杀菌的应用

脉冲电场对牛乳中的酵母菌、细菌及其芽孢都有很好的灭菌效果。高压脉冲电场可将天然条件下普通牛奶的细菌总数由 10^7CFU/mL 减少到 4×10^2CFU/mL，而且不会影响牛奶的风味及其化学和物理指标。若以大肠杆菌为实验菌株，高压脉冲电场则可立即将其减少 3 个数量级。用 36. 7kV/cm、40 次脉冲电流对接种了沙门菌的牛奶处理 25min，结果贮藏在 7~9℃下 80d 没有测出该菌。在 28℃下用 40kV/cm、30 次脉冲的衰减脉冲、周期为 2μs 的电流对脱脂原料乳（0. 2%脂肪）杀菌，产品在 4℃下的保质期为 2 周。而在 80℃杀菌 6s 后，再用此法杀菌的脱脂乳的保质期为 22d。

采用脉冲处理能够显著提高果汁的货架期。用脉冲电场强度为 50kV/cm，脉冲次数为 10 次，脉宽为 27μs 的脉冲，在 45℃下处理鲜榨苹果汁，产品的货架期为 28d，而没有经过处理的鲜榨苹果汁货架期只有 7d。脉冲电场杀菌对未过滤的苹果汁、果肉含量高的橘子汁、菠萝汁的感官特性没有影响，橘子汁中维生素 C 的含量也不会改变，且脉冲处理过的苹果汁比新鲜苹果汁的味道更好。

（三）振荡磁场杀菌（oscillating magnetic fields，简称 OMF）

振荡磁场杀菌是在常温常压下将食品置于高强度脉冲磁场中处理，达到杀菌目的的方法。近年来的研究表明，脉冲磁场杀菌在食品行业有着重要的应用价值，是一项有前途的冷杀菌技术。

1. 基本原理

磁场分高频磁场和低频磁场，脉冲磁场强度大于 2 特斯拉（Tesla，T）的磁场为高频磁场或振荡磁场，具有强杀菌作用；强度不超过 2T 的磁场为低频磁场，能够有效地控制微生物的生长、繁殖，使细胞钝化，降低分裂速度甚至使微生物失活。

关于脉冲磁场对微生物的作用机理有多种理论，但归纳起来，其生物效应包括磁场的感应电流效应、洛伦兹效应、振荡效应、电离效应和脉冲磁场作用下微生物的自由基效应等。

2. 振荡磁场杀菌的特点

杀菌物料温度升高一般不超过 5℃，对物料的组织结构、营养成分、颜色和风味影响小；高磁场强度只存在于线圈内部和其附近区域，离线圈稍远，磁场强度明显下降，只要操作者处于适宜的位置，就没有危险；与连续波和恒定磁场相比，脉冲磁场杀菌设备功率消耗低、杀菌时间短、对微生物杀灭力强、效率高；易于控制磁场的产生，中止迅速；脉冲磁场对食品具有较强的穿透能力，能深入食品内部，杀菌彻底；使用塑料袋包装食品，避免加工后的污染。

3. 磁场杀菌的应用

磁场灭菌技术可以用于改进巴氏杀菌食品的品质，并延长其货架期。研究表明，经脉冲磁场杀菌后的牛奶，菌落总数和大肠菌群数可达到商业无菌要求。日本三井公司将含有嗜热链球的牛乳、含有酿酒酵母的橘汁和含有细菌芽孢的面团放在磁场强度为 0.6T 的脉冲磁场中，常温下处理 48h，三者均达到 100%的灭菌效果。因此，各种果蔬汁饮料、调味品和包装的固体食品都可使用磁场技术进行保藏。脉冲磁场对于水也具有明显的杀菌作用，在停留时间为 30min、磁场强度 500mT、脉冲频率 40kHz 的实验条件下，循环处理后，水中细菌总数的存活率仅为 0.01%，藻类基本死亡，耗电量只有 0.12kW · h/m^3。

（四）高压二氧化碳杀菌（high pressure carbon dioxide，简称 HPCD）

高压二氧化碳杀菌就是指在低温下利用高于 0.1MPa（1 个大气压）、通常高于 7MPa 以上的 CO_2 进行杀菌的技术，当杀菌温度和杀菌压力达到临界点（31.1℃、7.38Mpa）以上时又叫超临界 CO_2 杀菌。

1. 基本原理

高压促使高密度的 CO_2 溶解于菌体细胞的液体介质中，引起细胞内部 pH 下降，导致细胞关键酶的结构变化而发生钝化；CO_2 与 HCO_3^- 对细胞代谢有直接抑制效应，同时打破细胞内部电解质平衡；由于细胞膜通透性的改变，引起细胞和细胞膜的主要成分损失等，从而导致微生物死亡。高压 CO_2 杀菌效果与微生物种类、CO_2 浓度、温度、时间、压力、卸压速率、介质种类、添加剂种类（如氯化钠、吐温 80、蔗糖硬脂酸酯）等参数有关。由于压力、温度、时间等参数的改变，可以引起 CO_2 的分子扩散特性和菌体细胞的生物活性改变，因此提高压强、温度与延长处理时间均能提高灭菌效果。不同微生物种类对高压 CO_2 的抗性不同。一般对高压 CO_2 的抗性规律：孢子>酵母菌>G^+菌>G^-菌。

2. 高压二氧化碳杀菌的特点

作为一种新型的非热力杀菌方式，高压二氧化碳杀菌除具有所有非热力杀菌方式所具有的优点，如杀菌温度低、无残留、无污染、营养损失少、安全性高等之外，还具有其他非热力杀菌方式所不具有的优点，如与超高压杀菌（400~800MPa）相比，高压二氧化碳杀菌压力更低、时间更短；与射线杀菌（易引起维生素损失、脂肪氧化、公众恐惧）相比，高压二氧化碳杀菌对食品品质影响更小、安全性更高。

3. 高压二氧化碳杀菌的应用

1951 年，加利福尼亚大学的学者弗雷泽（Fraser）发现释放加压的 CO_2 可杀灭大肠杆菌，从此开创了采用加压 CO_2 杀菌的新纪元。研究表明，高压二氧化碳杀菌技术可对细菌、霉菌和酵母产生杀灭作用，而且对细菌所产生的芽孢及霉菌和酵母所产生的孢子也都有一定的杀灭效果。在食品杀菌研究中，高压 CO_2 杀菌技术主要用于液态食品，尤其是果蔬汁制品，还包括牛奶、啤酒等其他液态食品；当然该技术也可用于肉制品和一些鲜切果蔬产品等固态食品的灭菌中。

CO_2 虽然是一种安全、廉价和易得的协同超高压杀菌的物质，但由于常压下 CO_2 的溶解度有限，一般在低压下溶解 CO_2，然后转移到超高压处理所需要的能够传递压力的软包装中，在转移过程中 CO_2 会从溶液中逸出，导致浓度过低，且不稳定，不能有效提高协同杀菌效果，也影响 CO_2 测定，限制了这种协同方法的研究和应用。

第八节　食品保藏的栅栏技术

食品保藏的栅栏技术

思考题

1. 常见的引起食品腐败变质的微生物类型。
2. 微生物引起食品腐败变质需要具备哪些基本条件？
3. 试述鲜乳中微生物的活动规律与腐败变质过程。
4. 简述鲜肉及肉制品中常见的微生物及其腐败变质过程。
5. 说明鱼类的微生物污染途径。
6. 试述鲜蛋的天然防御机能。
7. 罐藏食品中常见微生物及其引起的腐败。
8. 引起果蔬及制品腐败变质的微生物有哪些？
9. 低温贮藏或高温杀菌能否完全消除食品的变质因素？为什么？
10. 常用的物理防腐保藏方法有哪些？基本原理是什么？
11. 常用的化学防腐保藏方法有哪些？防腐的机理是什么？
12. 何为栅栏效应？其原理是什么？

参考文献

[1] 朱军．微生物学［M］．北京：中国农业出版社，2010.
[2] 董明盛，贾英民．食品微生物学［M］．北京：中国轻工业出版社，2006.
[3] 周德庆．微生物学教程［M］．北京：高等教育出版社，2011.
[4] 江汉湖．食品微生物学［M］．北京：中国农业出版社，2010.
[5] 贺稚非．食品微生物学［M］．北京：中国质检出版社，2013.
[6] 唐欣昀．微生物学［M］．北京：中国农业出版社，2009.
[7] 殷文政．食品微生物学［M］．北京：科学出版社，2015.
[8] 沈萍．微生物学［M］．北京：高等教育出版社，2006.
[9] 刘慧．现代食品微生物学［M］．北京：中国轻工业出版社，2011.
[10] 何国庆，贾英民，丁立孝．食品微生物学［M］．北京：中国农业出版社，2016.

[11] 胡永金，刘高强．食品微生物学 [M]．长沙：中南大学出版社，2017.
[12] 李平兰．食品微生物学教程 [M]．北京：中国林业出版社，2011.
[13] 侯志强．高压二氧化碳技术的杀菌研究进展 [J]．中国农业科技导报，2015，17 (5)：40-48.

第十章　引起食物中毒的食源性病原微生物

第十章　引起食物中毒的食源性病原微生物

食源性疾病是指由摄食而进入人体内的各种致病因子（包括病原微生物、天然有毒成分、有毒化学物质等）引起，通常具有感染或中毒性质的一类疾病。食品被微生物污染后除了前述的引起食品腐败变质外，还有少数微生物可对人体产生病害作用，这类微生物被称为病原（或致病）性微生物。存在于食品中或以食品为传播媒介的病原微生物称为食源性病原微生物。这类微生物直接或间接地污染食品后，可以引起食源性疾病。微生物的污染主要有细菌与细菌毒素、霉菌与霉菌毒素、病毒等。《中华人民共和国食品安全法》第一百五十条指出食源性疾病，指食品中致病因素进入人体引起的感染性、中毒性等疾病，包括食物中毒。从上述内容不难看出，食物中毒属于食源性疾病的范畴，是最常见的疾病。本章主要介绍细菌、霉菌以及病毒引起的食物中毒，对切断食物中毒来源、预防食物中毒的发生具有重要意义。

第一节　食物中毒

一、食物中毒的概念

《中华人民共和国食品安全法》第九十九条指出：食物中毒是指食用了被有毒有害物质污染的食品或者食用了含有毒有害物质的食品后，出现的非传染性的急性、亚急性疾病的总称。

人们食入有毒食物以后造成的不良后果，基本上可以分为两种情况，急性食物中毒和慢性食物中毒。因一次性进食有毒食物后很快出现中毒症状，甚至死亡，这种中毒称为急性食物中毒。多次或长期进食含有微量有毒物质的食物，使该种有毒物质在人体内不断积累或不断刺激机体，达到一定程度时才出现中毒症状的，称为慢性食物中毒。

有毒食物（poisonous food）是指含有毒性物质的食品，通常分为“生物型”和“化学型”两种类型。生物型中毒主要是指被细菌、霉菌、病毒、寄生虫污染过的食品，食用后可导致人患急性传染病，能用加热法消毒（耐热菌及毒素除外）。而对于化学型中毒，高温不能消毒，有时越加温反而毒性越大。因含生物性、化学性有害物质而引起食物中毒的食物包括：致病菌或其毒素污染的食物；已达急性中毒剂量的有毒化学物质污染的食物。

二、食物中毒的特点

有毒食物进入人体内发病与否、潜伏期、病程、病情和愈后的效果主要取决于摄入有毒食物的种类、毒性和数量，同时也与食者胃肠空盈度、年龄、体重、抵抗力、健康与营养状况等有关。食物中毒常集体性爆发，种类很多，病因也很复杂，一般具有下列共同特点：①潜伏期较短、发病急剧，短时间内可能有多人同时发病。②中毒病人一般具有相似的临床症状，多表现为急性胃肠炎，常出现恶心、呕吐、腹痛、腹泻等消化道症状。③发病与食物有关。中毒病人在近期内均食用过某种共同的有毒食物，发病范围局限在食用该类有毒食物的人群，未食用者不中毒。停止食用该有毒食物后发病很快停止，发病曲线在突然上升之后呈突然下降趋势。④食物中毒不具有传染性。⑤有些种类的食物中毒具有明显的季节性、地区性特点。

三、食物中毒的分类

按致病因子来分，食物中毒主要分为以下五类：

（一）细菌性食物中毒

细菌性食物中毒指食入含有大量活的细菌或细菌毒素的食品而引起的中毒。根据发病的机制可分为感染型、毒素型和混合型细菌性食物中毒。感染型细菌性食物中毒是指随食物摄入大量活细菌而引起的中毒性疾病，如沙门氏菌、变形杆菌引起的食物中毒。毒素型细菌性食物中毒是指随食物摄入细菌所产生的毒素而引起的中毒性疾病，如肉毒梭菌、葡萄球菌引起的食物中毒。混合型细菌性食物中毒是指随食物摄入活细菌及其毒素共同作用而引起的中毒性疾病。细菌性食物中毒是食物中毒中最为常见的一类，发病率较高，占食物中毒事件总数的30%~60%；除肉毒梭菌毒素中毒外，大多数细菌性食物中毒病程短、恢复快、预后好、病死率低，具有明显的季节性，多发生于5~10月，引起中毒的食物中以动物性食品为主。

（二）真菌性食物中毒

真菌性食物中毒指食入被某些真菌及其毒素污染的食品而引起的中毒。真菌性食物中毒的发生往往有一定的地域性，如非洲南部以玉米、花生为主食，常发生黄曲霉毒素中毒；霉变甘蔗中毒多发生在我国北方。真菌性食物中毒的季节性因真菌繁殖、产毒的最适温度不同而不同，发病率较高，病死率因真菌的种类不同而异。这类中毒发生较少，但常常发生慢性中毒，有的可诱发癌症。

（三）动物性食物中毒

动物性食物中毒指食入动物性有毒食品而引起的中毒。发病率和病死率因动物性中毒食品种类的不同而异，有一定区域性。动物性食物中毒主要有两种：一是食入天然含有有毒成分的动物或具有毒性的某一部位而引起的食物中毒，包括河豚、有毒贝类或某些动物的肝脏等引起的食物中毒；二是食入在一定条件下产生大量有毒成分的动物性食品而引起的食物中毒，包括鱼类（如鲐鱼）组胺引起的食物中毒。

（四）植物性食物中毒

植物性食物中毒指食入植物性有毒食品而引起的中毒。季节性、区域性比较明显，发病率和病死率因植物性中毒食品种类的不同而异。植物性食物中毒主要有三种：第一种是食入含有天然有毒成分的植物或其加工制品而引起的食物中毒，如桐油、大麻油等引起的食物中毒；第二种是食入未能在加工过程中破坏或除去有毒成分的植物性食品而引起的食物中毒，如木薯、苦杏仁等；第三种是食入在一定条件下产生大量有毒成分的植物性食品而引起的中毒，如食用鲜黄花菜、发芽马铃薯、未腌制好的咸菜或未烧熟的扁豆等造成的中毒。最常见的植物性食物中毒为四季豆中毒、木薯中毒；可引起死亡的有马铃薯、曼陀罗、银杏、苦杏仁、桐油等引起的中毒。植物性中毒多数没有特效疗法，对一些能引起死亡的植物性有毒食品，应尽早排除。

（五）化学性食物中毒

化学性食物中毒指食入一些化学物质如铅、汞、镉、氰化物及农药等化学毒品污染的食品而引起的中毒。主要包括：误食被有毒有害的化学物质污染的食品；误把有毒有害的化学物质认为是食品、食品添加剂、营养强化剂；因添加非食品级或伪造或禁止使用的食品添加剂、营养强化剂的食品，以及超量使用食品添加剂的食品；因贮藏等原因，营养素发生化学变化的食品，如油脂酸败造成的中毒。

化学性食物中毒的发病特点是：发病与进食时间、食用量有关。一般进食后不久就发病，常有群体性，病人有相同的临床表现。剩余食品、呕吐物、血和尿等样品中可测出有关化学毒物。在处理化学性食物中毒时应迅速，及时处理，这不但对挽救病人生命十分重要，同时对控制事态发展，特别是在群体中毒和尚未明确化学毒物时更为重要。

四、食品污染、食源性疾病和食物中毒的关系

食品本身不应含有毒有害的物质。但是，食品在种植或饲养、生长、收割或宰杀、加工、贮存、运输、销售到食用前的各个环节中，由于环境或人为因素的作用，可能受到有毒有害物质的侵袭而造成污染，使食品的营养价值和卫生质量降低，这个过程就是食品污染。食品污染、食源性疾病和食物中毒之间既有共性，又有区别，并非相互独立，而是有所交叉或相互包含，具体关系详见表 10-1。

表 10-1　食品污染、食源性疾病和食物中毒的异同点

<table>
<tr><th rowspan="2">项目</th><th colspan="3">不同点</th><th rowspan="2">相同点</th></tr>
<tr><th>侧重点</th><th>危害结果</th><th>隶属关系</th></tr>
<tr><td>食品污染
（food contamination）</td><td>食品在生产、加工、销售等一系列环节中各因素造成的对食品的污染</td><td>对各因素多环节上造成的食品污染，而这些污染可能（不）造成健康危害</td><td>三者并非相互独立，而是可能有所交叉甚至相互包含</td><td rowspan="3">1. 均可对人体健康造成或可能造成危害
2. 食品安全事故的组成部分
3. 均是国家食品安全风险监测的内容</td></tr>
<tr><td>食源性疾病
（foodborne disease）</td><td rowspan="2">各种致病因素对人体健康的损害</td><td rowspan="2">已造成人体健康危害</td><td>隶属于食源性疾病的不一定属于食物中毒</td></tr>
<tr><td>食物中毒
（food poisonning）</td><td>所有食物中毒都属于食源性疾病的范畴，特点非传染性</td></tr>
</table>

第二节　细菌性食物中毒

一、细菌性食物中毒定义

含有细菌或细菌毒素的食品称为细菌性中毒食品，食入细菌性中毒食品引起的食物中毒，即为细菌性食物中毒。

二、常见的细菌性食物中毒

(一) 葡萄球菌食物中毒及其控制

震惊日本的灾难性牛奶事故

1. 病原菌

葡萄球菌隶属于微球菌科的葡萄球菌属（*Staphylococcus*），为革兰阳性兼性厌氧菌。生长繁殖的最适 pH 为 7.4，最适生长温度为 37℃，耐盐耐糖，因此能在 10%～15%的氯化钠培养基或高糖浓度的食品中繁殖。葡萄球菌的抵抗能力较强，可以耐受较低的水分活性，在干燥的环境中可生存数月。其中金黄色葡萄球菌（*Staphylococcus aureus*）是引起食物中毒的常见菌种之一，对热具有较强的抵抗力，70℃方可被灭活，微观形态见图 10-1。

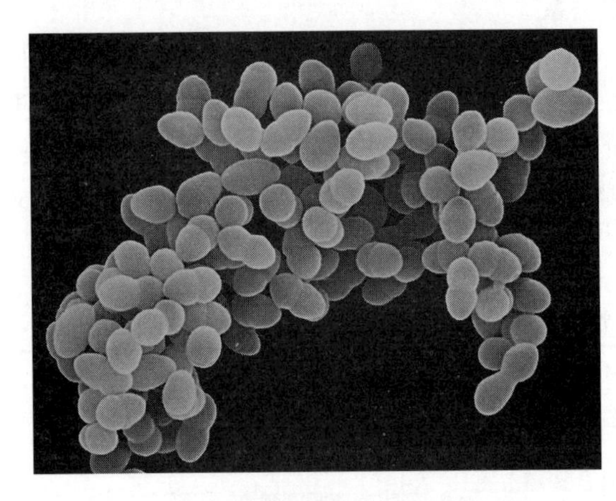

图 10-1　金黄色葡萄球菌的电镜照片

葡萄球菌种类繁多，过去按产生的色素分为 3 种：金黄色葡萄球菌（*S. aureus*）、白色葡萄球菌（*S. albus*）、柠檬色葡萄球菌（*S. citreus*）。1974 年，根据生理生化特征将葡萄球菌属分为 3 种：金黄色葡萄球菌、表皮葡萄球菌（*S. epidermidis*）、腐生葡萄球菌（*S. saprophyticus*）。1996 年，已经归类于葡萄球菌属的菌种有 31 种，其中与食品有关的菌种见表 10-2。在表中列出的 18 个种和亚种中，仅有 6 种为凝固酶阳性，凝固酶阳性的葡萄球菌是与食品有关的重要菌种。

表 10-2　已知能产生凝固酶、核酸酶和/或肠毒素的葡萄球菌菌种和亚种

生物体	凝固酶	核酸酶	肠毒素	血溶性	甘露醇	DNA 的 G+C/%
金黄色葡萄球菌厌氧亚种（*S. aureus* subsp. *anaerobius*）	+	TS	-	(+)	-	31.7
金黄色葡萄球菌金色亚种（*S. aureus* subsp. *aureus*）	+	TS	+	+	+	32～36
中间葡萄球菌（*S. intermedius*）	+	TS	+	+	(+)	32～36
猪葡萄球菌（*S. hyicus*）	(+)	TS	+	-	-	33～34
海豚葡萄球菌（*S. delphini*）	+	-	-	+	+	39
施氏葡萄球菌凝聚亚种（*S. schleiferi* subsp. *coagulans*）	+	TS	-	+	(+)	35～37

续表

生物体	凝固酶	核酸酶	肠毒素	血溶性	甘露醇	DNA 的 G+C/%
施氏葡萄球菌施氏亚种（*S. schleiferi* subsp. *schleiferi*）	-	TS	-	+	-	37
山羊葡萄球菌（*S. caprae*）	-	TL	+	（+）	-	36.1
产色葡萄球菌（*S. chromogenes*）	-	-w	+	-	v	33~34
柯氏葡萄球菌（*S. cohnii*）	-	-	+	-	v	36~38
表皮葡萄球菌（*S. epidermidis*）	-	-	+	v	-	30~37
溶血葡萄球菌（*S. haemolyticus*）	-	TL	+	+	v	34~36
缓慢葡萄球菌（*S. lentus*）	-	-	+	-	+	30~36
腐生葡萄球菌（*S. saprophyticus*）	-	-	+	-	+	31~36
松鼠葡萄球菌（*S. sciuri*）	-	-	+	-	+	30~36
模仿葡萄球菌（*S. simulans*）	-	v	-	v	+	34~38
沃氏葡萄球菌（*S. warneri*）	-	TL	+	-w	+	34~35
木糖葡萄球菌（*S. xylosus*）	-	-	+	+	v	30~36

注：+为阳性；-为阴性；-w 为阴性至弱阳性；（+）为弱阳性；v 为可变；TS 为耐热；TL 为不耐热。

2. 致病因素

葡萄球菌的致病力取决于其产生毒素和酶的能力。致病菌株能产生溶血毒素、杀白细胞毒素、肠毒素、溶纤维蛋白酶、透明质酸酶、血浆凝固酶、耐热核酸酶等。与食物中毒有密切关系的主要是其中的肠毒素。

一半以上的金黄色葡萄球菌可产生肠毒素，并且一个菌株能产生两种或两种以上的肠毒素，能产生肠毒素的菌株凝固酶试验常呈阳性。引起食物中毒的肠毒素是一组对热稳定的低分子质量的可溶性蛋白质，分子质量为 25000~35000u。多数金黄色葡萄球菌肠毒素经 100℃、30min 不被破坏，并能抵抗胃肠道中蛋白酶的水解作用。因此，需经过 100℃、2h 才能完全破坏食物中存在的金黄色葡萄球菌肠毒素。按其抗原性，可将肠毒素分为 A、B、C_1、C_2、C_3、D、E、F 和 H 共 9 个血清型，其中 A 型肠毒素毒力最强，人一般摄入 1μg/kg 即能引起中毒，故 A 型肠毒素引起的食物中毒最常见；D 型毒力较弱，人摄入 25μg/kg 才引起中毒。

3. 中毒原因

产生肠毒素的葡萄球菌污染了食品，在较高温度下大量繁殖，在适宜的 pH 值和适合的食品条件下产生肠毒素，引起食用者发生中毒。食品被葡萄球菌污染后，如果没有形成肠毒素的适合条件，则不会引起中毒。当肠毒素随食物进入人体消化道后进入血液，会刺激中枢神经系统引起中毒反应。肠毒素作用于迷走神经的内脏分支而致呕吐；作用于肠道使水分的分泌与吸收失去平衡而致腹泻。

4. 发病症状

葡萄球菌引起毒素型食物中毒，潜伏期一般 1~5h，最短为 15min，少数超过 8h。主要症状为急性胃肠炎，如恶心、呕吐、中上腹痛、腹泻等，以呕吐最为严重。体温一般正常或有低热。病情重时，由于剧烈呕吐和腹泻，可引起大量失水而发生外周循环衰竭和虚脱。儿童对肠毒素比成人敏感，因此儿童发病率较高，病情也比成人重。葡萄球菌肠毒素中毒一般病程较短，1~2d 内即可恢复，预后良好，很少有死亡病例。

5. 相关中毒食品

引起葡萄球菌肠毒素中毒的食品种类有很多，主要为肉、蛋、奶、鱼类及其制品等动物性食品，含淀粉较多的米糕、凉拌切粉、剩米饭和米酒等也能引起中毒。国内以奶和奶制品以及用奶制作的冷饮（冰激凌、冰棍）和奶油糕点等最为常见。近年来，由熟鸡、鸭制品引起的中毒事件增多。

6. 感染途径

葡萄球菌在自然界中无处不在，空气、水、灰尘及人和动物的排泄物中都可找到。因此，食品受其污染的机会很多。一般来说，葡萄球菌可通过以下途径污染食品：食品加工人员、炊事员或销售人员带菌，造成食品污染；食品在加工前本身带菌，或在加工过程中受到了污染，产生了肠毒素，引起食物中毒；熟食制品包装不严，运输过程受到污染；奶牛患化脓性乳腺炎或禽畜局部化脓时，对肉体其他部位的污染。

7. 预防措施

（1）防止食品原料和成品被污染

①防止葡萄球菌污染原料奶，定期对健康奶牛的乳房进行检查，患化脓性乳腺炎时，其乳不能用于加工乳与乳制品；②患局部化脓性感染的畜、禽胴体应按病畜、病禽肉处理，将病变部位除去后，再经高温处理才可加工成熟肉制品；③食品加工的设备、用具，使用后应彻底清洗杀菌；④严格防止肉类、含奶糕点、冷饮食品和剩菜剩饭等受到致病性葡萄球菌的污染；⑤防止带菌人群对食物的污染，定期对食品从业人员进行健康检查，患局部化脓性感染、上呼吸道感染者应暂时调换工作。

（2）防止葡萄球菌的生长与产毒

①控制食品贮藏温度，防止该菌生长和产毒的重要条件是低温和通风良好，建议4℃以下冷藏食品或置阴凉通风处，但不应超过6h（尤其是夏秋季），挤好的牛乳应迅速冷却至10℃以下；②控制食品A_w。由于食品A_w<0.90时该菌不产毒素，A_w<0.83时不生长，因此可用干燥、加盐或（和）糖以降低食品A_w至0.83以下，防止其生长和产毒。

（3）食品的杀菌处理

在肠毒素产生之前及时加热杀死已污染食品的葡萄球菌。剩菜剩饭最好采取双重加热法，即加热后置低温通风处存放，食前再次加热。加热虽可杀死葡萄球菌，但难以破坏肠毒素，因此，在实践上防止该菌食物中毒的措施主要靠前两种方法。

（二）肉毒梭菌食物中毒及其控制

1. 病原菌

暗藏在春天里的杀机

肉毒梭菌（*Clostridium botulinum*）全称是肉毒梭状芽孢杆菌，属于厌氧性梭状芽孢杆菌属，为革兰氏阳性杆菌，以单个细胞或短小的链状存在，两端钝圆，无荚膜，周身有4~8根鞭毛，具有运动性（见图10-2）。28~37℃生长良好，适宜pH为6~8。在20~25℃形成大于菌体、位于菌体末端的芽孢。当 pH 低于 4.5 或大于 9.0 时，或当环境温度低于 15℃或高于 55℃时，肉毒梭菌芽孢不能萌发，也不产生毒素。肉毒梭菌加热至 80℃、30min 或 100℃、10min 即可杀死，但其芽孢抵抗力强，需经高压蒸汽 121℃、30min 或干热 180℃、5～15min 或湿热 100℃、5h 才能被杀死。

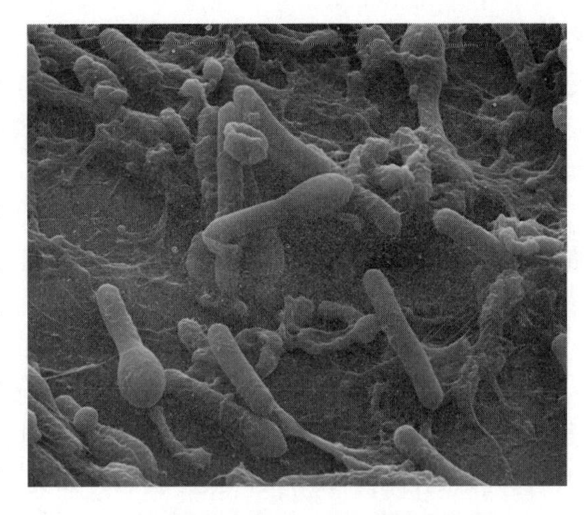

图 10-2　肉毒梭菌的电镜照片

根据产生肉毒素的抗原性，把肉毒梭菌分为 A、B、C（α、β）、D、E、F、G 型。其中 A、B、E、F 型与人类的食源性中毒相关，我国报道的肉毒梭菌食物中毒多为 A 型。A 型菌株是蛋白水解型，E 型菌株是非蛋白水解型，B 和 F 型菌株可能为蛋白水解型，也可能为非蛋白水解型。蛋白水解型菌株可以在 10～48℃生长，最适温度为 35℃；非蛋白水解型菌株的最适生长温度是 30℃，生长温度范围为 33～45℃。

2. 致病因素

肉毒素走向整形美容行业的发展史

肉毒梭菌食物中毒是由肉毒梭菌产生的外毒素即肉毒素引起的。肉毒素是一种神经毒素，其毒性比氰化钾强 10000 倍，对人的致死剂量为 0.1～1μg/kg。肉毒素与典型的外毒素不同，并非由活的细菌释放，而是在活细菌细胞内产生无毒的前体毒素，待细菌死亡自溶后游离出来，经肠道中的胰蛋白酶或细菌产生的蛋白酶激活后才具有毒性。肉毒素不耐热，80℃、20～30min 或 90℃、15min 或 100℃、4～10min 可破坏毒性，对胃酸、胃和胰蛋白酶有抵抗力，对碱较敏感，pH 为 8.5 时容易失去毒性。肉毒素还具有良好的抗原性，经 0.3%～0.4%甲醛脱毒变成类毒素后，仍保持良好的抗原性。

3. 中毒原因

食入含有肉毒素的食品引起食物中毒。肉毒素是一种强烈的神经毒素，随食物进入肠道吸收后，经血液循环，作用于中枢神经系统的脑神经核、神经肌肉连接部位和自主神经末梢，抑制神经末梢乙酰胆碱的释放，导致肌肉麻痹和神经功能的障碍。

4. 发病症状

以运动神经麻痹的症状为主，而胃肠道症状少见。潜伏期比其他细菌性食物中毒潜伏期长。一般 12～48h，短者 5～6h，长者 8～10d。潜伏期越短，病死率越高；潜伏期长，病情进展缓慢。

临床特征表现为对称性脑神经受损的症状。早期表现为头痛、头晕、乏力、走路不稳，之后逐渐出现视力模糊、眼睑下垂、瞳孔散大等神经麻痹症状。重症患者则首先表现为对光反射迟钝，逐渐发展为语言不清、吞咽困难、声音嘶哑等，严重时出现呼吸困难，常因呼吸衰竭而死亡。病死率为30%~70%，多发生在中毒后的4~8d。此外还可引起婴儿型肉毒中毒、创伤型肉毒中毒和吸入型肉毒中毒。

肉毒梭菌食物中毒的中毒表现出现的顺序具有一定的规律性。最初为头晕、无力，随即出现眼肌麻痹症状；继之张口伸舌困难；进而发展为吞咽困难；最后出现呼吸肌麻痹等。

5. 相关中毒食品

中毒食品的种类往往同饮食习惯、膳食组成和制作工艺有关。但绝大多数为家庭自制的低盐浓度并经厌氧条件下的加工食品或发酵食品，以及厌氧条件下保存的肉类制品。在我国，多为家庭自制豆或谷类的发酵食品，如臭豆腐、豆瓣酱、豆豉和面酱等；因肉类制品或罐头食品引起中毒的较少，主要为越冬密封保存的肉制品。美国发生的肉毒梭菌中毒中，72%为家庭自制的蔬菜、水果罐头、水产品及肉、奶制品。在日本，90%以上的肉毒梭菌中毒由家庭自制鱼类罐头或其他鱼类制品引起。欧洲各国肉毒梭菌中毒的食物多为火腿、腊肠及保藏的肉类。

6. 感染途径

肉毒梭菌存在于土壤、江河湖海的淤泥沉积物、霉干草、尘土和动物粪便中，其中土壤为重要污染源。带菌土壤可直接污染各类食品原料，直接或间接污染食品，包括粮食、蔬菜、水果、肉、鱼等，使其可能带有肉毒梭菌或其芽孢。据调查，我国肉毒中毒多发地区的原料粮食、土壤和发酵制品中的肉毒梭菌检出率分别为12.6%、22.2%和14.9%。

7. 预防措施

（1）防止原料被污染

在食品加工过程中，应选用新鲜原料，防止泥土和粪便对原料的污染。对食品加工的原料应充分清洗，高温灭菌或充分蒸煮，以杀死芽孢。

（2）控制肉毒梭菌的生长和产毒

加工后的食品应避免再污染、缺氧保存及高温堆放，应置于通风、凉爽的地方保存。尤其对加工的肉、鱼类制品，应防止加热后再次被污染并低温保藏。此外，于肉肠中加入亚硝酸钠可抑制该菌的芽孢发芽生长，其最高允许用量为0.15g/kg。

（3）食前彻底加热杀菌

肉毒素不耐热，食前对可疑食物加热可使各型菌的毒素被破坏。80℃加热30~60min，或使食品内部达到100℃、10~20min，是预防中毒的可靠措施。生产罐头食品等真空食品时，必须严格执行《罐头厂卫生规范》，装罐后要彻底灭菌。在贮藏过程中胖听的罐头食品不能食用。

（三）沙门氏菌食物中毒及其控制

1. 病原菌

沙门氏菌属（*Salmonella*）是肠杆菌科中一个重要菌属，为革兰氏阴性杆菌，需氧或兼性厌氧，无芽孢，无荚膜，周身鞭毛，能运动（见图10-3）。在显微镜下或普通培养基上与大肠杆菌难以区分。

沙门氏菌属在外界的生命力较强，其生长繁殖的适宜温度为20~30℃，在普通水中虽不易繁殖，但可生存2~3周，在粪便中可生存1~2个月，在土壤中可过冬，在咸肉、鸡肉和鸭肉中也可存活很长时间。水经氯化物处理5min可杀灭其中的沙门氏菌。相对而言，沙门氏菌属不耐热，55℃、1h 或 60℃、15~30min 或 100℃数分钟都可被杀死。此外，由于沙门氏菌属不分解蛋白质、不产生靛基质，污染食物后无感官性状的变化，因此易引起食物中毒。

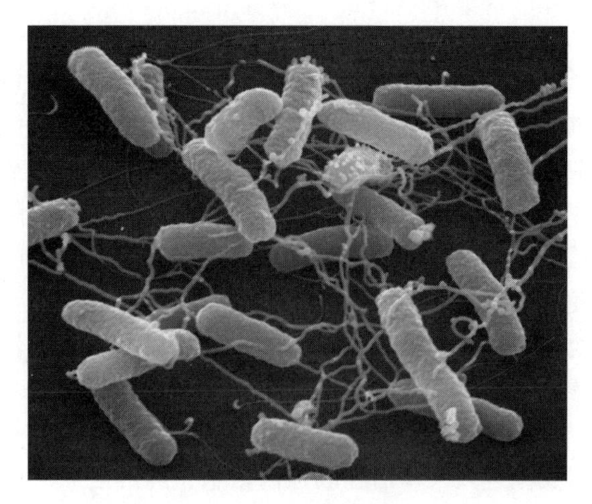

图 10-3　沙门氏菌的电镜照片

沙门氏菌属的细菌引起中毒的比例为细菌性食物中毒的 42.6%~60.0%，根据抗原构造分类，至今已发现沙门氏菌属有近3000个血清型菌株，分为6个亚属，常见的沙门氏菌均属第1亚属。我国已发现200多个血清型。不同血清型菌株的致病力和侵染对象均不相同。根据沙门氏菌的致病范围，可将其分为三类：对人、对动物或对二者均有致病性。其中引起人类食物中毒的主要有鼠伤寒沙门氏菌（*Salmonella typhimurium*）、猪霍乱沙门氏菌（*S. choleraesuis*）、肠炎沙门氏菌（*S. enteritidis*）、纽波特沙门氏菌（*S. newport*）、都柏林沙门氏菌（*S. dublin*）、德尔比沙门氏菌（*S. derby*）等。其中前三种引起食物中毒次数最多。

沙门氏菌具有复杂的抗原结构，主要由菌体抗原（即为O抗原）和鞭毛抗原（即H抗原）组成。部分菌株还产生表面抗原（即K抗原），包括M抗原和Vi抗原［因它与毒力（virulence）有关，故称Vi抗原］。O抗原存在于菌体表面，成分为脂多糖，性质稳定，耐热。至今已发现的O抗原有67种，并按照O抗原将沙门氏菌属分成A~Z群。引起人类疾病的沙门氏菌，多属于A~F群。H抗原存在于鞭毛中，成分为蛋白质，不耐热，不稳定。经60℃、15min或经酒精处理后即被破坏。H抗原由第1相和第2相组成，第1相仅为少数沙门氏菌所独有，称为特异抗原，用英文小写字母a、b、c……表示；第2相为沙门氏菌所共有，称为非特异性抗原即共同抗原，用阿拉伯数字1、2、3……表示。同一种群沙门氏菌根据H抗原不同可将群内细菌分为不同的种和型。Vi抗原是一种不耐热的酸性多糖复合物，加热60℃、30min或苯的处理即被破坏，人工传代培养后易消失。Vi抗原存在于菌体表面，可阻止O抗原与相应抗体的凝集反应，故在沙门氏菌血清学鉴定时应加以注意。

2. 致病因素

致病因素有三种：

（1）侵袭力

沙门氏菌有菌毛，因而对肠黏膜细胞有侵袭力，有Vi抗原的沙门氏菌也具有侵袭力，能穿过小肠上皮细胞到达黏膜固有层。

（2）内毒素

该属各菌株均具有较强毒性的内毒素，由脂类、多糖和蛋白质的复合物组成，被人体吞噬细胞吞噬并杀灭的沙门氏菌，因细胞裂解而释放内毒素，引起发热和中毒性休克等。

（3）肠毒素

鼠伤寒沙门氏菌、肠炎沙门氏菌在适宜的条件下代谢分泌肠毒素，此种毒素为蛋白质，在50~70℃时可耐受8h，不能被胰蛋白酶和其他水解酶破坏，并对酸碱有抵抗力。

3. 中毒原因

引起食物中毒的必要条件是食物中含有大量的活菌，食入活菌数量越多，发生中毒的概率就越大。由于各种血清型沙门氏菌致病性强弱不同，因此随同食物摄入沙门氏菌出现食物中毒的菌量亦不相同。一般来说，食入致病性强的血清型沙门氏菌 2×10^5CFU/g 即可发病，致病力弱的血清型沙门氏菌 10^8CFU/g 才能发生食物中毒。致病力越强的菌型越易致病，通常认为猪霍乱沙门氏菌致病力最强，鼠伤寒沙门氏菌次之，鸭沙门氏菌致病力较弱。中毒的发生不仅与菌量、菌型、毒力的强弱有关，而且与个体的抵抗力有关。幼儿、体弱老人及其他疾病患者是易感性较高的人群。较少菌量或较弱致病力的菌型仍可引起这些人群的食物中毒，甚至出现较重的临床症状。

大多数沙门氏菌食物中毒是沙门氏菌活菌对肠黏膜的侵袭而导致的感染型中毒，大量沙门氏菌进入人体后在肠道内繁殖，经淋巴系统进入血液引起全身感染。同时，部分沙门氏菌在小肠淋巴结和单核细胞吞噬系统中裂解而释放出内毒素，活菌和内毒素共同作用于胃肠道，使黏膜发炎、水肿、充血或出血，导致消化道蠕动增强而腹泻。内毒素不但毒力较强，而且是一种致热原，可使体温升高。此外，肠炎沙门氏菌、鼠伤寒沙门氏菌可产生肠毒素，该肠毒素可通过对小肠黏膜细胞膜上腺苷酸环化酶的激活，使小肠黏膜细胞对 Na^+的吸收受到抑制，而对 Cl^-分泌亢进，继而 Na^+、Cl^-、水在肠腔潴留而致腹泻。

4. 发病症状

沙门氏菌食物中毒潜伏期短，一般 4~48h，长者可达 72h，潜伏期越短，病情越重。中毒开始时表现为头痛、全身乏力、恶心、食欲缺乏，然后出现呕吐、腹泻、腹痛。腹泻一日可数次至十余次，主要为水样便，少数带有黏液或血。患者多数有发热症状，一般 38~40℃。轻者 3~4d 症状消失，重者可出现神经系统症状，还可出现尿少、无尿、呼吸困难等症状，如不及时抢救可导致死亡，病死率约为 1%。按其临床特点可分为五种类型，其中胃肠炎型最为常见，其余为类霍乱型、类伤寒型、类感冒型和败血症型。

5. 相关中毒食品

沙门氏菌的传播途径非常广泛，主要的繁殖地是动物的肠道内，也有可能存在于身体的其他部位。常可在各种动物，如猪、牛、羊、马等家畜，鸡、鸭、鹅等家禽，鼠类、飞鸟等野生动物的肠道中发现。沙门氏菌也存在于多类食物中，如猪肉、牛肉、鱼肉、香肠、火腿、禽、蛋和奶制品、豆制品、水产品、田鸡腿、椰子、酱油、沙拉调料、蛋糕粉、奶油夹心甜点、花生露、橙汁等。

6. 感染途径

（1）沙门氏菌污染肉类有两种途径：一是内源性污染，是指畜禽在宰杀前已感染沙门氏菌；二是外源性污染，是指畜禽在屠宰、加工、运输、贮藏、销售的各环节被带沙门氏菌的粪便、容器、污水等污染，尤其是熟肉制品常受生肉中沙门氏菌的交叉污染。

（2）蛋类及其制品感染或污染沙门氏菌的机会较多，尤其是鸭、鹅等水禽及其蛋类带菌率比鸡高。除原发和继发感染使卵巢、卵黄、全身带菌外，禽蛋在经泄殖腔排出时，蛋壳表面可在肛门内被沙门氏菌污染，并可通过蛋壳气孔侵入蛋内。

（3）带菌奶牛产的乳中有时含沙门氏菌，即使健康奶牛挤的乳亦可受到带菌奶牛的粪便或其他污染物的污染，故鲜乳及其制品未彻底消毒也可引起食物中毒。

（4）水产品通过水源被污染，使淡水鱼，虾有时带菌。进口冷冻带鱼中检出沙门氏菌也时有报道。此外，带菌人的手、鼠类、苍蝇、蟑螂等接触食品，也可成为污染源。

7. 预防措施

（1）防止食品被沙门氏菌污染

加强对食品生产企业的卫生监督及畜禽宰前和宰后兽医卫生检验，并按有关规定进行处理。屠宰时，要特别注意防止畜禽胴体受到胃肠内容物、皮毛、容器等污染。食品加工、销售、集体食堂和饮食行业的从业人员，应严格遵守有关卫生制度，特别要防止交叉污染，如熟肉类制品被生肉或盛装的容器污染，切生肉和熟食品的刀、案板要分开。并对上述从业人员定期进行健康和带菌检查，如有肠道传染病患者及带菌者，应及时调换工作。

（2）控制食品中沙门氏菌的繁殖

沙门氏菌繁殖的最适温度是37℃，但在20℃以上就能大量繁殖。因此，低温贮存食品是预防食物中毒的一项重要措施。在食品销售网点、集体食堂均应有冷藏设备，并按照食品低温保藏的卫生要求贮藏食品。适当浓度的食盐也可控制沙门氏菌的繁殖。肉、鱼等可加食盐保存，以控制沙门氏菌的繁殖。

（3）食前彻底加热杀菌

对沙门氏菌污染的食品进行彻底加热灭菌，是预防沙门氏菌食物中毒的关键措施。加热灭菌的效果取决于许多因素，如加热方法、食品被污染的程度、食品体积大小。为彻底杀灭肉类中可能存在的各种沙门氏菌并灭活毒素，应使肉块深部温度达到80℃，因此要求肉块重量应在1kg以下，在敞开的锅煮时，应自水沸腾起煮12min，否则肉块中心部分不能充分加热。如尚有残存的活菌，在适宜的条件下仍可繁殖，引起食物中毒。

（四）志贺氏菌食物中毒及其控制

1. 病原菌

志贺氏菌属（*Shigella*）通称痢疾杆菌，属于肠杆菌科，为革兰氏阴性短小杆菌（见图10-4）。依据O抗原性质分为4个血清群：A群，即痢疾志贺氏菌（*S. dysenteriae*）；B群，即福氏志贺氏菌（*S. flexneri*）；C群，即鲍氏志贺氏菌（*S. boydii*）；D群，即宋内氏志贺氏菌（*S. sonnei*）。其中，痢疾志贺氏菌是导致典型细菌性痢疾的病原菌，在敏感人群中很少数量就可以致病。

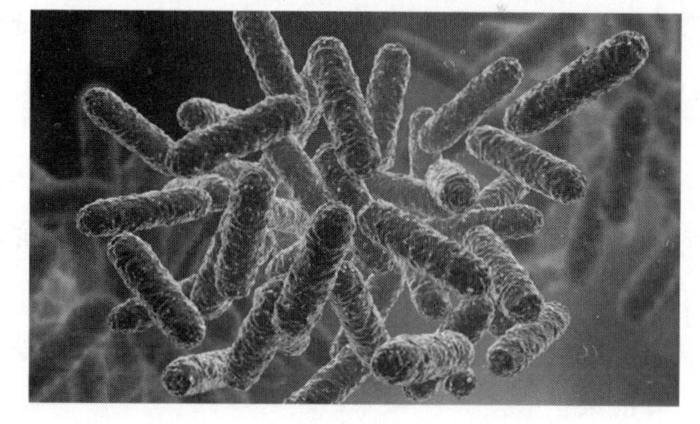

图10-4　志贺氏菌的电镜照片

志贺氏菌对理化因素的抵抗力，相较其他肠道杆菌弱。在对外界环境的抵抗力方面，志贺氏菌属中，宋内氏志贺氏菌最强，福氏志贺氏菌次之，而痢疾志贺氏菌最弱。志贺氏菌在潮湿土壤中可存活1个月，在10～37℃水中可存活20d，在粪便中（10～25℃）可存活10d，在水果、蔬菜或咸菜上存活1～2周。志贺氏菌在光照下30min或经50～60℃、10min即可被杀死。志贺氏菌耐寒，可在冰块中生存3个月。

2. 致病因素

致病因素有三种：

（1）侵袭力

菌毛使细菌黏附于肠黏膜上，并依靠位于大质粒（相对分子质量为120～140Mu）上的基因，编码侵袭上皮细胞的蛋白，使细菌具有侵入肠上皮细胞的能力，并在细胞间扩散，引起炎症反应。

（2）内毒素

由于内毒素的释放而造成肠壁上皮细胞死亡和黏膜发炎与溃疡。

（3）Vero 毒素

某些志贺氏菌能产生对 Vero 细胞（非洲绿猴肾细胞）有毒性作用的毒素，称为 Vero 毒素（verotoxin，VT）。VT 至少有以下三种生物活性。致死毒：VT 对小鼠有强烈的致死毒性，其 LD_{50} 为 1~30ng。细胞毒：VT 对培养细胞特别是 Vero 细胞，仅 1pg 即发挥毒性作用。肠毒素：VT 约 1μg 即可使家兔回肠结扎试验出现液体潴留。

3. 中毒原因

引起中毒的原因是食入了具有侵袭力的活菌及其内毒素和 Vero 毒素的食品。熟食品被污染后，若在较高温度下存放较长，菌体就会大量繁殖并产毒。该菌随食物进入胃肠后侵入肠黏膜组织，生长繁殖。当菌体被破坏后，释放内毒素，作用于肠壁、肠黏膜和肠壁植物性神经，引起一系列症状。有的菌株产生 Vero 毒素，具有肠毒素的作用。

4. 发病症状

潜伏期一般为 6~24h。主要症状为剧烈腹痛，呕吐及频繁的腹泻并伴有水样便，便中混有脓血和黏液。还可引起毒血症，发热达 40℃以上，意识出现障碍，严重者出现休克。

5. 相关中毒食品

主要是水果、蔬菜、沙拉的冷盘、凉菜、奶类、肉类及其熟食品。

6. 感染途径

这些食品的污染是通过粪便—食品—人口途径传播志贺氏菌。病人和带菌者的粪便是污染源，特别是从事餐饮业的人员中志贺氏菌携带者具有更大危害性。带菌的手、苍蝇、用具等接触食品，以及沾有污水的食品容易污染志贺氏菌。

7. 预防措施

（1）防止食品被污染

加强对食品生产企业的卫生监督及家畜、家禽屠宰前的兽医卫生检验，并按有关规定处理；加强对家畜、家禽屠宰后的肉尸和内脏的检验，防止被志贺氏菌感染或污染的畜、禽肉进入市场；加强肉类食品在贮藏、运输、加工、烹调或销售等各个环节的卫生管理，特别是要防止熟肉类制品被食品从业人员带菌者、带菌容器污染及与带菌的生食物发生交叉污染。

（2）食前加热杀菌

由于该菌不耐热，在食用前对肉类食品要经科学烹调、蒸煮，以及鲜乳应及时进行严格的巴氏消毒，饮用水要加热充分，以杀灭病原菌。

（3）加强卫生宣传

注意避免饮用生水或杀菌不充分的乳品。特别注意冷藏食品的存放卫生和温度。因该菌在冷藏温度下也能缓慢生长，故生乳不宜长久冷藏。

（五）致病性大肠埃希氏菌食物中毒及其控制

1. 病原菌

埃希氏菌属（*Escherichia*）通常被称为大肠杆菌属，为革兰氏阴性两端钝圆的短杆菌，绝大多数菌株周身鞭毛，能运动，周身还有菌毛，无芽孢，某些菌株具有荚膜，为需氧或兼性厌氧菌（见图 10-5）。生长温度范围在 10~50℃，最适生长温度为 40℃。生长能适应的 pH 范围在 4.3~9.5，适宜 pH 为 6.0~8.0。培养后保存于室温下可生存数周，在泥土和水中可以存活数月之久。对氯气敏感，在含氯 0.5~1mg/L 的水中很快死亡。

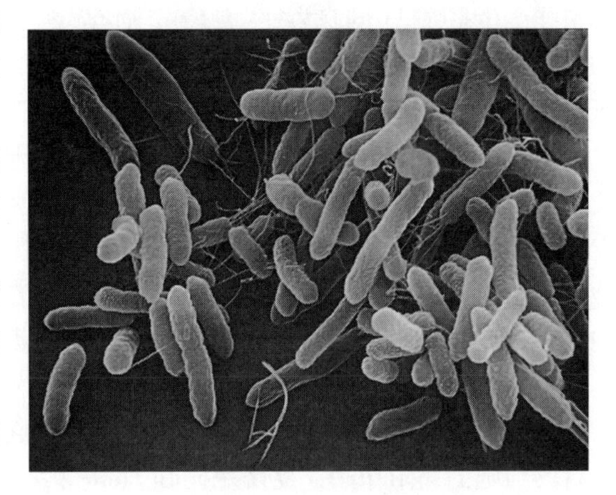

图 10-5　大肠埃希氏菌的电镜照片

在相当长的一段时间内，大肠埃希氏菌（*E. coli*）一直被当作正常肠道菌群的组成部分，认为是非致病菌。直到 20 世纪中叶，研究发现一些特殊血清型的大肠杆菌对人和动物有病原性，尤其对婴儿和幼畜（禽），常引起严重腹泻和败血症，它是一种普通的原核生物，根据不同的生物学特性将致病性大肠埃希氏菌分为五类：肠道致病性大肠埃希氏菌（enteropathogenic *E. coli*，EPEC）、肠道毒素性大肠埃希氏菌（enterotoxigenic *E. coli*，ETEC）、肠道侵袭性大肠埃希氏菌（enteroinvasive *E. coli*，EIEC）、肠道出血性大肠埃希氏菌（enterohemorrhagic *E. coli*，EHEC）和肠道黏附性大肠埃希氏菌（enteroadherent *E. coli*，EAEC）。

致病性与非致病性的 *E. coli* 在形态、培养特性和生化特性上不易区别，只能以不同的抗原构造来鉴别。大肠杆菌的抗原结构十分复杂，主要由菌体（O）抗原、鞭毛（H）抗原、表面（K）抗原三部分组成。已发现有 171 种 O 抗原，60 种 H 抗原，103 种 K 抗原。O 抗原存在于菌体细胞壁，其化学组成为脂多糖（LPS），对热稳定，经 121℃处理 2h 不被破坏。H 抗原为蛋白质，不耐热，能被 80℃热处理或酒精破坏。每一种大肠杆菌血清型只含 1 种 O 抗原，1 种 H 抗原。K 抗原指细菌外部的荚膜物质，根据 K 抗原对热的敏感性，可分为 A、B、L 三类。A 为高度耐热抗原，经 121℃、2h 处理后才能破坏其抗原性，但仍保留其与相应抗体结合的能力。L、B 抗原之间的免疫原性和凝集性的差异是：L 抗原对抗体的结合能力经 100℃加热 1h 被破坏；B 抗原经 100℃加热 1h 被破坏，但仍保留其与相应抗体结合的能力。各种抗原均以阿拉伯数字表示。根据 O 抗原的不同区分 *E. coli* 的血清群，再以 H、K 抗原进一步区分血清型或亚型。根据对 *E. coli* 抗原的鉴定，可确定 *E. coli* 的抗原结构式，例如，O111∶K58∶H2 和 O157∶H7 等。

2. 致病因素

如前所述，目前已知的致病性 *E. coli* 有五种类型。

（1）肠道致病性大肠菌埃希氏菌（EPEC）

该菌为婴幼儿、儿童引起腹泻或胃肠炎的主要病原菌，不产生肠毒素，有特定的血清型，如 O18、O20、O44、O55、O84、O111、O112、O119、O125、O126、O127、O128、O142、O146、O158 等。

（2）肠道毒素性大肠埃希氏菌（ETEC）

该菌是婴幼儿和旅游者腹泻的病原菌，能产生引起强烈腹泻的肠毒素，致病物质是耐热性肠毒素（heat-stable enterotoxin，ST）或不耐热肠毒素（heat-labile enterotoxin，LT）。ST 经 100℃、30min 被破坏，经 121℃、30min 失去毒性。LT 经加热 60℃、30min 即被破坏。其产生肠毒素的性能由质粒控制，通过菌株间的质粒传递作用，可使不产毒的菌株获得产毒能力。能产生肠毒素的菌株也有特定血清型，如 O6、O11、O15、O20、O27、O78、O85、O114、O149、O166 等。

（3）肠道侵袭性大肠埃希氏菌（EIEC）

该菌通常为新生儿和 2 岁以内的婴幼儿引起腹泻的病原菌，所致疾病很像细菌性痢疾。较少见，无产生肠毒素的能力。存在特定血清型，如 O29、O115、O135、O143、O152 等。

（4）肠道出血性大肠埃希氏菌（EHEC）

该菌为儿童引起出血性结肠炎的主要病原菌。有特定的 50 多个血清型，主要血清型是 O157：H7 等，能产生类 Vero 毒素和肠溶血素毒力因子，有极强的致病性。

（5）肠道黏附性大肠埃希氏菌（EAEC）

该菌又称肠道凝集性大肠埃希氏菌，是引起婴幼儿持续性腹泻的病原菌。主要致病机制是对肠细胞的黏附作用，此菌黏附在 Hep-2 细胞（人喉上皮细胞癌细胞系）表面之后，菌体呈现特殊凝聚成堆状的砖状排列。

3. 中毒原因

当致病性 *E. coli* 伴随食物进入人体消化道后，ETEC 可在小肠内继续繁殖并产生肠毒素。肠毒素被吸附于小肠上皮细胞的细胞膜上，激活上皮细胞膜中腺苷酸环化酶的活性，在该酶作用下，ATP 环化产生过量的 cAMP，cAMP 是刺激分泌的第二信使，cAMP 浓度的升高导致细胞分泌功能改变，使细胞对 Na^+和水的吸收受到抑制，而对 Cl^-的分泌亢进，从而导致 Na^+、Cl^-、水在肠管潴留引起腹泻。其病理变化与霍乱相似。EIEC 可以侵入结肠黏膜的上皮细胞，并在上皮细胞内大量繁殖，引起肠壁溃疡，影响水和电解质的吸收，从而导致腹泻，其病理变化与志贺氏菌相似。

4. 发病症状

各类致泻大肠埃希氏菌引起的食物中毒症状各不相同。

（1）EPEC

腹泻或胃肠炎。潜伏期为 17~72h，水样腹泻、腹痛、脱水、发烧、电解质失衡，病程可持续 6h~3d。

（2）ETEC

急性胃肠炎。潜伏期一般为 10~15h，短者 6h，长者 72h。主要表现为上腹痛、呕吐和腹泻。粪便呈水样或米汤样，每日 4~5 次。部分患者腹痛较为剧烈，可呈绞痛。吐、泻严重者可出现脱水，乃至循环衰竭。发热 38~40℃伴有头痛等。病程 3~5d。

（3）EIEC

菌痢。潜伏期 48~72h。主要表现为腹痛、腹泻、脓黏液血便、里急后重、发热 38~40℃，可持续 3~4d。部分病人有呕吐。病程 1~2 周。

（4）EAEC

主要表现为婴幼儿急性或慢性腹泻，伴有脱水。

（5）EHEC

出血性结肠炎。潜伏期为 3~9d，其前期症状为腹部痉挛性疼痛和短时间的自限性发热、呕吐，1~2d 内出现非血性腹泻，初期为水样，逐渐成为血样腹泻，导致出血性结肠炎，严重腹痛和便血。

5. 相关中毒食品

引起中毒的食品基本与沙门氏菌相同，主要是肉类、乳与乳制品、水产品、豆制品、蔬菜，尤其是肉类和凉拌菜。另外，不同的致病性大肠埃希菌涉及的食品有所差别。

6. 感染途径

致病性大肠埃希菌存在于人和动物的肠道中，随粪便排出而污染水源、土壤。受污染的土壤、水、带菌者的手、苍蝇等小动物和不洁净的器具均可污染食品。健康人肠道致病性大肠埃希菌带菌率一般为2%~8%，高者可达44%；成人肠炎和婴儿腹泻患者的致病性大肠埃希菌带菌率较健康人高，为29%~52.1%。饮食行业、集体食堂的餐具、炊具，特别是餐具易被大肠埃希菌污染，其检出率高达50%左右，致病性大肠埃希菌检出率为0.5%~1.6%。

7. 预防措施

预防措施与沙门氏菌食物中毒基本相同。防止动物性食品被带菌人类、带菌动物、污水、容器和用具等的污染，应特别强调防止生熟交叉污染和熟后污染。熟食品应低温保藏。另外，未经处理的人类粪便不能直接用于人类食用的蔬菜的施肥，也不能用未经氯处理的水来清洗与食品接触的表面。

在屠宰和加工食用动物时，尽可能避免粪便污染。消费者应避免吃生的或半生的肉、禽，应避免喝未经巴氏消毒的牛乳或果汁，动物性食品必须充分加热。

（六）副溶血性弧菌食物中毒及其控制

1. 病原菌

副溶血性弧菌（*Vibrio parahaemolyticus*）为革兰氏阴性、无芽孢、单端单生鞭毛的兼性厌氧菌，呈弧状、杆状、丝状等多种形态（见图10-6）。该菌是一种嗜盐菌，在含盐3%~3.5%、pH为7.4~8.0的培养基内，30~37℃培养生长较好，而在无盐的条件下不能生长。副溶血性弧菌对酸敏感，用含1%醋酸的食醋处理5min，可将其杀灭。该菌不耐热，加热至55℃、10min，75℃时5min或90℃时1min即可死亡。对低温抵抗力较弱，0~2℃经24~48h可死亡。该菌在自来水、井水等淡水中存活时间一般不超过2d，而在海水中存活时间可超过47d。该菌繁殖的最小水分活度为0.75。从耐受食盐的特性上来看，该菌在0.5%~0.7%的低浓度中也可以生长，但食盐浓度再低一些，就不能生长。在培养基上生长，容易产生扩散菌落，若在培养基中加入胆盐（0.1%），就可形成单独菌落。繁殖速度快的，其增代时间仅8min。

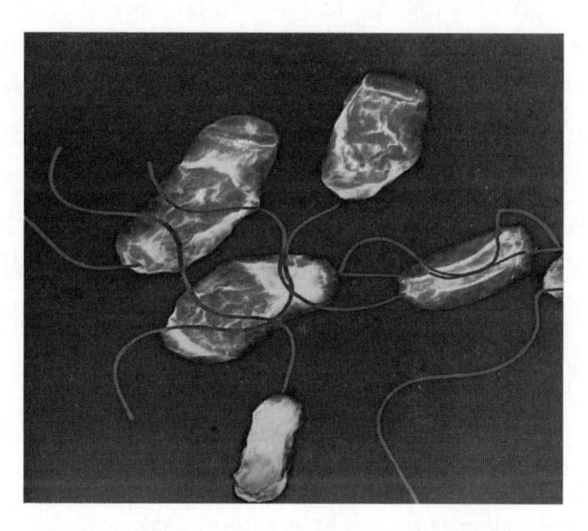

图10-6 副溶血性弧菌的电镜照片

副溶血性弧菌的抗原结构由菌体（O）抗原、鞭毛（H）抗原和表面（K）抗原三部分组成。O抗原100℃经2h处理仍保持抗原性。采用凝集试验将该菌分为13种O抗原，是该菌分群的依据。H抗原为不耐热的蛋白抗原，它是该菌共同具有的抗原。K抗原存在于菌体表面，不耐热，100℃经1~2h失去抗原性，能阻止O抗原发生凝集，共有68种K抗原。以13种O诊断血清和68种K诊断血清用玻片凝集法将该菌分为5个群（A、B、C、D、E群）和845种以上的血清型。

2. 致病因素

应用最为广泛的检测副溶血性弧菌潜在毒性的体外试验是“神奈川（Kanagawa）试

验”，部分菌能使人或家兔的红细胞发生溶血，在血琼脂培养基上出现β-溶血环，称为“神奈川试验”阳性。在所有副溶血性弧菌中，多数毒性菌株为阳性（K^+），多数非毒性菌株呈阴性（K^-）。K^+菌株能产生耐热性溶血毒素（Vp-TDH），它由两个亚单位组成毒素蛋白，其相对分子质量为42000u。该毒素耐热，在100℃加热10min仍不被破坏，除具有溶血作用外，还具有细胞毒、心脏毒、肝脏毒以及致腹泻作用。

3. 中毒原因

副溶血性弧菌食物中毒可由大量活菌侵入造成、毒素引起以及两者混合作用所致。副溶血性弧菌繁殖速度很快，受其污染的食物，在较高温度下存放，食前不加热（生吃）或加热不彻底（如海蜇、海蟹、黄泥螺、毛蚶等）或熟制品受到带菌者、带菌生食品、带菌容器及工具等的污染，即可引起食物中毒。其产生的耐热性溶血毒素也是引起食物中毒的病因。活菌进入肠道侵入黏膜引起肠黏膜的炎症反应，同时产生Vp-TDH，作用于小肠壁的上皮细胞，使肠道充血、水肿，肠黏膜溃烂，导致黏液便、脓血便等消化道症状，毒素进一步由肠黏膜受损部位侵入体内，与心肌细胞表面受体结合，毒害心脏。

4. 发病症状

潜伏期一般为11~18h，短者为4~6h，长者为32h。潜伏期短者病情较重。副溶血性弧菌引起的食物中毒，早期症状为上腹部疼痛，亦有少数患者是以发热、腹泻、呕吐开始的，继而出现其他症状。腹痛在发病后5~6h时最为严重，以后逐渐减轻。腹痛大多持续1~2d，个别者持续数天或更长时间。2/3病例上腹部压痛比较明显，大多存在1~2d，少数患者可持续1周。绝大多数患者都有腹泻，开始时是水样便，或部分患者有血水样便，以后转成脓血便、黏液血便或脓黏液便，部分患者开始即为脓血、黏液或脓黏液便。每日腹泻多在10次以内，一般持续1~3d。呕吐症状没有葡萄球菌食物中毒严重，多数患者每日呕吐1~5次。一般在吐、泻之后会感到发冷或部分患者有寒颤，继之发热。体温多在37~38℃，少数患者可超过39℃。

5. 相关中毒食品

引起中毒的食物主要是海产品，其中以墨鱼、带鱼、黄花鱼、螃蟹、海虾、海蜇、贝蛤类等居多，其次是咸菜、咸蛋、腌鱼、腌肉等。在肉类、禽类食品中，腌制品约占半数。据报道，海产品中，以墨鱼带菌率最高为93.0%，梭子蟹为79.8%，带鱼、大黄鱼、海虾分别为41.2%、27.3%、47%左右。熟盐水虾带菌率为35%。咸菜带菌率为15.8%。

6. 感染途径

副溶血性弧菌主要存在于海洋、海产品及海底沉淀物中。海水、海产品、海盐、带菌者均是污染源。凡是带菌食品再接触其他食品，便使之受到该菌污染。接触过海产鱼、虾的带菌厨具（砧板、菜刀等）、容器等，如果不经洗刷消毒，也可污染到肉类、蛋类、禽类及其他食品。如果处理食物的工具生熟不分亦可污染熟食物或凉拌菜。人和动物被该菌感染后也可成为病菌传播者。沿海地区饮食从业人员、健康人群及渔民带菌率为0~11.7%，有肠道病史者带菌率为31.6%~88.8%。沿海地区炊具带菌率为61.9%。

7. 预防措施

副溶血性弧菌食物中毒的预防和沙门氏菌食物中毒也基本相同，尤其要注意控制繁殖和杀灭病原菌。对水产品烹调要格外注意，应煮熟煮透，切勿生吃；由于副溶血性弧菌对酸的抵抗力较弱，可用食醋拌渍。动物性食品肉块要小，应充分煮熟煮透，防止里生外熟。食品烹调后应尽早吃完，不宜在室温下放置过久，隔餐或过夜饭菜，食前要回锅热透。生熟炊具要分开，注意洗刷、消毒，防止生熟食物交叉污染。因该菌对低温抵抗力弱，故海产品或熟食品应低温冷藏。

（七）蜡样芽孢杆菌食物中毒及其控制

1. 病原菌

蜡样芽孢杆菌（*Bacillus cereus*）为革兰氏阳性、需氧或兼性厌氧芽孢杆菌，无荚膜、有周身鞭毛（见图 10-7）。其能够在厌氧条件下生长，一般生长 6h 后即可形成芽孢，是条件致病菌。该菌生长繁殖的适宜温度为 28～37℃，其繁殖体较为耐热，需 100℃、20min 方能被杀死，而其芽孢具有其他嗜温菌典型的耐受性，100℃、30min，干热 120℃、60min 才能被杀死。该菌在 pH 6～11 内可生长，pH 5 以下对其生长发育则有显著的抑制作用。

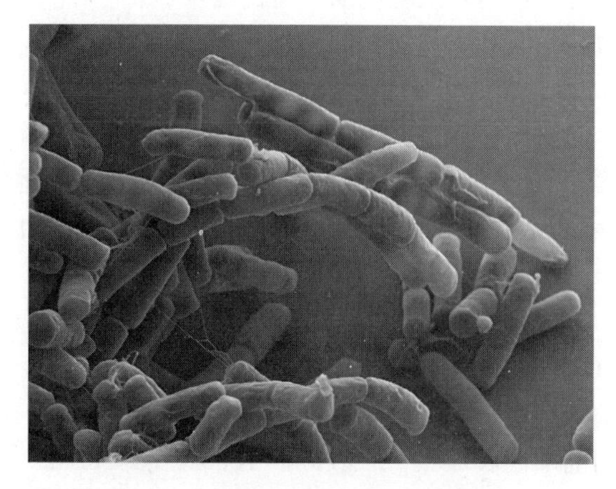

图 10-7　蜡样芽孢杆菌的电镜照片

2. 致病因素

蜡样芽孢杆菌在芽孢萌发的末期可产生引起人类食物中毒的肠毒素，包括腹泻肠毒素和呕吐肠毒素。腹泻肠毒素为一种蛋白质，对胰蛋白酶、链霉蛋白酶敏感，毒性作用类似大肠杆菌和霍乱弧菌产生的毒素，为不耐热肠毒素，加热 56℃经 30min 或 60℃经 5min 可将其破坏，几乎所有的蜡样芽孢杆菌均可在多种食品中产生不耐热肠毒素。呕吐肠毒素为低分子耐热肠毒素，相对分子质量为 5000u，110℃加热 5min 不被破坏，对酸、碱、胃蛋白酶、胰蛋白酶均有抗性。

3. 中毒原因

食入了含大量活菌和肠毒素的食品会导致中毒。食物中的活菌量越多，产生的肠毒素越多。当食物中的带菌量达到 10^6～10^8CFU/g，即可使食用者中毒。一般以食品中含该菌 1.8×10^7CFU/g 作为食物中毒的判断依据之一。污染该菌的剩饭、剩菜等久置于较高温度下，菌体会大量繁殖产毒；或食品加热不彻底，残存芽孢萌发后大量繁殖，进食前又未充分加热而引起中毒。由于该菌繁殖和产毒一般不会导致食品腐败现象，感官检查除米饭有时稍有发黏、口味不爽或稍带异味外，多数其他食品都无异常，故夏季人们很易因误食此类食品而引起中毒。

4. 发病症状

蜡样芽孢杆菌食物中毒的中毒症状因其产生的毒素不同，可分为呕吐型和腹泻型两类。

（1）呕吐型

潜伏期一般为 1～3h，短者 0.5h，长者 5h。主要表现为恶心、呕吐、腹痛，腹泻及体温升高者少见。此外，头昏、四肢无力、口干、寒颤、结膜充血等情况亦有发生，但少见。病程一般为 8～10h。国内报道的本菌食物中毒多为此型。本类型主要是由剩米饭或油炒饭引起的。本菌易在米饭中繁殖并产生耐热性肠毒素。本类型蜡样芽孢杆菌食物中毒与葡萄球菌食物中毒在潜伏期、中毒表现方面非常相似，易混淆。

（2）腹泻型

潜伏期比呕吐型长，一般为 10～12h，短者 6h，长者 16h。主要表现有腹泻、腹痛、水样便，一般无发热，可有轻度恶心，但呕吐罕见。亦有报道有发热和胃痉挛等症状。病程稍长，为16~146h。本类型主要是由于蜡样芽孢杆菌在各种食品中产生不耐热肠毒素所致。本类型在潜伏期和中毒表现方面都与产气荚膜梭菌食物中毒相似，应注意鉴别。

5. 相关中毒食品

国内引起中毒的食品主要是剩饭，特别是大米饭，因本菌极易在大米饭中繁殖；其次有小米饭、高粱米饭等剩饭；个别还有米粉、甜酒酿、月饼等。国外引起中毒食品的范围相当广泛，包括乳及乳制品、畜禽肉类制品、蔬菜、菜汤、马铃薯、豆芽、甜点心、调味汁、色拉、米饭和油炒饭，偶见于酱、鱼、冰激凌等。

6. 感染途径

蜡样芽孢杆菌广泛分布于土壤、尘埃、植物和空气中，并可从多种市售的食品中检出。蜡样芽孢杆菌污染食品主要是由于在食品加工、运输、贮存及销售过程中不注意卫生而引起的。该菌的主要污染源是泥土、灰尘，也可经被苍蝇、蟑螂等昆虫污染的不洁容器和用具而传播。

7. 预防措施

为防止食品受蜡样芽孢杆菌污染，食堂、食品企业必须严格执行食品卫生操作规范（GMP），做好防蝇、防鼠、防尘等各项卫生工作。因蜡样芽孢杆菌在15~50℃均可生长繁殖并产生毒素，奶类、肉类及米饭等食品只能在低温下短时间存放，剩饭及其他熟食品在食用前须彻底加热，一般应在100℃加热20min。

（八）单核细胞增生李斯特氏菌食物中毒及其控制

1. 病原菌

李斯特氏菌属（*Listeria*）为革兰阳性小杆菌，该菌属包括单核细胞增生李斯特氏菌（*L. monocytogenes*）、伊氏李斯特氏菌（*L. ivanovii*）、英诺克李斯特氏菌（*L. innocua*）、威尔斯李斯特氏菌（*L. welshimeri*）、西尔李斯特氏菌（*L. seeligeri*）、脱氮李斯特氏菌（*L. denitrificans*）、格氏李斯特氏菌（*L. grayi*）、默氏李斯特氏菌（*L murrayi*）8个菌种。其中引起食物中毒的主要是单核细胞增生李斯特氏菌，该菌为无芽孢、无荚膜、有鞭毛的需氧或兼性厌氧菌（见图10-8）。单核细胞增生李斯特氏菌在血琼脂培养基上会产生β-溶血环，生长温度为3~45℃，适宜温度为30~37℃，具有嗜冷性，能在低至4℃的温度下生存和繁殖。该菌生长pH值为4.5~9.6；能抵抗氯化钠、亚硝酸盐等食品防腐剂，在10%氯化钠中可生长；对化学杀菌剂及紫外线照射均较敏感，75%酒精5min，0.1%新洁尔灭30min，紫外线照射15min均可杀死本菌。经60~70℃、5~20min也可将其杀死。

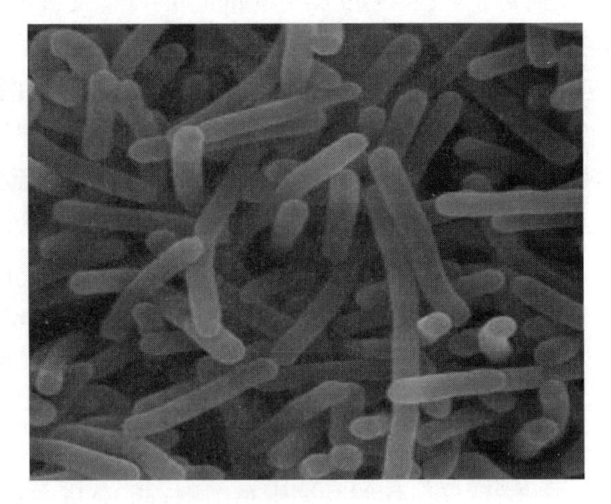
图10-8　单核细胞增生李斯特氏菌的电镜照片

2. 致病因素

单核细胞增生李斯特氏菌的毒株在血琼脂平板上产生溶血素O（Listeriolysin，LLO），导致红血球β-溶血，并能破坏人体吞噬细胞。LLO为一种简单蛋白质，能被巯基化合物（如半胱氨酸）激活，在pH为5.5时有活性，在pH为7.0时无活性。

3. 中毒原因

中毒原因是食入了含有溶血素 O 的食品，如饮用未彻底杀死该菌的消毒乳，未经加热杀菌而直接食用了污染该菌的冷藏熟食品、乳与乳制品等。单核细胞增生李斯特氏菌随食物进入肠道内很快繁殖，入侵各部分组织（包括孕妇的胎盘），通过血流到达其他敏感的体细胞，并在其中繁殖，利用溶血素 O 的溶解作用逃逸出吞噬细胞，并利用两种磷脂酶的作用（分解细胞膜磷脂分子的头部极性基团）在细胞间转移，引起炎症反应。由于该菌在人体内受 T-淋巴细胞的识别和巨噬细胞的抑制，故人体清除该菌主要靠细胞免疫功能。无免疫缺陷或未怀孕的健康人对该菌感染有较强抵抗力。

4. 发病症状

发病突然，初时症状为恶心、呕吐、发烧、头疼，类似感冒。最突出的症状是脑膜炎、败血症、心内膜炎。孕妇呈全身感染，症状轻重不等，常发生子宫炎、流产，严重的可出现早产或死胎。婴儿感染可出现脑膜炎、肉芽肿脓毒症、肺炎、呼吸系统障碍，患先天性李斯特氏菌病的新生儿多死于肺炎和呼吸衰竭，以及新生儿的细菌性脑膜炎。病死率高达 20%~50%。

5. 相关中毒食品

主要是乳与乳制品、新鲜和冷冻的肉类及其制品、海产品、蔬菜和水果。其中尤以乳制品中的软干酪、冰激凌最为常见。

6. 感染途径

单核细胞增生李斯特氏菌广泛分布于自然界，在土壤、健康带菌者和动物的粪便、江河水、污水、蔬菜（叶菜）、青贮饲料及多种食品（如禽类、鱼类和贝类）中均可分离出本菌。该菌食物中毒的传染源为带菌的人或动物，它的传播通过粪-口途径，在人和动物、自然界之间传播。故可通过环境及许多其他来源传播给人，其中，食物污染为最重要的传播途径，常是引起暴发流行的主要原因。奶的污染主要来自粪便和被污染的青贮饲料，有报道牛奶本菌污染率为 21%。此外，由于肉尸在屠宰过程中易被污染，在销售过程中食品从业人员的手也可造成污染，以致在生的和直接入口的肉制品中本菌污染率高达 30%。受热处理过的香肠可再污染本菌，曾在开封或密封的香肠袋内分离出本菌。国内有人从雪糕中检出李斯特氏菌属，检出率为 17. 39%，其中单核细胞增生李斯特氏菌为 4. 35%。由于本菌能在普通冰箱的冷藏条件下生长繁殖，故用冰箱冷藏食品不能抑制本菌的繁殖。

7. 预防措施

（1）防止原料和熟食品被污染

从原料到餐桌切断该菌污染食品的传播途径。生食蔬菜食用前要彻底清洗、焯烫。生鲜肉类和蔬菜要与加工好的食品或即食食品分开。不食用未经巴氏消毒的生乳或用生乳加工的食品。加工生食品后的手、刀和砧板要清洗、消毒。

（2）利用加热杀灭病原菌

多数食品经适当的烹调（煮沸即可）均能杀灭活菌。生鲜动物性食品，如牛肉、猪肉和家禽要彻底加热，吃剩食品和即食食品食用前应重新彻底加热。

（3）严格制定有关食品法规

美国政府规定 50g 熟食制品不得检出该菌；欧盟认为干酪中该菌应为零含量，即 25g 样品不得检出该菌，其他乳制品 1g 样品不得检出该菌。我国规定 25g 肉制品中不得检出该菌。

（九）小肠结肠炎耶尔森氏菌食物中毒及其控制

1. 病原菌

小肠结肠炎耶尔森氏菌（*Yersinia enterocolitica*）为肠杆菌科耶尔森氏菌属中的一种。该菌为革兰氏阴性小杆菌或球杆菌，大小为（1~3.5）μm×（0.5~1.3）μm，无芽孢，在30℃以下培养，可形成鞭毛，有动力，在30℃以上培养不产生鞭毛（见图10-9）。需氧或兼性厌氧，适宜生长温度是22~29℃，本菌特点是在0~5℃时即能生长繁殖，是嗜冷菌。小肠结肠炎耶尔森氏菌具有侵袭性并能产生耐热肠毒素，能耐受121℃、30min，并能在4℃保存7个月，在pH 1~11中也稳定。

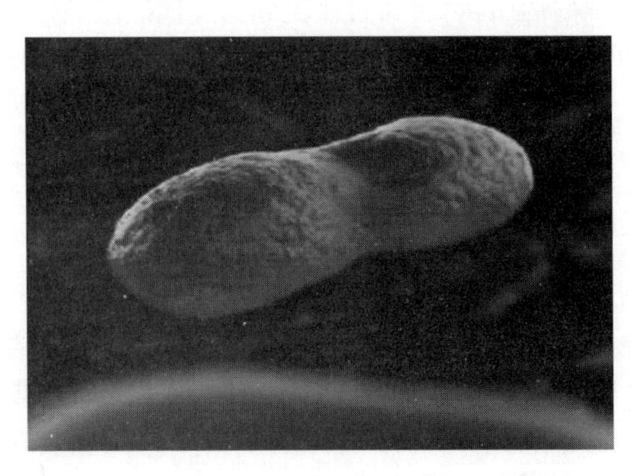

图10-9　小肠结肠炎耶尔森氏菌的电镜照片

小肠结肠炎耶尔森氏菌有O和H两种抗原。根据两者的组合不同，已知有17个血清群和57个血清型，共包括57个O抗原和20个H抗原。其中血清型O3、O8、O9与人类关系密切。

2. 致病因素

某些血清型（O3、O8、O9）菌株能产生耐热性肠毒素，100℃、20min不被破坏，且不受蛋白酶和脂肪酶的影响，与*E. coli*的ST肠毒素具有相似性质。对家兔回肠结扎试验呈阳性反应（回肠结扎部位出现液体潴留）。某些菌株的菌体抗原与人机体组织有共同抗原，可刺激产生自身抗体而引起自身免疫性疾病。

3. 中毒原因

小肠结肠炎耶尔森氏菌食物中毒的发生是由该菌的侵袭性及产生的肠毒素的共同作用引起的。首先是食品被小肠结肠炎耶尔森氏菌污染，其次是本菌在适宜的条件下，在被污染的食品中大量繁殖，最后是加热处理不彻底，未能杀死该菌。或者已制成熟食品，虽然加热彻底，但又被该菌重复污染，在适宜温度下贮存较长时间，细菌又大量繁殖，食前未加热处理或加热处理不彻底。

4. 发病症状

潜伏期一般为3~5d，短者1~3d，长者10d。主要症状是胃肠炎，以小肠、结肠炎多见，腹痛、发热、腹泻，水样便为多，少数病人是软便，体温38~39.5℃，其次有恶心、呕吐、头痛等。病程一般为2~5d，长者可达2周。此外，该菌也可引起腹膜炎、结节性红斑、肠系膜淋巴结炎、反应性关节炎及败血症。

5. 相关中毒食品

引起中毒的食物主要是动物性食物，如猪肉、牛肉和羊肉等，其次为生牛乳以及豆腐等。据报道，在49件生制速冻食品中，本菌检出率为18.37%，其中肉排为30%，速冻饺子类为11.1%，速冻丸子类为9.1%，这些动物性食品均可成为中毒食品，尤其是0~5℃低温运输和贮存的食品。

6. 感染途径

小肠结肠炎耶尔森氏菌在自然界分布很广，动物带菌率较高，如牛带菌率11%，猪带菌率为 4.5%~21.6%，鼠带菌率为 35.2%。带菌粪便、污染的水源及鼠类等均可污染食品。由于该菌能在低温条件下生长繁殖，所以冷冻或冷藏的肉、低温贮存的食品，尤其要注意防止小肠结肠炎耶尔森氏菌污染。本菌引起的食物中毒多在秋冬、冬春季节发生。

7. 预防措施

预防措施与志贺氏菌食物中毒相同。小肠结肠炎耶尔森氏菌为低温菌，在 4℃时可生长繁殖并产生毒素。除防止食品生产各个环节、各种途径被该菌污染外，对冷藏食品尤其 0~5℃贮存的食品应更为警惕，食用前彻底加热才可食用。本菌亦可从冷水中分离出来，一些食品可受到含该菌水的污染，如豆腐等，故建议不要生食豆腐等豆制品。

（十）细菌活的非可培养状态

活的非可培养状态（viable but non-culturable state，VBNC）是指某些细菌在不良环境中形成的一种休眠状态，但仍然保持代谢活性，它属于细菌的一种特殊的存活形式，VBNC 微生物可以在它们的栖息地被检测到，但不能在实验室进行人工培养。但这也不是绝对的，随着微生物技术的不断发展和人们对微生物认识的不断深入，那些过去不能被培养的，现在或者不久的将来则可以被培养。这个现象反映了人们对科学认知的局限性和阶段性。

VBNC 状态是中国海洋大学海洋生命学院徐怀恕教授等人于 1982 年，通过对霍乱弧菌和大肠杆菌存活规律的研究，首次发现并提出的。目前已知能诱导细菌进入 VBNC 状态的环境因素包括：高/低温、寡营养、盐度或渗透压、射线、氧气浓度、生物杀伤剂、干燥、pH 的剧烈变化及其他环境因子等。这些环境因素可以引起细菌一系列变化，包括细胞形态变化、主要大分子的密度和结构变化及在固体或液体培养基中生长能力的改变等，这些变化可能最终导致细菌进入 VBNC 状态。处于 VBNC 状态下的细菌在一定的条件下可以复苏，并具有潜在的致病性。

VBNC 细菌与芽孢和孢囊相比存在很大差异，在形态、生理生化、遗传特征等方面都发生了许多的改变。在细胞形态方面，大多数细菌细胞体积变小，缩成球状，比表面积增加，对营养物质的亲和能力亦随之增加，使它们更耐受寡营养环境，并可增强对其他环境胁迫因子的抵抗能力。在生理生化特性方面，VBNC 细菌对底物的吸收减少，大分子物质合成大幅度下降，呼吸速率下降，核糖体和染色质密度明显降低，该状态下的细菌基因表达水平也与正常细胞不同，如转录、翻译、ATP 合成、糖异生代谢水平等方面皆有所提高。在致病性方面，病原微生物进入 VBNC 状态并不代表它们失去了致病能力。VBNC 状态的霍乱弧菌仍能产生霍乱毒素，并导致受试人员腹泻。然而，并非所有的 VBNC 病原菌都具有毒性，细菌进入 VBNC 状态的时间越久，其毒力越低，甚至会丧失复苏能力。目前，已有 30 余种细菌被证实可以进入活的非可培养状态，常见的有：霍乱弧菌、大肠杆菌、肠炎沙门氏菌、鼠伤寒沙门氏菌、空肠弯曲杆菌、产气肠杆菌、粪链球菌、肺炎杆菌、宋内志贺氏菌、创伤弧菌、副溶血性弧菌等。

细菌 VBNC 状态已作为微生物学的一个全新概念，受到极大的关注。目前，传统的细菌学检验基本上是用常规培养法，该类方法无法检测到处于活的非可培养状态、在特定条件下可以复苏且具有致病性的细菌，而许多病原菌如霍乱弧菌、大肠杆菌、沙门氏菌、副溶血性弧菌等均可在一定条件下进入 VBNC 状态。这种现象意味着，对含有这类致病菌的食品，常规的检测方法无法检测出，在实际检测工作中可能造成漏检，对传统的微生态学、食品安全、水质监测、菌种保藏及流行病学研究等都提出了新的挑战，给人类健康带来了潜在的威胁。

第三节 真菌性食物中毒

一、真菌性食物中毒的定义

真菌是一种具真核的、产孢的、无叶绿体的多细胞真核生物。真菌性食物中毒是指人食入了含有真菌毒素的食物而引起的中毒现象。真菌毒素（mycotoxin）是真菌的代谢产物，主要产生于碳水化合物性质的食品原料，经产毒的真菌繁殖而分泌的细胞外毒素。其中产毒素的真菌以霉菌为主。霉菌在自然界分布很广，同时由于其可形成各种微小的孢子，因而很容易污染食品。霉菌污染食品后不仅可造成腐败变质，有些霉菌还可产生毒素，霉菌毒素是霉菌产生的一种有毒的次生代谢产物，误食会造成人畜中毒，并产生各种中毒症状。

二、常见引起食物中毒的真菌

如前所述，常见引起食物中毒的真菌以产毒素的霉菌为主。自从 20 世纪 60 年代发现强致癌物黄曲霉毒素以来，霉菌及其毒素对食品的污染日益引起重视。霉菌毒素通常具有耐高温、无抗原性、主要侵害实质器官的特性，而且多数还有致癌作用。因此，粮食和食品由于霉变不仅造成经济损失，误食还会造成人畜急性或慢性中毒，甚至导致癌症。据统计，目前已发现主要有 300 余种化学结构不同的霉菌毒素。已知污染粮食及食品，可产毒的霉菌属种主要包括：曲霉属（*Aspergillus*）、青霉属（*Penicillium*）、镰刀菌属（*Fusarium*）、交链孢霉属（*Alternaria*），以及其他菌属，如木霉属（*Trichoderma*）、粉红单端孢霉（*Trichothecium roseum*）、黑色葡萄穗霉（*Stachybotrys atra*）等。

曲霉在自然界分布极为广泛，对有机质分解能力很强。曲霉属中有些种如黑曲霉（*A. niger*）等被广泛用于食品工业。同时，曲霉也是重要的食品污染霉菌，可导致食品发生腐败变质，有些种还产生毒素。曲霉属中可产生毒素的种有黄曲霉（*A. flavus*）、赭曲霉（*A. ochraceus*）、构巢曲霉（*A. nidulans*）、烟曲霉（*A. fumigatus*）、杂色曲霉（*A. versicolor*）和寄生曲霉（*A. parasiticus*）等。

青霉分布广泛，种类很多，经常存在于土壤和粮食及果蔬上。有些种具有很高的经济价值，能产生多种酶及有机酸。另外，青霉可引起水果、蔬菜、谷物及食品的腐败变质，有些种及菌株同时还可产生毒素。例如，黄绿青霉（*P. citreo-viride*）、岛青霉（*P. islandicum*）、橘青霉（*P. citrinum*）、产紫青霉（*P. chrysogenum*）、扩展青霉（*P. expansum*）、缓生青霉（*P. tardum*）、纯绿青霉（*P. viridicatum*）、展开青霉（*P. patulum*）、斜卧青霉（*P. decumbens*）、圆弧青霉（*P. cyclopium*）等。

镰刀菌属包括的种很多，其中大部分是植物的病原菌，并能产生毒素。如禾谷镰刀菌（*F. graminearum*）、三线镰刀菌（*F. trincintum*）、燕麦镰刀菌（*F. avenaceum*）、梨孢镰刀菌（*F. poae*）、尖孢镰刀菌（*F. oxysporum*）、雪腐镰刀菌（*F. nivale*）、串珠镰刀菌（*F. moniliforme*）、拟枝孢镰刀菌（*F. sporotrichioides*）、木贼镰刀菌（*F. equiseti*）、茄属镰刀菌（*F. solani*）、粉红镰刀菌（*F. roseum*）等。

交链孢霉广泛分布于土壤和空气中，有些是植物病原菌，可引起果蔬的腐败变质，产生毒素。

下面介绍几种常见的导致食物中毒的产毒霉菌：

黄曲霉菌落在察氏培养基上菌落的颜色为黄绿色或暗绿色，反面略带黄褐色，菌落表面致密呈厚绒状，无明显凸起，有褶皱及沟纹，无气味，无渗出，如图 10-10 所示。在黄曲霉鉴别培养基上产生橘红色沉淀，在寄生曲霉鉴别培养基上无粉红色沉淀产生，如图 10-11、图 10-12 所示。光镜下观察，顶囊为烧瓶形或近球形，分生孢子头呈疏松放射状，分生孢子梗壁厚、粗糙，全部顶囊着生单层、双层或单、双层小梗，分生孢子生于小梗顶端，球形或近球形，微观形态见图 10-13。

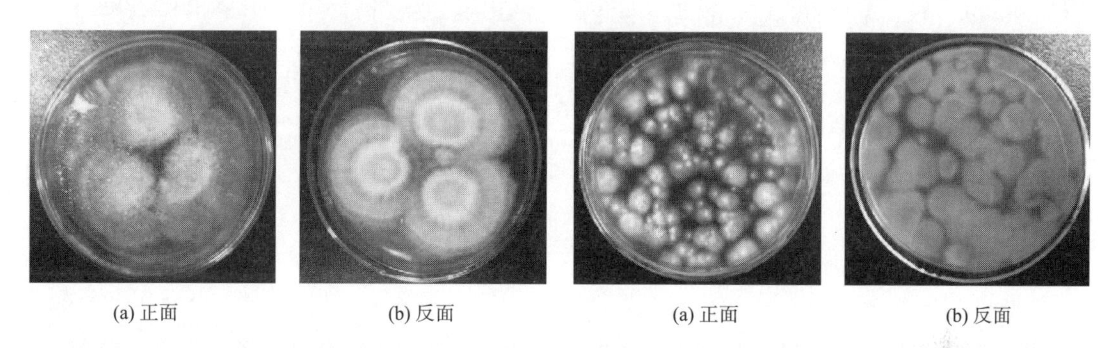

(a) 正面　(b) 反面

图 10-10　黄曲霉在察氏培养基上的形态图

(a) 正面　(b) 反面

图 10-11　黄曲霉在黄曲霉鉴别培养基上的形态图

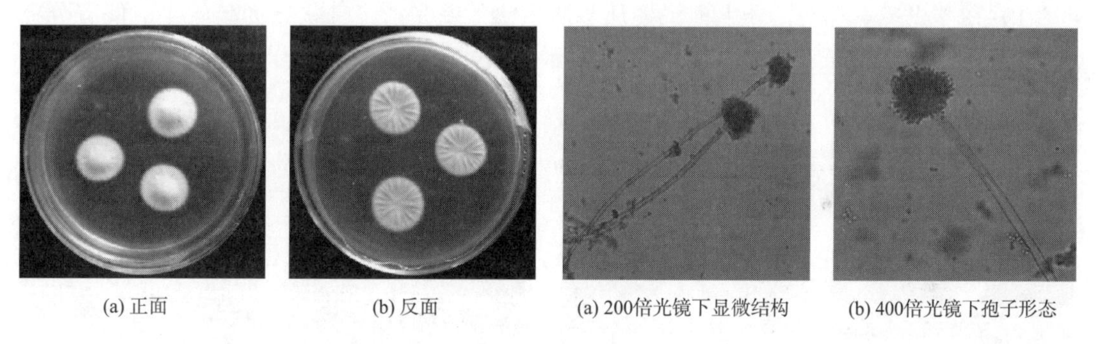

(a) 正面　(b) 反面

图 10-12　黄曲霉在寄生曲霉鉴别培养基上形态图

(a) 200倍光镜下显微结构　(b) 400倍光镜下孢子形态

图 10-13　黄曲霉在光学显微镜下的形态图

构巢曲霉在察氏培养基上菌落为黄褐色或绿褐色，反面为紫褐色或深红色。菌落表面呈细绒状，中央呈黄褐色，表面具有同心圆，最外层绕以白边，菌落在察氏培养基上的形态见图 10-14。光镜下观察，分生孢子头为短柱形，分生孢子梗较短，常呈弯曲状，顶囊半球形。小梗生于顶囊上部、球形，微观形态见图 10-15。

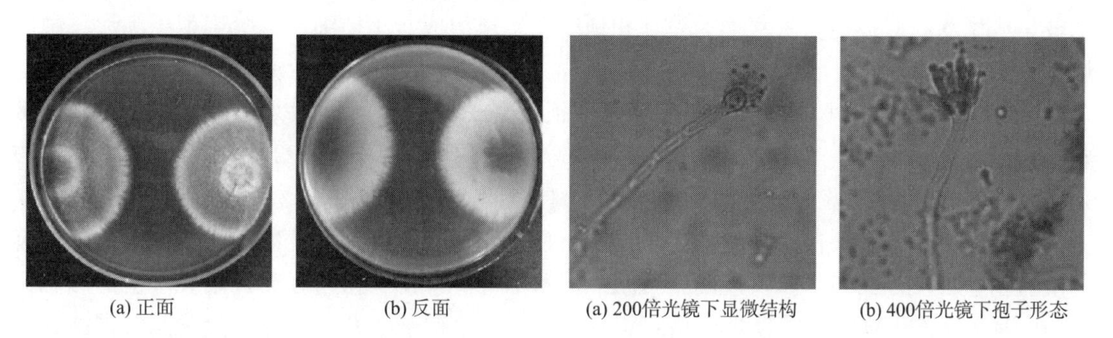

(a) 正面　(b) 反面

图 10-14　构巢曲霉在察氏培养基上形态图

(a) 200倍光镜下显微结构　(b) 400倍光镜下孢子形态

图 10-15　构巢曲霉在光学显微镜下的形态图

杂色曲霉在察氏培养基上菌落呈现边缘绿色，中央淡黄色，反面无色或淡黄色。菌落表面绒状，有褶皱，菌落在察氏培养基上的形态见图 10-16。光镜下观察，分生孢子头疏松呈放射状，分生孢子梗较长、光滑，顶囊近半球形，在顶囊的上半部着生双层小梗，分生孢子呈球形，微观形态见图 10-17。

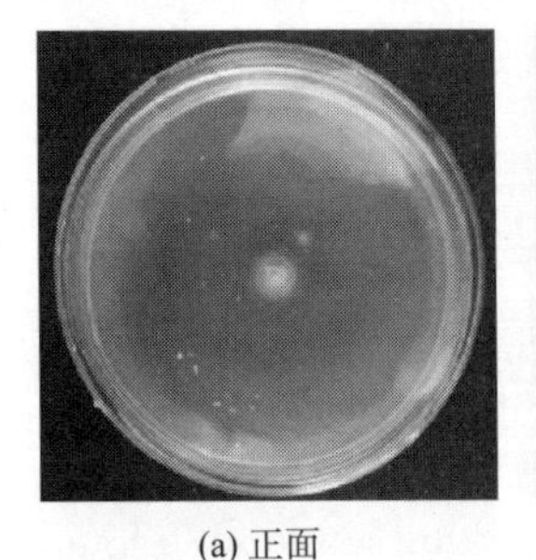
(a) 正面

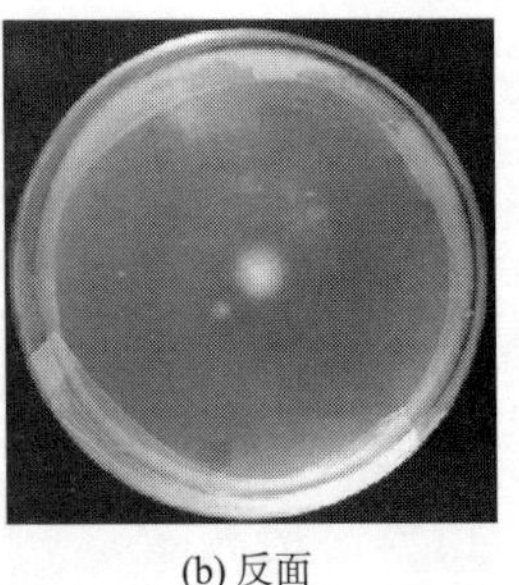
(b) 反面

图 10-16　杂色曲霉在察氏培养基上的形态图

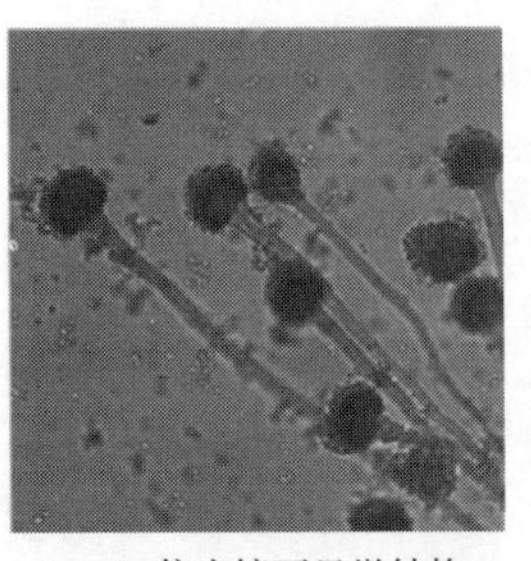
(a) 200倍光镜下显微结构

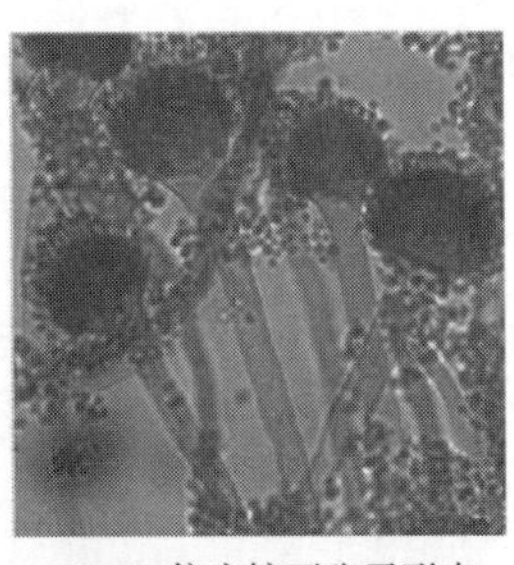
(b) 400倍光镜下孢子形态

图 10-17　杂色曲霉在光学显微镜下的形态图

黄绿青霉菌落生长局限，菌落正面初期为淡黄色、后期边缘微具绿色，中央为黄色的凸起，反面为亮黄色。菌落表面呈絮状、有褶皱，有很少的渗出，菌落在察氏培养基上的形态见图 10-18。光镜下观察，分生孢子梗从基质生出、壁光滑，帚状枝为单轮生、偶有分枝，小梗为瓶形，分生孢子为球形，微观形态见图 10-19。

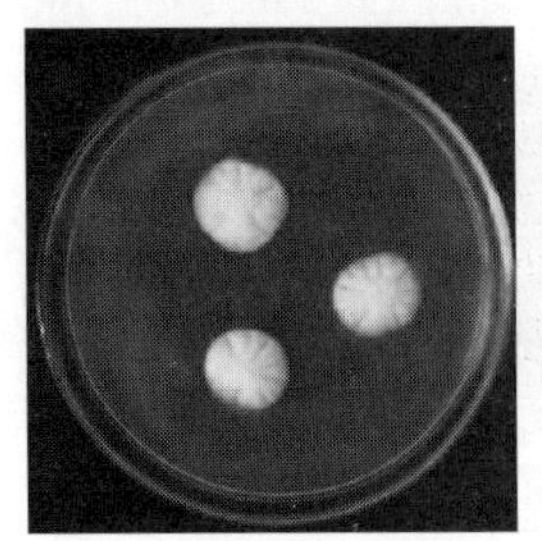
(a) 正面

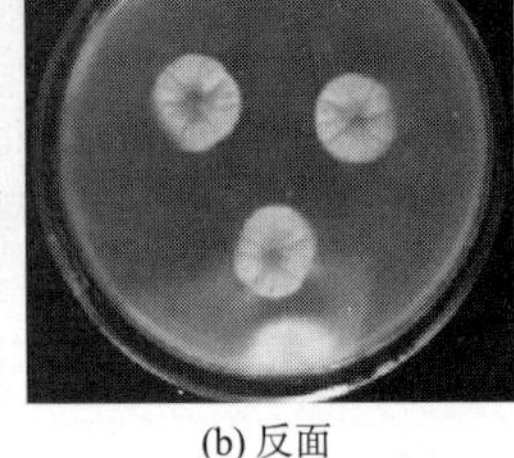
(b) 反面

图 10-18　黄绿青霉在察氏培养基上的形态图

(a) 200倍光镜下显微结构

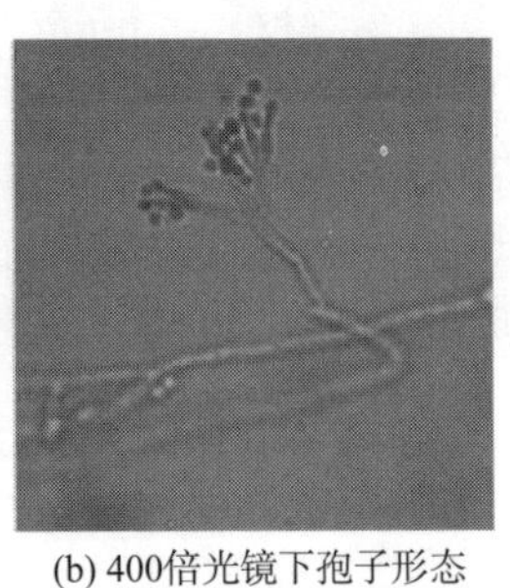
(b) 400倍光镜下孢子形态

图 10-19　黄绿青霉在光学显微镜下的形态图

岛青霉菌落生长局限，正面生长后期呈现橙红色和暗绿色混合状，反面浊橙色。菌落表面绒状，有同心圆、无褶皱，菌落在察氏培养基上的形态见图 10-20。光镜下观察发现，帚状枝是典型双轮对称型，由密集的梗基和顶端轮生体组成，小梗细长，分生孢子圆形，微观形态见图 10-21。

产紫青霉菌落生长稍局限，生长后期菌落正面变成暗绿色，反面紫红色。菌落表面呈薄绒状、稍蔓延，无同心圆、无褶皱，菌落在察氏培养基上的形态见图 10-22。光镜下观察，帚状枝是典型双轮对称型、紧密。分生孢子梗较短，小梗细长，分生孢子是球形，微观形态见图 10-23。

缓生青霉菌落在察氏培养基上生长局限，菌落正面初期浅绿色，继而变成深绿色，菌落周围有白边，反面无色。菌落表面细绒状、无褶皱、无渗出，菌落在察氏培养基上的形态见图 10-24。光镜下观察帚状枝是典型双轮对称型，分生孢子梗光滑，分生孢子圆形，微观形态见图 10-25。

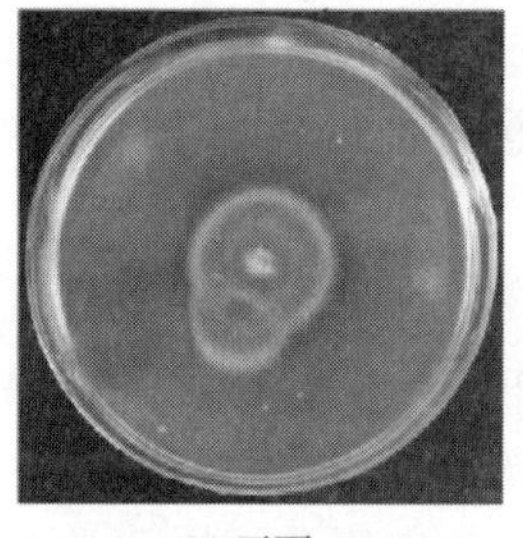
(a) 正面

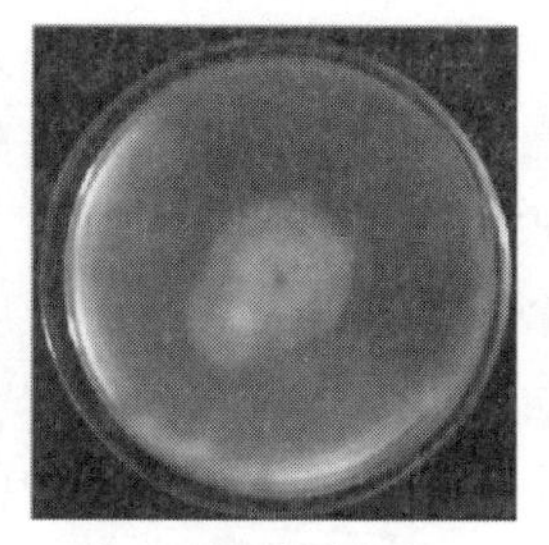
(b) 反面

图 10-20　岛青霉在察氏培养基上的形态图

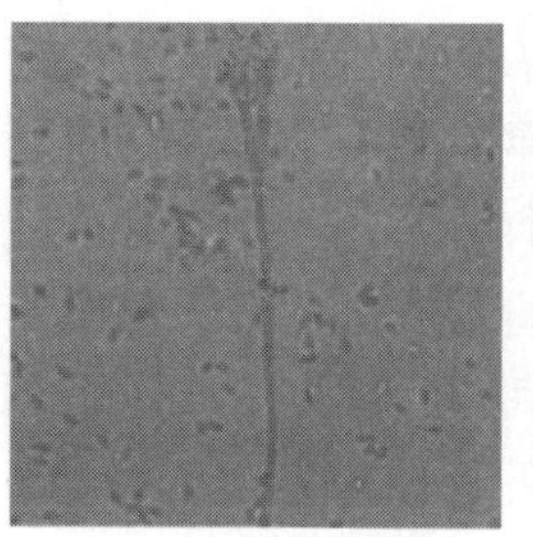
(a) 200倍光镜下显微结构

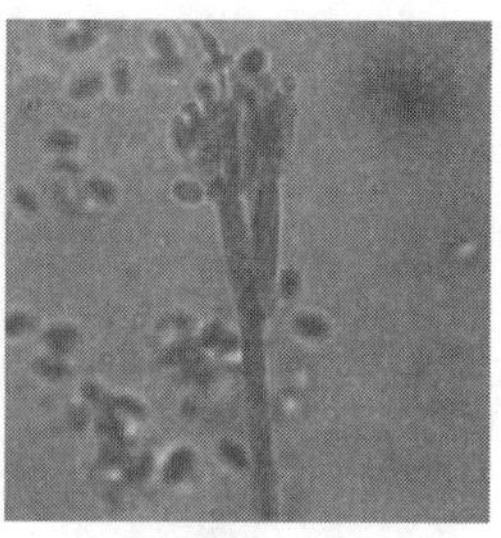
(b) 400倍光镜下孢子形态

图 10-21　岛青霉在光学显微镜下的形态图

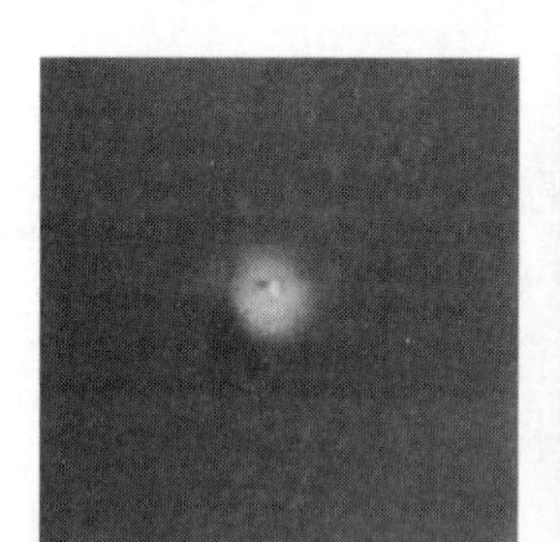
(a) 正面

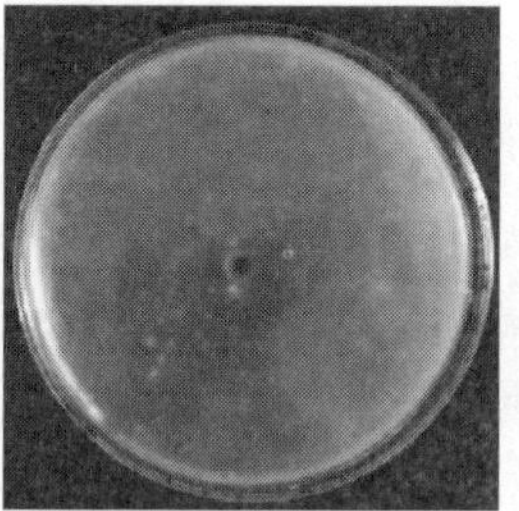
(b) 反面

图 10-22　产紫青霉在察氏培养基上的形态图

(a) 200倍光镜下显微结构

(b) 400倍光镜下孢子形态

图 10-23　产紫青霉在光学显微镜下的形态图

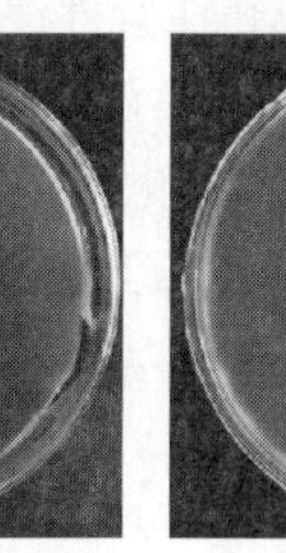
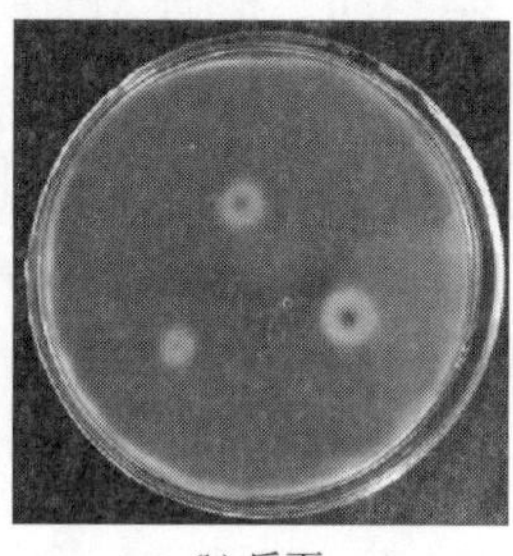
(a) 正面　(b) 反面

图 10-24　缓生青霉在察氏培养基上的形态图

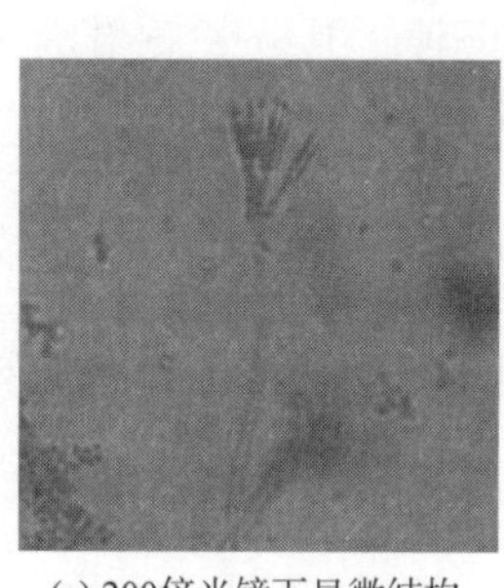
(a) 200倍光镜下显微结构

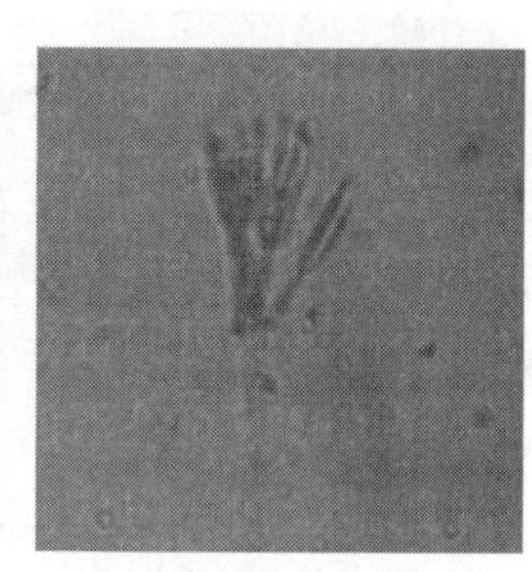
(b) 400倍光镜下孢子形态

图 10-25　缓生青霉在光学显微镜下的形态图

三、常见引起食物中毒的真菌毒素及来源

与食源性疾病关系较为密切的真菌毒素主要有蕈毒素和霉菌毒素两类。

（一）蕈毒素

蕈毒素（mushroom toxins）是一些野生蘑菇含有的毒素总称。文献记载，我国有毒蘑菇180多种，其中毒性较大者有10余种。蕈毒素主要有鹅膏菌毒素（amatoxin）、鹿花菌素（gyromitrin）、毒伞肽（virotoxins）、鹅膏蕈氨酸（ibotenic acid）、蝇蕈醇（muscimol）等。根据食用毒蕈后所致急性中毒的症状和发病特点可将蕈毒素的毒性作用分为四类：原生毒（引起细胞破碎、器官衰竭）；神经毒（引起神经系统症状）；胃肠道毒（刺激胃肠道，引起胃肠道症状）；类双硫仑毒（引起多脏器损害）。

(二) 霉菌毒素

霉菌毒素是霉菌在农作物和食品上生长繁殖过程中产生的有毒代谢产物。有些霉菌能引起农作物的病害和食品的霉变，并能产生霉菌毒素。霉菌毒素对人类危害较大，可以引起食源性疾病，一般兼具毒性强和污染频率高的特点。

当条件适宜，霉菌即能在大多数食品中生长。在一定的温度和湿度条件下霉菌的生长速度很快。食品霉变通常可以用肉眼直接观察到，但在其生长繁殖过程中产生的毒素渗入食品中，就难以被发现。因此即使除去食品霉变部分，也不能去除食品中已含有的霉菌毒素。

目前已知在食品和饲料中较普遍存在的霉菌毒素主要包括：黄曲霉或寄生曲霉产生的黄曲霉毒素；构巢曲霉或杂色曲霉产生的杂色曲霉素；赭曲霉产生的赭曲霉毒素；禾谷镰刀菌产生的玉米赤霉烯酮；串珠镰刀菌产生的伏马菌素；纯绿青霉或橘青霉产生的橘青霉素；扩展青霉产生的展青霉素；交链孢霉产生的交链孢霉毒素。

1. 黄曲霉毒素

黄曲霉毒素（aflatoxin，简称 AFT 或 AF）是黄曲霉、寄生曲霉的某些菌株产生的一类强毒性的次级代谢产物。我国寄生曲霉较为罕见，黄曲霉是我国粮食和饲料中常见的真菌，但并非黄曲霉的所有菌株都是产毒菌株，即使是产毒菌株也必须在适合产毒的环境条件下才能产毒。黄曲霉毒素污染的发生和污染程度随地理和季节以及作物生长、收获、贮存的条件不同而不同，南方及沿海湿热地区更有利于霉菌毒素的产生。有时早在作物收获前、收获期和贮放期就已经有产毒菌株传染。

AF 是一类结构相似的化合物，其基本化学结构都有二呋喃环和香豆素（氧杂萘邻酮）。前者为基本毒性结构，后者可能与致癌有关。目前已分离出的 AF 有 B_1、B_2、G_1、G_2、B_2a、G_2a、M_1、M_2、P_1 等 20 余种，其分子质量为 312~346u。根据 AF 在紫外线（365nm）照射下发出的荧光颜色可将其分为两大类：即发蓝紫色荧光的为 B 族，发黄绿色荧光的为 G 族。食品中常见且危害性较大的 AF 有 B_1、B_2、G_1、G_2、M_1、M_2 等，其化学结构如图 10-26 所示。其中 M_1 和 M_2 不是由黄曲霉等产毒真菌直接产生，而是由动物摄食含 AFB_1 和 AFB_2 的食物后经过体内代谢产生的羟基化衍生物。例如，奶牛饲料中含有 AFB_1 就会在牛奶中检出 AFM_1。

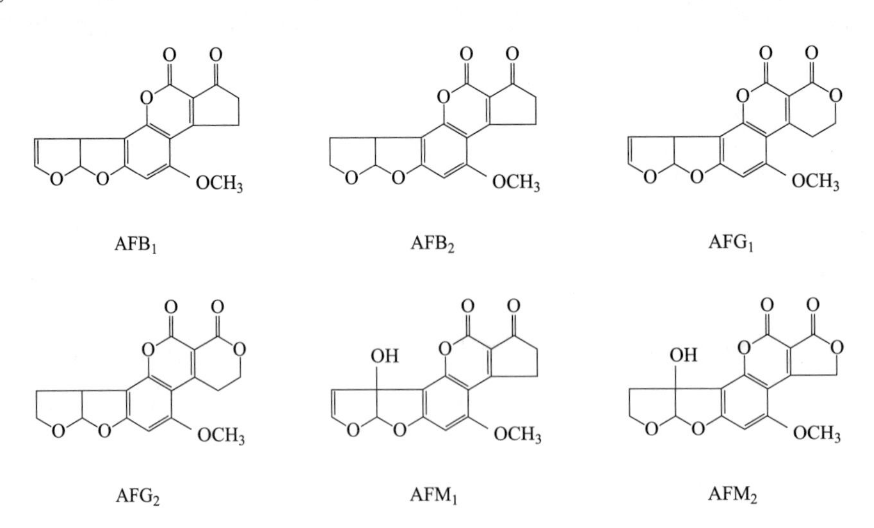

图 10-26 常见黄曲霉毒素的化学结构式

黄曲霉毒素对热非常稳定。裂解温度在200~300℃，AFB_1于268~269℃（熔点）才分解；100℃、20h不能全部被破坏；于高压锅中0.1MPa、2h才部分降解。因此，一般烹调加工温度难以破坏。黄曲霉毒素难溶于水而易溶于有机溶剂。水中最大溶解度为10mg/L，易溶于氯仿、甲醇、乙醇和丙酮等多种有机溶剂中，但不溶于乙醚、石油醚和正己烷中。其在中性和酸性溶液中稳定而对碱不稳定。AFB_1在中性和弱酸性溶液中稳定，在pH为1~3的强酸性溶液中会稍有分解；在pH为9~10的强碱性溶液中，AFB_1的内酯环迅速分解，形成邻位香豆素钠，其荧光和毒性随即消失。由于在强碱作用下形成的钠盐改变了AFB_1的溶解特性，因此可利用这一化学反应从食品中去毒。5%的次氯酸钠溶液、Cl_2、NH_3、H_2O_2、SO_2等均可与AF发生化学反应，破坏其毒性。

AFB_1的毒性最强，其毒性比氰化钾大100倍，仅次于肉毒素。黄曲霉中只有部分菌株产毒，一般产毒的黄曲霉大都产生AFB_1，在天然食品中AFB_1最多见，毒性又最大，因此，在食品卫生指标中鉴定食品中的AF一般以AFB_1作为重点检测目标。AF对动物毒害作用的靶器官主要是肝脏，其中毒症状分为三种类型：①急性和亚急性中毒：短时间内摄入大剂量的AF，迅速造成肝细胞变性、坏死、出血以及胆管上皮细胞增生，在几天或几十天内死亡。②慢性中毒：持续摄入亚致死剂量的AF，使肝脏出现慢性损伤，生长缓慢、体重减轻，肝功能降低，出现肝细胞变性、坏死、纤维化等肝硬化症状，在几周或几十周后死亡。③致癌性：实验证明，许多动物长期摄入小剂量或一次摄入大剂量的AF皆能诱发癌症，主要是肝癌。

AF主要污染粮食（玉米、小麦、大米等）、油料作物的种子（花生、棉籽、豆类等）、饲料及其制品，以及啤酒、蔬菜、水果及其制品（葡萄干、苹果汁）、调味品。其中玉米和花生最易被黄曲霉污染并产毒，其次是大米。如将污染有AF的玉米喂饲奶牛、猪、蛋鸡，由于AF蓄积在动物的肝脏、肾脏和肌肉组织中，可在相应的乳、肉、蛋产品中检出AF。人类长期食入此类畜禽产品，即可引起慢性中毒。

2. 橘青霉素

橘青霉素（citrinin）又称橘霉素，最初是在德国对霉变食品进行检查中分离鉴别出的，它是由橘青霉、纯绿青霉等真菌所产生的一种毒素，结构见图10-27。之后也可从抛光米、霉面包、干腌火腿、小麦、燕麦、黑麦和其他类似的产品上分离得到。在长波紫外光下，该毒素呈现柠檬黄色，是一种已知的致癌物质。从干腌火腿上得到的7株纯绿青霉菌株在马铃薯葡萄糖肉汤和干腌火腿上于20~30℃下培养14d后均可产生橘青霉素，但是在10℃下培养却不产生，因纯绿青霉在10℃下生长缓慢。该毒素难溶于水，为一种肾脏毒，可导致实验动物肾脏肿大、肾小管扩张和上皮细胞变性坏死。

3. 赭曲霉素

赭曲霉素（ochratoxin，简称OT）是赭曲霉、纯绿青霉、圆弧青霉和产黄青霉（*Penicillium chrysogenum*）都能产生的一种真菌毒素，结构见图10-28。该毒素现已确认有赭曲霉素A（OTA）、赭曲霉素B（OTB）和赭曲霉素C（OTC）三种衍生物。其中OTA毒性最强。目前已经在玉米、可可豆、大豆、花生、燕麦、大麦、柑橘类水果、霉变的烟叶、干腌火腿和一些类似的产品中发现了这种真菌毒素。赭曲霉素具有致畸性，可导致动物肝、肾等器官发生病变，故称为肝脏毒或肾脏毒。

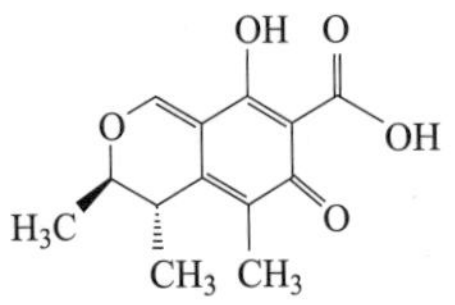

图 10-27　橘青霉素的化学结构

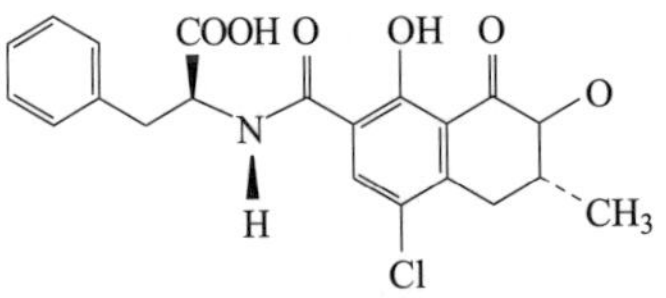

图 10-28　赭曲霉素的化学结构

4. 展青霉素

展青霉素（patulin）又称为棒曲霉素，是由扩展青霉产生的一种真菌毒素，草酸青霉（*Penicillium oxalicum*）、棒曲霉（*Aspergillus clavatus*）也能产生，结构见图 10-29。此种毒素对人体危害很大，可导致神经呼吸和泌尿等系统的损害，使人出现神经麻痹、肺水肿、肾功能衰竭，并有致癌作用。目前已经在霉变的面包、香肠、水果（包括香蕉、梨、菠萝、葡萄和桃子）、苹果汁、苹果酒等产品中发现了这种真菌毒素。适宜产毒温度 20~25℃，适宜产毒 pH 为 3~6.5。扩展青霉是苹果贮藏期导致腐烂的重要霉腐菌，以此种腐烂苹果为原料生产的苹果汁、苹果酒即含有展青霉素。如用腐烂达 50%的烂苹果制成苹果汁，展青霉素含量可达 20~40μg/L；在被检测的苹果酒中毒素含量最高达 45mg/L。利用 N_2 或 CO_2 气调贮藏食品可抑制扩展青霉产毒；SO_2 能有效抑制展青霉素的产生，抑制效果高于山梨酸钾和苯甲酸钠。

5. 青霉酸

青霉酸（penicillic acid）是由软毛青霉（*Penicillium puberulum*）、圆弧青霉、赭曲霉等多种霉菌产生的真菌毒素，极易溶于热水、乙醇，结构见图 10-30。每周 2 次以 1.0mg 青霉酸给大鼠皮下注射，64~67 周后，在注射局部发生纤维瘤，对小鼠试验证明有致突变作用。目前已在玉米、豆类、大麦、小麦和其他农业作物中发现了青霉酸。青霉酸是在 20℃ 以下形成的，所以低温贮藏下，食品霉变易污染青霉酸。

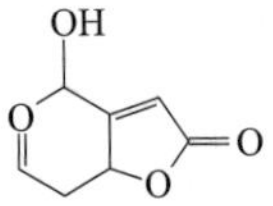

图 10-29　展青霉素的化学结构

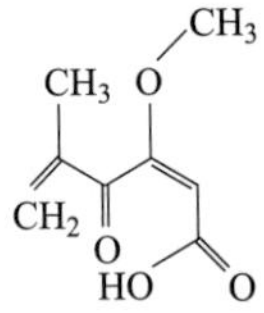

图 10-30　青霉酸的化学结构

6. 柄曲霉素

柄曲霉素（sterigmatocystin，简称 ST）又称杂色曲霉素，是由杂色曲霉（*Aspergillus versicolor*）和皱褶曲霉（*A. rugulosus*）等真菌产生的一种真菌毒素，结构见图 10-31。ST 的基本结构为一个双呋喃环和一个氧杂蒽酮，在结构和生物学性质上与黄曲霉毒素相似，对动物的肝脏具有致癌性。目前已知至少有 8 种衍生物。在紫外光下，该毒素的荧光呈暗砖红色。尽管在天然产品中不常发现，但已发现它们存在于小麦、燕麦、荷兰奶酪和咖啡豆中。在 ST 类

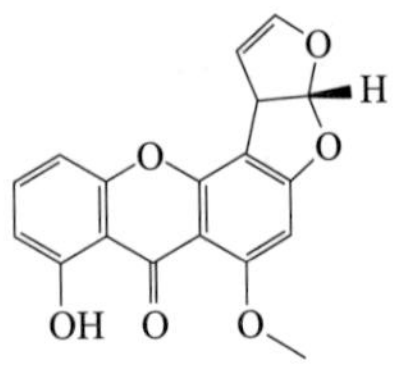

图 10-31　柄曲霉素的化学结构

化合物中，柄曲霉素 IVa 是毒性最强的一种，不溶于水，可以导致动物的肝癌、肾癌、皮肤癌和肺癌，其致癌性仅次于黄曲霉毒素。由于杂色曲霉经常污染粮食和食品，而且有 80% 以上的菌株产毒，所以 ST 在肝癌病因学研究上很重要。糙米中易污染 ST，糙米经加工成二等米后，毒素含量可以减少 90%。

7. 烟曲霉素

烟曲霉素（fumagilin）又称伏马菌素，最早发现（1989 年）是由串珠镰刀菌产生的一种真菌毒素。当人和动物食用了烟曲霉素含量较高的谷物后会导致疾病的产生，如意识障碍、肝癌、食管癌等。串珠镰刀菌是第一个与真菌毒素联系起来的菌株。在食管癌高发病区收获的玉米中，串珠镰刀菌的流行率显著高于食管癌低发病区域。

目前已知至少有十余种烟曲霉素，其中研究较多的是 FB_1、FB_2、FB_3、FB_4、FA_1、FA_2 和 FA_3，最为重要的是 FB_1 和 FB_2。FB_1 和 FB_2 的化学结构如图 10-32 所示，两者的唯一不同是 FB_1 中一个—OH 基替换 C_{10} 位上的一个氢原子。这两种毒素溶于水，不具有环状结构，对热十分稳定。在一项研究中发现，含有 FB_1 的培养物冻干后煮沸 30min，然后 60℃烘 24h，其毒性仍不会损失。

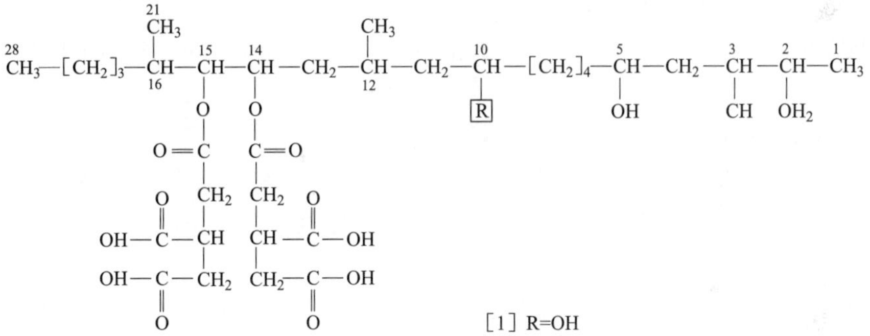

[1] R=OH
[2] R=H

图 10-32　FB_1 和 FB_2 的化学结构

8. 萨姆布毒素

萨姆布毒素（sambutoxin）于 1994 年第一次报道，其结构如图 10-33 所示。萨姆布毒素与马铃薯的干腐病有关，主要由接骨木镰刀菌（*Fusarium sambucinum*）和尖孢镰刀菌产生。曾有研究人员对韩国马铃薯中该毒素的流行情况进行了研究，发现 21 个腐烂马铃薯样品中，9 个样品的萨姆布毒素含量达 15. 8~78. 1μg/g，平均含量为 49. 2μg/g。在小麦培养基中，萨姆布毒素的含量可达 1. 1~101μg/g。在伊朗的部分食道癌高发地区的马铃薯中也发现了这种毒素。

9. 玉米赤霉烯酮

玉米赤霉烯酮（zearalenone）又称 F-2 毒素，自然界至少存在 5 种衍生物，它们由镰刀菌属的一些菌株产生，如禾谷镰刀菌、三线镰刀菌（*F. tricinctum*）、木贼镰刀菌等，结构见图 10-34。玉米赤霉烯酮不溶于水，溶于碱性水溶液，耐热性较强，110℃下处理 1h 才被完全破坏。此毒素在长波紫外光下呈现蓝绿色荧光，在短波紫外光下呈现绿色荧光。玉米赤霉烯酮主要污染玉米、小麦、大米、大麦、小米和燕麦等谷物。

玉米赤霉烯酮具有雌激素作用，主要作用于生殖系统，可使家畜、家禽和实验小鼠产生雌性激素亢进症。妊娠期的动物（包括人）食用含玉米赤霉烯酮的食物可引起流产、死胎和畸胎。食用含赤霉病麦面粉制作的各种面食也可引起中枢神经系统的中毒症状，如恶心、发冷、头痛、神智抑郁和共济失调等。

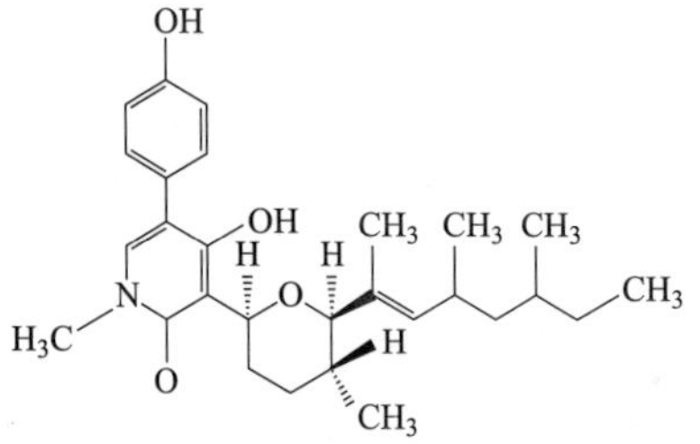

图 10-33　萨姆布真菌毒素的化学结构

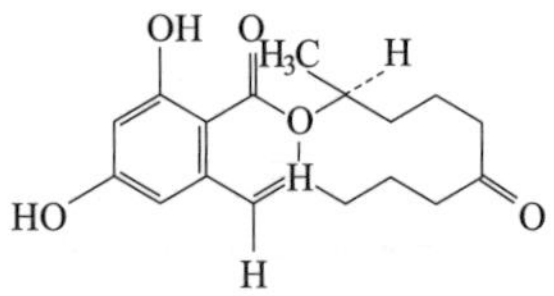

图 10-34　玉米赤霉烯酮的化学结构

10. 交链孢霉毒素

交链孢霉毒素（alternaria toxins）是由交链孢霉产生的真菌毒素。交链孢霉是粮食、果蔬中常见的霉菌之一，可引起许多果蔬发生腐败变质。交链孢霉产生多种毒素，主要有4种：交链孢霉酚（alternariol，AOH）、交链孢霉甲基醚（alternariol methyl ether，AME）、交链孢霉烯（altenuene，ALT）、细交链孢菌酮酸（tenuazonic acid，TeA）。

AOH和AME在交链孢霉代谢物中产量最高，有致畸和致突变作用。给小鼠或大鼠口服50~398mg/kg TeA钠盐，可导致胃肠道出血死亡。交链孢霉毒素在自然界产生水平低，一般不会导致人或动物发生急性中毒，但长期食用，其慢性毒性值得注意，在番茄及番茄酱中检出过TeA。

产毒的霉菌菌株以及特定的霉菌毒素在许多食品中已经被检测出来。这些食品主要有玉米、小麦、大麦、黑麦、大米、黄豆、豌豆、花生、面包、干酪、干香肠、香料、苹果酒、碎肉、木薯、棉籽以及意大利式细面条等。用含有霉菌的食物喂养动物，继而这些动物制成的食品（肉、乳、蛋）也会被霉菌毒素污染。许多霉菌毒素可耐受普通的食物烹饪温度，因此加热并不能作为一种常用的除去食品中的霉菌毒素的方法。

四、真菌性食物中毒的预防及控制

真菌性食物中毒的预防与控制主要是指预防和控制霉菌造成的危害，分为清除污染源（防止霉菌生长与产毒）和去除霉菌毒素两个方面。

（一）防霉

霉菌产毒需要一定的条件，如产毒菌株，合适的基质、水分、温度和通风情况等。在自然条件下，要想完全杜绝霉菌污染是不可能的，关键是要尽可能防止和减少霉菌的污染。最重要的防霉措施有：

（1）降低食品（原料）中的水分（控制合适的A_w）和控制空气相对湿度。做好食品贮藏地的防湿、防潮，要求相对湿度不超过65%~70%，控制温差，防止结露，粮食及食品可在阳光下晾晒、风干、烘干或加吸湿剂、密封。

（2）减少食品表面环境的氧浓度，即气调防霉。控制气体成分以防止霉菌生长和毒素的产生，通常采取除O_2或加入CO_2、N_2等气体的方法，运用密封技术控制和调节贮藏环境中的气体成分。

(3) 降低食品贮存温度，即低温防霉。把食品贮藏温度控制在霉菌生长的适宜温度以下从而抑菌防霉，冷藏食品的温度界限应在4℃以下。

(4) 采用防霉剂，即化学防霉。使用化学药剂，如熏蒸剂（溴甲烷、二氯乙烷、环氧乙烷等）、拌合剂（有机酸、漂白粉、多氧霉素等）。另外，食品中加入0.1%的山梨酸防霉效果好。

(二) 去毒

目前的去毒方法有两大类：一类包括用物理筛选法、溶剂提取法、吸附法和生物法去除毒素，称为去除法；另一类用物理或化学药物的方法使毒素的活性被破坏，称为灭活法，用此法时，应注意所用的化学药物等不能在原食品中残留，或破坏原有食品的营养素等。

1. 去除法

(1) 人工或机械拣出毒粒

用于花生或颗粒大者效果较好，因为一般毒素较集中在霉烂、破损、皱皮或变色的花生仁粒中。若拣出花生霉粒后，则黄曲霉毒素 B_1 可达允许量标准以下。

(2) 溶剂提取

80%的异丙醇和90%的丙酮可将花生中的黄曲霉毒素全部提出。在玉米中加入4倍质量的甲醇去除黄曲霉毒素可达到满意的效果。

(3) 吸附去毒

应用活性炭、酸性白土等吸附剂处理含有黄曲霉毒素的油品效果好。在油品中加入1%的酸性白土搅拌30min后澄清分离，去毒效果可达96%~98%。

(4) 微生物去毒

应用微生物发酵除毒，如对污染黄曲霉毒素的高水分玉米进行乳酸发酵，在酸催化下，高毒性的黄曲霉毒素 B_1 可转变为黄曲霉毒素 B_2，此法适用于饲料的处理；假丝酵母可在20d内降解80%的黄曲霉毒素 B_1；根霉也能降解黄曲霉毒素；橙色黄杆菌（*Flavobacterium aurantiacum*）可使粮食食品中的黄曲霉毒素大部分被去毒。

2. 灭活法

(1) 加热处理法

干热或湿热都可以除去部分毒素，如花生在150℃以下烘焙0.5h，可除去约70%的黄曲霉毒素，0.01Mpa高压蒸煮2h可去除大部分黄曲霉毒素。

(2) 射线处理法

用紫外线照射含毒花生油可使含毒量降低95%以上，此法操作简便、成本低廉。日光曝晒也可降低粮食中的黄曲霉毒素含量。

(3) 醛类处理法

2%的甲醛处理含水量为30%的带毒食品，可有效地去除黄曲霉毒素的毒性。

(4) 氧化剂处理法

5%的次氯酸钠在几秒钟内便可破坏花生中黄曲霉毒素，经24~72h可以去毒。

(5) 酸碱处理法

对含有黄曲霉毒素的油品可用氢氧化钠水洗，也可采用碱炼法，它是油脂精加工方法之一，同时亦可去毒，因碱可水解黄曲霉毒素的内酯环，形成邻位香豆素钠，香豆素可溶于水，故可用水洗去。具体做法是毛油经过20~65℃预热，然后加入1%的烧碱搅拌30min，保温静置沉淀 8~10h 分离出毛脚，水洗、过滤、吹风、除水即得净油。

此外用 3%的石灰乳或 10%的稀盐酸处理黄曲霉毒素污染的粮食也可以去毒。

总之，预防真菌性食物中毒主要是预防霉菌及其毒素对食品的污染，其根本措施是防霉，去毒只是污染后为防止人类受危害的补救方法。

第四节　病毒引起的食源性疾病

一、常见的食源性病毒

病毒（virus）是一类非细胞形态的微生物，其大小、形态、化学成分、宿主范围以及对宿主的作用都与细胞形态的微生物不同。病毒非常小，无细胞结构，大多需要用电子显微镜才能观察到。病毒的基本特征是其基本结构由核酸与蛋白质组成，只能在活细胞中增殖。由于病毒的绝对寄生性，它只能出现在动物性食品当中。一般病毒在食品中不能繁殖，但食品却是病毒存留的良好环境。病毒污染食品的特点是：潜伏期不定，短的 10~20d，长的可达 10~20 年；污染和流行与季节关系密切；呈地方性流行，可散发或大面积流行。

食源性病毒是指以食物为载体，导致人类患病的病毒，包括以粪-口途径传播的病毒，如脊髓灰质炎病毒（polio virus，PV）、甲型肝炎病毒（hepatitis A virus，HAV）和轮状病毒（rotavirus，RV）等，以及以畜产品为载体传播的病毒，如禽流感病毒（avian influenza virus，AIV）、朊病毒（prion）和口蹄疫病毒（foot-and-mouth disease virus，FMDV）等。

“流感侦探”陈化兰

只需要少量的食源性病毒即可导致机体发病，感染者主要通过粪便将病毒排出体外，例如诺瓦克病毒患者粪便中，该病毒含量高达 1011 个/g，在宿主细胞以外的环境中，食源性病毒相当稳定，并具有较强的耐酸性。

（一）甲型肝炎病毒

甲型肝炎病毒（HAV）是甲型肝炎的病原。甲型肝炎是一种烈性肠道传染病，以损伤肝脏为主，严重危害人类健康。HAV 在电镜下呈球形和二十面立体对称，直径约为 27nm，无包膜，衣壳由 32 个壳粒组成，每一壳粒由 4 种不同的多肽即 VP1、VP2、VP3 和 VP4 组成，为单股正链 RNA（见图 10-35）。其抵抗力强，低温可长期保存，85℃、5min 或 98℃、1min 可完全失活。紫外线照射 1~5min，用甲醛溶液或氯处理，均可使之失活。

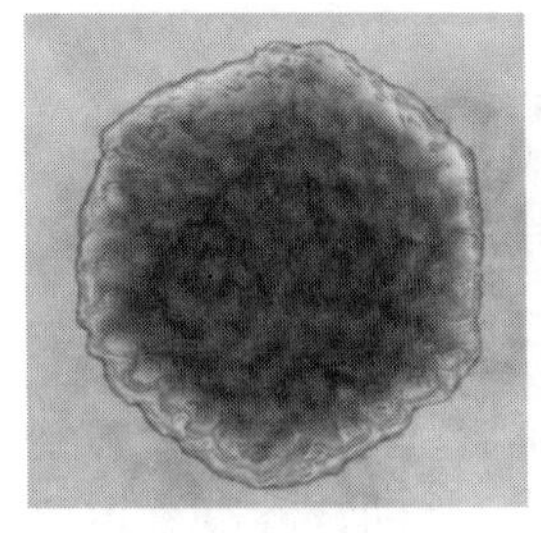

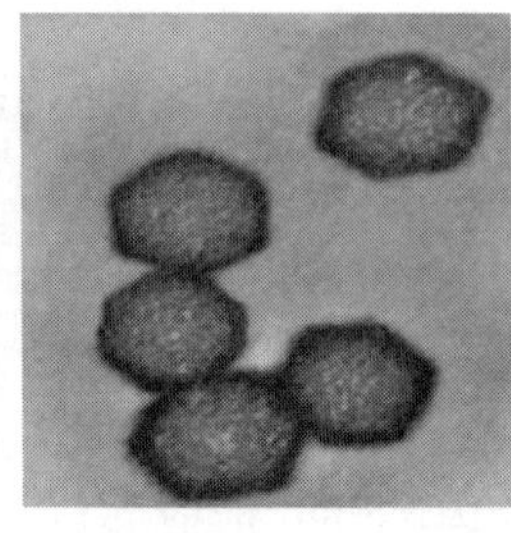

图 10-35　甲型肝炎的电镜照片

HAV 的传播源主要是甲型肝炎患者，甲型肝炎病毒感染者的胆汁从粪便排出，污染环境、食物、水源、手、食具等，经口传染，呈散发流行。此外，病毒还会污染水生贝壳类如牡蛎、贻贝、蛤贝等，甲型肝炎病毒可在牡蛎中存活两个月以上。生的或未熟透的来源于污染水域的水生贝壳类食品是最常见的载毒食品。

感染 HAV 后的潜伏期一般为 10~50d，平均 28~30d，感染一次后一般能获终身免疫力。甲型肝炎的症状可重可轻，临床表现多从发热、疲乏和食欲不振开始，继而出现肝肿大、压痛、肝功能损害，部分患者可出现黄疸。甲型肝炎主要发生在老年人和有潜在疾病的人身上，病程一般为 2d 到几周，死亡率较低。

（二）诺如病毒

诺如病毒（norovirus，NVs）又称诺瓦克病毒（norwalk virus），是非细菌性肠炎的主要病原体。美国医生卡奇比安（Kapikian）于 1972 年通过免疫电镜技术，在美国诺瓦克市暴发的一次急性腹泻疫情患者粪便中分离出该病毒颗粒，并命名为诺瓦克病毒。此后，世界各地研究者陆续从腹泻患者粪便中分离出多种形态与之相似，但抗原性略异的病毒颗粒，先称小圆结构病毒（small round structural virus，SRSV），后称诺瓦克样病毒（norwalk-like virus，NLV），直至 2002 年 8 月第八届国际病毒命名委员会批准名称为诺如病毒，并与在日本发现的札幌样病毒（sapporo-like virus，SLV）合称人类杯状病毒（human calicivirus，HuCV）。

诺如病毒基因组为单股正链小 RNA 病毒，无包膜，为二十面体结构，直径 27~40nm，外壳是由 180 个同一种外壳蛋白组成的 90 个二聚体构成（见图 10-36）。诺如病毒具有较强的耐受性，在室温、pH 为 2.7 环境中暴露 3h，4℃、20% 乙醚处理 18h，或 60℃ 处理 30min 后，仍然具有传染性。在 3.75~6.25mg/L 氯、0.5~1.0mg/L 游离氯离子的水溶液（相当于饮用水中的氯浓度）中 NVs 仍不被灭活，但可被 10mg/L 氯的水溶液灭活。

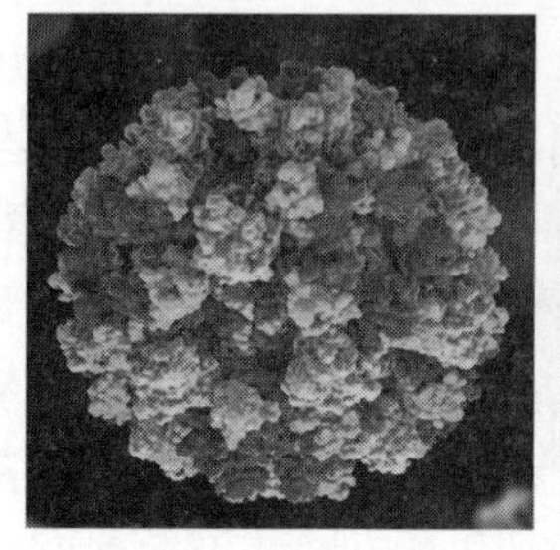
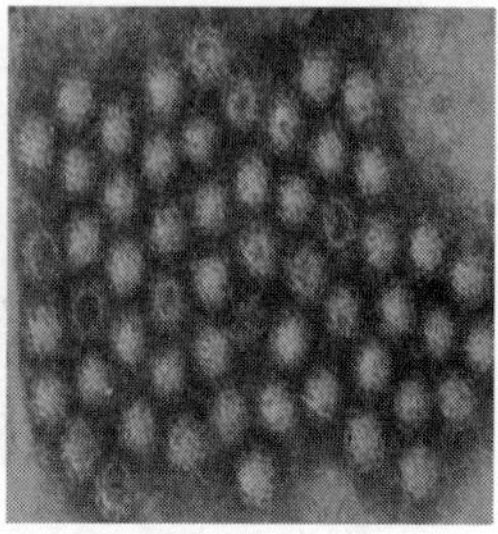

图 10-36　诺如病毒的电镜照片

诺如病毒传播途径包括人传人、经食物和经水传播。人传人可通过粪-口途径或间接接触被排泄物污染的环境而传播。食源性传播是通过食用被诺如病毒污染的食物进行传播，如在感染诺如病毒的餐饮从业人员在备餐和供餐中污染食物；食物在生产、运输和分发过程中被含有诺如病毒的人类排泄物或其他物质（如水等）污染。其中，牡蛎等贝类海产品和生食的蔬果类是引起爆发的常见食品。经水传播是由桶装水、市政供水、井水等饮用水被污染源所致。

感染诺如病毒后的潜伏期多在 24~48h，最短 12h，最长 72h。感染者发病突然，主要症状为恶心、呕吐、发热、腹痛和腹泻。儿童患者呕吐普遍，成人患者腹泻为多，24h 内腹泻 4~8 次，粪便为稀水便或水样便，无黏液脓血。原发感染患者的呕吐症状明显多于续发感染者，有些感染者仅表现出呕吐症状。此外，也可见头痛、寒颤和肌肉痛等症状，严重者可出现脱水症状。

（三）轮状病毒

轮状病毒（RV）是引起婴幼儿腹泻的主要病原体之一，其主要感染小肠上皮细胞，从而造成细胞损伤，引起腹泻。1973 年，由澳大利亚病毒学家露丝·毕夏普（Ruth Bishop）

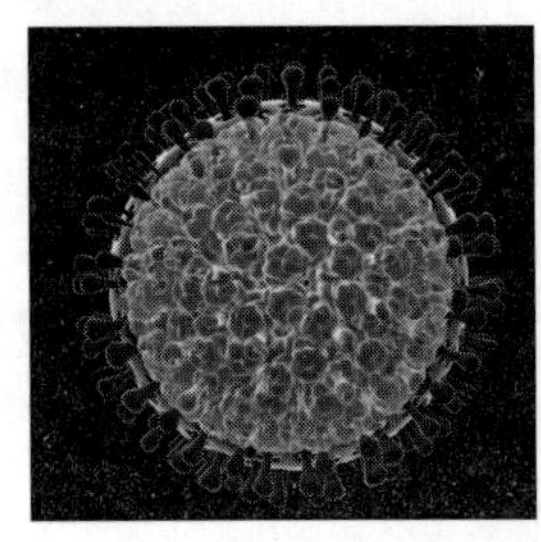
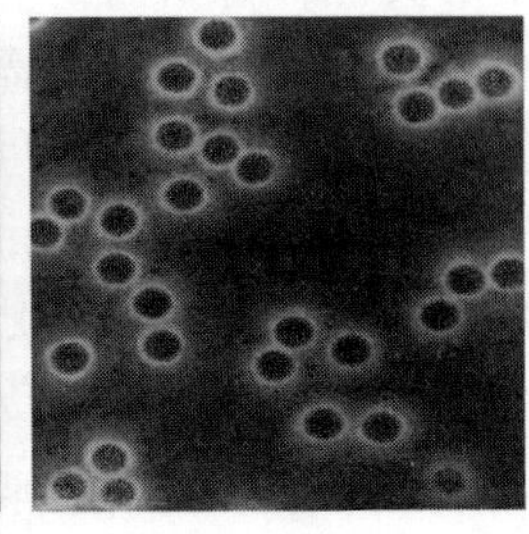

图 10-37　轮状病毒的电镜照片

等从急性腹泻患儿十二指肠黏膜活检标本中，发现上皮细胞内存在大量球形病毒颗粒，根据其类似车轮形状，1975 年将它命名为“轮状病毒”。该病毒呈球形，二十面体结构，直径约为 70nm，有双层壳膜（见图 10-37）。基因组为双链分节段 RNA，共有 11 个节段，所有节段都有同样的末段结构。轮状病毒总共有 7 种，用英文字母编号为 A、B、C、D、E、F、G，其中能导致人腹泻的轮状病毒有 A、B、C 3 个群。A 群轮状病毒是婴幼儿发病和致死的最主要病因，一般发生在秋冬季节，6 个月至两岁的婴幼儿最易感染，B、C 群为成人轮状病毒。

轮状病毒是由粪-口途径传染的，借由接触污染的手、表面以及物体来传染，而且有可能经由呼吸路径传染。轮状病毒感染主要引起婴幼儿急性胃肠炎，早期有短时间轻度上呼吸道感染症状，然后迅速出现发热、呕吐、腹泻，症状可持续 3~9d，严重时甚至发生脱水及电解质平衡失调。

（四）朊病毒

朊病毒又称朊粒、蛋白质侵染因子、毒朊或感染性蛋白质，是一类能侵染动物并在宿主细胞内无免疫性的疏水蛋白质。朊病毒与常规病毒一样，有可滤过性、传染性、致病性和对宿主范围的特异性，但它比已知的最小的常规病毒还小得多，大小仅为最小常规病毒的 1%；电镜下观察不到病毒粒子的结构，且不呈现免疫效应，不诱发干扰素产生。朊病毒对人类最大的威胁是可以导致人类和家畜患中枢神经系统退化性病变，最终不治而亡。因此世界卫生组织将朊病毒病和艾滋病并立为世纪之最危害人体健康的顽疾。

朊病毒严格来说不是病毒，是一类不含核酸而仅由蛋白质构成的具感染性的因子。朊病毒颗粒对热、酸、碱、紫外线、离子辐射、乙醇、福尔马林、戊二醛、超声波、非离子型去污剂、蛋白酶等一些理化因素的抵抗力非常强，大大高于已知的各类微生物和寄生虫。高温加热到 60℃ 仍有感染力，即使植物油的沸点（160~170℃）也不足以将其灭活。在 pH 为 2.1~10.5 内稳定，37℃ 条件下 200mL/L 福尔马林处理 18h 或 3.5mL/L 福尔马林处理 3 个月都不能使之完全灭活。室温下，在 100~120mL/L 的福尔马林中可存活 28 个月。

朊病毒是动物和人类传染性海绵状脑病的病原。早在 15 世纪发现的绵羊的痒病就是由朊病毒所致；1986 年在英国发生的牛海绵状脑病（bovine spongiform encephalopathy，BSE），俗称“疯牛病”，其病原也是朊病毒，此病属慢性进行性致死性神经系统疾病，以大脑灰质出现海绵状病变为主要特征。

目前疯牛病的传播被认为是给牛喂养动物肉骨粉所致。疯牛病病程一般为 14~90d，潜伏期长达 4~6 年。主要症状：初期步态不稳，活动失去平衡，行为异常，共济失调，运动迟缓，卧地不起；继而四肢伸展发僵，体重减轻，产乳量下降，触觉与听觉过敏，离群站立，惊恐，精神错乱，乱冲围栏，冲击人、牛；最后死亡。病程为数天或 3~4 个月不等。病理解剖，脑灰质出现海绵状空泡病变。

引起疯牛病的朊病毒主要存在于被感染动物的眼睛、脊髓和脑神经里，通过食品渠道传染人类。如果人吃了带有疯牛病病原体的牛肉，特别是从脊椎剔下的肉（一般德国牛肉香肠都是用这种肉制成），就有感染上病原体的危险，使人患“疯牛病”（变异型克雅氏症 variant Creutzfeldt-Jakob disease)。在与人们生活关系密切的制品中，含有牛、羊动物源性原料成分的远不止牛、羊肉制作的食品。例如，制作化妆品、药物胶囊需要用牛骨胶；一些预防病毒性疾病的疫苗，在生产过程中需要使用牛血清、牛肉汤或牛骨等；有的美容保健食品是以羊的胎盘为原料制成的；有些补钙保健食品中含有牛骨粉；甚至果冻里也含有牛肉或牛筋制作的凝胶。人类感染朊病毒后，其潜伏期很长，一般 10~20 年或更长，早期主要表现为精神异常，包括焦虑、抑郁、孤僻、萎靡、记忆力减退、肢体及面部感觉障碍等，随着病情的发展，出现严重进行性智力衰退、痴呆或精神错乱、运动平衡障碍、肌肉收缩和不随意运动，个别病例以癫痫发作为首发症状。患者在出现临床症状后 1~2 年内死亡，尸检所见与疯牛病类似。由于疯牛病的潜伏期过长，不易被察觉，特别是目前无特异性的诊断法和药物的治疗，也无疫苗的免疫，一旦染病其结局必然是死亡。

二、食源性病毒感染的预防

病毒性食源性疾病的预防关键要控制病毒对食品和水源等的污染。就食品而言，从食品源头入手，农业部门应强调良好的农业生产规范。食品加工行业应按照 GMP、HACCP 等要求进行食品安全生产，尤其应重视食品从业人员的个人卫生。食品从业人员必须接受相关卫生教育。贝类等高危食品的标准应包含病毒的指标。一旦发生疫情应迅速报告公共卫生机构，以便及时采取措施。

食源性病毒的预防措施主要有以下几点：

(1) 污水处理

污水是食物和水源最主要的污染源，未经处理或处理不当的污水、污泥直接排放到环境中，尽管会使植物需要的营养素重新进入土壤，但是也会造成农作物尤其是食用前不需要热处理的水果和蔬菜受到污染。因此，污水、污泥在使用前需要进一步处理以减少可能带来的健康危害。

(2) 保持食品从业人员的健康

携带病毒的食品从业人员是污染食品的另一个主要原因。出现病毒感染症状的员工应远离食品，即使是戴着手套操作也不能防止病毒迁移。如果出现呕吐，病毒会随着雾滴传播。生产过程应遵循卫生良好操作规范，操作员工最好注射病毒疫苗，污染的食物应废弃，场地应彻底消毒。

(3) 完善食品清洗工艺

水果、蔬菜、双壳贝类等生鲜食品在生长过程中不可避免要与土壤、水和肥料接触，因此有可能感染微生物。多数水果和蔬菜的清洗是用来除去表面的灰尘、昆虫、杂物等污物的，而去除微生物的效果不是很好，研究发现用饮用水清洗鲜切的莴苣、胡萝卜、茴香 5min，可以使 HAV 减少 0.1~1 个数量级。也可通过加入氯、有机酸等杀菌剂进行清洗来提高病毒的去除效果。

思考题

1. 什么是食物中毒，食物中毒有什么特点，有哪些类型？
2. 简述细菌性食物中毒的预防措施。

3. 控制沙门菌食物中毒的要点有哪些？
4. 引起副溶血性弧菌食物中毒的主要食品有哪些？如何据此制订相应的控制措施？
5. VBNC 细菌与芽孢和孢囊相比存在哪些差异？
6. 试述常见引起食物中毒的真菌毒素及来源。
7. 说明真菌性食物中毒的控制措施。
8. 食源性病毒的预防措施主要有什么？

参考文献

[1] 朱军. 微生物学 [M]. 北京：中国农业出版社，2010.
[2] 董明盛，贾英民. 食品微生物学 [M]. 北京：中国轻工业出版社，2006.
[3] 周德庆. 微生物学教程 [M]. 3 版. 北京：高等教育出版社，2011.
[4] 江汉湖. 食品微生物学 [M]. 北京：中国农业出版社，2010.
[5] 贺稚非. 食品微生物学 [M]. 北京：中国质检出版社，2013.
[6] 唐欣昀. 微生物学 [M]. 北京：中国农业出版社，2009.
[7] 殷文政，樊明涛. 食品微生物学 [M]. 北京：科学出版社，2015.
[8] 沈萍，陈向东. 微生物学 [M]. 北京：高等教育出版社，2016.
[9] 刘慧. 现代食品微生物学 [M]. 北京：中国轻工业出版社，2011.
[10] 何国庆，贾英民，丁立孝. 食品微生物学 [M]. 北京：中国农业出版社，2016.
[11] 胡永金，刘高强. 食品微生物学 [M]. 长沙：中南大学出版社，2017.
[12] 李平兰. 食品微生物学教程 [M]. 北京：中国林业出版社，2011.
[13] 陈炳卿. 现代食品卫生学 [M]. 北京：人民卫生出版社，2001.
[14] 何国庆，丁立孝，宫春波. 现代食品微生物学 [M]. 7 版. 北京：中国农业大学出版社，2008.
[15] 李科静. 大米中霉菌的微波杀菌工艺及机理研究 [M]. 长春：吉林大学，2015.
[16] 张晓华. 细菌活的非可培养状态研究进展 [M]. 中国海洋大学学报，2020，55（9）：153-160.

第十一章　微生物与免疫

第十一章　微生物与免疫

微生物与免疫